计算机操作系统教程

——基于华为openEuler操作系统

刘晓建　编著

清華大學出版社
北京

内 容 简 介

本书系统介绍了计算机操作系统。全书共分为7章，分别为操作系统概论、操作系统硬件基础、进程管理、进程的并发和死锁、内存管理、文件管理系统、输入/输出系统。本书依据操作系统课程的教学大纲，参考多部国内外经典教材，根据教学活动中学生的反馈意见，对内容进行了合理选材和组织，注重基本概念、方法和原理的讲解，力求做到概念准确、原理透彻，能够满足教学以及工程开发的基本要求。特别是增加了硬件基础知识的介绍，有利于形成软硬件一体化的思维方式，同时便于不具备计算机硬件基础的学生学习。本书加强了操作系统不同知识模块间的联系，使学生对操作系统形成一个系统化认识。本书以华为openEuler操作系统为案例，将抽象的概念和原理具体化，使其更容易理解和实际操作。

本书适合作为高等学校计算机相关专业本科教材，各学校可以根据教学时数安排选取书中内容；本书也可以作为培训机构教材，以及教师、研究人员和操作系统开发者的参考用书。

图书在版编目(CIP)数据

计算机操作系统教程：基于华为openEuler操作系统/刘晓建编著. —北京：清华大学出版社，2023.1
ISBN 978-7-302-62501-8

Ⅰ.①计… Ⅱ.①刘… Ⅲ.①操作系统—教材 Ⅳ.①TP316

中国国家版本馆CIP数据核字(2023)第021150号

责任编辑：薛　杨
封面设计：刘　键
责任校对：焦丽丽
责任印制：刘海龙

出版发行：清华大学出版社
网　　址：http://www.tup.com.cn，http://www.wqbook.com
地　　址：北京清华大学学研大厦A座　**邮　　编**：100084
社 总 机：010-83470000　**邮　　购**：010-62786544
投稿与读者服务：010-62776969，c-service@tup.tsinghua.edu.cn
质量反馈：010-62772015，zhiliang@tup.tsinghua.edu.cn
课件下载：http://www.tup.com.cn，010-83470236
印 装 者：三河市龙大印装有限公司
经　　销：全国新华书店
开　　本：186mm×240mm　**印　　张**：22　**字　　数**：509千字
版　　次：2023年3月第1版　**印　　次**：2023年3月第1次印刷
定　　价：69.00元

产品编号：096536-01

前言

计算机操作系统是当今最复杂的系统软件之一，是所有复杂应用软件的基础。操作系统已经深度融入所有与信息处理相关的系统中，小到各种传感器、智能手机、掌上计算机，大到超级计算机、云计算平台，甚至整个互联网。

操作系统的种类多样，运行的硬件平台、应用目标和行为特征各不相同，对于计算机操作系统这门课程的教学而言，不可能一一穷尽所有这些种类的操作系统。这门课在回顾计算机和操作系统发展历史的基础上，重点讲解操作系统的基本概念、原理和方法。为了让教学内容易于落到实处，本书选择 openEuler 操作系统作为主要目标系统。每当碰到一个较为抽象的概念或原理时，我们总是以它作为案例进行分析。由于 openEuler 以 Linux 为内核，因此以它作为案例仍然具有一定的普适性和通用性。

作者曾于 2017 年出版教材《计算机操作系统》，并在西安科技大学计算机学院软件工程、信息与计算科学、网络工程等专业得到了试用。通过试用，作者认为有必要对书中的知识体系进一步落实，以某个主流系统为例开展教学活动。恰逢得到了华为技术有限公司产学协同育人项目的支持，作者萌生了以国产操作系统为案例，重新编写教材的意愿，这本《计算机操作系统教程——基于华为 openEuler 操作系统》强调了概念和原理的具体化。通过分析 openEuler 内核源码，读者能够明确抽象概念的实现方式和原理的工作过程；通过运用操作系统自带的分析工具，读者能够探索操作系统内部复杂的工作过程；通过编写并调试通过若干程序案例，读者能够了解操作系统为用户提供的编程接口。

在编写本书时，作者参考了多部国内外经典教材，并根据教学活动中学生的反馈意见进行了内容的合理选材和组织。本书具有以下主要特色：第一，注重基本概念、方法和原理的讲解，力求做到概念准确、原理透彻，能够满足教学及工程开发的基本要求；第二，加强操作系统不同知识模块间的联系，使学生对操作系统形成系统化认识；第三，以 openEuler 系统为案例，将抽象的概念和原理具体化，使之变得更容易理解和操作；第四，增加了硬件基础知识的介绍，有利于形成软硬件一体化的思维方式，同时便于不具备计算机硬件基础的学生学习。

全书共分7章。第1章为计算机操作系统概论,介绍了操作系统的基本功能,总结了操作系统的结构,回顾了操作系统的发展历史,并展示了操作系统的全貌;第2章为操作系统的硬件基础,从宏观角度介绍了计算机的基本模块、指令集、指令循环和处理器模式,为后续操作系统的学习建立了硬件基础;第3章是进程管理,介绍了进程的概念、结构和状态迁移模型,进程的控制和调度策略,以及线程的概念;第4章是进程的并发和死锁,主要介绍了实现并发控制的基本机制,分析了典型并发设计问题的解决方案,深入讨论了死锁及处理死锁的各种策略;第5章是内存管理,介绍了虚拟内存的概念,讲解了分页式、分段式内存管理方法及采取的管理策略;第6章介绍了文件管理,包括文件的属性、结构、存储空间管理、文件目录、文件保护及文件的共享等;第7章是输出/输出系统,介绍了I/O硬件结构和组织、软件组织,缓冲处理技术,磁盘驱动调度和I/O进程控制等。

本书适合作为高等学校计算机相关专业本科教材。各个学校可以根据教学时数安排,对本书内容进行选裁。

限于作者水平,错误与不妥之处在所难免,恳请读者批评指正。

本书出版得到了华为技术有限公司产学协同育人项目的支持,以及清华大学出版社的大力支持,在此表示衷心的感谢。

本书的PPT课件、源码、教学大纲可扫描下方二维码下载。本书配有实验指导书,含6个实验,教师读者可与本书责任编辑联系(xueyang@tup.tsinghua.edu.cn)获取。

教学课件

源码

教学大纲

刘晓建

2023年2月

目录

第 1 章　计算机操作系统概论 …… 1

1.1　操作系统的概念 …… 1
1.1.1　从用户使用角度理解操作系统 …… 2
1.1.2　从计算资源管理和控制角度理解操作系统 …… 3
1.1.3　从计算环境角度理解操作系统 …… 4
1.2　操作系统的发展历史 …… 5
1.2.1　人工操作阶段 …… 5
1.2.2　简单批处理系统 …… 6
1.2.3　多道程序批处理系统 …… 8
1.2.4　分时系统 …… 11
1.2.5　实时系统 …… 13
1.3　操作系统的结构 …… 14
1.3.1　简单结构 …… 15
1.3.2　宏内核结构 …… 16
1.3.3　层次化结构 …… 16
1.3.4　微内核结构 …… 18
1.3.5　外核结构 …… 19
1.3.6　虚拟机 …… 21
1.4　操作系统大观 …… 23
习题 …… 26

第 2 章　操作系统的硬件基础 …… 28

2.1　计算机硬件结构 …… 28
2.1.1　内存 …… 29
2.1.2　CPU …… 32
2.1.3　I/O 模块 …… 34
2.1.4　系统总线 …… 35

2.2 指令 …… 37
2.2.1 指令集 …… 37
2.2.2 过程调用 …… 39
2.2.3 CISC 和 RISC …… 42
2.3 指令循环和异常处理 …… 43
2.3.1 指令循环 …… 43
2.3.2 异常和异常的分类 …… 45
2.3.3 异常处理 …… 47
2.4 CPU 的运行模式和模式切换 …… 50
2.4.1 低 EL 特权级和高 EL 特权级的相互转换 …… 51
2.4.2 异常处理过程中的 CPU 运行模式切换 …… 52
习题 …… 53

第 3 章 进程管理 …… 55

3.1 进程的概念 …… 55
3.1.1 程序并发执行的基本需求 …… 55
3.1.2 进程概念的理解 …… 56
3.1.3 进程的结构 …… 56
3.1.4 进程的虚拟地址空间布局 …… 57
3.1.5 观察 openEuler 中进程的虚拟地址空间布局 …… 58
3.1.6 进程控制块 …… 60
3.2 进程的状态 …… 62
3.2.1 五状态模型 …… 62
3.2.2 七状态模型 …… 65
3.3 进程控制 …… 67
3.3.1 进程的创建 …… 67
3.3.2 进程的退出 …… 67
3.3.3 进程上下文切换 …… 68
3.3.4 进程上下文切换的时机 …… 70
3.3.5 openEuler 中系统调用的实现 …… 71
3.3.6 openEuler 环境下使用 strace 跟踪系统调用过程 …… 73
3.4 openEuler 中的进程控制 …… 74
3.4.1 获取进程 IDs …… 74
3.4.2 创建和终止进程 …… 75
3.4.3 回收子进程 …… 78

3.4.4 装载和运行程序 …… 80
3.5 进程调度策略 …… 82
3.5.1 调度目标 …… 82
3.5.2 进程调度 …… 83
3.5.3 短程调度策略 …… 84
3.5.4 openEuler 中的调度策略 …… 89
3.6 线程 …… 92
3.6.1 线程概念的引入 …… 93
3.6.2 线程的实现 …… 95
3.6.3 线程与进程的关系 …… 96
3.6.4 openEuler 中的 POSIX 线程库 …… 96
3.6.5 多线程程序中的变量 …… 99
习题 …… 102

第 4 章 进程的并发和死锁 …… 104

4.1 并发问题 …… 104
4.2 进程的互斥 …… 106
4.2.1 互斥问题 …… 106
4.2.2 解决互斥问题的软件方法 …… 109
4.2.3 解决互斥问题的硬件方法 …… 116
4.2.4 信号量和 P、V 操作 …… 119
4.2.5 使用信号量解决互斥问题 …… 121
4.3 openEuler 中信号量的实现 …… 123
4.3.1 down 和 up 原语的实现 …… 123
4.3.2 有关信号量的函数调用 …… 126
4.4 进程的同步 …… 126
4.4.1 同步问题 …… 126
4.4.2 使用信号量解决同步问题 …… 128
4.5 典型并发设计问题 …… 130
4.5.1 生产者-消费者问题 …… 131
4.5.2 读者-写者问题 …… 135
4.6 死锁 …… 139
4.6.1 死锁的定义 …… 139
4.6.2 哲学家就餐问题 …… 142
4.6.3 死锁的描述 …… 145
4.6.4 死锁发生的条件 …… 146
4.7 死锁的处理 …… 147

4.7.1 死锁预防 …… 148
4.7.2 死锁避免 …… 148
4.7.3 死锁检测 …… 155
习题 …… 157

第 5 章 内存管理 …… 161

5.1 内存管理的需求 …… 161
5.1.1 内存管理的 4 个基本要求 …… 161
5.1.2 地址定位 …… 162
5.2 早期操作系统的内存管理 …… 165
5.2.1 固定分区管理 …… 165
5.2.2 覆盖技术 …… 167
5.2.3 可变分区管理 …… 168
5.2.4 伙伴系统 …… 169
5.3 虚拟内存 …… 171
5.3.1 可执行目标文件 …… 172
5.3.2 openEuler 环境下解析 ELF 文件 …… 174
5.3.3 虚拟地址空间 …… 180
5.3.4 虚拟内存和分页 …… 180
5.3.5 虚拟内存究竟是什么 …… 183
5.3.6 页表 …… 186
5.3.7 虚拟地址转换和缺页故障处理 …… 188
5.3.8 对内存管理需求的支持 …… 192
5.3.9 地址转换的硬件实现和加速 …… 195
5.4 分页式虚拟内存管理 …… 201
5.4.1 程序局部性原理 …… 202
5.4.2 读取策略 …… 203
5.4.3 置换策略 …… 206
5.4.4 驻留集管理 …… 208
5.4.5 换出策略 …… 211
5.4.6 加载控制 …… 211
5.5 分段式虚拟内存管理 …… 212
5.5.1 基本原理 …… 212
5.5.2 段的动态链接 …… 215
5.5.3 段的共享 …… 217
5.5.4 段页式虚拟内存管理 …… 220

习题 …… 223

第 6 章　文件管理 …… 225

6.1　文件系统 …… 226
6.1.1　文件系统的概念 …… 226
6.1.2　文件系统的存储结构 …… 226
6.2　文件 …… 227
6.2.1　文件的属性 …… 227
6.2.2　文件上的操作 …… 229
6.2.3　文件的存储设备 …… 229
6.2.4　openEuler 环境下如何获取文件信息 …… 231
6.3　openEuler 文件系统 …… 233
6.3.1　文件系统总体架构 …… 233
6.3.2　物理文件系统 …… 235
6.3.3　虚拟文件系统 …… 240
6.3.4　伪文件系统 …… 243
6.4　文件内容的磁盘块分布和磁盘空闲空间管理 …… 245
6.4.1　混合索引表 …… 245
6.4.2　B+树 …… 248
6.4.3　MS-DOS 的磁盘空间管理 …… 250
6.4.4　成组链接法 …… 251
6.5　文件链接 …… 253
6.6　文件共享 …… 258
6.6.1　打开文件在内核中的数据结构 …… 258
6.6.2　进程间的文件共享 …… 259
6.6.3　打开文件的一致性语义和文件锁 …… 262
6.6.4　管道 …… 263
6.7　文件系统的保护 …… 266
6.7.1　文件访问权和保护域 …… 266
6.7.2　openEuler 文件系统的访问控制机制 …… 268
6.8　openEuler 中有关文件的系统调用 …… 275
6.8.1　文件读、写的系统调用 …… 275
6.8.2　访问文件状态的系统调用 …… 278
6.8.3　文件链接的系统调用 …… 280
习题 …… 282

第 7 章 输入/输出系统 …… 284
7.1 I/O 系统概述 …… 284
7.1.1 外设的分类和特点 …… 284
7.1.2 外设与主机 CPU 的连接 …… 285
7.1.3 I/O 接口 …… 287
7.1.4 I/O 端口及其编址方式 …… 288
7.1.5 I/O 系统软件的层次结构 …… 289
7.2 I/O 设备的控制方式 …… 290
7.2.1 可编程 I/O …… 291
7.2.2 中断驱动的 I/O …… 292
7.2.3 直接存储器访问方式 …… 294
7.2.4 I/O 通道控制方式 …… 297
7.2.5 I/O 通道类型 …… 300
7.3 I/O 系统软件组织 …… 303
7.3.1 用户程序与 I/O 软件的关系 …… 303
7.3.2 与具体设备无关的 I/O 软件 …… 304
7.3.3 设备驱动程序 …… 307
7.3.4 中断服务程序 …… 308
7.4 Linux 设备驱动模型 …… 309
7.4.1 Linux 的设备抽象 …… 310
7.4.2 Linux 的设备驱动模型 …… 312
7.4.3 设备驱动程序开发 …… 315
7.5 缓冲处理技术 …… 321
7.5.1 缓冲的引入 …… 321
7.5.2 单缓冲区和双缓冲区 …… 322
7.5.3 缓冲区和页缓存 …… 324
7.6 磁盘 I/O 调度 …… 329
7.6.1 磁盘访问时间 …… 331
7.6.2 早期的磁盘调度算法 …… 332
7.6.3 基于扫描的磁盘调度算法 …… 333
7.7 虚拟设备——假脱机 …… 335
习题 …… 337

参考文献 …… 340

第1章

计算机操作系统概论

计算机操作系统是当今最复杂的系统软件之一,是所有复杂应用软件的基础。计算机操作系统种类繁多,这门课并不拘泥于某种具体操作系统,而是在回顾计算机和操作系统发展历史的基础上,讲解操作系统的基本概念、原理和方法,因此课程内容具有一般性和普适性。掌握了本书讲解的内容之后,读者可以将这些概念、原理和方法应用到具体操作系统的学习和应用开发之中,例如手机操作系统、嵌入式操作系统和云操作系统等。

计算机操作系统是计算机相关专业重要的理论基础课,是学习和开发大型复杂软件系统的基础,同时也是学习程序开发方法、并发程序设计,甚至程序语义学的基础。这门课以计算机组成原理、数据结构、编译原理、程序设计语言等课程为先行课程,但在学习过程中,并不要求学生对计算机硬件结构、编译原理等有详细了解,如有需要,则会在相关章节进行抽象和宏观的说明。

本章围绕操作系统的基本概念展开。首先,引领读者从3个角度理解操作系统的概念;其次,回顾操作系统的发展历史;之后,总结了操作系统的基本结构;最后,对已经渗透到社会生活方方面面的操作系统给出了一个全面的图景。

本章学习内容和基本要求如下。

(1) 从3个角度理解和把握操作系统的概念。

(2) 在学习操作系统发展历史的基础上,重点掌握多道程序设计的概念、原理和实现;掌握分时系统的基本原理。

(3) 了解操作系统的典型结构,重点掌握层次结构、微内核结构的优点和不足;对虚拟机结构有所了解。

1.1 操作系统的概念

操作系统本质上是一组程序,它管理和控制着其他应用程序的执行,并充当应用程序和计算机硬件之间的接口。一般来说,操作系统应满足如下3个应用需求。

(1) 易用性。从用户使用的角度来看,操作系统应当为用户使用计算机提供便利。

（2）有效性。从计算资源分配和管理的角度来看，操作系统应当为用户程序的执行提供必要的计算环境，并合理有效地调配各种计算机资源，使得整个系统的使用效率得到优化和提高。

（3）可扩展性。从操作系统本身的设计和构造方面来看，它应当满足可扩展性，即在构造操作系统时，应该允许在不妨碍现有服务的前提下，有效地开发、测试和引进新的系统功能。

（4）保密性。操作系统需要具备对资源和数据的保护功能，能够对资源和数据的访问加以控制，检测和阻止非法访问企图，保持计算机系统及其数据的完整性。

当然，在不同的使用场合下，人们对于操作系统的上述需求也有不同的偏重。例如嵌入式操作系统，由于其面向专门的应用场合并工作在资源受限的环境下，人们更偏重于操作系统管理资源的有效性。对于桌面操作系统而言，由于它们主要完成与用户的交互，因此对操作系统的易用性要求更加突出。对于手机操作系统而言，由于其存储了大量个人隐私数据，因此，除了易用性之外，人们还特别关注它的保密性。

一般来说，可以从以下 3 个角度来理解操作系统的概念：用户使用的角度、计算资源的管理和控制角度，以及计算环境角度。

1.1.1 从用户使用角度理解操作系统

计算机的用户大致可以分为 3 类角色：使用者、开发者和维护者。无论是哪一类角色，操作系统都应当为他们使用计算机提供便利。从用户角度来看，操作系统表现为一组可用的功能和提供这些功能的接口。总体来说，操作系统为用户提供了如下功能。

（1）程序开发。操作系统提供各种各样的工具和服务，如编辑器、编译器和调试器，帮助开发者开发程序。这些服务通常以实用工具程序的形式出现，严格来说它们并不属于操作系统的核心部分。

（2）程序运行。运行一个程序需要很多步骤，包括必须把指令和数据载入内存，初始化 I/O 设备和文件，以及准备一些其他资源。操作系统为用户程序的运行提供必要的环境，并调度多个应用程序的并发执行。

（3）I/O 设备访问。对每个 I/O 设备的访问都需要特定的指令集或控制信号，操作系统隐藏了这些细节，并提供了统一的访问接口，使得程序员可以使用简单的读、写操作访问这些设备。

（4）文件访问和控制。操作系统能够为用户提供简单、抽象的文件访问和控制方法，隐藏存储介质中文件数据的存储结构，屏蔽对文件具体存储介质（如磁盘、磁带）的访问和控制等。此外，对于多用户系统，操作系统还可以提供保护机制来控制对文件的访问。

（5）并发控制和系统保护。对于共享的系统资源，操作系统能够对这些系统资源和数据进行并发访问控制和安全保护，解决资源竞争冲突问题，避免未授权用户非法访问。

（6）错误检测和响应。计算机系统运行时，可能发生各种各样的错误，包括内部和外部硬件错误(如存储器错误、设备失效或故障)以及各种软件错误(如算术溢出、试图访问被禁止的存储器单元、执行非法指令等)。对每种情况,操作系统都必须提供响应以清除错误条件,减小其对正在运行的应用程序的影响。这些响应可以是终止引起错误的程序、重新执行操作或简单报告应用程序错误等。

(7) 日志和记账。一个好的操作系统可以收集对各种资源使用的统计信息,监控响应时间等性能参数,这些信息对于调整和优化系统性能都有很大帮助。对于多用户系统,这些信息还可用于记账。

1.1.2　从计算资源管理和控制角度理解操作系统

从资源管理角度来看,操作系统是计算资源的管理者。当多个任务或多个用户同时请求有限的计算资源时,为了防止资源冲突,并且高效地利用这些资源,需要一个管理者进行合理有效地分配和协调。计算资源包括以下 5 类。

(1) 处理器。对于单处理器计算机,当多个应用程序同时请求运行时,就会发生处理器资源的争夺。协调多个应用程序需要使用操作系统的调度机制来解决。即便对于多处理器计算机,仍然存在处理器资源的分配、协调和负载均衡问题。例如,当一个任务到来时,究竟让哪一台处理器执行该任务,或者当一个正在执行的任务需要与另一个运行在其他处理器上的任务通信时,都需要操作系统的处理器调度机制参与和协调。

(2) 内存。当多个应用程序同时运行时,就会争夺内存资源。如何分配内存资源,使得每个应用程序既能相互隔离、避免相互干扰,又能共享特定的区域、方便应用程序之间的通信和联络,同时还要提高内存的使用效率,最大程度发挥处理器的处理能力,这就需要操作系统的内存管理机制来加以解决。

(3) 外部存储介质。对于大量的数据信息,如何有效地进行存储、访问以及信息保护是操作系统存储器管理和文件系统管理必须解决的问题。

(4) I/O 资源。I/O 资源是计算机系统中最为丰富多彩,同时也是控制最为复杂的一部分资源。

(5) 程序、数据和文档。除了上面的硬件资源外,实用程序、关键数据和文档也是计算资源的组成部分。

所有这些资源的管理和控制问题,其核心都是一个最优化问题,也就是如何在有限资源的约束下满足每个应用的需求,同时使整个系统的某些指标达到最小(或最大)。这是作为资源管理器的操作系统重点需要解决的问题。这些问题会在本书的后续章节中详细展开。

操作系统对应用程序和资源的管理和控制方式与普通的自动控制系统有所不同。在自动控制系统中,控制器与被控对象通常是不同的事物,被控对象一般是物理过程,而控制器一般是包含控制算法的计算机系统,控制器根据反馈原理,通过执行器向被控对象施加操作,实现控制目标。操作系统对资源的控制方式与自动控制系统有以下 3 方面不同。

(1) 操作系统与普通的应用程序一样,都是由处理器执行的一段或一组程序。同时,操作系统还要管理和控制其他程序，因此操作系统可被称为“管理程序的程序”或“元程序”(meta-program)。

(2) 操作系统不能独立于计算机资源之外而存在，它既是计算资源的使用者，又是计算资源的管理者。操作系统管理和控制处理器、内存和外存等计算资源，同时它的运行也必须使用这些资源。这一点决定了操作系统必须耗费和占有计算资源。

(3) 操作系统对应用程序的控制并非由操作系统来解释和执行应用程序，而是通过操作系统对资源的回收和分配来实现的。当一个应用程序需要执行时，操作系统必须把处理器资源分配给该应用程序，让它执行起来；当操作系统需要进行控制和管理时，处理器资源又必须从应用程序切换到操作系统程序，执行相关控制功能；控制结束之后，处理器又要被分配给指定的应用程序，继续执行。因此，操作系统管理应用程序执行的过程，实际就是 CPU 等资源在“操作系统程序”与“应用程序”之间来回切换的过程。图 1-1 用一个简化的例子形象地说明了操作系统对处理器的控制和释放过程。

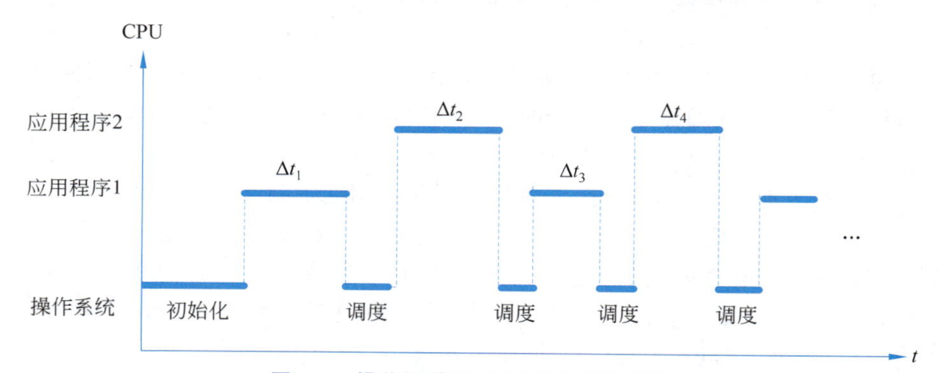

图 1-1 操作系统对 CPU 的控制和释放

当计算机开机后，操作系统启动运行并掌控整个计算机，完成计算资源的初始化工作，等待接收用户的各种请求。如果用户发出“执行应用程序 1”的请求，那么操作系统的调度管理程序把 CPU 分配给应用程序 1，并执行一段时间Δt_1。这时，如果操作系统收到“执行应用程序 2”的请求，就会暂停应用程序 1，并回收 CPU，让它执行调度程序。调度程序把 CPU 分配给应用程序 2，并让它执行一段时间Δt_2。该时间到期后，操作系统又会回收 CPU、执行调度程序，然后把 CPU 再次分配给应用程序 1，让其继续执行一段时间。如此模式循环往复，操作系统就是通过这种方式，实现对应用程序的管理和控制。

1.1.3 从计算环境角度理解操作系统

从提供计算环境的角度来看，可以把操作系统看作“为相互独立运行的用户或进程提供隔离的虚拟计算环境的服务程序”。在后续章节的学习中读者将会看到，通过 CPU 调度、虚拟内存、虚拟磁盘、I/O 多路复用和磁盘调度等技术的使用，操作系统可以为一个用户或进程创建一个独立、自含的计算环境，并给用户造成自己好像独占了整个计算机的假象，这样的计算环境称为虚拟计算环境或虚拟机。

虚拟计算环境为用户或进程使用计算机提供了一个“视图”(view)，即一个用户或进程所看到的计算机的映像，这些映像是整个计算机系统的一个局部、侧面或片段。要为一个用户创建一个虚拟计算环境，并保证计算环境的正确性、可靠性和有效性，就需要操作系统的支持。

虚拟计算环境的概念在操作系统的设计中得到普遍使用。例如在分时系统中，运用时分复用原理，为每个用户分配周期性时间片资源，如果周期足够小，就会为用户造成自己仿佛独占计算资源的假象。再如，在目前广泛使用的 Android 手机操作系统中，每个应用程序都运行在一个 Dalvik 虚拟机的基础上，使得应用程序相互隔离。当一个程序出错时，错误会被限定在自己的计算环境中，不会干扰其他应用程序，从而提高了系统的安全性和可靠性。

1.2　操作系统的发展历史

1.2.1　人工操作阶段

20 世纪 40 年代后期到 50 年代中期，计算机处于早期发展阶段(如图 1-2 所示)。当时的计算机十分昂贵，仅少数大公司和主要政府部门拥有，还没有形成操作系统的概念，程序员都是直接与计算机硬件打交道。这些计算机都运行在一个控制台上，控制台包括显示灯、触发器、输入设备和打印机等。用机器代码编写的程序通过输入设备(如卡片阅读机)载入计算机。如果一个错误使得程序停止，错误原因由显示灯指示。如果程序正常完成，输出结果将出现在打印机中。该时期，人工控制和使用计算机的过程大致如下。

图 1-2　早期的纸带计算机和串行处理计算机

(1) 输入源程序：人工将源程序穿孔在卡片或纸带上(卡片和纸带相当于外部存储器)，使之变成计算机能够识别的输入形式。

(2) 加载系统程序：将准备好的汇编解释程序或编译系统(也在卡片或纸带上)装入

计算机。

(3) 加载待汇编/编译源程序：汇编程序或编译系统读入人工装在输入机上的穿孔卡片或穿孔带上的源程序。

(4) 执行汇编或编译命令：执行汇编过程或编译过程，产生目标程序，并输出到目标卡片或纸带上。

(5) 装入可执行程序：通过引导程序把装在输入机上的目标程序读入计算机。

(6) 运行可执行程序，加载待处理数据：启动目标程序，从输入机上读入人工装好的数据卡片或数据带上的数据。

(7) 输出结果：产生计算结果，并将结果从打印机上或卡片机上输出。

人工操作的缺点如下。

(1) 用户独占全机资源，资源利用率不高，系统效率低下。

(2) 手工操作多，处理机时间浪费严重，也极易产生差错。

(3) 上机周期长，作业调度不合理。大多数装置都使用一个硬拷贝的登记表预订机器时间。通常，一个用户可以以 30 分钟为单位登记一段时间。有可能用户登记了 1 小时，而只用了 45 分钟就完成了工作，在剩下的时间中计算机只能闲置，这时就会导致浪费。另一方面，如果一个用户遇到一个问题，没有在分配的时间内完成工作，在解决这个问题之前就会被强制停止。

这种操作模式称为"串行处理"，反映了用户必须顺序访问计算机的事实。后来，为使串行处理更加有效，人们开发了各种系统软件工具，其中包括公用函数库、链接器、加载器、调试器和 I/O 驱动程序等，它们作为公用软件，对所有的用户都是可用的。

1.2.2 简单批处理系统

早期的计算机非常昂贵，由于调度和准备而浪费计算机处理器资源是令人难以接受的，因此最大限度地利用处理器是当时面临的主要问题。为了提高处理器的利用率，1956 年，Robert L. Patrick 和 Owen Mock 在 IBM704 上实现了第一个公认的(批处理)操作系统 GM-NAA I/O，即通用汽车公司和北美航空的输入/输出系统(General Motors and North American Aviation Input/Output system)，这一操作系统对之后操作系统的设计有着广泛影响。

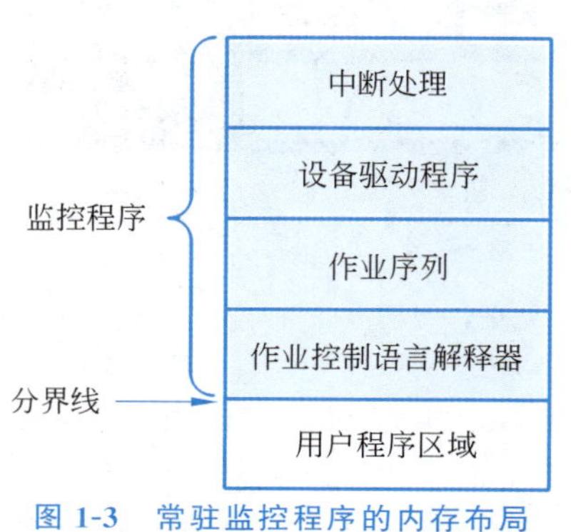

图 1-3 常驻监控程序的内存布局

简单批处理方案的中心思想是使用一个称作监控程序的软件。用户不再直接访问机器，而是把用户卡片或磁带中的作业提交给计算机操作员，由操作员把这些作业按顺序组织成一批，并将整批作业放在输入设备上，由监控程序逐一执行每个作业。监控程序控制作业的顺序，为此大部分监控程序必须总是驻留在内存中并且可以执行，这部分程序称作常驻监控程序(resident monitor),其内存布局如图 1-3 所示。

其中,用户程序区域包括用户程序以及一些实用程序和公用函数,它们作为用户程序的子程序,只有在需要用到时才被载入。监控程序每次从输入设备(通常是磁带驱动器或卡片阅读机)中读出一个作业,把它放置在用户程序区域,并且把控制权交给这个作业。当作业完成后,控制权返回监控程序,监控程序立即读取下一个作业。每个作业的结果被发送到输出设备(如打印机),交付给用户。

监控程序完成调度功能。一批作业排队等候,处理器尽可能迅速地执行作业,没有任何空闲时间。监控程序还改善了作业的准备时间。每个作业的执行步骤使用作业控制语言(Job Control Language,JCL)所编制的程序来给出,监控程序读取该程序,根据作业控制语句的指示完成每个执行步骤。

例如,用户提交一个用 FORTRAN 语言编写的程序以及程序需要用到的一些数据。所有 FORTRAN 程序和数据记录在一个单独打孔的卡片中,或者是在磁带中拥有一个单独的记录。除了 FORTRAN 程序和数据之外,作业中还包括作业控制指令,这些指令以“$”符号开头。作业的整体格式如下所示:

```
$JOB
$FTN
...
…(FORTRAN 程序)
…
$LOAD
$RUN
…
…(数据)
…
$END
```

为执行这个作业,监控程序读 $FTN 行,从磁带中载入合适的语言编译器。编译器将用户程序翻译成目标代码,并保存在磁带中。在进行编译操作之后,监控程序重新获得控制权,此时监控程序读 $LOAD 指令,启动一个加载器,并将控制权转移给它,加载器将目标程序载入内存,之后开始执行目标程序。

在目标程序的执行过程中,任何输入指令都会读入一行数据。目标程序中的输入指令导致调用一个输入例程,输入例程是操作系统的一部分,它检查输入以确保程序并不是意外读入了一个 JCL 行。如果是这样,就会发生错误,控制权转移给监控程序。用户作业完成后,监控程序扫描输入行,直到遇到下一条 JCL 指令。

可以看出,监控程序即批处理操作系统只是一个简单的计算机程序。它依赖处理器从内存中的不同部分取指令并执行的能力,从而交替地获取或释放控制权。此外,还用到了这样一些硬件功能。

(1) 内存保护。当用户程序正在运行时,它不能改变监控程序所在的内存区域,否则处理器硬件将发现错误,并将控制转移给监控程序,监控程序将取消这个作业,输出错误信息,并载入下一个作业。

(2) 定时器。定时器用于防止一个作业独占系统。在每个作业开始时设置定时器,如果定时器时间到,用户程序被停止,控制权返回给监控程序。

(3) 特权指令。某些机器指令被设计成特权指令,只能由监控程序执行。如果处理器在运行一个用户程序时遇到这类指令,则会发生错误,并将控制权转移给监控程序。I/O 指令属于特权指令,因此监控程序可以控制所有 I/O 设备,此外还可以避免用户程序意外地读到下一个作业中的作业控制指令。如果用户程序希望执行 I/O,它必须请求监控程序为自己执行这个操作。

(4) 中断。这个特性能够让一个用户程序放弃处理器的执行权,将处理器的控制权交给监控程序,让监控程序开始运行。

由内存保护和特权指令可以引入操作模式的概念。用户程序在用户模式(或用户态)运行,在这个模式下,有些内存区域是禁止用户程序访问的,用户程序也不允许执行特权指令,因此可以防止用户程序有意或无意地破坏关键内存区域或越权操纵 I/O 设备。监控程序在内核模式(或内核态)运行,在该模式下,可以执行特权指令,而且可以访问任何内存区域。

1.2.3 多道程序批处理系统

尽管简单批处理操作系统能够自动执行一批作业序列,但是每个作业仍然是串行执行的,因此处理器经常处于空闲状态,其利用率仍然较低。为了提高处理器的利用率,多道程序批处理系统允许多个程序同时进入一个计算机系统的主存储器并启动,进行交替执行,即计算机内存中同时存放了多道程序,它们都处于开始与结束点之间。从宏观上看,多道程序并发执行,它们都处于运行过程中,但都未结束运行。从微观上看,由于只有一个处理器,多道程序的执行是串行的,各道程序轮流占用处理器,交替执行。多道程序设计技术的硬件基础是中断机制和通道技术。中断机制能够使一个程序在执行过程中被其他程序所打断,进而将处理器的执行权从一个程序切换到另一个程序;通道技术使程序中复杂烦琐的 I/O 操作的控制和具体实施过程被代理到通道处理机,处理器得到了释放,进而可以执行其他应用程序。

下面通过两个例子来说明多道程序处理如何提高处理器的利用率和系统吞吐量。

【例 1-1】 某个数据处理问题 P1,要求从输入机上输入 500 个字符(花费 70ms),经处理器(CPU)处理 50ms 后,将结果的 2000 个字符存到磁带上(花费时间 100ms),重复这个过程,直至数据全部处理完毕。试计算这个问题中 CPU 的利用率。

解 先画出数据处理问题 P1 的时序图,如图 1-4 所示。

CPU 的利用率=50/(70+50+100)=23%。可见单道程序运行时 CPU 的利用率较低,主要原因是 I/O 的执行速度远低于 CPU 的执行速度,使得 CPU 大部分时间都处于

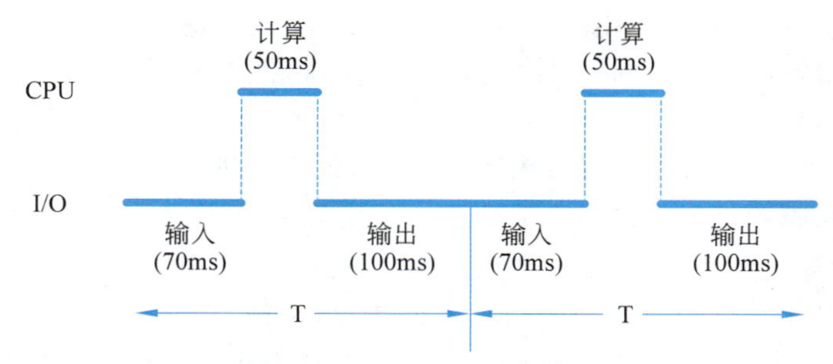

图 1-4　单道程序运行时 CPU 和 I/O 工作的时序图

等待 I/O 完成的状态，宝贵的 CPU 资源被浪费了。

为了提高 CPU 的利用率，如果内存空间足够大，可以容纳操作系统和两个应用程序，那么当一个作业正在等待 I/O 时，处理器可以切换到另一个处于就绪状态的作业。还可以进一步扩展内存以保存三个、四个或更多的程序，并且在它们之间进行切换。这种处理方式就是多道程序设计（multiprogramming），或称为多任务处理（multitasking），如图 1-5 所示，这也是现代操作系统采用的主要方案。

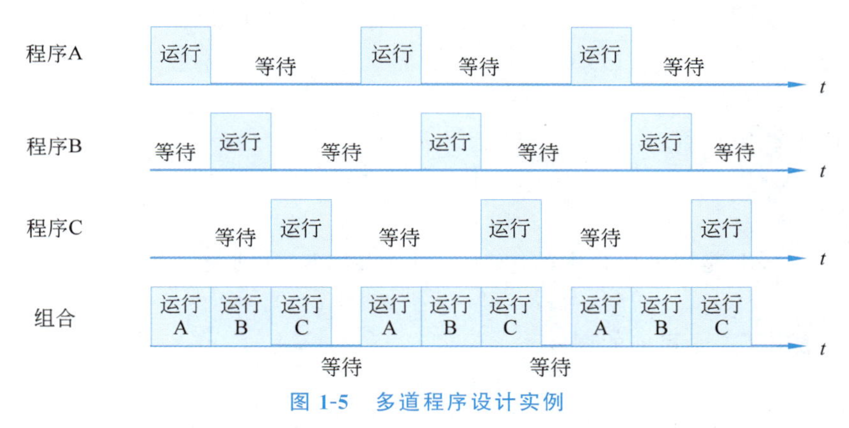

图 1-5　多道程序设计实例

【例 1-2】　在图 1-5 中，假定程序 A、B 和 C 的运行模式是相同的，在一个周期内运行时间为 50ms，输入输出的时间（即等待时间）为 100ms。试计算单道、两道和三道程序运行时 CPU 的利用率。

解　单道程序运行时，CPU 的利用率为 50/150＝33％。两道程序运行时，在一个周期内，运行时间达到 100ms，因此 CPU 利用率为 100/150＝67％。三道程序运行时，在一个周期内，运行时间达到 150ms，因此 CPU 利用率达到 100％。

从例 1-2 可见，多道程序下，处理器的等待时间大大减少，利用率得到提高，单位时间内处理作业的个数也增多了。还可以看出，要使处理器的利用率达到最高，需要考虑多个程序的运行和等待时间，并对这些程序的执行次序进行精心的安排，这就涉及所谓的调度问题。

一般地，给定一个作业集合 J 以及资源约束条件 C。如果 S 是对 J 中作业执行的一个编排，并且满足资源约束 C，那么称 S 为作业集合 J 上的一个**调度**(schedule)。

对同一作业集合，可以有多个调度。例如，对程序 A、B 和 C，可以进行串行调度，让处理器顺序执行这三个程序，也可以用图 1-5 所示的方式进行调度。显然，不同调度的处理性能是不同的，因此对于给定的作业集合 J 和资源约束 C，有必要寻找一个**最优调度**。调度通常用调度算法来实现，它是操作系统内核中的核心部件之一。

【例 1-3】 某系统供用户使用的内存空间为 100KB，系统配有 4 台磁带机。一批作业的运行和资源需求信息如表 1-1 所示。试给出对这个作业集合的一种调度。

表 1-1 一批作业的运行和资源需求信息

作 业	进入时间	估计运行时间	内存需求	磁带机需求
J1	10:00	25min	15KB	2 台
J2	10:20	30min	60KB	1 台
J3	10:30	10min	50KB	3 台
J4	10:35	20min	10KB	2 台
J5	10:40	15min	30KB	2 台

解 作业集合 J＝{J1，J2，J3，J4，J5}

约束 C：$M(J_i) + M(J_j) + \cdots + M(J_k) \leqslant 100\text{KB}$

$P(J_i) + P(J_j) + \cdots + P(J_k) \leqslant 4$

其中，J_i，J_j，…，J_k 是当前内存中的作业，$M(J_i)$和 $P(J_i)$分别表示 J_i 所占的内存和打印机资源。

图 1-6 给出了一个可能的调度。

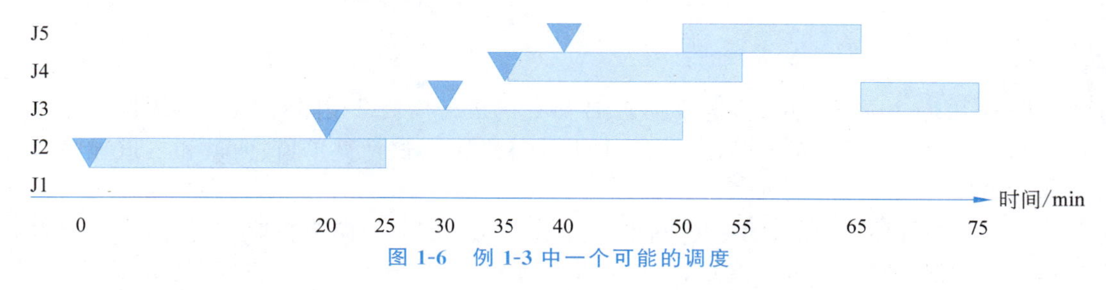

图 1-6 例 1-3 中一个可能的调度

开始时，系统中没有任何作业在运行，当 J1 就绪时，由于它满足约束条件，因此调度器允许其进入计算机系统，这时剩余的内存和打印机资源为＜85KB，2＞；当运行到 10:20 时，J2 就绪请求进入，这时剩余的资源仍然允许它进入，这样 J1 和 J2 就开始并发运行，这时剩余的资源为＜25KB，1＞；当运行到 10:25 时，J1 已经结束，因此它释放占用的内存和打印机资源，这时剩余资源为<40KB，3>；在10:30时，J3就绪请求进入，但是由于其内存需求得不到满足，因此不能进入系统；按照这样的方式依次编排剩余作业的运行次序，就得到了一个可行的调度。图1-6给出的这个可行调度是J1;J2;J4;J5;J3。

值得注意的是，可行的调度可能不止一种，图1-6仅给出了其中的一种，可能还存在其他可行调度。当多个作业被载入内存并发执行时，由于处理器只有一个，因此还需要按照特定的调度策略，在并发执行的多个作业之间实施调度。例如，在图1-6所示的调度中，10:20～10:25期间，J1和J2并发运行，调度器可以采用分时调度策略来调度J1和J2的执行。从宏观角度来看，它们好像是同时运行的。另外，本例忽略了并发调度对作业执行时间的影响。实际上，由于并发调度的影响，作业的实际运行时间会大于估计运行时间。

总之，采用多道程序设计减少了处理器时间的浪费，提高了处理器的利用率。对于计算型作业，由于I/O操作较少，处理器浪费的时间很少；然而对于I/O型作业，例如商业数据处理，I/O时间通常占到80%～90%，采用多道程序设计将会得到明显的效果。如果在主存中存放足够多的作业，可使CPU的利用率接近100%。

1.2.4 分时系统

在个人计算机已经得到普及的今天，人们通常使用专用的个人计算机或工作站完成交互式计算任务。但是在20世纪60年代，由于当时的计算机非常庞大而且昂贵，因此不可能由一个用户独占，而是多用户共享计算机资源。分时系统就是为了解决多用户共享计算机而出现的一类操作系统。

分时系统的基本思想是对处理器资源进行**时分复用**(time-sharing)。在时间域上，将处理器分若干**时隙**(time slice)，在每个时隙上，处理器为一个用户服务，如果时隙划分得足够小，从宏观来看，处理器就同时为多个用户提供了交互计算服务。分时系统与批处理多道程序设计的相同点是它们都使用了时分复用的基本思想，但是分时系统和多道程序设计的主要目标和指令来源有所不同，如表1-2所示。

表1-2 批处理多道程序设计和分时系统的比较

	批处理多道程序设计	分时系统
主要目标	充分使用处理器	实现多用户交互计算，并减少响应时间
指令源	作业控制语言命令	多个用户从终端键入的命令

在分时系统中，如果 n 个用户同时请求服务，若不计操作系统开销，每个用户平均只能得到计算机有效速度的 $1/n$。但是由于人的响应时间相对较慢，所以一个设计良好的系统的响应时间能够满足人们的交互式需要。这样，从每个用户的视角来看，好像整个计算机都为自己一个人所用，即分时系统为每个用户建立了一个虚拟计算机映像

(image)。

第一个分时操作系统是由麻省理工学院开发的兼容分时系统(Compatible Time Sharing System,CTSS),源于多路存取计算机项目,该系统最初是在 1961 年为 IBM 709 开发的,后来移植到 IBM 7094 中。

图 1-7 用一个例子说明了分时系统的工作原理。假定分时系统运行在一台内存为 32 000 个 36 位字的计算机上,常驻监控程序占用了 5000 个字的空间。当控制权被分配给一个用户时,该用户的程序和数据被载入剩下的 27 000 个字的内存空间中。用户程序载入的位置通常与监控程序的位置相邻,简化了监控程序对内存的管理。系统时钟每隔 0.2s 产生一个中断,当中断发生时,操作系统恢复控制权,并将处理器分配给另一位用户。因此,在固定的时间间隔内,当前用户被剥夺,另一个用户被载入。为了以后便于恢复,在新的用户程序和数据被读入之前,老的用户程序和数据被写出到磁盘中保存下来。随后,当获得下一次控制权时,老的用户程序代码和数据被恢复到内存中。

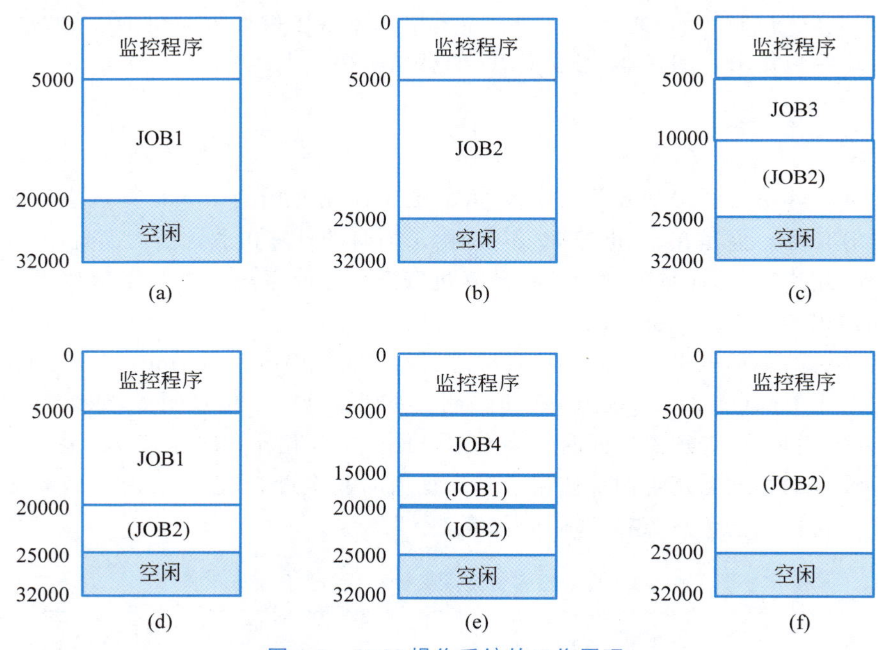

图 1-7　CTSS 操作系统的工作原理

为减小磁盘开销,只有当新来的程序需要覆盖用户存储空间时,用户存储空间才被写出。假设有 4 个交互用户,其存储器需求如下:

```
JOB1: 15000
JOB2: 20000
JOB3: 5000
JOB4: 10000
```

最初,监控程序载入 JOB1 并把控制权转交给它,如图 1-7(a)所示。稍后,监控程序决定把控制权交给 JOB2,由于 JOB2 比 JOB1 需要更多的存储空间,JOB1 必须先被写出,然后载入 JOB2,如图 1-7(b)所示。接下来,JOB3 被载入并运行,但是由于 JOB3 比 JOB2 小,JOB2 的一部分仍然留在存储器中,以减少写磁盘的时间,如图 1-7(c)所示。稍后,监控程序决定把控制权交回 JOB1,当 JOB1 载入存储器时,JOB3 以及 JOB2 的另外一部分将被写出,如图 1-7(d)所示。当载入 JOB4 时,JOB1 的一部分和 JOB2 的一部分仍然保留在存储器中,如图 1-7(e)所示。此时,如果 JOB1 或 JOB2 获得控制权,则只需要载入被写出的那一部分。在这个例子中是 JOB2 接着运行,这就要求 JOB4 和 JOB1 留在存储器中的那一部分被写出,然后读入 JOB2 的其余部分,如图 1-7(f)所示。

尽管 CTSS 是一种原始的方法,但它仍然是可用的。由于一个作业经常被载入存储器中相同的单元,因而在载入时不需要重定位技术,省去了运行时指令和数据的逻辑地址到物理地址的转换。这个技术仅写出必需的内容,可以减少磁盘的活动。在 IBM7094 上运行时,CTSS 最多可支持 32 个用户。

1.2.5　实时系统

一些应用,特别是工业过程控制系统,对作业或处理的时间性能指标有严格要求,通常将这类信息系统或控制系统称为**实时系统**(real-time system)。例如,汽车装配线要求焊接机器人的焊接操作必须严格地在规定时间内执行,如果焊接得太早或太晚,都会损坏汽车。

实时操作系统是保证在一定时间限制内完成特定功能的操作系统。实时操作系统的主要特点是提供及时响应和高可靠性。

实时操作系统可以分为**硬实时系统**(hard real-time system)和**软实时系统**(soft real-time system)。硬实时系统要求某操作必须在规定的时刻发生或在规定的时限内完成,否则将会造成损害,甚至导致灾难性后果。常见的硬实时系统有工业过程控制和飞行控制系统等。软实时系统在一定范围内可以接受偶尔违反最终时限的情况发生,而且违反时限不会造成任何永久性的损害。多媒体系统、桌面操作系统都可以认为是软实时系统,只要在用户可容忍的时间范围内完成响应,都是可接受的。

典型的实时系统包括以下几种。

(1) 过程控制系统。这类系统通常为硬实时系统,如生产过程控制系统、导弹制导系统、飞机自动驾驶系统、火炮自动控制系统等。

(2) 信息查询系统。计算机同时从成百上千的终端接收服务请求和提问,并在短时间内作出回答和响应,如信息检索系统。这类系统通常为软实时系统。

(3) 事务处理系统。计算机不仅要对终端用户及时作出响应,还要频繁更新系统中的文件或数据库，如银行业务系统。

为了支持实时系统应用，实时操作系统的结构和功能必须“最小化”，以减少由于内部结构的复杂性和冗余功能所引起的操作系统执行开销。实时操作系统的核心是调度算法和调度策略。例如，通常采用可抢占的调度策略保证关键任务的时间要求优先得到满足。实时系统的典型例子有 e-Cos、VxWorks 等。

分时系统和实时系统的主要区别在于二者的设计目标不同。分时系统为用户提供一个通用的交互型开发运行环境，而实时系统通常为特殊用途提供专用系统。

人类的反应时间

多道程序设计和分时系统之所以能够被人们接受，是因为它们利用了人类的某些生理极限。实验表明，一般人的反应时间应该在 0.2s 以上，经过训练的运动员应该也不会低于 0.1s。2009 年在上海举行的国际田径黄金大奖赛男子 110 米栏的比赛中，刘翔的起跑反应时间是 0.155s，排在八位选手的第二。现在，抢跑的概念已经不是简单的“在枪响之前起跑”，凡是在枪响后 0.1s 以内起跑的，说明该运动员在枪响前有预判(也就是在赌何时枪响)，也算抢跑。根据以上信息，正常人最快的反应时间也不应短于 0.1s。

人类视觉的一个重要特性是视觉惰性，即光象一旦在视网膜上形成，视觉将会对这个光象的感觉维持一个有限的时间，这种生理现象叫作视觉暂留性。对于中等亮度的光刺激，视觉暂留时间约为 0.1～0.4s。人类听觉察觉不到 0.1s 以下的声音延时，当延时在 0.1～0.3s 时，人们可以察觉到声音有轻微停顿，超过 0.3s 就会感觉声音延时很明显。

利用人类的视觉、听觉和生理反应时间延迟性，可以用一系列离散的片段构造出“连续运行”的假象。在分时系统中，对一个用户而言，只要分配给他的两个相邻时隙间隔小于 0.1s，他就感受不到分时的存在。同时，这也意味着，人机交互系统中，计算机对人类操作的回应并非“越快越好”，只要满足特定的时限，就是完全可以接受的。

1.3 操作系统的结构

现代操作系统是最复杂的软件系统之一，其代码规模巨大。表 1-3 给出了典型操作系统的代码规模。

表 1-3　典型操作系统的代码规模

操作系统	代码行数/万行
UNIX v6	1
Linux 0.01	0.8
Linux 5.7	2870
Windows XP	4500
Windows 8	6000

如表 1-3 所示，最早的 UNIX V6 仅有约 1 万行代码(不包含驱动代码)，Linux 0.01 只有 8102 行代码，而 Linux 5.7 内核则达到了 2870 万行代码，且以每年约 200 万行代码的数量快速增加。

为了保证操作系统这一复杂系统能够正确地工作，而且便于扩展和维护，在设计和开发操作系统时必须预先定义良好的体系结构。操作系统的体系结构是由一组良定义的组件(component)及其连接方式组成的。组件是系统中具有良定义的输入/输出接口，并可以完成特定功能的软件模块。下面介绍主流操作系统所采用的主要组件连接方式，并分析它们的优缺点。

1.3.1　简单结构

早期的许多实验性操作系统，在设计之初没有预见到未来的发展和扩展，因此大多采用未经仔细设计的小型、简单的结构，而且在设计时通常受到当时硬件资源的限制。随着这些操作系统的商用化，其规模变得越来越大，其结构上的限制变得越来越突出。MS-DOS(Microsoft Disk Operation System)操作系统就是这样的一个例子。

MS-DOS 是 20 世纪 90 年代由微软公司为 IBM 系列兼容个人计算机开发出的一个磁盘操作系统。最初的 MS-DOS 系统非常小，通常能够保存在软磁盘上，采用了层次化结构，如图 1-8 所示。DOS 操作系统不划分用户态和内核态，而是将应用程序和操作系统都放置在同一个地址空间，应用程序通过函数调用的形式直接调用系统服务，因此效率较高。例如，应用程序能够直接访问基本 I/O 设备驱动，向显示器和磁盘写入数据。这种设计上的自由度使得 MS-DOS 很容易受到错误或有害程序的攻击，当用户程序失效时，容易导致整个系统崩溃。

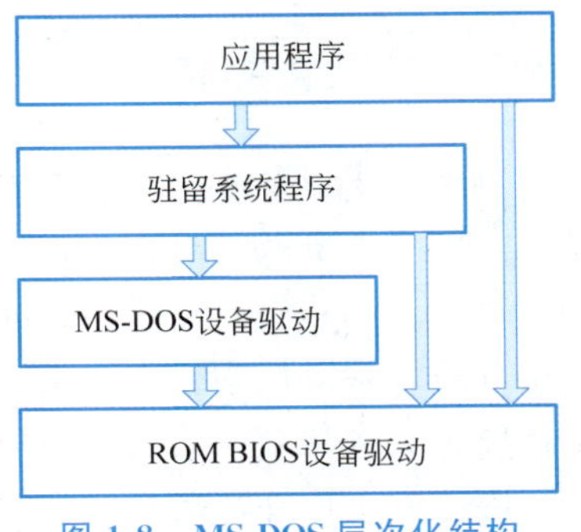

图 1-8　MS-DOS 层次化结构

除了 MS-DOS 系统外，当前采用简单结构的操作系统还有 FreeRTOS 与 uCOS 等。这些操作系统主要运行在微控制单元(Microcontroller Unit，MCU)等相对比较简单的硬件上，这些硬件通常没有提供现代意义上的内存管理单元，隔离能力较弱或缺失，难以运行复杂的操作系统。

1.3.2 宏内核结构

宏内核(monolithic kernel)又称单内核,其特征是操作系统内核的所有模块,如进程调度、内存管理、文件系统、设备驱动等,均运行在内核态,具备直接操作硬件的能力。这类系统包括 UNIX/Linux、FreeBSD 等操作系统。UNIX 采用层次结构来组织内核组件,如图 1-9 所示。内核位于系统调用接口之下,硬件接口之上。内核提供文件系统、CPU 调度、内存管理和其他操作系统功能。总之,大量的功能模块集中在内核这个层次中,使得操作系统难以实现和维护。

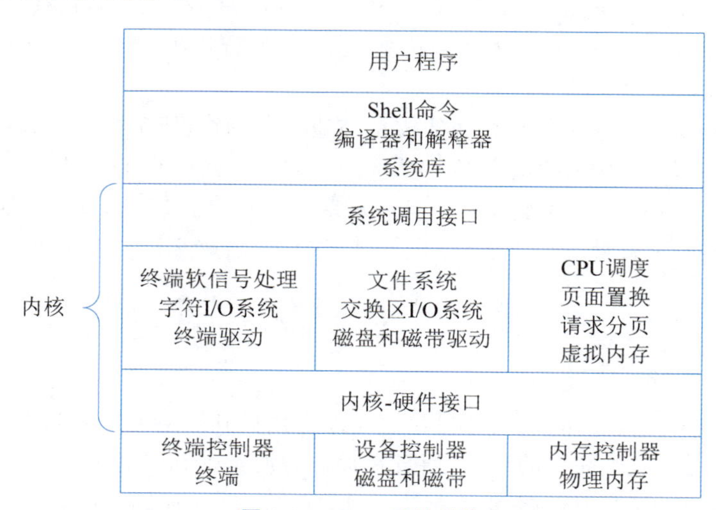

图 1-9 UNIX 系统结构

1.3.3 层次化结构

总体来说,MS-DOS 和 UNIX 操作系统都采用了层次化结构,但是层次化程度并不彻底。图灵奖获得者 Edsger Dijkstra 在 1968 年构建了第一个层次化操作系统"THE"(Technische Hogeschool Eindhoven)。整个系统由 6 个层次(第 0 层到第 5 层)构成,其中第 0 层到第 3 层为操作系统层,第 4 层和第 5 层为用户程序层。MULTICS 系统进一步推广了层次化结构的理念,将整个系统划分为若干同心环(rings)(每个环代表一个层次),内环拥有比外环更高的特权。当外环中的程序调用内环中的一个函数时,首先需要执行"陷阱指令"(trap)陷入内环,然后对陷阱指令的参数进行严格检查,检查通过后,才允许被调函数执行。理想的层次化结构如图 1-10 所示。

理想的层次化结构具有以下优点。

(1) 操作系统对计算机硬件以及使用这些硬件的应用程序施加了更严格的控制。应用程序不能直接访问计算机硬件,必须通过若干层次逐层访问,在每个层次中都施加了检

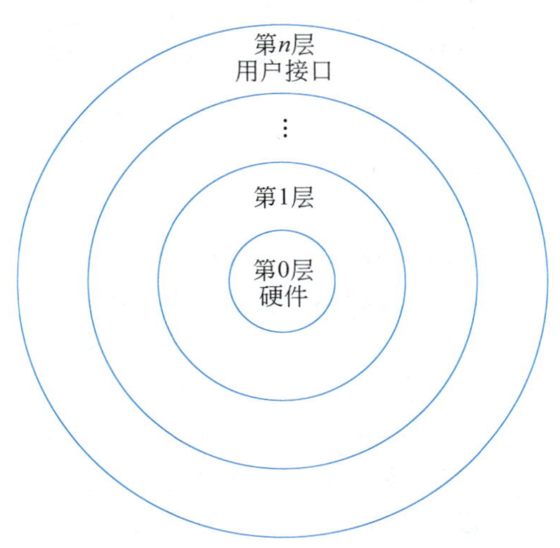

图 1-10　理想的层次化操作系统

查和限制措施,防止了错误或恶意程序对系统的负面影响。

(2) 充分利用了信息隐蔽(information hiding)基本原理。每个层次只需要利用紧邻的下一层所提供的接口和信息,不需要了解系统的全部信息。信息隐藏所带来的益处是多方面的:对于用户程序设计而言,只需要了解用户接口的使用知识就可以编写期望的程序,不必了解计算机内部具体细节,大大简化了程序设计的复杂度;对于操作系统测试和验证而言,层次化结构能够降低测试和验证的复杂度。当测试和验证 layer 1 时,由于 layer 1 只使用了 layer 0 硬件(而硬件总是假定为正确的),因此不必考虑其他层次。当 layer 1 验证完毕后,就可以假定它是正确的,在此基础之上就可以继续验证 layer 2,依次进行下去。当验证某个层次时,如果出现了错误,那么就可以把错误圈定在该层次中,因为该层以下的层次已经通过验证是正确的。

(3) 便于更改和维护操作系统内部工作方式,有利于创建模块化操作系统。每个层次在实现时,只用到较低层次提供的接口,只需要知道接口的规范(specification),而不必了解这些接口的具体实现方式。只要保持某个层次的外部接口说明不变,对接口的设计和变更就不会影响其上的其他层次,从而提高了层次的独立性和模块化程度。

设计和实现理想层次化结构的主要困难在于合理地划分和定义各个层次。通常采用"使用与被使用关系"作为层次划分的依据:被使用的接口、数据结构和信息等被划分在较低的层次中,而使用这些接口、数据结构和信息的实体通常被划分在较高的层次中。但实际上,由于很多使用与被使用关系紧密地耦合在一起,设计者难以对它们做出明确的层次划分。

层次结构存在的主要问题是程序执行效率问题。当一个用户程序调用一个系统调用时,该系统调用逐层调用下一层的服务。在每一层,调用参数都可能发生变更,数据可能需要传递,每个层次都为上个层次的调用添加了额外的信息,进而增加了额外的开销,因此层次化调用所花费的时间更多。这一问题促使人们思考如何设计出层次较少、功能较多,能够充分利用模块化代码的优势,并且能够避免层次化结构执行效率问题的操作系统。微内核结构就是一种满足这些要求的操作系统结构。

1.3.4 微内核结构

在 20 世纪 80 年代中期,卡内基梅隆大学的研究者们在 UNIX 操作系统的基础上,采用了一种新型操作系统结构——微内核结构,重新设计和开发了一个名为 Mach 的操作系统。

微内核结构的基本思想是,把操作系统分成两部分,一部分是运行在用户态(用户空间)并以客户机/服务器方式活动的进程;另一部分是运行在核心态(内核空间)的内核。运行在用户态的操作系统部分被分成若干个相互独立的进程,每一个进程实现一类服务,称为服务器进程(如文件服务、进程管理服务、存储管理服务、网络通信服务等)。用户进程与操作系统的服务器进程都在同一个层次,即用户空间中,并以客户机/服务器方式工作。

客户机和服务器之间采用消息传递(message passing)进行通信,而内核被映射到所有进程的虚拟地址空间中,它可以控制所有进程。客户进程发出消息,内核将消息传送给服务器进程,服务器进程执行客户提出的服务请求,通过内核发送消息将结果返回给客户。当一个客户程序访问一个文件时,通过微内核提供的消息交换机制,间接与文件服务交互,有利于实现客户程序与文件服务之间的解耦。内核只实现极少数任务,主要起信息验证、消息交换的作用,因而称为微内核(microkernel)。通常,微内核只提供包括进程通信、少量内存管理、底层进程管理和底层 I/O 操作在内的最小服务。

微内核结构的主要优点是易于实现操作系统的扩展:

(1) 所有的新服务被添加到用户空间,对内核不产生影响;

(2) 由于内核较小,当需要修改内核时,其改变也相应较少;

(3) 服务之间通过消息通信机制间接交互,因此服务之间的关联较为松散,有利于实现服务的更新和维护;

(4) 微内核系统更易于移植;

(5) 微内核系统提供了更高的安全性和可靠性,由于每个服务都是以一个用户态进程的形式运行,如果一个服务失效,不会影响操作系统内核的运行。

采用微内核结构的操作系统主要有 Tru64 UNIX,QNX 和 Minix 3 等。Tru64 UNIX 建立在 Mach 内核基础上,能够为用户提供 UNIX 接口。Mach 内核把 UNIX 系统调用转化为对应服务(运行在用户空间)的消息发送。QNX 是一个实时操作系统,其内核只提供消息传递和进程调度服务以及处理底层的网络通信和硬件中断,所有其他功能都以进程的形式提供,运行在内核空间之外。图 1-11 是 Minix 3 操作系统的微内核结构。

微内核系统的主要问题是执行效率。在简单和层次结构的系统中,应用程序通过系统调用来获取操作系统服务,需要进行两次模式切换(用户态→内核态,内核态→用户态);在微内核系统中,通过向一个服务器发送一个消息请求服务,然后通过接收来自服务

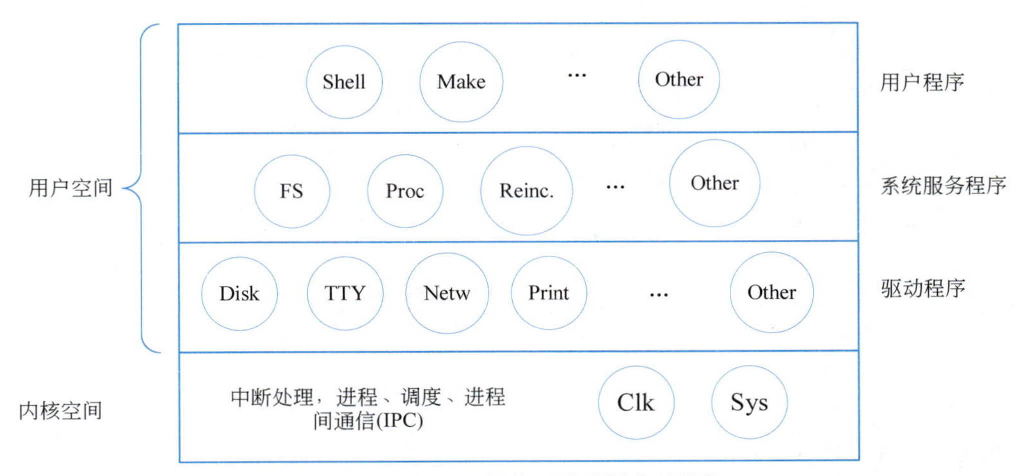

图 1-11　Minix 3 操作系统的微内核结构

器的另一个消息来获取结果。如果驱动器以进程的形式来实现，那么当一个服务器访问驱动器时，还需要一个进程间的上下文切换(context switch)。另外，当向服务器传递和从服务器接收数据时，还存在复制数据的开销。而对于简单结构的系统来说，内核可以直接访问用户缓冲区中的数据。以上这些因素都使微内核系统的效率下降。

的 1.3.5　外核结构

传统操作系统为应用程序的开发和运行提供了一个统一的硬件资源抽象，进程、文件、地址空间以及进程间通信都是这种抽象的具体形式。附加了这一抽象层次的计算机提供了一个通用平台，为应用开发和程序运行提供了便利。但另一方面，针对一个具体的应用需求，这些硬件资源抽象的实现方式通常是不可更改的、难以进行特定优化的和动态组装的。事实表明，在很多应用场景中，应用比操作系统更了解该如何去抽象和使用硬件资源，应当尽可能让应用来控制硬件资源抽象的实现方式。

1995 年，麻省理工学院的 Dawson Engler 和 Frans Kaashoek 等研究者提出了外核结构(exokernel)，同时提出了库操作系统(LibOS)的概念，将硬件的抽象封装到 LibOS 中，与应用直接编译和链接，降低应用开发的复杂度。而操作内核，即外核，则只负责硬件资源在多个 LibOS 之间的多路复用，并管理这些 LibOS 的生命周期。图 1-12 给出了一个基于外核结构的系统结构图。

外核结构可为不同应用提供定制化的高效资源管理。按照不同应用领域的要求，将硬件资源的抽象模块化为一系列的库，即 LibOS，这样的设计有 3 个优势。

(1) 可按照应用领域的特点和需求，动态组装成最适合该应用领域的 LibOS，最小化非必要的代码，从而获得更高的性能。

(2) 处于硬件特权级的操作系统内核，即外核，可以做得非常小，主要为 LibOS 提供

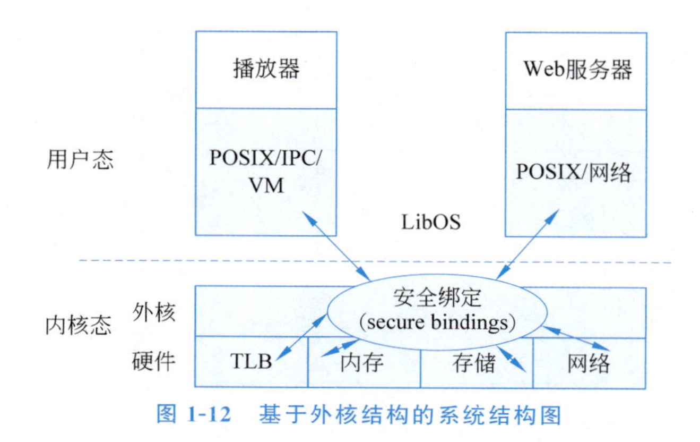

图 1-12　基于外核结构的系统结构图

硬件的多路复用能力并管理 LibOS。

（3）外核结构将多个硬件资源切分为一个个“硬件资源切片”，每个切片中保护的多个硬件资源由 LibOS 管理并直接服务于一个应用，实现了硬件资源的虚拟化。由于多个 LibOS 之间具有强隔离性，可以提升整个计算机系统的安全性和可靠性。

外核结构的不足在于 LibOS 通常是为某种应用定制的，缺乏跨场景的通用性，应用生态差。因此，外核结构较难用于功能要求复杂、生态与结构丰富的场景。

在此，我们可以对前面所属的 4 种操作系统结构做一个比较，如表 1-4 所示。

表 1-4　操作系统内核结构的谱系

操作系统结构	OS 代码与应用程序代码所处的模态	应用程序使用 OS 的方式	应用程序代码和内核代码的分布	优　缺　点
简单结构	都分布在内核态	函数调用	在同一地址空间	结构简单，但不具备现代 OS 的特征
宏内核结构	应用程序位于用户态；内核位于内核态	系统调用	在同一地址空间	避免了应用程序与内核程序的进程切换，效率较高。缺点是内核庞大复杂，不易维护和扩展
微内核结构	应用程序位于用户态；OS 服务也位于用户态；微内核位于内核态	应用程序通过 IPC 与 OS 服务交互	应用程序与 OS 服务程序位于独立的地址空间	内核小，服务器之间解耦，系统易维护、易扩展，但 IPC 是性能瓶颈
外核结构	应用程序和 LibOS 编译链接后位于用户态；外核位于内核态	应用程序通过函数调用访问 LibOS	应用程序和 LibOS 位于同一地址空间	效率高，系统的安全性和可靠性较好，通用性和应用生态较差
层次化结构	应用程序位于用户态；内核位于内核态	陷阱指令	在同一地址空间	防止错误或恶意程序对系统的负面影响，利用信息隐蔽原则，提高了层次的独立性和模块化程度。缺点是存在执行效率问题

1.3.6 虚拟机

虚拟机(virtual machine,VM)的概念和技术可以追溯到 20 世纪 60 年代,它起源于分时系统 CTSS 和 IBM 的 CP/CMS 系列系统,但是在这之后一直没有得到足够的重视,直到近些年随着计算机虚拟化技术和云计算技术的兴起,虚拟机技术又获得了新生。在现代操作系统中,虚拟机已经成为操作系统或由操作系统支持的计算环境的一部分,因此在介绍操作系统结构时,有必要对虚拟机进行介绍。

简而言之,一个宿主物理机可以支撑多个虚拟机运行,每个虚拟机具备一个特定操作系统的特性,甚至一个特定硬件平台的特性。这样,原先独立的多台物理计算机就可以合并到一台宿主机上作为虚拟机运行。构造系统虚拟机的目的有两个,一是在实际硬件还没有得到之前就运行和测试应用程序,二是在一台计算机上运行虚拟机的多个实例,仿真多个计算环境,以提高计算资源的使用效率。我们用合并率(consolidation ratio)表示一台宿主机上能够运行的虚拟机的个数。例如,一台宿主机上可以运行 6 台虚拟机,那么就说合并率为 6∶1。虚拟机技术的应用,极大地减少了数据中心里物理机的个数,进而减少了供电、冷却所需要的能量消耗,减少了线缆、网络交换设备的数量,以及部署计算机所需的物理空间。虚拟机技术已经成为当前商业和个人用户处理遗产应用(legacy applications),降低运维成本,实现"绿色计算"的重要手段。

实现虚拟机的方法是在硬件与虚拟机之间增加一个虚拟化层(virtualization layer),有时也称为虚拟机监视器(virtual machine monitor,VMM,或 hypervisor)。虚拟化层用软件模拟和仿真特定计算机硬件结构,并提供一套与底层硬件完全相同的接口,这样运行在物理计算机上的操作系统以及应用程序也同样可以运行在虚拟化层上。

虚拟化层可以直接对硬件层虚拟化,也可以对操作系统层虚拟化。图 1-13 是一个对硬件层虚拟化的虚拟机结构。图 1-13 的左半部分是没有采用虚拟机的结构。操作系统内核与底层硬件紧密耦合。对于给定的硬件,一次只能运行一个操作系统内核。尽管有些硬件架构可以支持多种操作系统内核(如 x86 可以支持 Windows,也可以支持 Linux),但是只能重新启动后再切换,不能同时运行多个内核实例。

图 1-13 的右半部分是采用了虚拟机的结构。硬件层之上是虚拟化层,它是对底层硬件的完全仿真和模拟。在虚拟化层次之上,可以运行多个虚拟机实例 VM1、VM2 和 VM3。每个虚拟机就像一台真实的计算机一样,其上可以运行不同的操作系统内核,即使这些内核原本要求不同的硬件架构。例如,假设底层硬件是 x86 架构,而 Solaris 系统要求 Sparc 硬件架构。虚拟化层可以在 x86 架构上仿真和模拟 Sparc 架构的接口,这样 Solaris 就可以运行在 VM2 上,就像运行在一台 Sparc 机器上一样。

虚拟化层也可以建立在宿主操作系统之上,对操作系统层虚拟化。例如,VMware 运行在 Windows 宿主系统上,提供 3 个虚拟机实例,分别支持 Linux、Solaris 和 FreeBSD 这 3 个客户操作系统,如图 1-14 所示。这样,原先运行在这些操作系统之上的应用程序就可以分别运行在这些客户操作系统上。总体来看,在一台机器上可以同时运行 4 个操作

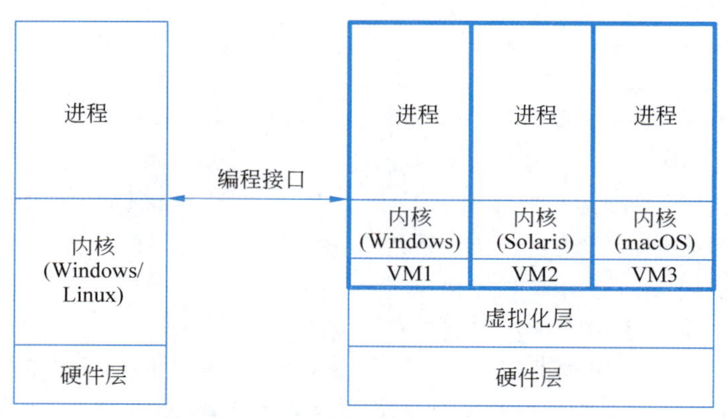

图 1-13 采用虚拟机的操作系统结构

系统，成为一个支持异质计算环境的平台。

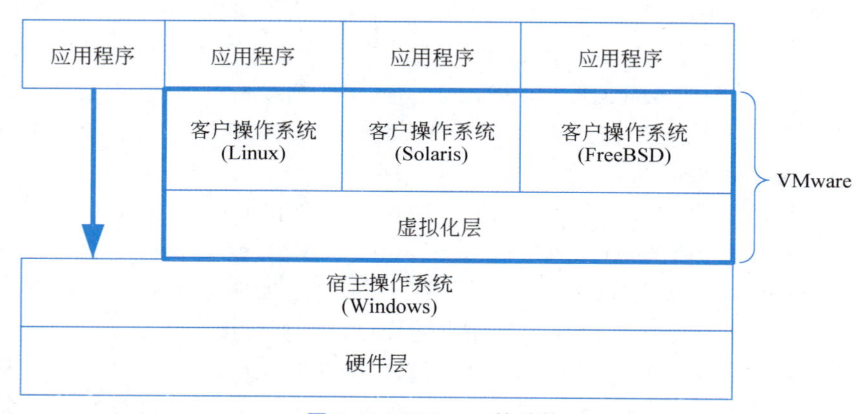

图 1-14 VMware 的结构

使用虚拟机的好处包括如下几点。

(1) 每个虚拟机都与其他虚拟机完全隔离，对各种系统资源提供一个完全保护。

(2) 多个虚拟机实例共享相同的硬件，并且同时运行几个不同的执行环境（即操作系统），构造了一个异质计算平台，提高了计算资源的使用效率。

(3) 虚拟机为操作系统研究和开发提供了一个理想的载体。如果直接在硬件上对操作系统进行开发、修改和测试，那么每次测试时都必须重新加载和启动操作系统。采用虚拟机可以极大程度缓解这个问题。开发人员不用在物理计算机上开发，而是在虚拟机上就可以开发和测试，这样就不用频繁启动计算机，在本机上就可以观察到测试结果。

(4) 计算资源的虚拟化是云计算模式的关键技术。云计算模式要求在数据中心对各种计算资源进行统一管理，每个客户准备计算时，需要向云端发起任务请求，计算任务实际上是在云端完成的，这就要求云必须为每个客户建立一个虚拟计算环境，并且保证每个虚拟环境的隔离性和安全性。

知识扩展

语言虚拟机

根据虚拟机模拟和仿真实际计算机的程度，可以将其分为两类：系统虚拟机(System VM)和进程虚拟机(Process VM)。上面所述的虚拟机实际上是系统虚拟机。

语言虚拟机也称为进程虚拟机、应用虚拟机或运行时环境(Managed Runtime Environment，MRE)，它就像一个普通应用程序一样，运行在一个宿主操作系统上，支持一个程序或一个进程的运行。这种虚拟机通常与一种或多种程序设计语言紧密绑定，其目的是提高程序的可移植性和灵活性。语言虚拟机的一个关键特性是，运行在其中的软件被严格地限制在由虚拟机所提供的资源抽象上，不能突破虚拟机环境，这就使得通过虚拟机来保障系统安全性成为可能。

典型的语言虚拟机有支持 Java 语言的 JVM(Java VM)、支持.NET 框架的公共语言运行时(Common Language Runtime，CLR)和支持 Android 应用的 Dalvik 虚拟机。

1.4 操作系统大观

随着计算机的发展，出现了各种类型的操作系统，而且目前仍处于不断发展之中。本节对这些操作系统进行简要回顾，并探讨可以从中大致预测的未来操作系统的发展趋势。

1. 大型机操作系统

在个人计算机广泛普及的今天，大型机仍然活跃在高端 Web 服务器、大型事务处理和大型科学计算等领域，在工程实践和社会生活中发挥着重要作用。大型机与个人计算机的主要差别是其 I/O 处理能力。大型机操作系统主要用于面向多个作业的并发处理。系统主要提供 3 类服务：批处理、事务处理和分时处理。批处理系统主要处理那些不需要用户交互的周期性作业，如保险公司的索赔处理、连锁商店的销售报告处理等，通常以批处理方式完成。事务处理系统主要处理大量小的请求，如银行的支票处理或航班预订处理等。每个事务量都很小，但是系统必须每秒处理成千上万个这样的业务。分时系统允许多个远程用户同时在计算机上运行作业，如在大型数据库上的查询。大型机操作系统的典型代表是 OS/390(OS/360 的后继版本)，但是大型机操作系统正在逐渐被 Linux 这类 UNIX 系统的变体所替代。

2. 服务器操作系统

服务器可以是处理能力很强的个人计算机、工作站，甚至大型机。服务器操作系统通过网络同时为多个用户提供诸如打印服务、文件服务和 Web 服务等多种服务。互联网服务商通常运行着多台服务器，用来保存 Web 页面、页面缓存和页面镜像，以支持大量用户的访问请求。典型的服务器操作系统有 Solaris、FreeBSD、Linux、Windows Server 200x，以及本书着重介绍的华为 openEuler。

3. 多处理器操作系统

多处理器操作系统指包含两个或多个功能相近的处理器，处理器之间彼此可以交换数据，所有处理器共享内存、I/O 设备、控制器及外部设备的计算机系统。多处理器系统需要由专门的操作系统来管理，在处理器和程序之间实现作业、任务、程序、数组及其元素各级的全面并行。多处理器操作系统通常采用配有通信、连接和一致性等专门功能的服务器操作系统来实现。

4. 个人计算机操作系统

现代个人计算机操作系统都支持多道程序处理，它们的主要功能是为单个用户提供良好的支持。常见的个人计算机操作系统有 Linux、Windows Vista 和 Macintosh 等。

5. 手机操作系统

Android 是当前最流行的移动终端操作系统。截至 2019 年底，Android 已经被部署到全球 74.13%的智能终端设备。Android 设计的目标之一是方便各个厂商适配，整体采用了更加商用友好的 Apache Software License。与 GPL(GNU Public License)不同的是，Apache Software License 不要求使用并修改源码的使用者重新开放源码，而只需要在每个修改的文件中保留 license 并表明所修改的部分。

6. 嵌入式操作系统

嵌入式系统(embedded system)是一种完全嵌入在控制器内部，为特定应用而设计的专用计算机系统。嵌入式系统通常作为整个设备的一部分而存在，其主要功能是控制设备的物理过程、实现人与设备之间的交互，以及处理各种各样的信号和信息。例如，我们生活中的汽车、微波炉、电视机、手机和 MP3 播放器等设备中都包含嵌入式系统。一般来说，嵌入式操作系统应当具有专用性、可靠性、实时性和易裁剪性等特点。典型的嵌入式操作系统有 QNX 和 vxWorks 等。

7. 传感器节点操作系统

无线传感器网络是由许多在空间上分布的传感器节点(nodes)组成的一种计算机网

络，这些节点通过无线通信技术相互联络和协作，监控不同位置的物理或环境状况。无线传感器网络最初起源于战场检测等军事应用，目前在建筑物周边保护、国土边界保卫、森林火灾探测等领域获得了广泛的应用。每个传感器节点携带的电能非常有限，必须长时间工作在无人值守的户外环境中，这些环境条件通常比较恶劣。其网络必须足够健壮，在个别节点失效的情况下，还能够正常或降级使用。

每个传感器节点是一个配有 CPU、RAM、ROM 以及一个或多个环境传感器的微小型计算机，节点上运行一个小型操作系统。这个操作系统通常是事件驱动的，可以响应外部事件，或者基于内部时钟进行周期性测量。由于节点的 RAM 很小，携带的电能有限，因此要求操作系统必须设计得非常精简。TinyOS 是一个用于传感器节点的典型操作系统。

8. 智能卡操作系统

智能卡是一种包含一块 CPU 芯片的信用卡，它有非常严格的运行能耗和存储空间的限制。有些智能卡只具有单一功能，诸如电子支付，有些智能卡则可在同一卡中实现多项功能。Java Card 是一种典型的智能卡操作系统，定义了一个智能卡上的计算环境，该环境包括一个 Java Card 虚拟机（JCVM）、一个良定义的运行库和 Java Card API 规范。由于 JCVM 屏蔽了不同智能卡的硬件差异，所以相同的 Java Card applet（小程序）可以运行于不同的智能卡上，提高了 Java Card 小程序的可移植性。Java Card 最显著的特征是能够提供较高的数据隔离性和安全性。

9. 机器人操作系统

机器人操作系统（Robot Operating System，ROS）虽然名字中包含操作系统字样，但它实际上是一个面向机器人硬件场景的系统框架，可运行在 Linux 内核以及其他兼容 POSIX 接口的操作系统内核之上。ROS 系统框架是一种由若干节点构成的分布式结构，每个节点执行一个具体的计算，如感知、融合、规划与控制等；节点之间由通信关系组织成一个特定的拓扑结构，称为“计算图”。ROS 的核心模块包括**通信基础结构**（包括消息传递、消息的记录和回放、远程过程调用和分布式参数系统），**机器人特定功能**（包括机器人几何库、机器人描述语言、诊断、位姿估计、定位与导航等）和**工具集**（如可视化工具）。目前使用人数最多的 ROS 系统是 Indigo 和 Kinetic，它们的下载使用量分别占 72% 和 11%。

10. 云计算操作系统

云计算（cloud computing）也称为按需计算（on-demand computing），是近年来出现的一种新型计算模式，它基于互联网架构，为分布在互联网上的计算机或其他设备（如手机、PDA 等）提供共享、泛在和按需访问的计算资源，这些资源包括网络资源、服务器资源、存储资源、应用程序和服务资源等。云计算服务通常由第三方的数据中心（data center)来提供,它能够为用户和企业提供各种数据存储和数据处理服务,减少企业在计算资源架构和资源维护等方面的成本。

支持云计算模式需要云操作系统的参与。"云计算操作系统"这个概念现在还不成熟,目前,人们普遍认为,云计算操作系统是提供云计算服务的数据中心的整体管理运营系统,即构架于服务器、海量存储介质、网络等基础硬件资源,以及单机操作系统、中间件、数据库等基础软件之上的综合管理系统。按照这样的观点,云计算操作系统所管理和控制的硬件和软件的范围非常广泛,被管理对象的异质性、异构性和巨大的数量都为云计算操作系统的设计和开发带来了巨大的挑战。目前,已经出现了一些云计算操作系统,如 VMware 云操作系统,Google 云操作系统,国内较为著名的云有华为云、腾讯云和阿里云等。

习　　题

1. 结合本书 1.4 节对不同操作系统类型的简述,试述人们对不同操作系统有哪些不同维度的需求。(提示:这些需求可能是方便性、有效性、可扩展性、安全性、可靠性、实时性等,但不同操作系统的偏重点有所不同。)

2. "虚拟机"与"计算环境"的概念是什么关系?试从虚拟机的角度谈谈操作系统如何为用户或进程提供隔离的计算环境。

3. 试比较多道程序设计批处理系统与分时系统的异同。

4. 微内核结构是如何实现内核的精简化、小型化的?如何实现应用程序与系统服务之间的解耦合?

5. 设在内存中有三道程序 A、B 和 C,均处于就绪态,并按 A>B>C 的优先次序运行,其内部计算和 I/O 操作的时间如表 1-5。

表 1-5　三道程序的内部计算和 I/O 操作时间

程　序	计　算	I/O	计　算
A	30ms	40ms	10ms
B	60ms	30ms	10ms
C	20ms	40ms	20ms

(1) 试画出按多道程序运行的时间关系图(调度程序的执行时间忽略不计),并说明完成这三道程序共花多少时间,以及比单道运行节省多少时间。(提示:假定每个程序有独立的 I/O 通道。)

(2) 以程序 A 为例,写出其生命过程中状态变化的序列。

(3) 若处理器调度程序每次进行调度的时间为 1ms,试画出在考虑操作系统调度时间情况下的时间关系图。

6. 假设有一台多道程序的计算机，每个作业有相同的特征。在一个计算周期 T 中，一个作业有一半时间花费在 I/O 上，另一半用于处理器的活动。每个作业一共运行 N 个周期。假设使用简单的时间片轮转调度，并且 I/O 操作可以与处理器操作同时运行。定义以下量：

- 时间周期＝完成任务的实际时间；
- 吞吐量＝每个时间周期 T 内平均完成的作业数目；
- 处理器利用率＝处理器活跃（不是处于等待）的时间百分比。

当周期 T 分别按以下方式分布时，

（1）前一半用于 I/O，后一半用于处理器；

（2）前 1/4 和后 1/4 用于 I/O，中间部分用于处理器。

对 1 个、2 个和 4 个同时发生的作业，试计算上述定义的几个量。

7. 在用户程序通过系统调用读写磁盘文件时，需要指明读写的文件，指向数据缓冲区的指针以及读写的字节数。然后控制转移给操作系统，以调用相关的驱动程序。假设驱动程序启动磁盘并且直到中断发生时才终止。在从磁盘读文件时，一般情况下调用者会阻塞，等待读取的数据到来。在向磁盘写文件时，调用者是否需要阻塞，一直等到数据写入磁盘为止？

8. 在单 CPU 多道程序系统中，有两台 I/O 设备 I1 和 I2 可供并发进程使用，CPU、I1 和 I2 能够并行工作。现有三个作业 J1、J2 和 J3 投入运行，它们的运行模式如下。

J1：I2(30ms)、CPU(10ms)、I1(30ms)、CPU(10ms)、I2(20ms)。

J2：I1(20ms)、CPU(20ms)、I2(40ms)。

J3：CPU(30ms)、I1(20ms)、CPU(10ms)、I1(10ms)。

请计算下面两种调度方式下，每个作业从投入到完成分别所需的时间、从投入到完成 CPU 的利用率，以及 I2 设备的利用率。

（1）假设按照非抢占的调度方式依次调度 J1、J2 和 J3。

（2）假设按照优先级调度三个作业，高优先级作业可以抢占低优先级作业的 CPU，但不抢占设备 I1 和 I2，三个作业优先级从高到低依次为 J1、J2 和 J3。

第 2 章

操作系统的硬件基础

学习和理解操作系统的工作原理，首先需要了解支撑操作系统工作的硬件结构和基本机制。本章简要介绍计算机系统的硬件结构，为后续操作系统内容的介绍提供必要的硬件知识准备。对于已经学习过微机原理或计算机体系结构的读者来说，这部分内容可以跳过，但是本章为看待计算机硬件结构提供了一个新的视角——从软件程序的角度来解释和描述硬件结构的功能，因此对于已经具备计算机硬件知识的学生来说，仍然具有参考价值。

本章学习内容和基本要求如下。

(1) 了解计算机硬件的主要构成部分以及各部分之间的互连关系，了解程序执行过程中的数据流和控制流在硬件结构上的传播演进过程。

(2) 了解内存、CPU、I/O 模块和系统总线的内部结构和工作原理。

(3) 重点掌握指令循环，异常的定义、分类和处理，明确它们在计算机程序执行过程中的基础性作用。

(4) 重点掌握处理器的两种运行模式和模式切换，明确它们在保障计算机安全、提高计算机的可用性方面的重要作用。

2.1 计算机硬件结构

计算机由 5 类基本模块组成：CPU、内存、I/O 模块（输入/输出模块）、系统总线和时钟模块。CPU 是唯一具有处理功能的单元；内存模块充当外部存储设备与 CPU 之间交换数据的高速缓存（cache），通常用来存放用户程序和数据，并驻留操作系统内核；I/O 模块用来管理和控制外部设备，如磁盘、键盘、显示器等，并充当外部设备与 CPU 之间交互的中介；系统总线是这 3 类模块的连接方式，实现它们之间状态、数据和控制信息的交换；时钟模块用来产生时钟脉冲，同步和协调这 4 类模块之间的交互。

每类模块内部的结构以及它们之间的连接和信息交换方式都非常复杂，超出了本书的主题范围。这里从程序员的角度出发，给出一种抽象看待计算机硬件结构的方式。我们把每个部件抽象为一个“灰箱”（grey box），把部件之间的信息交换抽象为控制流和数据流，如图 2-1 所示（注：“白箱”是对系统所有内部细节和工作流程的描述，而“黑箱”则屏蔽了系统的所有内部结构和工作细节，把系统行为抽象为它与外部环境交互的方式。“灰箱”由于介于“白箱”和“黑箱”之间，具有一定的内部细节，但又足够抽象）。

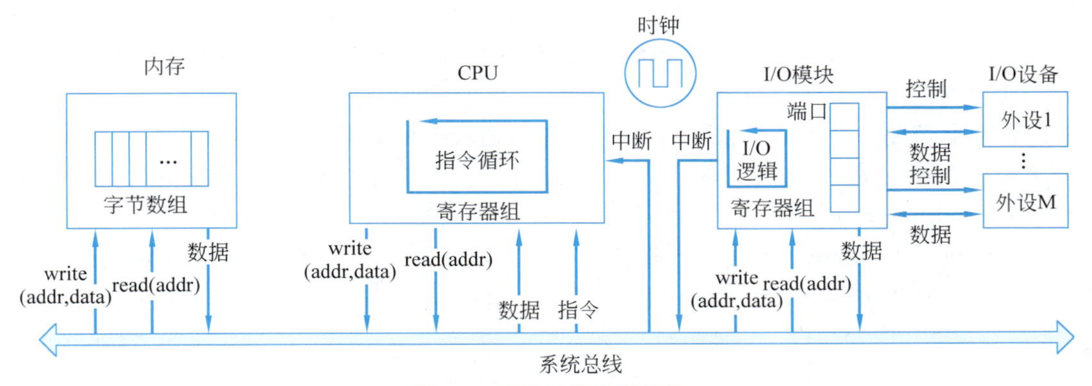

图 2-1　计算机的典型结构

（1）内存可以被抽象为一个字节数组，里面存放数据或指令。内存通过总线，从 CPU 接收 read 和 write 控制命令，并进行数据读、写。如果是 read 命令，则将读出的数据通过总线发送给 CPU。

（2）CPU 是计算机系统中唯一具有处理能力的部件，它可以被抽象为一个用硬件实现的、开机后能够自动执行的程序。该程序能够从内存中读取指令和数据，解释并执行指令，这一过程可以被抽象为**指令循环**。CPU 中的寄存器组可以看作程序变量的抽象；CPU 通过总线向内存或 I/O 模块发送控制命令 read 和 write，并接收来自内存或 I/O 模块的数据。

（3）I/O 模块可以看作一个专门用于处理 CPU 与外设之间信息交互的独立处理单元，因此它具有自己的 I/O 处理逻辑和寄存器组。I/O 模块具有两套接口，一套面向 CPU，从 CPU 接收 read 和 write 命令，并将从外设中读取的数据发送给 CPU；另一套接口面向一个或多个外部设备。“端口”是用户程序用来标识和访问外部设备的抽象，I/O 模块通过端口标识和访问对应的外设。另外，I/O 模块还向 CPU 发送中断信号，报告外部设备的状态，CPU 必须接收这些中断，并在指令循环中进行处理。

下面分别就每个部件的内部结构和工作过程进行抽象而又不失细节的描述。

2.1.1　内存

内存是易失性存储介质，其中存储的数据随着计算机的掉电而消失。从用户角度看，内存中存储操作系统内核以及应用程序的指令和数据。从系统角度看，内存实际上充当高速的处理器与相对低速的外部设备之间的缓存，以提高系统整体运行效率。

大多数计算机使用**字节**(bytes)(8 位)作为内存的最小访问单元，每字节有唯一的**物理地址**。内存可以被抽象为字节的一维数组，首字节的地址从 0 开始，后续字节顺序编址。内存中所有 M 字节的物理地址构成了一个集合{0,1,2,…,M－1},称为物理地址空间。显然,使用物理地址访问内存是最自然的方式。早期的个人计算机、数字信号处理器、嵌入式微控制器以及克雷超级计算机等,一直使用物理地址方式访问内存。

由若干确定数目的连续字节所构成的存储区块(chunk)称为字(word)。字的大小通常用它包含的字节数或位数来表示。常见的字大小为 4 字节(32 位)或 8 字节(64 位),它是计算机系统的一个重要参数。通常,一个整数值或指针值用一个字的大小来表示,因此如果一个计算机系统的字大小是 32 位,那么一个整数值或指针值(即地址值)也就用 32 位(即 4 字节)来表示。

高级语言中的数据类型决定了数据的存储方式和操作方式。不同数据类型所占的字节数依赖计算机硬件架构和编译器。表 2-1 是 C 语言部分数据类型的数据所占的字节数。

表 2-1 C 语言数据类型所占字节数

数据类型	32 位计算机	64 位计算机
char	1	1
short int	2	2
int	4	4
long int	4	8
long long int	8	8
char *	4	8
float	4	4
double	8	8

要表示一个 double 类型的数据,64 位的机器只需要用 1 个字就可以表示,而 32 位机器需要 2 个字才能表示。

1. 大端和小端

多字节数据对象用相邻的字节序列来存储。这就带来两个问题:一是多字节数据对象的地址怎样确定,二是多个字节的顺序如何规定。

对于第一个问题,通常用字节的最小地址作为多字节数据对象的地址。例如,一个字占据了 4 字节,这些字节的地址分别为 0x100,0x101,0x102 和 0x103,那么这个字的地址就是 0x100。再如,一个 int 型的变量 x,如果其地址是 0x100,那么 x 的值将被存储在地址分别为 0x100,0x101,0x102 和 0x103 的 4 字节中。

第二个问题则涉及多字节数据对象的大端(big endian)和小端(little endian)问题。大端指多字节数据对象中,最高阶字节(most significant)位于最低地址,最低阶字节(least significant)位于最高地址;小端正好相反,最高阶字节位于最高地址,而最低阶字节位于最低地址。例如,对于十六进制数 0x1234567,最高阶字节是 0x01,最低阶字节是

0x67。如果用这两种不同方式来存储该值，那么字节顺序正好相反，如图 2-2 所示。

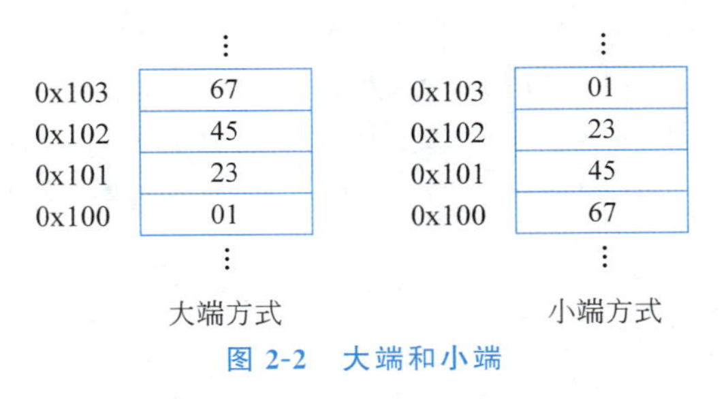

图 2-2　大端和小端

因此，为了正确地读写多字节数据对象的值，我们需要了解不同计算机的字节顺序。大多数 Intel 兼容的计算机采用小端字节顺序，而大多数 IBM 和 Sun 的计算机采用大端字节顺序。许多新出的微处理器可以对大端和小端的方式进行设置。

知识扩展

哪种情况下需要考虑字节顺序？

对于大多数程序员而言，计算机的字节顺序是不可见的。编译器会根据不同计算机所采用的字节顺序把源程序编译成相应的机器码，而计算机在执行时，又会按照同样的字节顺序对数据进行解释，因此无论计算机采用哪种方式，程序运行结果都是正确的。但是在如下 3 种情况下，需要考虑计算机的字节顺序。

(1) 当在不同计算机之间进行网络数据传输时。发送端和接收端的计算机所采用的字节顺序可能不同，如果不考虑它们的字节顺序，就可能会导致接收数据的字节顺序与发送数据的字节顺序正好相反。

(2) 当阅读和审查程序的二进制目标码时。二进制目标码是字节序列的文本，目标码中的整数值也是通过字节序列来表示的，因此要获取正确的整数值，需要考虑字节顺序是大端还是小端。例如，这样一条二进制代码：

```
80483bd:   01  05  64  94  04  08         add  %eax, 0x8049464
```

表示一条加法指令，意为将寄存器%eax 中的值加到地址为 0x8049464 的值上。二进制指令中的后 4 字节表示一个整数地址值 0x8049464，显然这是按照小端方式存储的结果。

(3) 在对程序的数据类型进行造型(重新解释)时。例如，我们需要把整数类型的数据解释成字符串类型，并打印输出。显然，不同计算机表示整数的字节顺序不同，打印出的字符串顺序也会不同。

2. CPU 缓存

相对于 CPU 处理的速度，内存访问的速度非常缓慢。一条算数运算指令只需要一个或几个时钟周期即可完成，而一次内存的访问则可能需要花费上百个时钟周期。为了降低 CPU 访存开销，CPU 中通常引入高速缓存，如图 2-3 所示，用于存放一部分物理内存中的数据。高速缓存的访问速度要比内存快得多，一般只需要几个时钟周期。当 CPU 需要向物理内存写入数据时，可以直接写在高速缓存中，待到缓存已满时，把整批数据写入内存；当 CPU 需要从内存读取数据时，先在缓存中查找，如果没有命中(hit on)，再去物理内存中读取。通过“延迟写入”和“缓存预读”策略，可以大幅降低 CPU 的访存时间。

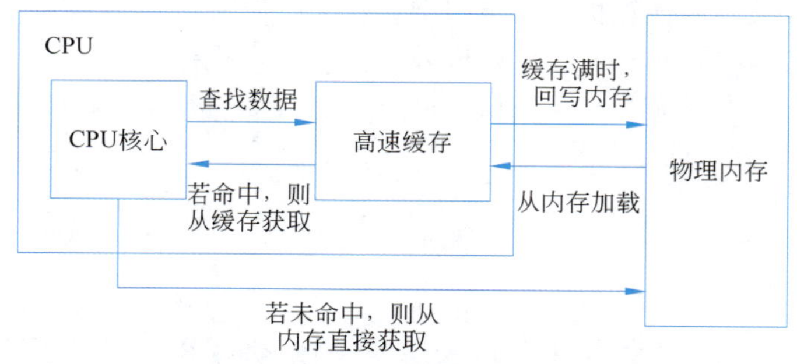

图 2-3 CPU 缓存与内存结构

2.1.2 CPU

CPU(中央处理器单元)是计算机中唯一具有处理能力的模块。那么如何从软件的角度来理解 CPU 硬件呢？如果学习过面向对象技术，我们就可以用“类”的概念来抽象地描述 CPU。

一个 CPU 包括一组存储单元，即寄存器组(相当于类的属性或成员变量)。一部分寄存器是可供外部程序使用的，这相当于类成员变量的 public 属性；而另一部分寄存器是处理器为了内部控制逻辑的需要而引入的，这部分寄存器是外部不能访问或者不能直接进行访问的，这相当于类成员的 private 属性。CPU 向外提供一组接口，即指令集，应用程序通过指令集向 CPU 要求各种计算任务，指令集就相当于类的方法集。指令集中的一部分指令是应用程序可以访问的，相当于类的 public 方法；而另一部分指令是专供 CPU 在特权模式下使用(如 I/O 指令)，或用于 CPU 内部处理、总线通信等，可以把这部分指令简单地认为是类的 private 方法。用图 2-4 中的 processor 类来类比 CPU。

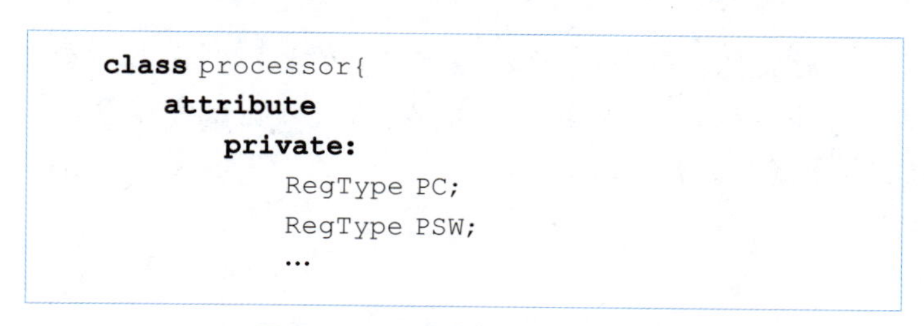

```
class processor{
    attribute
        private:
            RegType PC;
            RegType PSW;
            …
```

图 2-4 用类的概念来描述 CPU

```
        public:
            RegType %eax;
            RegType %ebx;
            …
    method
        private:
            特权模式下的指令集;
            总线接口集;
            …
        public:
            用户模式下的指令集
            …
    process
            private:
              cycle( );
}
```

图 2-4 （续）

值得注意的是，用类的概念来描述 CPU，主要目的是为了把 CPU 看作一个模块，它具有数据和接口两部分，而且有外部和内部可见性之分。另外，CPU 作为一类主动类，本身具有主动处理的能力，即它的内部具有一个主动处理过程，即指令循环 cycle()。指令循环是 CPU 内在的处理逻辑，外部程序不可控制。

寄存器可以分为两类。

（1）用户可见的寄存器(user-visible registers)：指程序员或编译程序可以读、写的寄存器，即类中具有 public 属性的寄存器。通过优化使用这些寄存器，可以最大程度地减少对主存的访问，提高程序执行效率。

（2）控制和状态寄存器(control and status registers)：CPU 中的控制单元使用这些寄存器控制处理器的操作，或操作系统程序、其他特权程序用于控制程序的执行。绝大多数控制和状态寄存器对程序员不可见，但是一些寄存器对于在特权模式下执行机器指令是可见的。

值得注意的是，上述分类并没有清晰的界限。例如，程序计数寄存器 PC 在 x86 体系下是用户可见的寄存器，但在很多其他 CPU 中，PC 是控制和状态寄存器。表 2-2 是对这些寄存器的一些说明。

除了表 2-2 所述寄存器之外，有些处理器在设计寄存器时，还考虑到了对操作系统的支持。比如在某些处理器中，有专门的寄存器保存指向进程控制块的指针；某些处理器中用中断向量寄存器保存中断向量；在支持虚拟内存的处理器中，用页表指针寄存器保存页表指针。

表 2-2 寄存器及相关说明

<table>
<tr><td rowspan="4">用户可见的寄存器</td><td>通用寄存器（general purpose）</td><td>用户程序和特权程序都可以使用的寄存器，这些寄存器可用于存放数据，也可用于存放地址</td></tr>
<tr><td>数据寄存器</td><td>用来存放数据的寄存器</td></tr>
<tr><td>地址寄存器</td><td>存放特定编址（寻址）模式下的地址，主要包括：段指针、索引、栈指针</td></tr>
<tr><td>条件码寄存器（condition code）</td><td>条件码被存放程序状态字寄存器 PSW 中，由处理器硬件设置，程序员或编译器只能读条件码，但不能设置，否则就会出现安全性问题</td></tr>
<tr><td rowspan="5">控制和状态寄存器</td><td>程序计数器（PC）</td><td>保存将要被取出的指令的内存地址</td></tr>
<tr><td>指令寄存器（IR）</td><td>保存最近被取出的指令</td></tr>
<tr><td>内存地址寄存器（MAR），内存缓冲寄存器（MBR）</td><td>分别保存内存地址和将被写入内存或刚从内存中读出的 1 个字大小的数据</td></tr>
<tr><td>I/O 地址寄存器（I/O AR），I/O 缓冲寄存器（I/O BR）</td><td>分别保存输入/输出地址和将被写入 I/O 模块或刚从 I/O 模块中读出的 1 个字大小的数据</td></tr>
<tr><td>程序状态字寄存器（program status word，PSW）</td><td>通常包括条件码和这样的标记位：①中断使能和去使能标记（interrupt enable/disenable）；②执行模式标记，指示处理器运行于特权（supervisor）模式还是用户模式</td></tr>
</table>

2.1.3 I/O 模块

I/O 模块是计算机控制和管理外部 I/O 设备的基本单元，一个 I/O 模块可以控制和管理一个或多个外部设备。处理器与外部设备的数据和控制交换通过 I/O 模块来完成。I/O 设备的种类很多，操作方式也多种多样，通过 I/O 模块可以简化计算机与外部设备的连接和操作方式。I/O 模块的结构如图 2-5 所示。

I/O 模块一侧与系统总线相连，另一侧通过外设接口控制逻辑与一个或多个外部设备相连。CPU 与外部设备之间的交换数据被缓存在一个或多个数据寄存器中；状态寄存器用于提供外部设备的当前状态信息供 CPU 查用，而一个状态寄存器也可能充当控制寄存器的作用，接收来自处理器的详细控制信息；I/O 逻辑通过一组控制线与处理器进行交互，CPU 通过控制线向 I/O 模块发送控制命令，而一些控制线也可能被 I/O 模块所用，如用于总线仲裁和状态信号等；地址线用于识别和产生与之关联的外部设备的地址。一个外设接口控制逻辑与一个外部设备相连，接口控制逻辑屏蔽了非关联的外部设备的时钟、格式和电磁特性等细节。

可以看出，I/O 模块屏蔽了不同外部设备的细节，使得 CPU 能够以一种简单、一致的读、写命令的方式访问外部设备。同时，I/O 模块也为 CPU 对外部设备的控制留有足够的细节，如磁带机的回卷操作等。

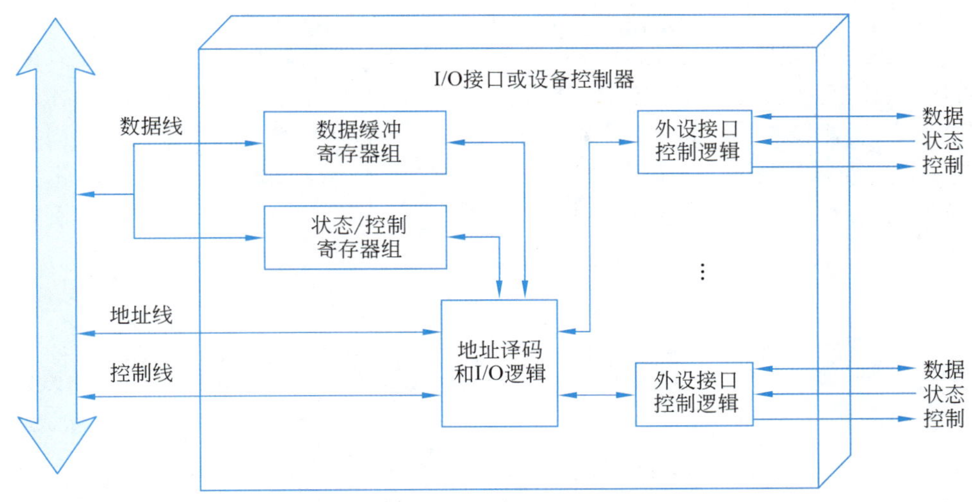

图 2-5　I/O 模块结构图

知识扩展

I/O 通道、I/O 处理机、I/O 控制器和设备控制器的概念

I/O 模块是计算机中用于管控外部设备的模块的统称。有时，还会见到一些类似的概念，如 I/O 通道、I/O 处理机、I/O 控制器和设备控制器等，这里对这些概念加以区分。

能够承担大部分 I/O 处理任务，并为处理器提供较高抽象层次接口的 I/O 模块称为 **I/O 通道**(I/O channel)或 **I/O 处理机**(I/O processor)；而那些 I/O 功能简单、并且需要处理器对其进行详细控制的 I/O 模块则称为 **I/O 控制器**(I/O controller)或**设备控制器**(device controller)。I/O 控制器通常用于微型机，而 I/O 通道通常用于大型机。下面的讨论中对此不加区分，统称为 I/O 模块。

2.1.4　系统总线

前面我们把 3 个单元当作“灰箱”，分别介绍了它们的内部结构和特性；现在我们把它们看作“黑箱”，着重考察它们的外部接口和连接方式，如图 2-6 所示。

CPU 是计算机中唯一的处理单元，通过控制信号向内存和 I/O 模块发送读取(read)和写入(write)信号，并指出读取或写入的地址，对于写入信号，CPU 还必须指出拟写入的数据，对于 I/O 模块，数据信号分为内部数据(internal data)和外部数据(external data)，前者是 I/O 模块与 CPU 之间的数据交换，后者是 I/O 模块与外部设备间的数据交换。另外，I/O 模块还必须向 CPU 发出中断信号(interrupt signals)，通知处理器 I/O 命

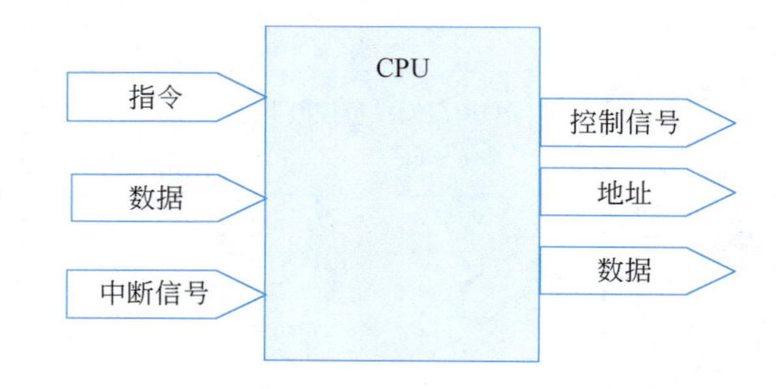

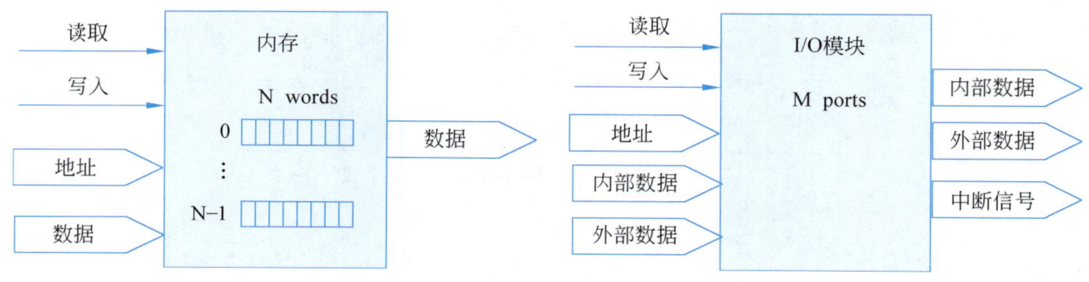

图 2-6 3 个基本模块接口图

令已经完成或某错误条件发生。对于 CPU，它按照内部处理逻辑，即指令循环，从内存中读出指令，解释并执行该指令，如果这些指令还涉及对内存和 I/O 模块的访问，那么 CPU 还必须向它们发送控制信号和地址信号；另外，CPU 也必须接收来自 I/O 模块的中断信号。

3 个基本单元之间通过总线结构连接。总线是两个或多个设备之间的连接方式和通信路径。总线最主要特性的是共享性，即被多个设备所共享。因此，一个设备发送的信号可以被总线上的所有设备收到，但是，如果两个设备在同一时间周期内发送信号，那么这些信号将会发生冲突，变成脏数据，因此任一时间周期内，只允许一个设备发送成功。

通常，一条总线包括多条通信导线，每条导线能够传输代表二进制数字 1 和 0 的物理信号。一个二进制数的序列可以用一条导线在连续时间周期内依次传输，也可以用多条导线在同一时间周期内传输。例如，一个 8 位数据，既可以用一条导线在连续的 8 个周期内传输完毕，也可以用 8 条导线在同一周期内传输完毕。系统总线通常包括 50 到上百条导线，每条导线都具有特定的含义和功能。我们把总线中的导线按照功能分为**数据线**、**地址线**和**控制线**。**除此之外，还有为总线上的模块供电的导线**。

【例 2-1】 假设有一个微处理器产生一个 16 位的地址（假设程序计数器和地址寄存器都是 16 位），并且具有一个 16 位的数据总线。

（1）如果连接到一个 16 位存储器上，处理器能够直接访问的最大存储器地址空间为多少？

(2) 如果连接到一个 8 位存储器上，处理器能够直接访问的最大存储器地址空间为多少？

(3) 处理访问一个独立的 I/O 接口地址空间需要哪些结构特征？

(4) 如果输入指令和输出指令可以表示 8 位接口号，这个微处理器可以支持多少个 8 位 I/O 接口？

解　(1) 能够直接访问的最大存储器地址空间为 2^{16}=64KB。

(2) 由于处理器的地址总线是 16 位，因此能够直接访问的最大存储器地址空间仍然为 64KB。唯一的区别是对于 8 位存储器，一次只能传输 1 字节，而对 16 位存储器，一次可传输 2 字节。

(3) I/O 接口有两种编址方式：一是 I/O 接口独立编址方式(isolated I/O)，是将存储器地址空间和 I/O 接口地址空间分开设置，互不影响，并且设有专门的输入指令(IN)和输出指令(OUT)来完成 I/O 操作；二是 I/O 接口与存储器统一编址方式(I/O uniform addressimg)，这种编址方式不区分存储器地址空间和 I/O 接口地址空间，把所有 I/O 地址空间与存储器地址空间统一编址，并把特定的地址段分配给 I/O，通过内存管理单元(memory management unit，MMU)对存储器地址和 I/O 地址加以区分。独立编址方式的优点是译码电路较简单，并设有专门的 I/O 指令，所编程序易于区分，且执行时间短；缺点是 I/O 指令只能访问 I/O 接口，功能有限，且要采用专用 I/O 周期和专用的 I/O 控制线，使处理器设计复杂化。统一编址方式的优点是对 I/O 端口的访问就像对内存地址的访问一样，不需要增加特定于 I/O 访问的指令集，访问内存的指令都可用于 I/O 操作，数据处理功能强，同时，I/O 接口可与存储器部分共用译码和控制电路；缺点是 I/O 接口要占用一部分存储器地址空间，另外，因为没有专门的 I/O 指令，程序中较难区分 I/O 操作。

(4) 由于端口号是用 8 位编址的，所以可以支持 2^8=256 个端口。

2.2　指　　令

2.2.1　指令集

指令集是由处理器为程序员提供的一组基本指令的集合，处理器能够识别并执行指令集中的每一条指令。任何高级语言程序都必须被翻译成基本指令的序列，才能被处理器执行。

每一条指令由操作码(opcode)和一个或多个操作数(operand)组成，写作

```
op R1, R2, …
```

其中 op 为操作码，R1，R2，…为操作数。操作数分为源操作数和目的操作数，源操作数为

指令提供待加工的源数据，目的操作数为指令执行的结果提供存放位置。一条指令用二进制(或十六进制)串来编码。有些指令集的所有指令编码的长度都是固定的，如 ARM 指令集，每条指令用 4 字节来编码；而有些指令集的指令编码是变长的，如 IA32 指令集编码的长度是 1～15 字节长度。

操作数有 3 种寻址(编址)方式：立即数(immediate)寻址、寄存器寻址和内存寻址。源操作数可以采用 3 种中的任一种寻址方式，而目的操作数只能采用寄存器寻址或内存寻址。每条指令的操作码不仅需要说明操作数的寻址方式，还需要说明操作数的字节大小。为此，几乎每条指令的操作码都有 3 个版本，分别针对操作数的大小为 1 字节、2 字节和 4 字节。例如，数据移动指令 mov 分别有 3 个版本，movb、movw 和 movl。movb 指令的操作数大小为 1 字节，movw 指令的操作数大小为 2 字节，movl 指令的操作数大小为 4 字节。如下面的指令

```
movl 0x0405, %eax;
```

源操作数采用直接内存寻址方式，目的操作数采用寄存器寻址方式，操作数大小都是 4 字节。因此，源操作数是以字节地址为 0x0405 开始的 4 字节中的数据，即字节地址 0x0405、0x0406、0x0407 和 0x0408 中的数据。当然，这时还需要考虑多字节数据的大端和小端存储方式，才能得到正确的源操作数。目的寄存器必须选用 32 位寄存器。如果选用 8 位或 16 位寄存器，将不能完整的容纳 4 字节数据。为了简化起见，在后面的讨论中，若无特殊说明，一般指 4 字节操作数。

【例 2-2】 说明下面数据移动指令的含义。

(1) mov $0x4050, %eax

源操作数是立即数寻址，目的操作数是寄存器寻址，其含义是将数 0x4050 移动到寄存器%eax 中。

(2) mov %ebp, %esp

源操作数和目的操作数都是寄存器寻址。该指令的含义是将栈底指针赋给栈顶指针，即将栈清空。

(3) mov (%edi, %ecx), %eax

源操作数是内存寻址，目的操作数是寄存器寻址。该指令的含义是将内存位置(%edi)+(%ecx)上的值放入寄存器%eax。

【例 2-3】 假定寄存器%eax 中的值是 x，写出下列指令执行后，%edx 中的值。

```
lea 6(%eax), %edx.
```

lea 指令的含义是将源操作数的地址装载进目的寄存器。源操作数的地址为 x+6，因此该指令成功执行后，%edx 中的值为 x+6。

【例 2-4】 跳转指令。

(1) jmp * %eax　　使用%eax 中的值作为跳转目标

(2) jmp * (%eax)　使用内存中的值作为跳转目标，该内存的地址保存在%eax 中

【例 2-5】 C 语言条件分支语句的翻译。使用条件码和跳转语句，可以实现高级语言的条件分支语句。

C 代码	等价 goto 语句版本
1　int absdiff(int x, int y){	1　int gotodiff(int x, int y){
2　　if(x<y)	2　　int result;
3　　　return y-x;	3　　if(x>=y)
4　　else	4　　　goto x_ge_y;
5　　　return x-y;	5　　result=y-x;
6　}	6　　goto done;
	7　x_ge_y:
	8　　result=x-y;
	9　done:
	10　　return result;
	11　}

翻译成的汇编代码：

```
        ----x at %ebp+8, y at %ebp+12
1         mov 8(%ebp), %edx         --把 x 取入%edx
2         mov 12(%ebp), %eax        --把 y 取入%eax
3         cmp %eax, %edx            --比较 x 和 y
4         jge .L2   --如果 x 大于或等于 y,则跳转到标记.L2 的指令,这里 jge 是条件跳转
5         sub %edx, %eax            --计算 y-x 的值
6         jmp .L3                   --无条件跳转到例程结束位置
7       .L2:                        --.L2 是指令标记
8         sub %eax, %edx            --计算 x-y 的值
9         mov %edx, %eax            --设置返回值
10      .L3:                        --例程结束标记
```

2.2.2　过程调用

过程调用包括 3 个活动。

(1) 传递两类数据：传递过程调用的参数和传递返回值。

(2) 传递控制：将程序执行流从主程序传递到过程，或从过程传递到主程序。

(3) 内存空间的分配和释放：当进入过程时，必须为过程的局部变量分配内存空间；

当退出过程时,必须释放这些内存空间。

使用栈数据结构支持过程调用。使用栈传递过程参数、存储返回信息、保存寄存器的值以便之后进行恢复,以及为局部变量分配存储空间。图 2-7 是一个栈的结构。

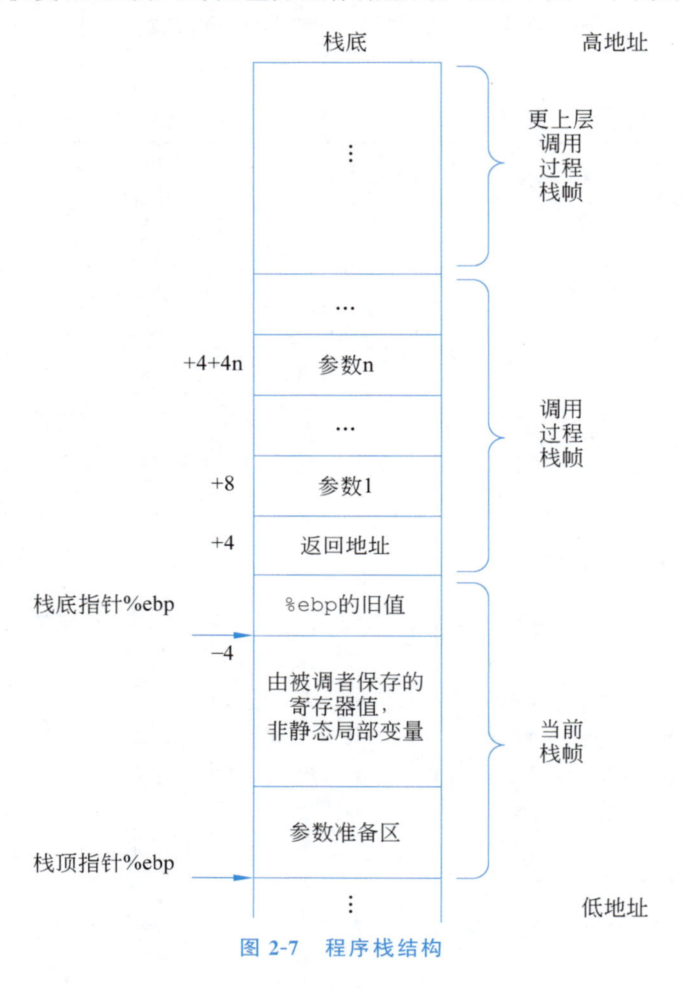

图 2-7 程序栈结构

栈结构用两个指针:栈底指针(frame pointer)和栈顶指针(stack pointer)来限定,分别用寄存器%ebp 和%ebp 来保存。由于过程调用具有嵌套性,因此过程调用对应的栈不断嵌套叠加。由于寄存器%ebp 始终保存的是当前过程的栈底指针,因此需要把上一层过程调用的栈底指针压到当前的栈中,以便当前调用结束时,能够恢复上一层过程调用的栈底指针;而当前调用的栈底与上一层调用的栈顶是相邻的,当把当前栈清空时,上一层调用的栈顶指针自然就得到了。

大多数计算机只提供传递控制的简单指令,而数据(即参数)的传递以及局部变量空间的分配和释放则是通过对程序栈的操作来完成。与过程调用的控制传递相关的指令如

表 2-3 所示。

表 2-3　过程调用与控制相关的指令

指　令	后　效
call Label	(1) 将返回地址压入 Caller 的程序栈 (2) 将控制流传递到 Label 标记处,即过程调用的入口处
call *Operand	与 call Label 类似,控制流被转入 Operand 中的值所指示的入口地址
ret	(1) 弹出返回地址 (2) 从过程调用返回

【例 2-6】 过程调用的示例。

```
int swap_add(int * xp, int * yp){
    int x= * xp;
    int y= * yp;
    * xp=y;
    * yp=x;
    return x+y;
}
```

```
int caller( ){
    int arg1=534;
    int arg2=1057;
    int sum=swap_add(&arg1, &arg2);
    int diff=arg1-arg2;
    return sum * diff;
}
```

过程调用前和过程调用中的栈结构如图 2-8 所示。

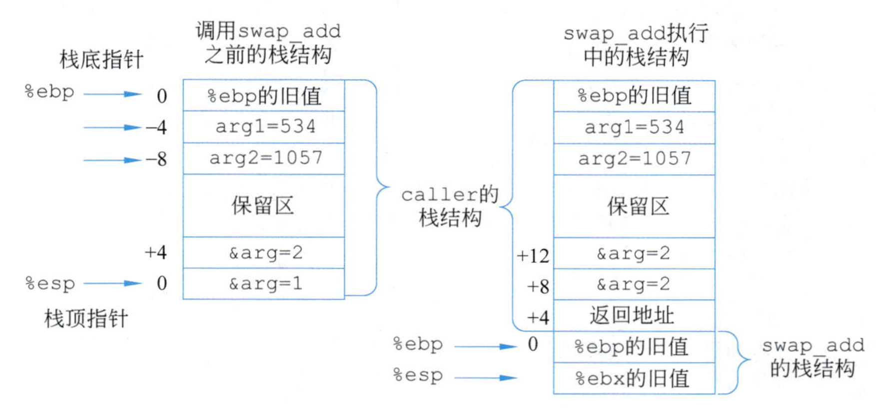

图 2-8　过程调用中的栈结构

图 2-8 左半部分为 caller()在调用 swap_add()之前的栈结构。调用 swap_add()之前,需要先将参数 &arg1 和 &arg2 入栈,然后调用 call swap_add 将控制流转移到 swap_add()过程内部。在 swap_add()过程体中,首先在栈中保存%ebp 的旧值的,然后保存一些寄存器(如%ebx)的值,接着为过程内的局部变量分配空间,并进行相关计算。这一过程可用下面一段简化的汇编代码来说明。

```
caller:                                          swap_add:
lea -8(%ebp), %eax --取出 arg2 的地址到%eax       push %ebp          --把%ebp 的旧值入栈
mov %eax, 4(%esp)  --将%eax 中的地址放入栈        mov %esp, %ebp     --设置新的栈底地址
lea -4(%ebp), %eax --取出 arg1 的地址到%eax       push %ebx          --保存有关寄存器值
mov %eax, (%esp)   --将%eax 中的地址放入栈        ...                --为局部变量分配空间
call swap_add      --调用 swap_add()              ...                --其他计算
```

2.2.3 CISC 和 RISC

根据 CPU 所采用的指令集可以把 CPU 或计算机分为两类：复杂指令集计算机(Complex Instruction Set Computer，CISC)和精简指令集计算机(Reduced Instruction Set Computer，RISC)。我们通过表 2-4 详细对比了这两种架构的特点。

表 2-4 CISC 和 RISC 特点比较

指令数目	CISC	RISC
指令数目	指令数目多	指令数目较少，通常不超过 100 条
指令执行时间	一些指令的执行时间较长。这些指令包括从内存中一个位置复制一整块数据到另一个位置；复制多个寄存器到内存中或从内存复制到多个寄存器	没有长时间执行的指令。一些早期 RISC 机器中甚至没有整数乘法运算指令，而是通过编译器将乘法实现为一系列加法指令
指令编码长度	指令编码的长度是可变的。IA32 指令的编码长度是从 1 到 15 字节	指令编码的长度固定。通常所有的指令长度为 4 字节
寻址方式	操作数具有多种寻址方式。IA32 指令中，操作数内存寻址用多种不同的偏移量的组合进行寻址，这些偏移量包括基址、索引和增量因子等	简单寻址方式，通常只用基址和偏移量进行寻址
算术和逻辑操作能否作用到内存操作数	算术和逻辑操作可以被作用到寄存器操作数和内存操作数	算术和逻辑操作只能被作用到寄存器操作数。只能在指令 load 和 store 中引用内存。load 指令将内存中的数据读入寄存器；store 指令将寄存器写入内存，这一规定被称为 load/store 架构
条件码	具有条件码。算术和逻辑指令不仅会改变目的操作数的状态，还会改变条件码标识位的状态。使用条件码实现条件分支测试	没有条件码，而是采用显式的测试指令进行条件测试，并将测试结果保存到通用寄存器中
栈/寄存器	使用栈来保存过程调用中的参数、返回地址等信息	使用寄存器来保存过程调用中的参数、返回地址等信息。一些过程调用可以因此避免内存访问。通常，处理器拥有较多(最多 32 个)寄存器

续表

指令数目	CISC	RISC
采用该架构的计算机	x86，VAX 等	SPARC（Sun Microsystems），PowerPC（IBM and Motorola），Alpha（Digital Equipment Corporation），ARM

龙芯是中国科学院计算所自主研发的通用处理器，采用自主 LoongISA 指令系统，兼容 MIPS 指令集（MIPS 属于 RISC 指令集）。2002 年 8 月 10 日诞生的“龙芯一号”是我国首枚拥有自主知识产权的通用高性能微处理芯片。龙芯从 2001 年至今共开发了 1 号、2 号、3 号 3 个系列处理器和龙芯桥片系列，在政企、安全、金融、能源等领域得到了广泛的应用。

鲲鹏处理器是华为海思发布的兼容 ARM 指令集的服务器芯片族，采用了兼容 ARMv8 或 AArch64 指令集的 RISC 架构。目前鲲鹏系列芯片已应用于华为泰山 2280、泰山 5280、泰山 X6000 等型号服务器上。

2.3　指令循环和异常处理

2.3.1　指令循环

CPU 是计算机中的主动执行部件，其主要功能是执行程序。程序是指令的序列，通常以文件的形式保存在磁盘、Flash 内存，以及其他 I/O 设备中。程序在执行时必须被加载到内存中，以提高读取效率。CPU 执行一条机器指令的过程可以用指令循环来描述。一个指令循环分为取指阶段、解码阶段和执行阶段。

（1）取指阶段。CPU 以 PC（程序计数寄存器）中的值所指示的内存地址为指令地址，取出指令编码。如果指令编码为固定长度，则取出这个长度的指令编码；如果指令编码为可变长度，则先取出操作码，然后根据操作码判断操作数的个数、字节数以及指令长度，最后依次取出操作数。完成以上过程后，继续计算下一条指令的起始地址。

（2）解码阶段。根据指令操作数的寻址方式和字节数，计算操作数的值。

（3）执行阶段。执行该指令，并根据指令的后效将计算结果写入寄存器或内存位置，然后更新 PC 的内容，再返回取指阶段，执行下一个指令周期。

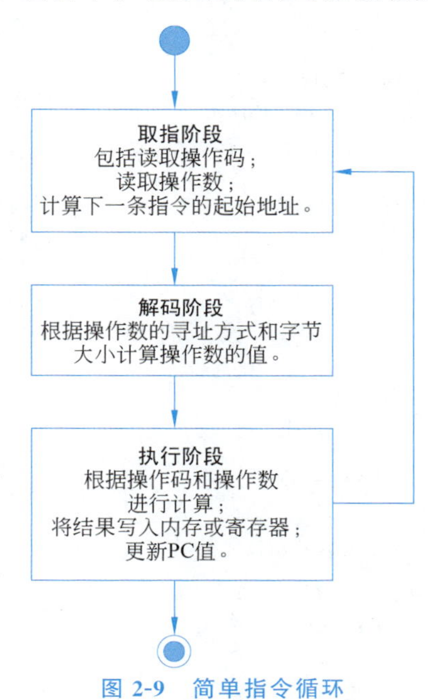

图 2-9　简单指令循环

以上过程按顺序一直重复执行，直到计算机停机，如图 2-9 所示。停机的原因可能有计算机掉电、程序执行中发生了某种不可恢复的错误，或者程序指令主动终止了程序执行。

下面以一条数据移动指令和 halt 指令为例来说明指令循环过程。

【例 2-7】 数据移动指令的格式为 rmmove rA, D(rB)，其功能是将寄存器 rA 中的值移动到内存位置 D(rB)。D(rB)表示“基址＋偏移量”式的内存寻址方式，基址存放在寄存器 rB 中，D 是一个立即数，表示偏移量。该指令编码使用 6 字节，其中操作码占用 1 字节，3 个操作数占用剩下的 5 字节。halt 指令编码只占 1 字节，编码为 0x00，没有操作数。

指　令	操作码		1	2	3	4	5
rmmove rA, D(rB)	4	0	**rA**	**rB**	D		
halt	0	0					

数据移动指令的执行过程如表 2-5 所示。

表 2-5　rmmove 指令的执行阶段

阶段	rmmove rA, D(rB)	说　明
取指	icode←M_1[PC]	以 PC 值为内存起始地址取出 1 字节，获得操作码 icode
	rA:rB←M_1[PC+1]	以(PC 值＋1)为内存起始地址取出 1 字节，获得寄存器标识符
	valC←M_4[PC+2]	以(PC 值＋2)为内存起始地址取出 4 字节，获得立即数 D 的值
	valP←PC+ 6	计算下一条指令的起始地址
解码	valA←R[rA] valB←R[rB]	根据寻址方式，获得寄存器 rA 和 rB 中的内容
执行	valE←valB+valC	计算内存地址
	M_4[valE]←valA	回写内存
	PC ← valP	更新 PC 的值

【例 2-8】 设当前 PC＝0x100，试解释内存中二进制指令序列的含义。

```
0x100: 40
0x101: 63
0x102: 00
0x103: 08
0x104: 00
0x105: 00
0x106: 00
```

假定寄存器%esi 和%ebx 的编码分别为 0x6 和 0x3，内存采用小端存储多字节数据。

解　首先，处理器根据当前 PC 值，读取 1 字节的指令操作码，得到 icode=M_1[PC]=0x40，说明这是一个 rmmove 指令，然后处理器按照 rmmove 指令的格式依次读取若干操作数，并解码和执行。我们用表 2-6 说明处理器处理二进制指令序列的步骤，并与表 2-5 中的步骤做对比。

表 2-6　处理器执行二进制指令序列的步骤

开始执行当前指令		
阶段	**rmmovre A, D(rB)**	**说　　明**
取指	icode←M_1[PC]	icode=0x40，说明这是一条 rmmove 指令
	rA:rB←M_1[PC+1]	rA=0x6，rB=0x3，说明 rA 寄存器是%esi，rB 是%ebx
	valC←M_4[PC+2]	valC=0x00000800，即操作数 D=0x800
	valP←PC+6	valP=0x106 计算下一条指令的 PC 值
解码	valA←R[rA] valB←R[rB]	valA=R[%esi] valB=R[%ebx]
执行	valE←valB+valC	valE=valB+0x800
	M_4[valE]←valA	按小端方式将值 valA 以字(4 字节)的方式写入以 valE 起始的内存位置
	PC ← valP	PC=0x106
开始执行下一条指令		
阶段	**rmmovre A, D(rB)**	**说　　明**
取指	icode←M_1[PC]	icode=0x00，说明这是一条 halt 指令
解码		
执行		终止程序

可以看出，上述二进制指令序列实际上对应这样一个指令序列：

```
0x100: rmove %esi, 0x800(%ebx)
0x106: halt
```

由例 2-8 可知，已知一个程序的二进制指令编码，就可以根据指令编码规则，反编译出程序的汇编代码，但是要由汇编代码逆向得到源程序通常是非常困难的，这是目前程序逆向工程研究的重要内容之一。

2.3.2　异常和异常的分类

上面讲述的指令循环没有考虑到异常(exception)的发生。异常是一个事件(event)，而一个事件是处理器或其他设备的状态的一种变化。异常可能由时钟或 I/O 设备等外部设备触发，这类异常称为外部异常；也可能由正在处理的指令触发，例如算术运算指令出现浮点溢出，这类异常称为内部异常。异常通常具有较高优先级，应当优先得到处理。当发生异常时，处理器正常的指令循环就要被打断，转而先执行异常处理流程，处理完毕后，有可能再返回到原来的程序继续执行。

异常可以分为 4 类：中断(interrupt)、陷阱(trap)、故障(fault)和终止(abort)，如表 2-7 所示。

表 2-7 异常的分类

类别	发生的原因	同步/异步	返回行为	举例
中断	由时钟或 I/O 设备发出的信号触发，表明这些设备的状态发生了某种改变	异步	总是返回到下一条指令继续执行	打印机准备就绪；打印操作完成等
陷阱	程序指令主动发起的异常	同步	总是返回到下一条指令继续执行	系统调用；断点(breakpoint)
故障	由正在执行的指令产生的各种错误引发。这些错误可能是可恢复的，也可能是不可恢复的	同步	可能返回到当前指令重新执行；也可能终止当前程序	算术溢出、除零错误、缺页故障、保护性故障等。如程序引用一个未定义的内存区域，或程序企图向只读文本段写入数据
终止(致命故障)	由不可恢复的致命错误引发，通常由硬件错误引发	同步	终止当前程序	硬件错误，如 DRAM 或 SRAM 极性错误等

表 2-7 中，“返回行为”指当异常处理结束之后，继续处理的行为选择，这些选择包括返回到下一条指令继续执行、重新执行当前指令，或终止当前程序。具体采取哪种行为选择，取决于异常的类别。

读者要区分异常的同步和异步特性。所谓同步异常，是指异常的发生与当前正在执行的指令相关，或者说是由当前指令的处理所触发的异常。例如陷阱异常是由处理器执行了 int n 指令后所主动触发的异常；页面故障、除零错误和保护性故障等都是由于处理器执行了当前指令而引起的异常。而异步异常是指，异常的发生与当前正在执行的指令无关，是由外部设备所引发的，其发生时间是不可预知的。

系统中每一类异常被赋予一个唯一的非负整数，称为异常号。一部分异常号是由处理器的设计者分配的，如除零异常、页面故障、保护性故障、断点和算术溢出等。剩下的异常号由操作系统内核的设计者来分配，例如系统调用和外部 I/O 设备发出的信号等。

每类异常都有相应的异常处理程序。所有异常处理程序的入口地址都保存在称为异常向量表(或异常跳转表)的内存结构中。当处理器检测到一个异常事件发生，并判断出异常号 k，就会计算出 k 号异常的异常向量表的条目地址，从中得到相应异常处理程序的入口地址，并跳转到该异常处理程序继续执行，如图 2-10 所示。

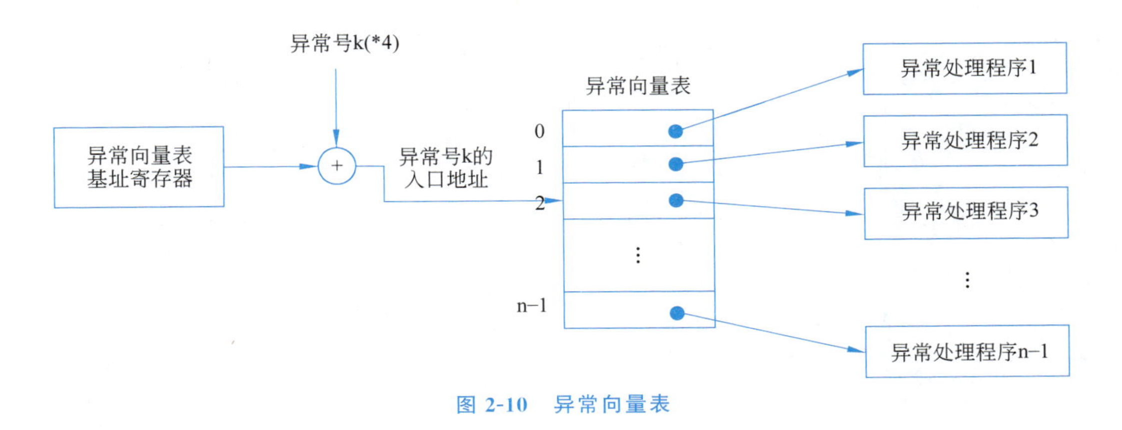

图 2-10 异常向量表

2.3.3 异常处理

1. 中断处理

中断实际上是处理器与外部设备进行交互的一种方式。外部设备何时就绪、外部设备的处理任务何时完成、其状态何时出现变化等信息，对于处理器而言是异步的、不可预知的，因此需要一种外部设备主动通知处理器的机制，中断就是计算机中充当这种通知机制的方式。使用中断，可以实现处理器与外部设备的并行工作，提高处理器的使用效率。

以 I/O 过程为例。假定一个应用程序需要通过 WRITE 系统调用向 I/O 设备中写入数据，如图 2-11 所示。标记为 1、2、3 的代码是用户程序的一部分，由 CPU 执行；而标记为 4、5 的代码是 I/O 程序的一部分，通常由操作系统提供，也由 CPU 执行；而 I/O 命令(I/O Command)通常由 CPU 向 I/O 模块发出，指示 I/O 模块准备就绪或执行读写操作则而具体的 I/O 操作过程，由 I/O 模块控制 I/O 设备来完成，CPU 不需要参与。

如图 2-11(a)所示，在不使用中断机制的情况下，CPU 向 I/O 模块发出 I/O 命令，指示它与连接的外部设备进行交互，以执行 I/O 任务。在 I/O 模块控制外部设备执行写操作的过程中，CPU 不断检测 I/O 模块的状态，判断写操作是否处理完成，即 CPU 必须等待 I/O 任务的完成。由于外部设备的执行速度远低于 CPU 的执行速度，因此造成处理器周期的极大浪费，使得整个系统的执行效率下降。

如图 2-11(b)所示，采用中断机制可以提高系统的执行效率。CPU 发送 I/O 命令后，并不等待写操作的完成，而是继续执行用户程序的代码。当写操作完成时，I/O 模块向 CPU 发出中断信号，CPU 收到该信号后，暂停正在执行的用户程序(图中用黑色圆点表示中断点)，转而执行中断处理程序(interrupt handler)，在该程序中执行有关写操作的判断，如判断写操作是否成功执行，如果没有成功执行，出现了什么错误等，然后执行代码段 5。执行完毕后，CPU 转而继续执行用户程序的下一条指令。显然，使用中断机制后，

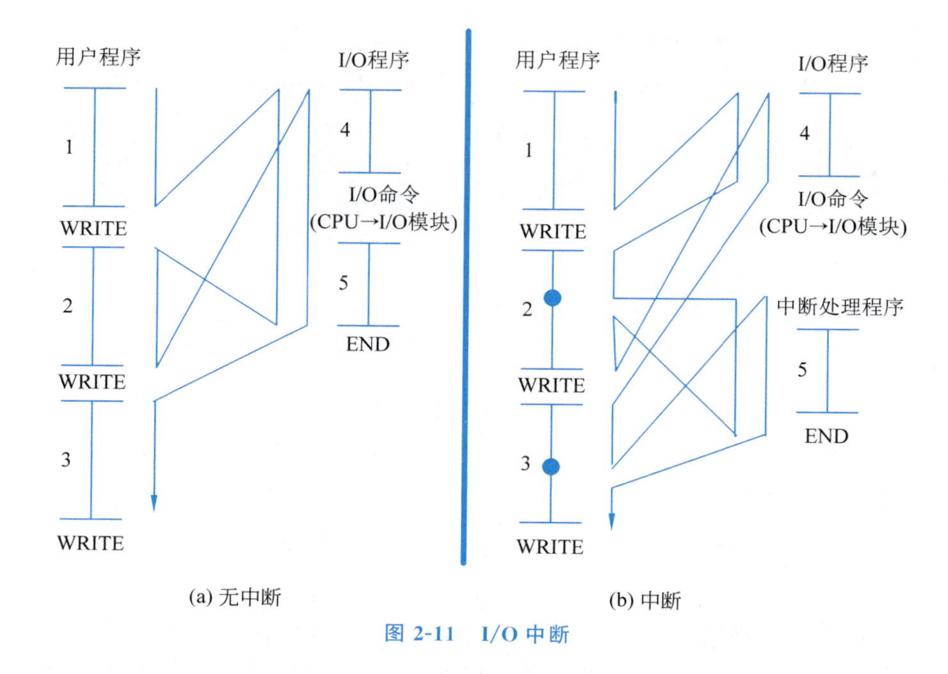

(a) 无中断 (b) 中断

图 2-11 I/O 中断

CPU 不必等待 I/O 操作的完成,而是继续执行用户程序,只有当 I/O 操作完成后,才转而执行相关 I/O 程序,因此在一定程度上实现了 CPU 与 I/O 操作的并发处理,提高了 CPU 的使用效率。

2. 陷阱异常

陷阱是一类由特定指令故意引发的异常,这类指令称为**陷阱指令**(trap instruction)。在 IA32 架构上,陷阱指令是 int n,也称为**软件中断**指令,其中 n 是异常号。在 ARMv8 架构中,陷阱指令有 3 条:SVC(SuperVisor Call)、HVC(HyperVisor Call)和 SMC(Secure Monitor Call)。这类指令是处理器为支持操作系统的系统调用、软件调试等提供的。当处理器执行陷阱指令后,产生陷阱异常,处理器转而执行陷阱处理程序(trap handler),执行完毕后,返回到该陷阱指令的下一条指令继续执行。

调试软件时用到的**单步跟踪**功能就利用了陷阱异常。当我们在一条指令 inst 上设置单步断点后,调试器就在该指令之后插入了一条陷阱指令 int 1,异常号 1 表示这是一个单步跟踪异常。而对应异常号 1 的异常处理程序的工作是把所有寄存器中的内容显示在屏幕上,并且等待输入命令。这样,当程序执行完指令 inst 之后,就会执行 int 1 指令,于是产生单步调试异常,处理器转而执行单步异常处理程序,显示所有寄存器的内容,供用户调试用,并等待用户输入接下来的命令。

3. 故障和终止异常

故障异常是由指令执行过程中产生的各种错误条件所引发的异常。当故障发生时，处理器转而执行故障处理程序(fault handler)。如果故障处理程序能够纠正错误条件，那么控制流转向产生该故障的指令，重新执行它；如果不能纠正错误条件，那么控制流转向终止处理程序(abort handler)，结束产生故障的用户程序。终止故障通常是由不可恢复的致命硬件故障引发的异常。当异常产生时，处理器控制流转向终止处理程序，结束产生终止故障的用户程序。图 2-12 比较了这 4 类异常的返回行为的异同。

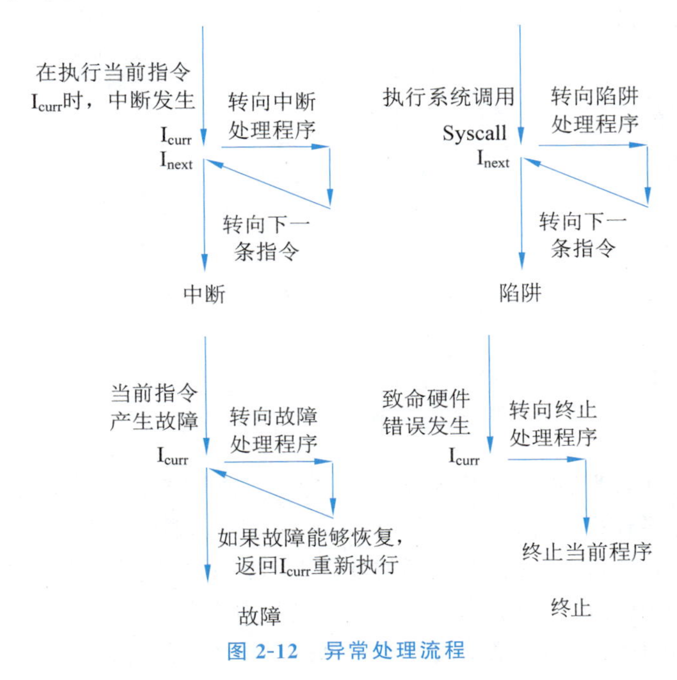

图 2-12　异常处理流程

4. 带异常处理的指令循环

考虑到异常处理过程，指令循环的一般过程如图 2-13 所示。

当处理器在取指、解码和执行一条指令过程中出现内部异常时，处理器的内部逻辑能够判断异常类型，并把处理器状态回滚到该指令执行前的正确状态上，然后保存现场，转而执行相应的异常处理程序，执行完毕后，根据异常类别，判断是否继续向下执行、重新执行当前指令，或终止当前程序。对于外部异常，处理器在每执行完一条指令后，都会检查中断字寄存器，判断是否有外部异常发生，如果没有发生异常，那么它会接着执行下一个取指、解码和执行周期；如果有外部异常发生，那么处理器转而执行相应的异常处理程序。

指令循环是处理器向上层系统程序和应用程序提供的基本机制，是计算机执行所有程序的基础。当计算机上电时，处理器就会主动执行该指令循环，直到停机为止。一方面

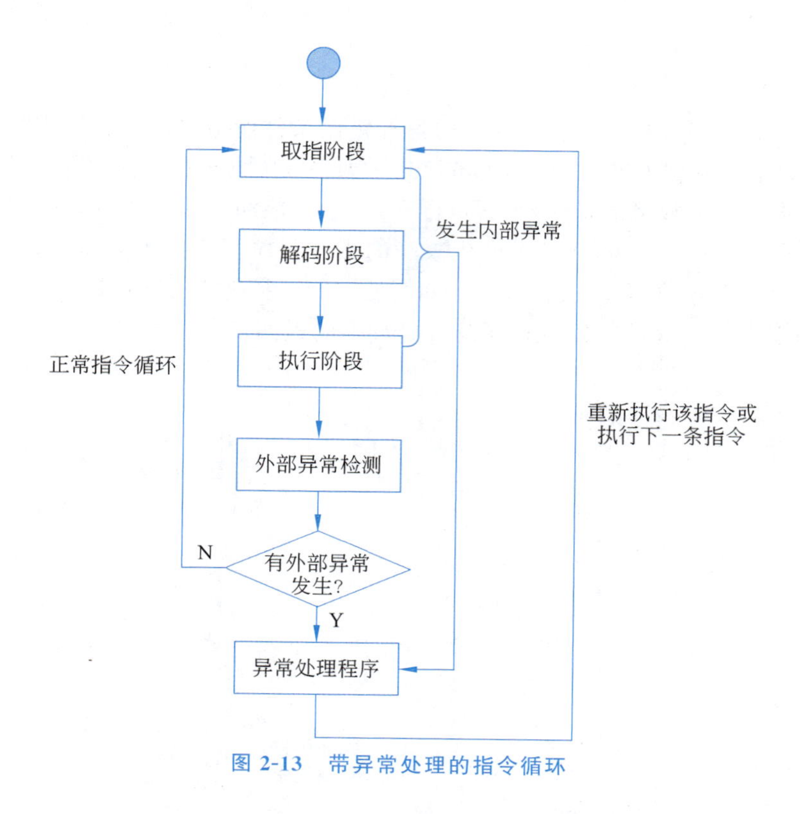

图 2-13　带异常处理的指令循环

来看,任何应用程序,以及操作系统的执行,最终都是依靠指令循环来实现的。但是从另一方面来看,指令循环是计算机最基本的处理流程,当处理比较复杂的应用(如多道程序处理)时并不方便,这就需要在指令循环的基础上引入更加贴近应用的概念结构,提升使用的抽象程度和便利程度。下一章将要介绍的进程概念就是对程序执行流的抽象,但是进程的执行以及进程之间的切换最终仍然依靠指令循环来执行。

2.4　CPU 的运行模式和模式切换

异常处理过程不仅涉及控制流的转换,而且还伴随着处理器运行模式的切换。处理器一般具有两种宏状态或运行(工作)模式:用户模式(user mode)和特权模式(privileged mode)。用户程序通常在用户模式下运行,不能直接访问受保护的系统资源,也不能改变处理器的运行模式;而系统软件(如操作系统内核、一些具有特权的操作系统任务等)、异常处理程序等运行在特权模式下,可以访问系统的所有资源,而且能够自由地切换系统的运行模式。

区分处理器两种模式的目的是为了保护系统资源,避免越权访问,提高系统的安全性。操作系统内核通常运行在特权模式下,拥有对计算机所有资源的访问权限,并且能够自由地切换处理器运行模式，便于实施对计算机软硬件资源的管理。而用户程序运行在用户模式下，不允许执行特权指令(如某些 I/O 指令)，对系统所属的数据、地址空间以及硬件等的访问也是被严格限制的，防止了恶意程序对关键资源有意或无意的使用和破坏。

不同处理器架构对于特权模式可以进行不同的细分，例如 Intel x86 体系结构的处理器定义了 4 个级别的工作模式(称为 Ring)：Ring0～Ring3，Windows 系统只使用了 Ring0(即特权模式)和 Ring3(即用户模式)。Windows 系统只使用 2 个级别的工作模式是为了和一些其他硬件系统兼容，这些硬件系统通常只有 2 个级别的工作模式，如 Compaq Alpha 和 Silicon Graphics MIPS 等。

AArch64 架构将处理器的工作模式称为异常级别(EL，Exception Level)，它分为 4 个级别 EL0～EL3，如图 2-14 所示。

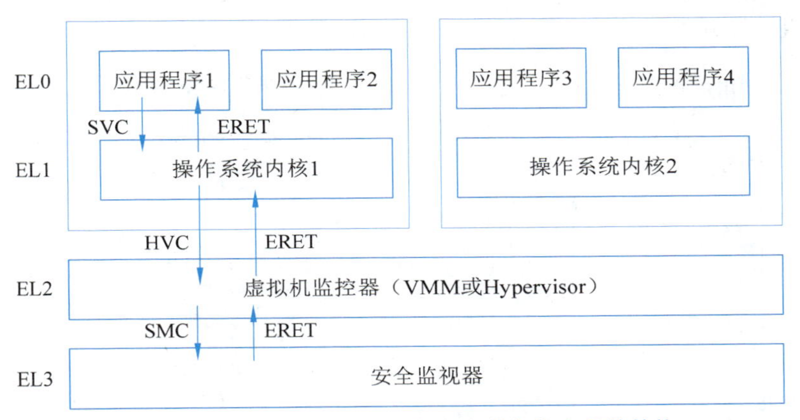

图 2-14　AArch64 架构的特权级和特权级之间的转换

EL0 拥有最低的特权级，应用程序运行在该级别(或该工作模式)上，也称为用户态。EL1 特权级上运行操作系统内核程序，也称为内核态。为了支持虚拟化场景的需要，使用 EL2 特权级运行虚拟机监控器(见本书 1.3.6 节)。在虚拟机监控器上可以运行多个操作系统内核。底层控件和安全管理程序运行在 EL3 特权级。

2.4.1　低 EL 特权级和高 EL 特权级的相互转换

低 EL 特权级到高 EL 特权级的转换时机只有一个，即异常发生时，依靠 CPU 硬件来完成转换。而高 EL 特权级到低 EL 特权级的转换，由该高特权级上的管理程序执行一条 ERET 指令主动完成，因此是依靠软件来实施转换的。

以 EL0 与 EL1 的相互转换为例。当应用程序运行时，如果一个异常发生(该异常可能是：①应用程序执行一个系统调用，该系统调用会进一步执行 SVC(SuperVisor Call)指令；②发生故障(如缺页故障)；③CPU 收到一个中断信号 CPU 硬件就会把当前特权级(EL0)保存到 CPU 中的 CurrentEL 特权寄存器中，然后将 CPU 的特权级从 EL0 转换到 EL1，并执行异常处理程序。当异常处理完毕之后，操作系统程序执行 ERET 指令，把

CPU 特权级从当前的高特权级转换为 CurrentEL 中所保存的原来的低特权级，即 EL0。

注意，CurrentEL 是控制寄存器，它的值在异常发生时或异常处理结束时由硬件自动设置，程序只能读，不能写入。EL1 特权级上的程序通过执行 HVC(HyperVisor Call)指令，可以转换到 EL2 特权级；EL2 特权级上的程序通过执行 SMC(Secure Monitor Call)指令，可以转换到 EL3 特权级。每个高特权级上的程序通过执行 ERET 指令可以返回到 CurrentEL 中所保存的原来的低特权级。

2.4.2 异常处理过程中的 CPU 运行模式切换

由于 CPU 具有多个工作模式(或特权级)，而异常处理程序是操作系统的一部分，因此当控制流在用户程序和异常处理程序之间切换时，必须伴随 CPU 运行模式的切换。图 2-15 说明了异常处理过程。

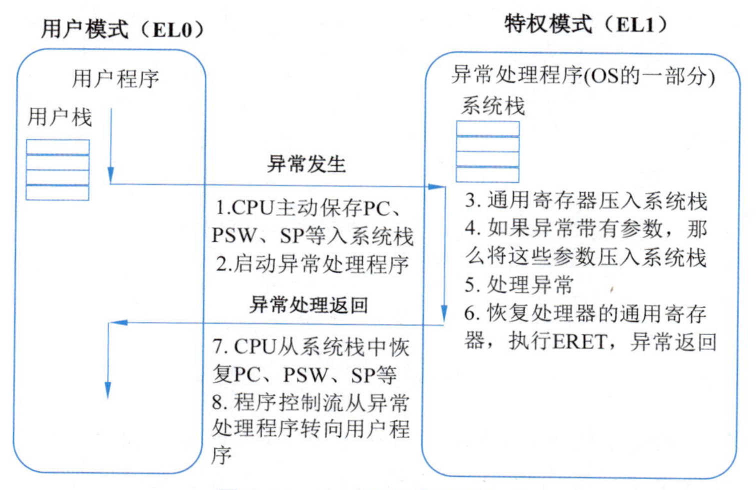

图 2-15　CPU 运行模式的切换

读者在学习图 2-15 中 CPU 运行模式的切换时需要注意以下事项。

(1) 寄存器状态保存在系统栈(system stack，也称内核栈)中。系统栈有别于用户程序过程调用中使用的用户栈，它是专门为进行异常处理(包括系统调用)时，保存现场、传递系统调用参数而设置的栈结构，在内核区域，禁止用户程序访问，提高了系统的安全性。

(2) 异常处理程序软、硬边界问题。异常处理过程由硬件和软件一起完成，其中异常事件检查、模式切换、PC、PSW 等寄存器状态保存和恢复等由硬件来完成，而通用寄存器入栈和出栈、参数入栈以及异常处理过程等由异常处理程序来完成。

(3) 为了从一个异常返回，异常处理程序执行一个 ERET 指令(在 x86 CPU 架构中是 IRET 指令)，恢复所有保存在系统栈中的寄存器，并且控制流转向用户程序，继续从断点处向下执行。

(4) 异常处理过程中通常涉及 4 个转换：控制流转换、CPU 工作模式转换、用户栈和系统栈之间的转换，以及内存工作区（用户内存区与内核内存区）之间的转换。

（5）操作系统实际上就是利用了带异常的指令循环来实现对应用程序的管理。当各种异常事件发生时，处理器就会从应用程序转而执行对应的异常处理程序，并从用户模式切换到特权模式。这些异常处理程序通常作为操作系统程序的一部分，完成对应用的管理。例如，当“时间片到期”这一中断事件发生时，当前应用程序就会被中断，处理器转而执行调度程序（即对应的中断处理程序），完成任务的切换。

习　　题

1. 简述计算机的几个主要组成部分，并论述它们之间的互连关系。以一个简单程序 Helloworld 为例，说明程序运行过程中数据流和控制流在硬件结构上的传播演进过程。

2. 程序访问 I/O 有哪几种方式？试比较这些方式的优劣。

3. 什么是指令循环？简述指令循环在软件执行中的基础性作用。

4. 程序员在编写程序时，总是基于一定的平台，这些平台包括程序设计语言、各种 API 调用和运行时的系统。如果从程序的角度来看待计算机裸机，我们也可以把一台裸机看作一个编程平台，那么这个平台为程序员提供了哪些编程机制呢？

（提示：思考高级语言程序中的语句、变量、各种数据结构以及运行时系统分别对应计算机硬件结构中的哪些部分。）

5. 假设有一个 32 位微处理器，其 32 位的指令由两部分组成：其第 1 字节包含操作码，其余部分为一个立即操作数或一个操作数地址。

（1）微处理器最大可能直接寻址的能力为多少（以字节为单位）？

（2）如果微处理器总线具有下面的情况，请分析对系统速度的影响：

① 一个 32 位局部地址总线和一个 16 位局部数据总线；

② 一个 16 位局部地址总线和一个 16 位局部数据总线。

（3）程序计数器和指令寄存器分别需要多少位？

6. 考虑一个 32 位微处理器，它有一个 16 位外部数据总线，并由一个 8MHz 的输入时钟驱动。假设这个微处理器有一个总线周期，其最大持续时间为 4 个输入时钟周期。试问该微处理器可以支持的最大传送速率为多少？外部数据总线增加到 21 位，或者外部时钟频率加倍，哪种措施可以更好地提高处理器性能？（提示：确定每个总线周期能够传送的字节数。）

7. 假定有一个简单计算机系统，它包含一个 I/O 模块，用以控制一台简单的键盘/打印机电传打字设备。CPU 中包含下列寄存器，这些寄存器直接连接在系统总线上。

INPR：输入寄存器，8 位。

OUTR：输出寄存器，8 位。

FGI：输入标记，1 位。

FGO：输出标记，1 位。

IEN：中断允许寄存器，1 位。

I/O 模块控制从打字机中输入击键，并输出到打印机中。打字机可以把一个字母或数字符号编码成一个 8 位数字，也可以把一个 8 位数字编码成一个字母或数字符号。当 8 位字从打字机进入输入寄存器时，输入标记被置位；当打字机打出一个字母或数字时，输出标记被置位。试描述不使用中断和使用中断两种方式下，CPU 如何使用这些寄存器实现与打字机间的输入和输出？

8. 对于图 2-6，试用连线把 CPU、内存和 I/O 模块的输入和输出接口的连接关系建立起来。I/O 模块中的输入外部数据接口和输出外部数据接口应该和什么部件相连接？试画出这样的部件以及连接关系。

9. 操作系统异常处理程序开始执行时，通常会先把程序的上下文进行保存（例如通用寄存器）。这和 CPU 主动保存 PC、PSW 和 SP 等执行状态是否有冲突？试分析为什么需要软硬件一起保存状态。

第3章 进程管理

进程管理是操作系统的核心，也是操作系统这门课最为关键的内容。本章内容的重点是理解和掌握进程的概念。进程是操作系统分配资源的单位，在这个意义上，进程成为操作系统各种管理的核心和纽带，把计算机系统的各种资源，如CPU、内存、文件和I/O等紧密的关联起来。进程也可以看作执行一个程序的环境和上下文，在这个意义上，进程的概念又与程序设计、编译原理等先修课程连贯起来，成为程序设计和软件开发活动中不可回避且必须掌握的最基本概念之一。总之，学好本章内容对于学好操作系统这门课程，更好地理解和开发程序具有重要意义。

本章内容和基本要求如下。

(1) 进程的概念。重点掌握进程的结构，即进程的组成部分；初步理解进程虚拟地址空间的概念；重点掌握进程控制块中相关属性信息及其含义。

(2) 进程的行为模型。重点掌握采用状态迁移图来刻画进程的行为；理解和掌握进程状态图中每个状态的含义，能够解释触发每个状态迁移的事件和必须满足的条件。

(3) 进程的生命周期控制。重点掌握进程创建和退出的一系列步骤；明确进程上下文切换与进程状态转换、模式转换的关系；掌握过程调用与系统调用的区别。

(4) 进程的调度。了解FCFS和轮转法等基本调度策略，能够分析它们的优缺点。

(5) 线程的概念。明确线程与进程概念的区别和联系；了解线程的两种实现方式以及各自的优缺点。

3.1 进程的概念

3.1.1 程序并发执行的基本需求

程序或作业的并发执行是现代操作系统的一个基本特征。并发执行的多道程序必须满足以下几个需求才能称得上是有意义的并发执行，而实现这些需求，需要在处理器指令循环的基础上建立抽象层次更高的概念结构，即进程，并将其作为运行和管理程序的基本单元。

(1) 资源共享的需求。要实现多个程序的并发执行，它们必须能够共享处理器、内存以及I/O设备等计算资源。如何共享这些资源，本质上是资源的优化调度问题，而这个问题的解决必须依靠复杂的调度算法来完成。

(2) **相互隔离的需求**。并发运行的多道程序在逻辑上通常是相互独立的,一个程序的执行结果不应受到其他程序执行的影响,就好像它独占整个计算机资源一样。

(3) **通信和同步的需求**。有时,程序之间不完全是相互隔离的,而是存在一定的依赖关系,即需要进行通信和同步。为此,需要对这些程序的执行时机进行正确、精密的控制,否则就会导致各种通信和同步错误。

上述 3 个需求之间是相互联系的。正是资源共享的需求引起了隔离性的需求。隔离性需求与通信和同步的需求并不矛盾,前者是对那些逻辑上本身就相互无关的程序而言的,而后者是对那些逻辑上本来就应当存在相互关联和相互依赖的程序而言的。

3.1.2 进程概念的理解

进程是操作系统的基本概念之一。Multics 系统的设计者在 20 世纪 60 年代首次使用"进程"(process)这个术语来描述系统和用户的程序活动,而 IBM 的 CTSS/360 系统使用了"任务"(task)这一术语,两者的意义是相同的。

归纳起来,可以这样理解进程的概念。

(1) 进程是计算机程序在处理器上执行时所发生的活动,即进程是程序的一次执行活动。

(2) 进程是对一个计算任务的抽象和封装,它是由一个执行流、一个数据集和相关系统资源所组成的活动单元。

(3) 进程是程序执行的一个实例,是动态的概念,而程序是行为的规则,通常以文件的形式存在,是静态的概念。一台计算机可以同时运行一个程序的多个进程。

(4) 进程之间共享计算机资源,并在逻辑上相互独立,或者通过同步机制相互协调,共同完成一项计算任务。

为了更好地说明进程的概念,我们从进程的结构和行为两方面进行说明。

3.1.3 进程的结构

一个程序的执行不仅依赖该程序本身,而且需要一个运行环境。我们用进程这一概念描述程序执行所需要的环境。一个进程包括 6 部分,其说明如表 3-1 所示。

表 3-1 进程的结构

组成部分	私有/共享	说明
用户程序	私有	程序代码,这部分通常是只读的
用户数据	私有	程序数据(全局变量、static 变量等),通常可读写
用户堆、栈	私有	用户栈用于实现过程调用,用户堆用于存储动态分配的内存。堆栈可读写
共享代码库	共享	多个进程共享的代码库(如 libc.so)、共享内存等

续表

组成部分	私有/共享	说明
内核代码和数据	共享	操作系统内核程序和数据
每个进程专属的内核数据结构	私有	包括进程控制块 PCB(Process Control Block),内核栈等。内核栈用于操作系统进行异常处理(如系统调用)时,保存现场、传递系统调用参数

用户数据是指用户程序中定义的全局变量和 static 变量,它们存放在用户数据区,而局部变量、过程调用的参数、返回值、返回地址等通常存储在用户栈中,程序运行过程中动态分配的内存存储在用户堆中。随着程序的运行,用户数据的状态不断发生变化。程序的执行通常还需要调用一些通用函数库,如 C 语言库 glibc,为了节约存储空间,这些库通常以共享库的形式存在,即在物理内存中只有一个副本,它们被多个进程所共享。同样,程序的执行还需要调用操作系统提供的服务,因此进程的结构中还必须包括内核代码和数据。为了管理进程,内核中还需要维护特定于每个进程的专属数据结构,如进程控制块和内核栈等。

进程的这些部分必须被映射到物理内存中,才能让程序运行起来。采用虚拟内存管理的操作系统并不是把这些组成部分直接映射到物理内存,而是把它们首先映射到进程虚拟地址空间,然后再通过内存管理机制,把进程虚拟地址空间映射到物理内存地址空间。本章我们暂时忽略内存管理机制,先介绍进程的组成部分如何被映射到虚拟地址空间。我们将进程组成部分在虚拟地址空间中的分布称为进程虚拟地址空间布局,或进程映像(image)。

3.1.4 进程的虚拟地址空间布局

所谓"虚拟地址空间"就是连续字节地址的集合。虚拟地址空间的大小取决于计算机系统的字长。对于一个 32 位系统,使用 32 位编码 1 字节地址,因此进程虚拟空间为$\{0,1,2,\cdots,2^{32}-1\}$,空间的大小为 2^{32},即 4GB。所谓"进程虚拟地址空间布局"是把进程组成部分映射到虚拟地址空间上的方式,即在进程虚拟地址空间中,按照一定的规则,为进程的各组成部分分配地址区域的方式。

不同操作系统的进程虚拟地址空间布局通常是不同的。例如,图 3-1 是 32 位 Linux 系统的进程地址空间布局。

32 位 Linux 系统的虚拟地址空间大小是 4GB。当用户源程序被编译、链接形成目标码之后,用户程序和用户数据的大小就已经确定了,因此它们在地址空间中所占的区域大小就被固定下来了。32 位用户程序总是从地址 0x08048000 开始布局(64 位程序从 0x400000 开始布局),接着是用户数据区。用户堆区紧邻用户数据区,并向高地址方向增长。用户栈区从地址 0xBFFFFFFF 向低地址方向增长。堆区和栈区的大小随着程序的运行不断变化。操作系统内核占据进程地址空间的最高 1GB。内核栈和进程控制块由操作系统来管理,因此它们分布在内核区。

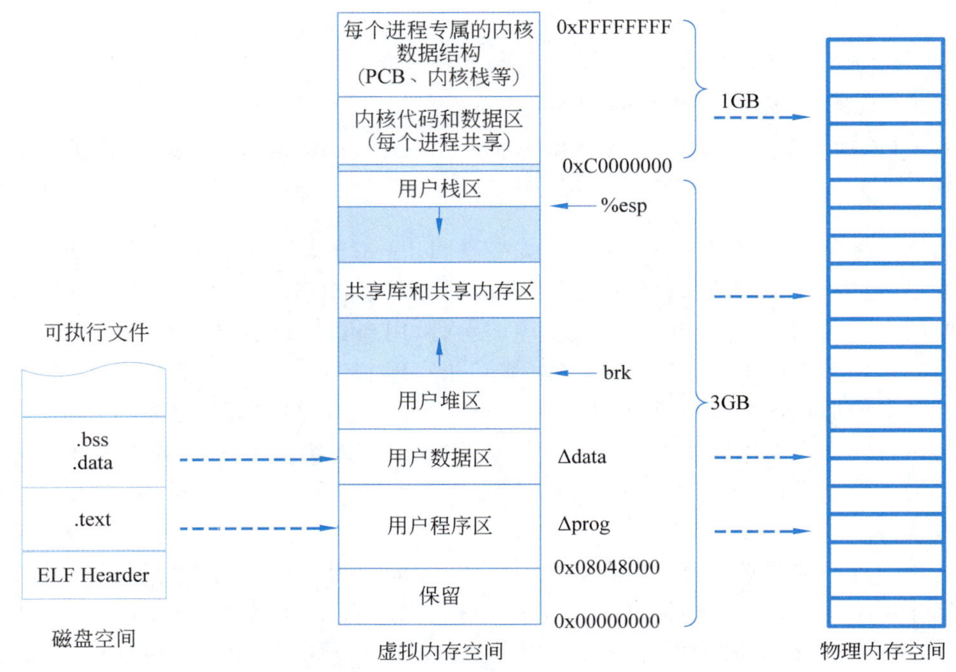

图 3-1　32 位 Linux 系统的进程地址空间布局

值得注意的是，每个进程的用户程序都是从虚拟地址 0x08048000 开始分布的，那么多个进程占据的内存会不会发生冲突呢？答案是不会。这里的地址空间指进程的虚拟地址空间，并非物理内存地址空间。从第 5 章“内存管理”可以看到，不同进程的虚拟地址空间实际上被内存管理机制映射到了不同的物理内存地址空间，因此不会造成冲突。

另外，从图 3-1 还可以看出，进程的用户程序和用户数据实际上来自可执行目标文件。当创建进程时，需要把这两个组成部分从可执行文件中映射到虚拟地址空间中，即建立可执行文件中用户程序和用户数据与进程虚拟地址空间分布之间的关系。

总之，建立进程的结构需要两级映射：可执行目标文件到进程虚拟地址空间的映射，以及进程虚拟地址空间到物理内存空间的映射。这两级映射都是通过虚拟内存管理机制来完成的，有关它的详细内容将在第 5 章展开。

3.1.5　观察 openEuler 中进程的虚拟地址空间布局

在 openEuler 操作系统中，可以通过 readelf 命令观察可执行文件的结构，也可以通过命令

```
#cat /proc/[pid]/maps
```

观察进程的虚拟地址空间布局，其中[pid]是进程 ID。

对于如下最简单的这个 helloworld.c 程序，使用 gcc 进行编译和静态链接，生成一个 32 位可执行文件 helloworld。

```
#include <stdio.h>
int main(){
    printf("Hello world! \n");
    return 0;
}#gcc -static -m32 helloworld.c -o helloworld
```

使用 readelf 工具分析可执行文件 helloworld 的 ELF 文件信息：

```
#readelf -l helloworld
```

得到如下输出结果。

```
Elf file type is EXEC (Executable file)
Entry point 0x8049be0
There are 9 program headers, starting at offset 52

Program Headers:
Type          Offset    VirtAddr   PhysAddr   FileSiz  MemSiz   Flg  Align
LOAD          0x000000  0x08048000 0x08048000 0x00224  0x00224  R    0x1000
LOAD          0x001000  0x08049000 0x08049000 0x6a720  0x6a720  R    E
LOAD          0x06c000  0x080b4000 0x080b4000 0x2e2e4  0x2e2e4  R    0x1000
LOAD          0x09a6a0  0x080e36a0 0x080e36a0 0x02c18  0x03950  RW   0x1000
NOTE          0x000154  0x08048154 0x08048154 0x00060  0x00060  R    0x4
TLS           0x09a6a0  0x080e36a0 0x080e36a0 0x00010  0x00030  R    0x4
GNU_PROPERTY  0x000178  0x08048178 0x08048178 0x0001c  0x0001c  R    0x4
GNU_STACK     0x000000  0x00000000 0x00000000 0x00000  0x00000  RW   0x10
GNU_RELRO     0x09a6a0  0x080e36a0 0x080e36a0 0x01960  0x01960  R    0x1
```

输出结果的第一行表示可执行文件 helloworld 中包含这样一个程序段：其类型为 LOAD，偏移量 Offset 为 0x000000，起始虚拟地址 VirtAddr 为 0x08048000，文件大小 FileSiz 为 0x00224，读写属性 Flg 为 R（只读）。这就印证了“用户程序总是从地址 0x08048000 开始编址”的结论。实际上，程序的入口点在虚拟地址 0x8049be0 上（即第 2 行所表示的程序段中），这就说明程序经过编译后，编译器在程序入口点之前已经添加了部分代码。

前面通过 readelf 工具分析了可执行文件中程序段的布局，那么当该程序运行起来后，这些程序段在进程虚拟地址空间中的布局如何呢？我们首先启动 helloworld 可执行程序，并置于后台，然后观察进程地址映射：

```
#./helloworld &
[3] 24055
#cat /proc/24055/maps
```

得到如下输出结果：

```
08048000-08049000  r--p  00000000  08:05  1575206  /home/zenith/helloworld
08049000-080b4000  r-xp  00001000  08:05  1575206  /home/zenith/helloworld
080b4000-080e3000  r--p  0006c000  08:05  1575206  /home/zenith/helloworld
080e3000-080e5000  r--p  0009a000  08:05  1575206  /home/zenith/helloworld
080e5000-080e7000  rw-p  0009c000  08:05  1575206  /home/zenith/helloworld
0831d000-0833f000  rw-p  00000000  00:00  0        [heap]
f7f9a000-f7f9e000  r--p  00000000  00:00  0        [vvar]
f7f9e000-f7fa0000  r-xp  00000000  00:00  0        [vdso]
ffa7c000-ffa9d000  rw-p  00000000  00:00  0        [stack]
```

从输出结果可以看到，可执行程序中的段被映射到进程虚拟地址空间中，其中第一个段是从进程虚拟地址 0x08048000 开始布局的。还可以看到，进程虚拟地址空间中也为堆和栈分配了相应的地址空间，而它们在可执行文件中是不被存储的，这是因为堆、栈是程序运行时的结构。

3.1.6 进程控制块

操作系统需要关于每个进程的大量信息，这些信息被保存在进程控制块中。进程控制块是描述进程元信息的一个数据结构，由操作系统来分配和管理，并保存在内核中。表 3-2 罗列了进程控制块中的典型信息，了解这些信息之后，读者大致就可以明白操作系统是如何对进程进行管理的了。

表 3-2 进程控制块中的典型信息

信息类别	详细内容
进程标识信息	PID(Process ID)：进程的标识符 PPID(Parent Process ID)：创建这个进程的进程(父进程)标识符 UID(User ID)：用户标识符
处理器状态信息	通用寄存器信息，控制和状态寄存器，栈指针寄存器信息等
进程控制信息	调度和状态信息：进程的状态、优先级、进程占用 CPU 时钟数、进程等待的事件等 存储管理信息：进程的段表和页表指针、进程虚拟地址空间布局等 资源的所有权和使用情况信息：进程所打开的文件，资源的使用状况等

进程控制块包含了操作系统所需要的关于进程的所有信息，是操作系统中最重要的数据结构之一。操作系统中涉及调度、资源分配、中断处理、性能监控和分析的模块，都可能读取和修改进程控制块。

知识扩展

openEuler 实现 PCB 的数据结构

首先推荐两个在线源码分析工具，可以用来阅读 Linux 内核和 glibc 等的源码。

(1) https://code.woboq.org

(2) https://elixir.bootlin.com

openEuler 20.03 LTS 版本基于 Linux Kernel 4.19.90，下载该内核之后，可以通过阅读内核源码，进一步了解 openEuler 实现 PCB 的数据结构：task_struct，并与表 3-2 中的内容相印证。

内核源码文件：include/linux/sched.h

```
struct task_struct{
    pid_t pid;                          // 进程标识符
    struct thread_struct thread;        // 线程状态信息,其中包括 CPU 状态信息
    struct list_head children;          // 子进程
    struct list_head sibling;           // 进程的兄弟进程
    volatile long state;                // 进程的状态,以 bitmask 形式保存
    u64 utime;                          // 进程在用户态下占用的 CPU 时钟周期数
    u64 stime;                          // 进程在内核态下占用的 CPU 时钟
    int prio;                           // 进程的优先级
    int static_prio;                    // 进程的优先级
    int normal_prio;                    // 进程的优先级
    unsigned int rt_priority;           // 进程的优先级
    void * stack;                       // 指向进程的内核栈
    struct fs_struct * fs;              // 文件系统信息
    struct files_struct * files;        // 进程打开的文件列表
    struct mm_struct * mm;
                  // 进程的内存信息,其中包括进程虚拟地址空间布局和页表指针 pgd
    char comm[TASK_COMM_LEN];        // 进程运行的可执行文件名,TASK_COMM_LEN=16
    ...
};
```

不同 CPU 定义线程状态信息 thread_struct 的方式有所不同，下面以 arm64 处理器为例。

内核源码文件：arch/arm64/include/asm/processor.h

```
struct thread_struct {
    struct cpu_context cpu_context;
    ...
}
```

其中，CPU 上下文定义为：

```
struct cpu_context{
    unsigned long x19;
    ...
    unsigned long x28;
    unsigned long fp;
    unsigned long sp;
    unsigned long pc;
};
```

3.2 进程的状态

进程作为一个活动体，具有从产生到消亡的生命周期。在生命周期中经历了各个阶段，每个阶段称为进程的一个状态。操作系统为了能够对进程进行更有效的管理，必须考虑进程所处的状态。进程的状态信息保存在进程的进程控制块中如表 3-2 所示。

通常采用状态机模型(state machine)来描述进程的状态以及状态之间的迁移关系。一个状态机实际上是一个由节点集合 Node 和边集合 Edge 构成的有向图＜Node，Edge＞，其中 Node 被解释为状态集，Edge 被解释为状态迁移的集合。通常认为，当进程处于某个状态时，需要持续一定的时间，而状态间的迁移过程不需要花费时间。一个状态迁移可以表示为一个五元组：

$$< s,\ e\ [g]/a,\ s' >$$

其含义是：当进程处于状态 s 时，如果事件 e 发生，而且卫士条件 g 成立，那么进程将做动作 a，之后迁移到下一个状态 s'。学习和理解进程的状态机模型，关键是理解状态间的迁移关系，尤其是事件和卫士条件的含义。

本节先介绍进程的五状态模型，进而扩展到七状态模型。在模型的扩展过程中，引入了新的状态和新的迁移，这说明进程管理的策略也变得愈加复杂。

3.2.1 五状态模型

五状态模型把进程的生命周期划分为 5 个状态(阶段)，其中就绪态、运行态和阻塞态是 3 个基本状态。状态迁移模型如图 3-2 所示。

(1) 运行态(running)：进程正在被 CPU 执行的状态。如果计算机只有一个 CPU，任意时刻，最多只有一个进程处于运行状态。

(2) 阻塞态(blocked)：也称为“等待态”(waiting)，一个进程正在等待某个事件发生的状态，这个事件可能是 I/O 设备就绪、I/O 控制器的读或写操作已经完成等。例如，当一个进程向 I/O 控制器发送了一个读命令之后，就处于阻塞态，等待读命令完成这一事

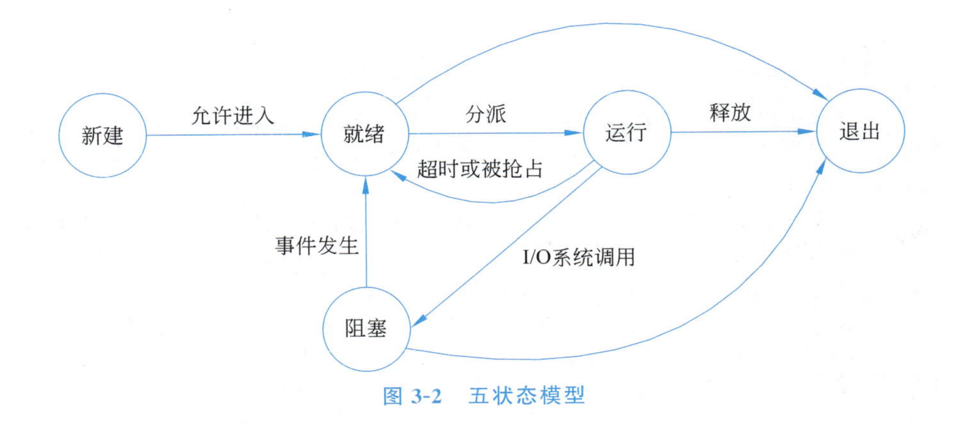

图 3-2 五状态模型

件的发生。处于阻塞态的进程不能被调度，直到它所等待的事件发生，并解除阻塞态。

(3) 就绪态(ready)：一个作业已经具备被调度执行的条件，正在排队等待调度的状态。显然，调度只能发生在那些处于就绪态的进程中。

在多道程序设计环境下，可能有多个进程都处于就绪态，那么调度程序需要按照某种调度策略，如按照进程的优先级，选择一个优先级最高的就绪态进程投入运行，于是该进程的状态就由就绪态转入运行态。当处于运行态的进程等待某一事件发生时，便进入阻塞态；处于阻塞态的进程，当所等待的事件发生后，就进入了就绪状态，以便由调度程序重新调度。

此外，为了描述进程的创建和消亡过程，还需要引入“新建”状态和“退出”状态。

(4) 新建态。当一个进程刚被创建，操作系统还没有将它加入可执行进程组中的状态。处于新建状态的进程，其进程控制块已经创建，但是其程序和数据还没有被加载到内存中。

(5) 退出态。一个进程因为某种原因从可执行进程组中被释放出来的状态。注意，退出状态不等于进程被操作系统销毁的状态。退出仅意味着进程不再被执行，但是与进程相关的信息仍然保留在操作系统中，一旦这些信息使用完毕，操作系统就不再保留任何与该进程相关的数据，将它从系统中彻底消除。

表 3-3 是典型状态迁移的说明，尤其需要注意触发状态迁移的事件。

表 3-3 典型的状态迁移及说明

状态迁移	状态迁移的触发事件或条件
空→新建	创建新进程的事件可能有：①当终端用户登录到系统时，操作系统为该用户创建一个进程；②当前进程派生一个新进程
新建→就绪	当一个新建的进程满足操作系统的准入条件时，允许该进程被加载到内存中，从而进入就绪态
就绪→运行	操作系统按照特定的调度策略选择一个就绪态的进程，该进程就进入运行态

续表

状态迁移	状态迁移的触发事件或条件
运行→退出	导致进程退出的事件可能有：①进程正常完成；②进程运行时间超过时限；③无可用内存；④发生越界、保护错误、算术错误等，或执行无效指令、特权指令、数据误用等
运行→就绪	①高优先级进程抢占了该进程；②进程时间片到期；③进程自愿释放对处理器的控制，如执行 sleep()
运行→阻塞	①进程调用了操作系统的一个服务，但操作系统无法立即予以服务；②请求了一个无法立即得到的资源，如文件或虚拟内存中的共享区域；③需要进行某种初始化工作，如 I/O 操作，而且只有当该初始化工作完成后才能继续执行；④当进程相互通信，一个进程等待另一个进程提供输入时，或等待来自另一个进程的信息时
阻塞→就绪	当所等待的事件发生时，由阻塞态迁移到就绪态
就绪→退出 阻塞→退出	①父进程可以在任何时刻终止一个子进程；如果一个父进程终止，与该父进程相关的所有子进程都将终止

值得注意的是，五状态模型描述的是一个进程的状态以及状态迁移情况，而多道操作系统中通常包括多个进程，在某一时刻，每个进程可能处于不同的状态，这些进程的状态组合就构成了整个系统的状态。

【例 3-1】 设系统中有 3 个进程 P_1、P_2 和 P_3。某一时刻，每个进程可能处于上述 5 个状态之一，我们用 $<s_1, s_2, s_3>$ 表示由这 3 个进程所构成的系统的状态，其中 s_i 表示进程 $P_i(i=1,2,3)$ 的状态。如果这些进程相互独立，那么对于单处理器系统，可能存在多少个系统状态？对于双处理器系统，可能的系统状态又有多少个？

解 整个系统由 3 个独立运行的进程构成：

$$\text{System} = P_1 \| P_2 \| P_3$$

系统的状态就是所有进程状态的组合。因此系统状态可能有 $5^3=125$ 个。对于单处理器系统，任一时刻最多只能有一个进程处于运行状态，因此可能的状态有 125－13＝112 个。但是对于双处理器系统，任一时刻可以有两个进程同时处于运行态，因此系统的可能状态有 124 个。

如果以系统中进程的个数 n 作为度量系统规模的变量，那么系统状态的数目将是 n 的指数函数，即系统复杂度为 $O(2^n)$。当系统中进程的数目增多时，系统状态的数目将以指数级快速增长，而且增长的速度远快于进程数目的增长速度，我们把这一问题称为“状态空间状态爆炸”问题。由这一问题所引发的系统测试和验证问题是计算机科学面临的基本难题之一。

五状态模型在操作系统中是通过进程队列来实现的。为了管理系统中的多个进程，设计两个队列：就绪队列和阻塞队列。操作系统只能在就绪队列中选择需要调度的进程；当进程阻塞时，将被加入阻塞队列；当某事件发生时，操作系统在阻塞队列中寻找正在等待该事件的进程，如能找到，将其从阻塞队列加入就绪队列，等待调度。由于阻塞队列中的进程所等待的事件可能有所不同，为了提高效率，通常可以设计多个阻塞队列，每个阻塞队列等待一个事件，这样当一个事件发生时，等待这个事件的阻塞队列中的所有进程都被加入就绪队列。五状态模型的实现如图 3-3 所示。

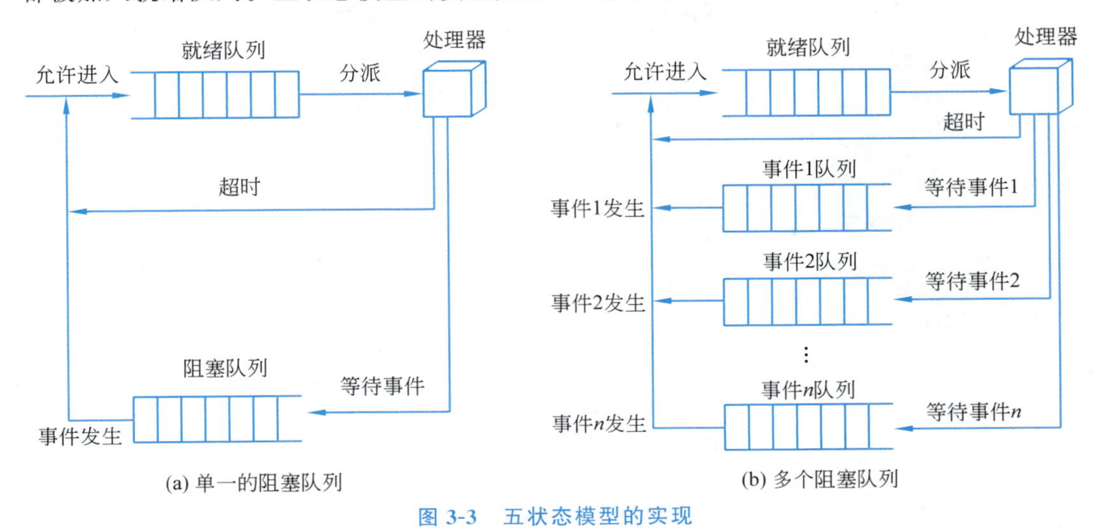

图 3-3　五状态模型的实现

3.2.2　七状态模型

进程状态的认定依赖操作系统的具体进程管理策略。进程管理策略越复杂，进程的状态也就越多，状态迁移也就越复杂。在很多操作系统中，除了认定上述 5 个基本状态外，还认定了一个“挂起”(suspended)状态。本节对挂起状态进行讨论，并把五状态模型扩展为七状态模型。

1. 挂起状态

为了提高系统的工作效率，操作系统需要接纳较多数量的进程进入系统，这时可能会出现物理内存不够容纳这些进程的情况。很多操作系统采取交换(swapping)策略解决这一问题，把处于阻塞态的进程从内存换出到磁盘中，并加入“挂起队列”，释放该进程占据的内存空间，然后接收一个新建进程，或取出挂起队列中的另一个进程，将其纳入内存。

当一个进程被交换到磁盘中时，它就处于挂起状态，该状态可以区分进程镜像是在内存中还是在磁盘中。处于就绪和阻塞状态的进程可以被挂起，于是形成了“就绪挂起”和“阻塞挂起”两种新状态，原来的五状态模型就被扩展为七状态模型，如图 3-4 所示。

七状态模型的状态迁移如表 3-4 所示。

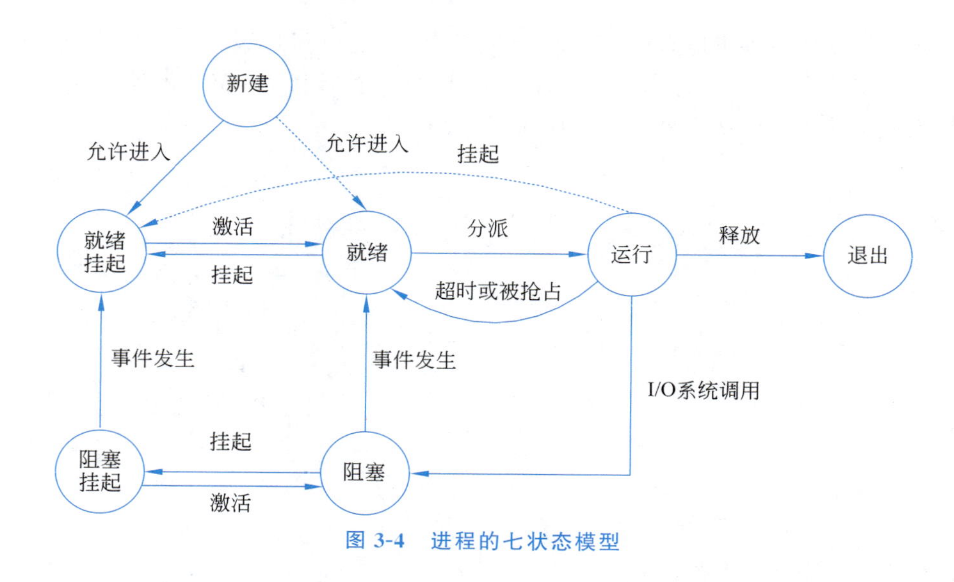

图 3-4　进程的七状态模型

表 3-4　七状态模型的状态迁移

状 态 迁 移	状态迁移的触发事件或条件
新建→就绪挂起	当没有足够的内存空间分配给新进程时，通常把新建进程挂起，并放入就绪挂起队列
新建→就绪	当新建进程满足操作系统对内存、性能的各种限制时，允许进程被加载到内存中，从而进入就绪态
就绪挂起→就绪	①如果内存中没有就绪态进程，操作系统可以把一个就绪挂起态的进程调入内存；②当处于就绪挂起态的进程比处于就绪态的任何进程的优先级高时
就绪→就绪挂起	通常，操作系统更倾向于挂起处于阻塞态的进程而非就绪态的进程，但是如果操作系统确信高优先级的阻塞态进程很快将会就绪，那么它可能挂起一个低优先级的就绪态进程
阻塞→阻塞挂起	如果系统中没有就绪态的进程，则至少一个阻塞态的进程将被换出，为新建进程或就绪挂起态的进程腾出内存空间
阻塞挂起→阻塞	该迁移在设计中比较少见。但是如果阻塞挂起队列中有一个进程比就绪挂起队列中的任何一个进程的优先级都高，并且操作系统确信该进程等待的事件很快就会发生，这时把阻塞进程调入内存
阻塞挂起→就绪挂起	处于阻塞挂起态的进程所等待的事件发生时
运行→就绪挂起	操作系统为了释放一些内存，也可以直接把进程从运行态转换为就绪挂起态
各种状态→退出	①当一个进程运行完成时，或在运行过程中出现一些错误条件时，它将从运行态退出；②当一个进程被其他进程终止，或当它的父进程终止时，它也会退出
其他状态迁移	与五状态模型的状态迁移相同，见表 3-3

2. 导致进程挂起的原因

导致一个进程进入挂起状态的一个原因是释放更多的内存空间，以便调入一个就绪挂起状态的进程，或者增加分配给其他就绪态进程的内存。除了这一原因之外，还有一些原因使得操作系统有必要挂起一个进程。表 3-5 总结了导致进程被挂起的原因。

表 3-5　导致进程挂起的原因

原　　因	说　　明
交换	操作系统需要释放足够的内存空间，以调入并执行处于就绪状态的进程
其他 OS 原因	操作系统可能挂起后台进程或工具程序进程，或者被怀疑导致问题的进程
交互式用户请求	为了调试或者与一个资源的使用进行连接，用户可能需要挂起一个程序的执行
定时	一个进程可能会被周期性地执行(如记账或系统监视进程)，大多数情况下是空闲的，则在它两次使用之间应该被换出，即在等待下一个时间间隔时被挂起
父进程请求	父进程会挂起后代进程的执行，以检查或修改挂起的进程，或者协调不同后代进程之间的行为

3.3　进程控制

前面介绍了进程的状态以及导致状态迁移的一系列事件和条件，本节介绍操作系统如何管理进程生命周期中的一系列活动，包括进程创建、进程切换和进程退出。

3.3.1　进程的创建

创建一个新进程的原因有：

(1) 当终端用户登录到系统时，操作系统为该用户创建一个进程；

(2) 操作系统为了提供一项服务而创建一个进程；

(3) 当前进程为了并发性需求，需要创建多个进程。

操作系统创建一个进程需要经历如下步骤：

(1) 为新进程分配一个唯一的进程标识符 PID；

(2) 给该进程的组成部分分配地址空间，包括给进程控制块分配空间；

(3) 初始化进程控制块，包括设置进程标识符，初始化处理器、寄存器的信息，设置进程初始为就绪或就绪挂起状态，设置进程的资源(I/O 设备、文件)信息等；

(4) 设置正确的链接，例如把新进程放置在就绪或就绪挂起链表中。

3.3.2　进程的退出

进程退出的主要原因有：

(1) 进程正常运行结束；

(2) 进程执行了非法指令，或在用户模式下执行了特权指令；

(3) 进程运行时间或等待时间超过了最大限定值；

(4) 进程申请的内存超过最大限定值；

(5) 越界错误、算术错误、严重的输入/输出错误；

(6) 操作员或操作系统干预；

(7) 父进程退出时，子进程也随之退出。

进程退出的步骤为：

(1) 根据退出进程的 PID，从相应队列找到它的 PCB；

(2) 将该进程拥有的资源归还给父进程或操作系统；

(3) 若该进程拥有子进程，则先退出它的所有子孙进程或者将它们代理给其他进程，以防它们脱离控制；

(4) 将进程出队，释放它的 PCB。

3.3.3 进程上下文切换

进程上下文切换是指操作系统打断一个正在运行的进程，把 CPU 指派给另一个进程，让其拥有 CPU 资源并开始或继续执行的过程。注意，进程切换不同于进程状态转换。进程切换过程中一定伴随着多个进程的状态转换，而状态转换仅仅是进程上下文切换中的一个活动，除此之外，还有一些其他必要活动。

例如，当一个正在运行的进程 P_1 的时间片到期时，操作系统需要把 P_1 切换出去，让就绪的进程 P_2 占有 CPU 继续运行。在这一进程上下文切换过程中，需要进行状态转换，即

$$P_1: \text{Run} \rightarrow \text{Ready}, P_2: \text{Ready} \rightarrow \text{Run}$$

除此之外，还需要一些诸如这样的活动：把 CPU 的状态信息保存在 P_1 的进程控制块中，以便下次执行时恢复 CPU 状态；把 P_1 加入就绪队列；把 P_2 从就绪队列中移出；把 CPU 状态从 P_2 的进程控制块中恢复出来。另外，可能还有一些记账和统计信息需要记录等。

一般地，一个进程上下文切换应包括如下几个活动。

(1) 保存现场，把处理器状态信息(如程序计数器、栈指针、通用寄存器等)保存在进程控制块中。

(2) 更新当前进程的进程控制块，如把进程的状态设置为就绪态或阻塞态、记录进程离开运行态的原因和记账信息等。

(3) 将该进程的进程控制块移到相应的队列。

(4) 选择另一个进程执行。究竟选择哪个就绪的进程执行，取决于操作系统所采用的调度算法。

(5) 更新所选择进程的进程控制块，如将进程的状态设置为运行态。

(6) 更新内存管理的数据结构，实现内存空间的切换。如将所选择进程的页表指针赋给特定的控制寄存器(如 x86 64 位处理器的 CR3 控制寄存器)。

(7) 恢复现场。使用被选择的进程的 PCB，恢复 CPU 状态。

通过以上步骤，所选择进程就从上一次被打断的状态继续执行。

CPU 通常具有用户模式和内核模式(特权模式)两种运行模式，**模式转换**是 CPU 在这两种模式之间进行的转换。一个进程在运行过程中是否伴随模式转换？进程切换与模式转换之间的关系是什么？

在采用虚拟内存管理的操作系统中，每个进程中既包括用户程序部分，也包括内核程序部分(图 3-1)，用户程序需要使用内核提供的调用和服务才能完成特定的计算任务。

(1) 当 CPU 执行进程的用户程序部分时，处于用户模式。

(2) 当 CPU 执行进程的内核程序或访问内核资源时，处于内核模式。

(3) 当用户程序调用内核提供的服务时，处理器发生"用户模式→内核模式"的转换。

(4) 当内核服务结束，返回用户程序时，处理器发生"内核模式→用户模式"的转换，如图 3-5 所示。

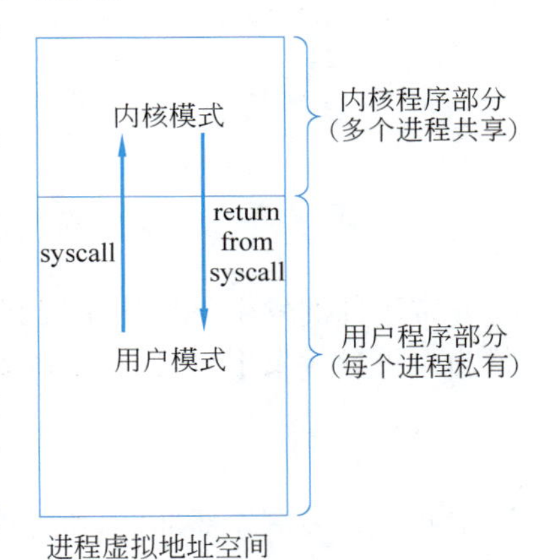

图 3-5　进程执行过程中的模式转换

在进程执行过程中进行模式转换有如下好处。

(1) 用户程序运行在用户模式下，不能执行特权指令，对系统资源的访问也受到严格限制。因此有利于保护系统资源，避免越权访问，提高系统的安全性。

(2) 内核程序和用户程序被封装在进程上下文中，从用户程序执行内核程序时，或者从内核程序返回用户程序时，只需要进行模式切换，不必进行进程间的切换，因此减小了系统开销。

(3) 内核程序运行在内核模式下，可以直接访问用户程序和数据，因此减少了用户程序与内核程序之间的参数传递，提高了进程执行效率。

在许多旧的操作系统中，操作系统内核分布在用户进程之外，是一个或多个独立的进程。当一个用户进程请求一个系统调用时，需要把该进程切换成内核进程；当系统调用返回时，又要把内核进程切换为该进程。显然，这种情况下，既有进程上下文切换，又有处理器模式转换。

在第 1 章所讲的微内核结构中，操作系统服务以用户态进程的形式存在，一个应用进程通过消息传递请求操作系统服务。当应用进程请求服务时，或者当服务完成返回应用程序时，都会引起进程上下文的切换，但是由于用户进程和服务进程都处于用户模式，因此不会产生处理器模式转换。图 3-6 是以上两种情况下模式转换和进程切换的关系。

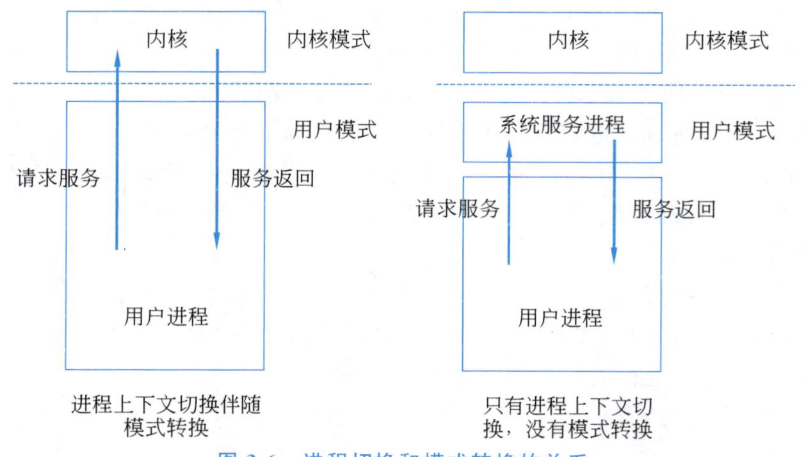

图 3-6 进程切换和模式转换的关系

3.3.4 进程上下文切换的时机

异常事件的发生是操作系统获取 CPU 的控制权，实施进程切换的唯一时机。下面分析当 4 类异常发生时，操作系统如何进行进程间的切换。

1. 中断异常

中断是一类由外部部件，如时钟模块、I/O 设备等引起的异步异常。

时钟中断。一个进程的时间片到期时，时钟电路向 CPU 发出一个时钟中断，操作系统响应该中断，保存该进程的上下文，并将其状态转换到就绪态，然后从就绪队列中按照某种调度策略选择一个进程，将它的状态切换到运行态，然后恢复其上下文，使其拥有 CPU 的控制权并开始（或继续）执行。

I/O 中断。I/O 模块执行完 I/O 操作后，向 CPU 发送 I/O 中断事件。操作系统保存当前进程的上下文，确定 I/O 中断事件的属性，查看哪些进程正在等待该事件，然后把所有这些进程从阻塞态转换为就绪态（阻塞挂起态转换为就绪挂起态），并实施一次调度，决定哪个进程可以占用 CPU 继续执行。

2. 陷阱异常

陷阱异常是一类由当前进程主动发起的同步异常。对于 x86 处理器，可以通过执行陷阱指令 int 0x80 主动发起陷阱异常，用 iret 指令从异常处理中返回。在奔腾 2 代处理器之后，可以使用 sysenter 和 sysexit 指令分别发起和退出陷阱异常。对于 ARM64 处理器，使用 svc 和 eret 指令发起和退出陷阱异常。系统调用是通过陷阱异常来实现的。当进程执行一个系统调用时，发生了陷阱异常，可能会引发一次调度和进程切换。例如，当一个用户进程调用 read()系统调用后，状态变为阻塞态，从而引起一次进程切换。

3. 故障和致命故障异常

对于故障异常，操作系统确定故障或异常条件是否是致命的，如果是致命的，则把当前进程转换到退出态，并发生进程切换；如果不是致命的，操作系统采取的处理措施可能是试图恢复发生故障的进程，也可能是通知用户某故障已经发生，由用户选择终止该进程或继续执行。

对于缺页故障，操作系统这样处理：当 CPU 访问一个虚拟内存地址，且此地址单元不在物理内存中时，CPU 会抛出一个缺页故障异常，操作系统响应该异常，请求 I/O 模块把包含这个地址单元的页或段从外存中调入内存，同时把发生缺页故障的进程置为阻塞态，恢复另一个就绪进程的执行。当该页或段被调入内存之后，I/O 模块向 CPU 发送 I/O 中断异常，通知操作系统该 I/O 操作已经完成，操作系统响应该异常，将发生缺页故障的进程置为就绪态，等待调度。当该进程得到调度并运行时，它将从刚才发生缺页故障的指令重新开始执行。

3.3.5　openEuler 中系统调用的实现

应用程序通过发起系统调用请求操作系统提供的服务。系统调用通过陷阱异常来实现。每个系统调用具有唯一的异常号，称为"系统调用号"。所有系统调用的入口地址形成一个系统调用表(syscall_table)。这里以早期的 x86 处理器为例，说明执行系统调用的过程。

(1) 把系统调用号置入 EAX 寄存器，并把系统调用的参数置入 EBX、ECX、EDX、ESI、EDI 和 EBP 等通用寄存器。x86 下 Linux 支持的系统调用参数至多有 6 个。(用户态下)

(2) 执行陷阱指令 int 0x80 陷入操作系统内核。int 指令把若干特权寄存器(SS、ESP、EFLAGS、CS、EIP)中的值压入内核栈(每个进程都有一个自己的内核栈)。(内核态下)

(3) 执行陷阱异常处理程序：首先使用宏 SAVE_ALL 把通用寄存器(EAX、EBX、ECX、EDX、ESI、EDI 和 EBP)的值压入内核栈；然后根据 EAX 中保存的系统调用号，在系统调用表中找到对应的入口函数地址；最后从内核栈中获取系统调用参数，执行系统调用代码体。(内核态下)

(4) 系统调用处理结束后，调用宏 RESTORE_REGS 恢复通用寄存器的值，并把返回值保存在 EAX 寄存器中。然后执行 iret 指令，该指令把内核栈中的值恢复到相应的特权寄存器中，并把 CPU 状态转换为用户态。(内核态下)

(5) 从 EAX 中把系统调用的返回值读出到变量 res 中，并把该变量值返回到用户程序变量中。(用户态下)

下面阅读 openEuler 源码，分析与系统调用相关的几个文件。openEuler IA-64 Linux 内核共有 325 个系统调用，系统调用的说明文件为：

```
源文件: include/linux/syscalls.h
...
asmlinkage long sys_exit(int error_code);
asmlinkage long sys_read(unsigned int fd, char __user * buf, size_t count);
asmlinkage long sys_write(unsigned int fd, const char __user * buf, size_t
count);
...
```

系统调用名均以“sys_”开头,我们在程序中调用的所谓系统调用并非真正的系统调用函数。例如,在用户程序中调用了 glibc 库中的 printf()函数,它并非严格意义上的系统调用,只不过在其实现体中包含了对 sys_write( )的调用而已。

```
源文件: /arch/ia64/include/uapi/asm/unistd.h
...
#define __NR_ni_syscall    1024
#define __NR_exit          1025
#define __NR_read          1026
#define __NR_write         1027
...
```

系统调用号在如下文件中定义。其中,__NR_xxx 是系统调用号。系统调用表是存储在内存中的 8 字节对齐的线性列表。

```
arch/ia64/kernel/entry.S
.rodata
    .align 8
    .globl sys_call_table
sys_call_table:
    data8 sys_ni_syscall
    data8 sys_exit          // 1025
    data8 sys_read
    data8 sys_write
    ...
.org sys_call_table + 8 * NR_syscalls
```

根据系统调用号得到系统调用入口地址的计算方法是: sys_call_table + 8 * NR_xxx。

下面介绍系统调用与过程调用的关系。从编写程序的角度看,过程调用和系统调用好像没有什么区别,但是通过本章的学习,应当认识到过程调用与系统调用有着本质区别,主要表现在如下 6 方面。

(1) 过程调用主要是为了模块化程序设计的需要,将常用的、公共的程序部分封装为一个例程,方便用户使用以及程序维护;而系统调用是用户程序使用计算机服务的一种方式。在设计系统调用时,除了考虑模块化的需求之外,更重要的是考虑对计算机资源的安全保护。

(2) 过程调用的发生是通过跳转指令来实现的;而系统调用是通过发起陷阱异常来实现的,系统调用的代码是由异常处理程序来执行的。

(3) 过程调用不会触发进程切换和进程状态转换,而系统调用可能会引起进程切换和状态转换。例如,有关I/O的系统调用通常会使进程从运行态变换为阻塞态,同时CPU切换到其他就绪进程。

(4) 用户程序进行过程调用时,CPU始终处于用户模式,不会发生模式切换。调用一个系统调用时,CPU将从用户模式切换到内核模式;当系统调用返回时,CPU又从内核模式切换回用户模式。

(5) 过程调用始终工作在用户栈上,使用用户栈传递过程调用的参数、返回值、返回地址等。进行系统调用时,需要从用户栈切换到内核栈,并使用内核栈保存CPU上下文和系统调用的参数;系统调用完成时,又需要从内核栈切换到用户栈,并使用内核栈恢复CPU现场和传递返回值。

(6) 过程调用始终工作在进程的用户地址空间。进行系统调用时,需要从用户地址空间切换到内核地址空间;系统调用完成时,又需要从内核地址空间返回到用户地址空间。

3.3.6 openEuler环境下使用strace跟踪系统调用过程

strace是一个功能强大的Linux调试、分析和诊断工具,可用于跟踪程序执行时发生的系统调用和进程所接收的信号,对于那些源码不可获取的程序的分析和调试尤其有用(这种情况下,使用gdb是无法进行程序调试的)。深入观察程序运行过程中系统调用的执行情况,能够为程序调试和诊断提供重要信息。在openEuler操作系统中使用如下命令安装strace程序包:

```
#yum install strace
```

对于前面建立的Helloworld.c程序:

对它进行静态链接,并生成可执行文件helloworld:

```
#gcc -static helloworld.c -o helloworld
```

然后使用strace工具观察helloworld在执行中所产生的一系列系统调用:

```
#strace ./helloworld
```

得到如下输出结果:

```
execve("./helloworld", ["./helloworld"], 0x7ffc32081380 /* 60 vars */) =0
arch_prctl(0x3001 /* ARCH_??? */, 0x7ffd6d3b8690) = -1 EINVAL (Invalid
argument)
brk(NULL)                              =0x226d000
brk(0x226e1c0)                         =0x226e1c0
arch_prctl(ARCH_SET_FS, 0x226d880) =0
uname({sysname="Linux", nodename="Zenith-openEuler", ...}) =0
readlink("/proc/self/exe", "/home/zenith/helloworld", 4096) =23
brk(0x228f1c0)                         =0x228f1c0
brk(0x2290000)                         =0x2290000
mprotect(0x4bd000, 12288, PROT_READ) =0
fstat(1, {st_mode=S_IFCHR|0620, st_rdev=makedev(0x88, 0), ...}) =0
write(1, "Hello world!\n", 13)         =13
exit_group(0)                          =?
+++exited with 0 +++
```

结果中每一行都是一个系统调用,我们主要关注 execve()和 write()。在 shell 环境下执行 helloworld 时,shell 进程首先创建一个子进程,然后调用 execve(...)(第一行)把 helloworld 可执行程序加载到进程地址空间。值得注意的是,源程序中用 C 语言写的 printf()函数是通过系统调用 write()来实现的,其中参数 1 表示标准输出文件(即计算机显示器)的描述字。write()系统调用把 13 个字符写入计算机显示器完成输出工作。返回值 13 表示实际写入的字数。可见,printf()并非严格意义上的系统调用,只是一个被封装的 glibc 库函数。

3.4 openEuler 中的进程控制

本节以 openEuler 操作系统为例,学习如何通过它提供的系统调用来对进程进行控制,同时进一步了解进程控制的内部实现细节,加深对进程控制相关原理的理解。

3.4.1 获取进程 IDs

```
#include <sys/types.h>
#include <unistd.h>

pid_t getpid(void);       // 返回当前进程的 PID
pid_t getppid(void);      // 返回当前进程的父进程(即创建调用进程的进程)的 PID
                             Returns: PID of either the caller or the parent
```

getpid 和 getppid 系统调用返回类型为 pid_t 的一个整数值,该类型在文件 types.h

中声明，类型为 int。

3.4.2　创建和终止进程

创建一个子进程的系统调用是 fork()：

```
#include <sys/types.h>
#include <unistd.h>
pid_t fork(void);
                    Returns: 0 to child, PID of child to parent, -1 on error
```

调用 fork()的进程将创建一个子进程，调用进程就成为该子进程的父进程。fork()的一个特点是“调用一次，返回两次”：在调用进程（即父进程）中返回一次，在新创建的子进程中又返回一次。在父进程中，fork()返回子进程的 PID，在子进程中 fork()返回 0 值。由于子进程的 PID 总是非零的，因此通过返回值是否为 0，用来区分程序中分别由父、子进程执行的代码片段。

终止一个进程的系统调用是 exit()。导致一个进程终止的原因有：①该进程收到了一个信号，这个信号的默认动作是终止该进程；②进程执行完毕，从主程序中返回；③调用了 exit()函数。

```
#include <stdlib.h>
void exit(int status);
                    This function does not return
```

exit()函数终止调用它的进程，status 是一个描述进程退出方式的状态字（exit status）。另外一种设置退出状态字的方式是在 main 函数中用 return status 返回一个整数值。

新创建的子进程几乎与其父进程完全一样：子进程完全复制了其父进程虚拟地址空间的用户部分，包括代码段、数据段、堆和用户栈等。子进程也完全复制了父进程所打开的所有文件描述字，这意味着，子进程可以对父进程在调用 fork()之前所打开的所有文件进行相应操作。父、子进程之间最显著的区别是它们分别拥有不同的 PID。有以下两点需要注意。

（1）地址空间的隔离性。尽管子进程几乎完全复制了父进程的虚拟地址空间，但是它们的地址空间是完全隔离的，也就是说子进程拥有父进程地址空间用户部分的另外一个副本，它们拥有各自独立的控制流，而且每个控制流在各自的用户地址空间运行，对用户数据、栈和堆的任何操作不会发生相互干扰。

（2）文件资源的共享性。对于父进程在 fork()调用之前打开的文件资源，子进程有权继承，也就是说文件资源被父、子进程所共享。

下面的代码是使用 fork()创建一个新进程的例子，已经在 openEuler 环境下运行通过。

```
ch3-fork.c
1       #include<stdio.h>
2       #include<stdlib.h>
3       #include<sys/types.h>
4       #include<unistd.h>// fork()
5
6       int main()
7       {
8           pid_t pid;
9           int x=1;
10
11          pid=fork();
12          if(pid==0){              /* 子进程 */
13              printf("child : x=%d\n", ++x);
14              exit(0);
15      }
16
17      /* 父进程 */
18      printf("parent : x =%d\n", --x);
19      exit(0);
20      }
```

执行完成程序后，其结果为：

```
parent: x=0
child: x=2
```

注意：fork()调用执行之后，创建了子进程，而且子进程克隆(clone)了父进程的地址空间。因此父、子进程拥有相同内容的用户栈、局部变量值、堆、全局变量值、代码以及程序计数器。在上例中，当子进程被创建之后，局部变量 x 拥有两个副本，而且子进程复制了父进程的 x 状态，即 x=1。fork()返回给子进程 0 值，那么子进程将执行 if 块，对 x 执行递增操作，并打印出 x 的状态值 2；而 fork()返回给父进程一个非零值，因此父进程执行另一个分支，对 x 递减，并打印 x 的状态值 0。由于 x 在父、子进程中各存在一个副本，因此对它们的操作不会相互干扰。

使用 fork()调用可以产生所谓的"进程树"，即父、子进程形成的一个层次化进程结构，如图 3-7 所示，其程序代码如下：

```
ch3-forktree.c
1        #include<stdio.h>
2        #include<stdlib.h>
3        #include<unistd.h>
4        #include<sys/types.h>
5
6        int main()
7        {
8            fork();
9            fork();
10           fork();
11           printf("hello\n");
12           sleep(1000);
13           exit(0);
14       }
```

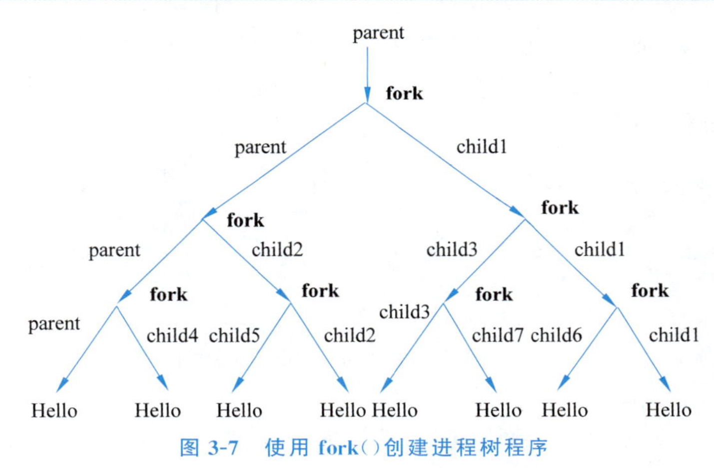

图 3-7　使用 fork()创建进程树程序

可以使用 pstree 命令观察父、子进程形成的进程树。对于图 3-7 所示的例子，使用如下命令：

```
#./ch3-forktree &
#pstree
```

得到如下进程树（仅显示部分结果）：

```
-bash─┬─ch3-forktree─┬─ch3-forktree─┬─ch3-forktree──ch3-forktr+
      │              │              └─ch3-forktree
      │              ├─ch3-forktree──ch3-forktree
      │              └─ch3-forktree
      └─pstree
```

该程序运行时，bash 进程首先创建一个子进程用来运行./ch3-forktree。ch3-forktree

在运行过程中共创建了 7 个子进程，每个子进程均克隆了其父进程的镜像，因此它们均运行程序 ch3-forktree，于是就出现了上述进程树。

3.4.3 回收子进程

当一个进程由于某种原因退出时，内核不会把它立即从系统中移除。相反，该进程将一直保持退出状态，直到被它的父进程回收(reaping)。当父进程回收其处于退出状态的子进程时，内核将子进程的退出状态字(即 exit(status)中的 status)返回给父进程，然后彻底销毁处于退出状态的进程，这时子进程才被完全回收，不复存在。我们将一个处于退出状态，但是还没有被回收的进程称为僵尸进程(zombie)。

对于那些由于其父进程已经终止，还没有被回收的僵尸子进程(这种情况可能是由于父进程在没有回收子进程之前，就出现了异常或被其他进程所终止等)，操作系统内核会安排 init 进程来回收这些子进程。init 进程的 PID 是 1，它是在系统初始化时由内核所创建的。长时间保持运行的程序，如 shell 程序、服务器程序等应该经常回收它们的僵尸子进程，这是因为尽管僵尸进程不再运行，但是它们仍旧消耗着系统内存资源。

openEuler 系统使用 waitpid 调用回收其僵尸子进程。由于一个进程难以准确地知道其子进程何时退出，因此当一个进程调用一个 waitpid 回收其子进程时，将会阻塞，直到它的一个子进程退出。

```
#include <sys/types.h>
#include <sys/wait.h>
pid_t waitpid(pid_t pid, int * status, int options);
        Return: PID of child if OK, 0 or -1 on error
```

waitpid 系统调用的语义比较复杂。这里我们仅介绍默认情况下(即 options = 0)输入参数以及返回值的含义。

(1) 等待集。waitpid 表示调用进程(即父进程)等待一个或所有子进程退出，等待集(wait set)表示调用进程正在等待的子进程的集合。等待集用参数 pid 来确定：如果 pid >0，表示调用进程等待一个 PID 为 pid 的子进程退出，即等待集中只有一个进程，即标识符为 pid 的进程；如果 pid=-1，表示调用进程等待其任意一个子进程退出，即等待集的成员包括调用进程的所有子进程。只要有一个子进程退出，那么 waitpid 就会返回，否则就一直等待下去。注意，当一个进程有多个子进程时，仅用一条 waitpid 调用不能回收所有子进程，因此需要使用多条 waitpid 语句来回收。

这两种情况下，waitpid 将会阻塞调用进程，直到等待集中的一个子进程终止；如果在调用 waitpid 时，等待集中的一个进程已经终止，那么 waitpid 会立即返回。在这两种情况下，waitpid 的返回值为那个退出的子进程的 PID。

(2) 输入参数 status 是一个整数指针，用来获取子进程的退出状态字。status 有几个宏，这里仅列出其中的两个宏：

WIFEXITED(status),如果子进程通过调用 exit 或 returm 来终止,那么该宏返回 true。

WEXITSTATUS(status),返回正常退出的子进程的退出状态字。这个宏只有在 WIFEXITED 返回 true 的情况下才有定义。

(3) 如果调用进程没有子进程,那么 waitpid 返回-1,并且设置 errno 为 ECHILD。

以下面的程序为例,分析其输出结果。

```
ch3-waitpid.c
1        #include <stdio.h>
2        #include <sys/types.h>
3        #include <sys/wait.h>
4        #include <unistd.h>
5        #include <stdlib.h>
6        int main()
7        {
8        int status;
9            pid_t pid;
10           if (fork()==0){
11               printf("a");
12           }
13           else{
14               printf("b");
15               if((pid=waitpid(-1,&status,0))>0){
                     if(WIFEXITED(status))
16                       printf("child %d terminated normally with exit status
17       =%d\n", pid, WEXITSTATUS(status));
18                   else
19                       printf("child %d terminated abnormally\n",pid);
20               }
21           }
22           printf("c");
23           exit(0);
24       }
```

下面分析该程序的输出。

(1) 第11行代码是子程序执行的代码段,第14～20行代码是父进程执行的代码段。第22～23行是父、子进程都要执行的代码段。

(2) 由于父、子进程的竞争使得第11行和第14行的 printf 的先后次序是不确定的。

(3) 由于父进程在第15行调用了 waitpid,因此父进程将一直阻塞,直到子进程终止,即子进程执行完 exit(0)之后,waitpid 才能返回,进而继续执行第22～23行的代码,即父进程必须等到子进程终止后才能继续执行。

综合上面的分析,可知程序的输出结果为:

结　果	代码执行次序
abcc	11,14,22,22
bacc	14,11,22,22
acbc	11,22,14,22

3.4.4 装载和运行程序

使用 fork()创建的子进程拥有和父进程几乎完全一致的进程映像,但是我们通常总是希望创建的子进程去执行其他更有意义的应用程序,这时需要把一个可执行程序装载到子进程的地址空间中,然后让子进程开始执行这个程序。系统调用 exec 族函数就可以完成这样的功能。注意,exec 族中包括多个功能类似、接口略有差异的系统调用。由于 execve 是内核级系统调用,其他(execl,execle,execlp,execv,execvp)都是调用 execve 的库函数,因此这里仅以 execve 为例来介绍。

```
#include <unistd.h>

int execve (const char * filename, const char * argv[], const char * envp[]);
                              如果执行成功,不返回;如果出错,则返回-1
```

execve 装载并运行 filename 指定的可执行文件(完整路径名),argv 是变量列表,envp 是环境变量列表。与 fork()不同,execve 是"调用一次但从不返回":只有当 execve 出错时,才返回调用进程,否则将一直执行下去,不会返回。

execve 系统调用的工作原理如下。

(1) 调用常驻内存的操作系统程序 loader,建立可执行目标文件与进程映像(见图 3-1)关系,把可执行目标文件的程序和数据加载到进程映像中。

(2) 跳转到程序的第一条指令,即入口点(entry point)执行启动代码(startup code)。启动代码中包含了调用 main 函数的代码,进而可以运行主程序。

这一过程称为可执行目标文件的加载和运行过程。通过加载过程之后,调用 execve()的进程映像就被目标文件 filename 所替换。另外,读者可能已注意到,在编写一个 C 程序时,main 的原型通常是:

```
int main (int argc, char * * argv, char * * envp);
```

或

```
int main (int argc, char * argv[], char * envp[]);
```

这里的 3 个输入参数 argc,argv 和 envp 需要在调用 main 时传入,而 execve 中的参数 argv 和 envp 将传递给 main 的对应参数,供 main 函数执行所用。

我们通过下面的简单例子说明 execve()各个参数的含义。

```
ch3-execve.c
1       #include<unistd.h>
2
3       int main()
4       {
5           char * argv[]={"ls", "-al", "/etc/passwd", NULL};
6           Char * envp[]={"PATH=/bin", NULL};
7           execve("/bin/ls", argv, envp);
8           exit(0);
9       }
```

第 7 行代码 execve()的第一个参数是"/bin/ls",它指出可执行目标文件的完整路径名,argv 指向一个以 NULL 结束的字符串数组:

```
argv[0]="ls",
argv[1]="-al",
argv[2]="/etc/passwd",
argv[3]=NULL,
```

其中 argv[0]是可执行目标文件名。envp 也指向一个以 NULL 结束的字符串数组,每个字符串形如"NAME=VALUE",指出环境变量的值。这里

```
envp[0]="PATH=/bin",
envp[1]=NULL。
```

该程序如果成功执行了 execve(),那么将会执行程序"/bin/ls -al /etc/passwd",即列举文件(或目录)"/etc/passwd"的所有属性。执行结果与在 openEuler shell 环境下输入如下命令的结果完全相同

```
#ls -al /etc/passwd
```

通常将 fork()和 execve()一起使用。父进程创建一个子进程,然后让子进程执行特定的应用程序。

3.5 进程调度策略

进程调度也称处理器调度，是指为了满足特定系统目标(如响应时间、吞吐率、CPU 效率)，操作系统把进程分派到一个或多个 CPU 中执行的过程。如果执行进程的 CPU 只有一个，则称该调度为单处理器调度；如果执行进程的 CPU 有多个，则称该调度为多处理器调度。进程调度是操作系统的核心功能之一，通过调度算法来实现。

3.5.1 调度目标

调度问题实质上是一个最优化问题，即在给定的约束下，使系统的一个或多个目标函数值达到最大。系统的约束不同，采用的目标函数不同，采取的优化调度策略也就有所不同。一般来说，进程调度目标可以分为两类：面向用户的目标和面向系统的目标。

面向用户的目标与单个用户或进程所能感知到的系统行为相关。例如，在交互式系统中，通常选择响应时间作为目标。响应时间是指从提交一条请求到输出响应所经历的时间间隔，这个时间量对用户是可见的，自然也是用户关心的。以响应时间作为目标函数的调度策略应该在满足最低响应时间的情况下，使得可以交互的用户数目达到最大。

面向系统的目标重点关注系统层面的优化目标，如吞吐量、CPU 利用率、公平性和负载均衡等。表 3-6 是几种重要的调度目标。值得注意的是，这些调度目标有时是相互冲突的，不可能同时使它们达到最优。例如，为了提供较好的响应时间，可能需要在进程间频繁地切换，这就增加了系统开销，从而降低了吞吐量。因此，为了设计一个好的调度策略，通常需要在相互竞争的各种目标之间进行折中。

表 3-6 调度目标

面向用户	
周转时间	指一个进程从提交到完成之间的时间间隔，包括实际执行的时间加上等待资源(包括处理器资源)的时间。对批处理作业，用户尤为关注这个调度目标
响应时间	对一个交互进程，响应时间是指从提交一个请求到接收响应之间的时间间隔。通常进程在处理该请求的同时，就开始给用户产生一些输出，以缩短响应时间。以响应时间作为目标函数的调度策略应该在满足最低响应时间的情况下，使得可以交互的用户数目达到最大
最后期限	指进程完成的最后时间点
可预测性	无论系统的负载如何，用户总是希望响应时间或周转时间的变化不太大，总是被控制在一定范围内。为了达到该目标，需要在系统工作负载大范围抖动时能够发出信号，或者系统能够处理不稳定性
面向系统	
并发度	等待 CPU 执行的进程的个数

续表

面向系统	
吞吐量	单位时间内完成的进程数目，它取决于进程的平均执行长度，也受调度策略的影响
CPU利用率	CPU处于忙状态的时间比例。对昂贵的计算机系统来说，这是一个主要目标，但对于单用户系统和实时系统，该目标相对来说并不太重要
公平性	在没有任何指示时，进程应该被平等对待，没有一个进程会处于饥饿状态
资源平衡	调度策略将保持系统中所有资源处于繁忙状态，较少使用紧缺资源的进程应该受到照顾

3.5.2 进程调度

要调度一个进程，必须经历3个阶段：首先进程被允许进入计算机系统，其次进程的结构需要被换入物理内存，最后进程被分配到一个或多个处理器中执行。这3个阶段是进程调度的3个层次，每个层次需要考虑的调度目标有所不同，采取的调度策略也有所不同。

进程调度分为3个层次。

（1）长程调度。创建一个新进程时，执行长程调度，它决定是否允许该新建进程进入计算机系统。

（2）中程调度。中程调度是内存管理功能的一部分，它决定是否把一个进程的部分或全部虚拟地址空间换入内存（即把进程从挂起态变换到活跃态），或者把一个进程从内存中换出到磁盘上（即把进程从活跃态变换到挂起态）。

（3）短程调度。决定把处理器分派给哪个进程，即在活跃就绪进程队列中，如何选择一个进程去执行。

1. 长程调度

长程调度决定一个进程是否被允许进入到计算机系统中进行处理。一旦允许进入，则将该进程加入供短程调度程序使用的队列中等待调度。在某些系统中，一个新创建的进程开始时处于挂起状态，在这种情况下，它被添加到供中程调度程序使用的队列中等待调度。

长程调度的主要调度目标是并发度。长程调度涉及两个决策。

（1）决定何时能够接纳一个或多个进程。允许进入的进程越多，每个进程可以执行的时间比例就越小。因此，为了给当前的进程集合提供满意的服务，长程调度程序需要限制系统的并发度。当系统未达到允许的最大并发度阈值时，或者当一个进程终止时，调度程序可允许一个或多个进程进入系统。此外，如果处理器的空闲时间片超过一定阈值，也可能会启动长程调度程序，接纳一个或多个进程。

（2）决定接纳哪个进程进入。该决策可以基于先来先服务、优先级、预计执行时间和I/O需求等策略。例如，调度程序可以把处理器密集型（processor-bound）的进程和I/O

密集型(I/O-bound)的进程混合起来进行调度,使资源使用达到均衡,提高系统整体效率。

2. 中程调度

中程调度涉及两个问题:一是何时将一个进程加入(或退出)活跃进程的队列,二是将哪个(或哪些)进程加入或退出活跃进程的队列。中程调度取决于系统的并发度需求。中程调度与进程的内存管理紧密相关,我们将它放在第5章介绍。

3. 短程调度

短程调度程序也称为分派程序(dispatcher),它决定下一次将执行哪个进程。短程调度执行的频率高于长程调度和中程调度。

对于短程调度,同样必须考虑何时执行短程调度程序,以及如何从就绪队列中选择一个进程去执行。执行短程调度的时机只有一个,就是异常发生时。异常事件可能是时钟中断、I/O 中断、系统调用、软件或硬件故障等,这些异常事件触发调度程序的执行,调度程序可能使进程的状态发生改变,从而导致阻塞队列、就绪队列发生变化。下面主要介绍短程调度的策略。

3.5.3 短程调度策略

表3-7罗列了几种常用的短程调度策略。选择函数(selection function)用来确定在就绪进程中选择哪个进程来执行。这个函数可以基于优先级、资源需求或者进程的执行特性。进程的执行特性主要由下面这些量来度量。

表 3-7 各种调度策略

类别	选择函数	决策模式	吞吐量	响应时间	开销	对进程的影响	饥饿
FCFS	max[w]	非抢占	不强调	可能很高,特别是当进程的执行时间差别很大	最小	对短时间进程(简称短进程)不利;对 I/O 密集型的进程不利	无
轮转	常数	可抢占(在时间片用完时)	如果时间片小,吞吐量会很低	为短进程提供好的响应时间	最小	基本公平对待,但对处理器密集型进程更有利	无
SPN(最短进程优先)	min[s]	非抢占	高	为短进程提供好的响应时间	可能比较高	对长时间进程(简称长进程)不利	可能

续表

类别	选择函数	决策模式	吞吐量	响应时间	开销	对进程的影响	饥饿
SRT(最短剩余时间优先)	min[$s-e$]	可抢占	高	提供好的响应时间	可能比较高	对长进程不利	可能
HRRN(最高响应比优先)	max [($w+s$)/s]	非抢占	高	提供好的响应时间	可能比较高	很好的平衡	无

(1) w：到目前为止，进程在系统中花费的等待时间。

(2) e：到目前为止，进程已执行的时间。

(3) s：进程所需要的总服务时间。通常 s 由估计得到或由用户提供。

(4) T：周转时间。进程在系统中花费的总时间，即等待时间和服务时间的总和：$T=s+w$。

(5) T/s：归一化周转时间(turn-around time)，即进程在系统中驻留的相对时间。使用这个量可以比较服务时间长短不同的进程的相对周转时间。

1. 决策模式

决策模式(decision mode)通常可分为如下两类。

(1) 非抢占式。一个处于运行态的进程不能被抢占，除非运行结束或进入阻塞态。

(2) 可抢占式。正在运行的进程可以被其他进程抢占，并转移到就绪状态。抢占发生的时机主要包括：一个新进程到达时；一个中断发生后把一个阻塞态的进程置为就绪状态时；或者基于周期性的时钟中断，如时间片到期时。

可抢占式决策模式会导致较大的开销，但是能够对所有进程提供较好的服务，因为避免了任何一个进程长时间独占处理器。此外，通过使用有效的进程切换机制，以及提供较大的内存，使得大部分进程都驻留在内存中，可降低抢占所带来的开销。

下面分析表 3-7 中几种调度策略的特点。在分析时，采用归一化周转时间来度量一个进程的相对等待时间。归一化周转时间为($w+s$)/s，即周转时间($w+s$)与服务时间 s 的比值，它描述了一个进程在系统中等待的时间相对于服务时间的比率。归一化周转时间越长，说明相对于服务时间而言，等待的时间就越长；归一化周转时间越短，说明相对于服务时间而言，等待的时间就越短。

例如，对于服务时间分别是 100ms 和 10ms 的两个进程，假如它们在系统中的绝对等待时间都是 10ms，但是归一化周转时间分别是 11/10 和 2，说明短进程的相对等待时间几乎是长进程的 2 倍。显然，采用归一化周转时间能够更好地说明一个进程的等待时间长短。

2. FCFS 调度策略

FCFS(先来先服务)也称为先进先出(FIFO)或严格排队方案。当一个进程就绪后,就被加入就绪队列。当前正在运行的进程停止执行(或进入阻塞态)后,选择就绪队列中存在时间最长的进程来运行。FCFS 策略采用非抢占方式,因此当一个短进程紧随一个长进程到达时,短进程必须等待较长时间;而一个长进程紧随一个短进程到达时,长进程等待的时间相对较短。因此 FCFS 策略对于长进程的执行更有利。

另外,FCFS 策略更有利于处理器密集型的进程。考虑一组进程,其中有一个进程是处理器密集型进程,即大多数时间都是占用 CPU,还有许多 I/O 密集型进程,即大多数时间进行 I/O 操作。当处理器密集型进程正在执行期间,I/O 密集型进程要么一直处于就绪队列,要么开始处于阻塞队列,后来由于 I/O 操作的完成,被转换到就绪态并加入就绪队列。这时,就会造成大多数或所有 I/O 设备都空闲,即使它们还有工作要做;当前正在运行的进程离开运行状态时,就绪的 I/O 密集型进程立刻通过运行态又阻塞在 I/O 操作上,如果处理器密集型的进程也被阻塞了,就会出现 CPU 空闲的状况。因此 FCFS 可能使 I/O 设备和 CPU 都没有得到充分使用。

3. 轮转调度策略

为了缓解 FCFS 策略对短作业不利的情况,可以采用轮转调度策略,使用时钟产生周期性中断,当中断发生时,当前正在运行的进程被置于就绪态,然后基于 FCFS 策略从就绪队列中选择下一个进程运行。连续中断的时间间隔被称为时隙或时间片(time slicing),每个进程在被抢占前都给予一个时隙。

轮转法最主要的设计问题是时隙的长度。一方面,如果时隙非常短,则对短进程比较有利,因为短进程将会花费较少数目的时隙执行完毕。但另一方面,时隙较短就会增加处理时钟中断、执行调度和分派程序的频率,CPU 器的开销会相应增加。因此,时隙大小的选择需要平衡各种因素,避免过短的时隙。一个有用的思路是时隙最好略大于一次典型的交互所需要的时间,这样一次交互可以在一个时隙内完成。注意,当一个时隙比运行时间最长的进程还要长时,轮转策略就退化为 FCFS 策略。

轮转法对分时系统或事务处理系统非常有效,对处理器密集型的进程较 I/O 密集型的进程更有利。通常,I/O 密集型的进程使用 CPU 的时间较短,因此通常使用不满一个时隙就由于 I/O 操作而阻塞,等待 I/O 操作的完成,然后加入就绪队列;而处理器密集型的进程在执行过程中通常使用一个完整的时隙,然后加入就绪队列。因此,处理器密集型的进程不公平地使用了大部分 CPU 时间,从而导致 I/O 密集型的进程性能下降。

4. 最短进程优先

最短进程优先(Shortest Process Next,SPN)策略是非抢占的,其原则是选择预计处理时间最短的进程。因此,短进程将会越过长进程优先得到调度。显然,系统将会尽快执行那些较短的进程，系统的吞吐量将会提高，短进程的响应时间将会较好，但是对长进程不利。

SPN 策略的一个难点是需要知道每个进程所需要的处理时间。这个时间通常是指在进程独占 CPU 的情况下，执行所需的时间。这个时间通常需要根据历史数据进行预估。具体的预估算法就不再详细展开，这里仅对估算的思路做简单介绍。

在实际计算机系统中，一个进程通常会被多次运行，可以收集该进程每次运行的实际时间数据，从而得到一个时间序列 T_n，T_{n-1}，…，T_1，然后根据这 n 个实际运行时间值，预估下一次运行的预计值 S_{n+1}。最简单的方法是对 $T_i(i=n, n-1,\cdots,1)$进行算术平均。然而，一般情况下，我们希望给较近的运行时间被赋予较大的权值，因为它们能够更好地反映出将来的行为，一些文献中提出了一种指数平均法。令

$$S_{n+1}=\alpha T_n+(1-\alpha)S_n$$

将其展开，得到

$$S_{n+1}=\alpha T_n+(1-\alpha)\alpha T_{n-1}+\cdots+(1-\alpha)^i\alpha T_{n-i}+\ldots+(1-\alpha)^n S_1$$

由于 α 和 $1-\alpha$ 都小于 1，时间序列 T_n，T_{n-1}，…，T_1 上的权重随着时间渐远呈指数级下降趋势。

一方面，SPN 的风险在于只要持续不断地提供更短的进程，长进程就有可能发生饥饿。另外，尽管 SPN 减小了对长进程的偏向，但是由于缺少抢占机制，它对分时系统或事务处理系统仍然不理想。另外，在某些情况下，SPN 策略对短进程也是不利的，例如，当一个长进程正在运行时，一个到来的短进程并不能抢占它，只有当长进程退出或阻塞时，短进程才能被调度执行。

5. 最短剩余时间策略

SRT(Shortest Remaining Time，SRT)策略在 SPN 的基础上增加了抢占机制。该策略总是选择预期剩余时间最短的进程。一方面，由于对剩余时间较短的进程更有利，SRT 策略能够提高系统的吞吐量；另一方面，长进程随着不断执行，其剩余时间越来越短，因此有机会获得较高优先级，从而得到执行，这在一定程度上减小了发生饥饿的风险。另外，由于 SRT 策略是可抢占的，在一定程度上获得了较好的响应时间。

6. 最高响应比优先

HRRN(Highest Response Ratio Next，HRRN)策略是非抢占式的，选择函数使用归一化周转时间 $R=(w+s)/s=w/s+1$。调度策略为：在当前进程完成或阻塞时，在就绪队列中选择相对等待时间最长的进程执行。对于短进程，由于服务时间 s 较小，因此 R 较大，短进程可以优先执行；而长进程随着等待时间 w 的增大，R 值也变大，从而在竞争中总能胜过短进程而得到调度。因而，该策略能够对长、短进程进行很好的平衡。另外，虽然该策略是非抢占式的，但是不会引起 SPN 长进程占据 CPU，使得刚到来的短进程得不到调度的情况，因为该策略总是选择相对等待时间最长的进程。如果一个长进程等待

的时间不够长，那么调度程序就不可能调度它；如果一个长进程正在运行，说明该进程等待的时间已经足够长，那么从响应时间和吞吐量考虑，让它继续运行下去也是合理的。

【例 3-2】 试分析 SRT 策略为什么对长进程不利，而且可能存在饥饿的风险。

解 SRT 策略采用 $\min[s-e]$ 作为选择函数，并且可抢占。该策略在就绪队列中选择预计剩余时间最短的进程执行。当一个新进程加入就绪队列时，可能比当前正在运行的进程具有更短的剩余时间，因此只要新进程就绪，它就可能抢占当前正在运行的进程。由于长进程的服务时间相对较长，因而剩余时间也相对较长，容易被短进程所抢占，因此该策略对长进程不利。如果不断有短进程就绪，那么长进程始终得不到调度，就会产生饥饿的风险。

【例 3-3】 设有 5 个进程 P_1～P_5，其到达时间和服务时间分别如表 3-8 所示。

表 3-8 5 个进程的到达时间和服务时间

进程	P_1	P_2	P_3	P_4	P_5
到达时间	0	2	4	6	8
服务时间 s	3	6	4	5	2

试分析 FCFS 和轮转调度策略下，每个进程的周转时间、归一化周转时间以及平均周转时间。其中，轮转策略分为时隙长度 q 为 1 和 4 两种情况考虑。

解 按照上述调度策略描述，FCFS 和轮转调度策略下进程的相关执行时间如表 3-9 所示。

表 3-9 FCFS 和轮转调度策略下进程的相关执行时间

进程	P1	P2	P3	P4	P5	平均值
到达时间	0	2	4	6	8	
服务时间 s	3	6	4	5	2	
FCFS						
完成时间	3	9	13	18	20	
周转时间	3	7	9	12	12	8.60
归一化周转时间	1.00	1.17	2.25	2.40	6.00	2.56
$q=1$						
完成时间	4	20	14	18	17	
周转时间	4	18	10	12	9	10.6
归一化周转时间	1.33	3.00	2.50	2.40	4.50	2.75

续表

进程	P1	P2	P3	P4	P5	平均值
$q=4$						
完成时间	3	20	11	18	17	
周转时间	3	18	7	12	9	9.8
归一化周转时间	1.00	3.00	1.75	2.40	4.50	2.53

轮转调度策略如图 3-8 所示。

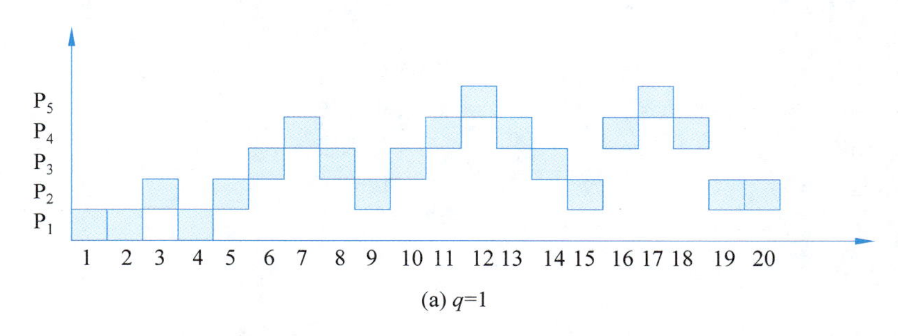

(a) $q=1$

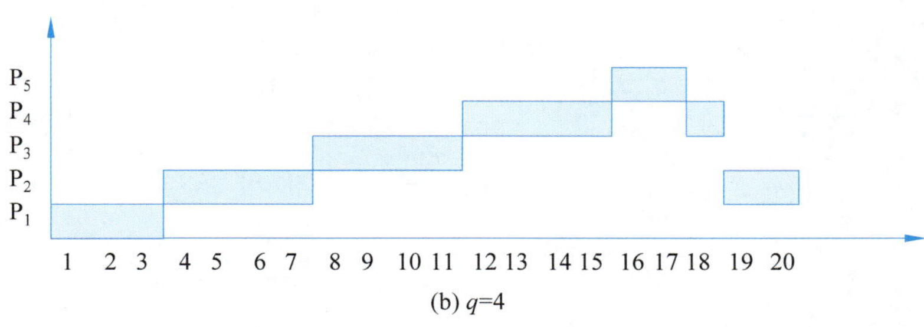

(b) $q=4$

图 3-8 轮转调度策略

从例 3-3 可以看出，FCFS 对短进程不利。例如 P_5 进程的服务时间只有 2，但是其等待时间就达到了 10，导致它的相对周转时间（即归一化周转时间）比较长。轮转调度策略相对公平，而且为短进程提供较短的响应时间。例如，进程 P_5 在两种时隙情况下，周转时间都得到了改善。

3.5.4 openEuler 中的调度策略

openEuler 在调度时，将进程分为实时进程和普通进程（或称为非实时进程）。实时进程的优先级（其范围是[0，99]）总是高于普通进程的优先级（其范围是[100，139]）。实时进程采用实时调度器（Real time scheduler）进行调度，而普通进程采用“完全公平调度器”CFS（Completely Fair Scheduler）进行调度。CFS 的基本思想是：在一个调度时延

(进程第一次获得 CPU 的时间到下一次获得 CPU 的时间之间的间隔)内的所有进程都有机会被调度,只是每个进程运行的时间比例有所不同。CFS 调度算法根据进程优先级和当前系统负载,为每个进程分配一定比例的 CPU 处理时间。

进程的优先级分为**内核进程**(或称为实时进程)的优先级和**用户进程**(或称为非实时进程)的优先级。内核进程的优先级始终高于用户进程的优先级;用户进程的优先级可以通过 nice 值进行一定范围内的调节。

进程的优先级定义在进程的结构体 task_struct 中(见 3.1.6 节),涉及 4 个域:prio、static_prio、normal_prio 和 rt_priority:

```
struct task_struct{
    ...
    int prio;                        // 调度优先级
    int static_prio;                 // 静态优先级
    int normal_prio;                 // 正常优先级
    unsigned int rt_priority;        // 实时优先级
    ...
}
```

这四个域对实时进程和用户进程的意义有所不同,如表 3-10 所示。

表 3-10　四个域对实时进程和用户进程的意义

	实时进程	普通进程
prio	=MAX_RT_PRIO-1-rt_priority 范围[0, 99]	=static_prio
static_prio	无意义	=MAX_RT_PRIO +nice +20 范围[100,139]
normal_prio	=prio	=static_prio
rt_priority	范围[0,99] 注意:值越大,优先级越高	无意义

prio 的值是调度器最终使用的优先级数值,即调度器选择一个进程时实际采用的优先级,prio 值越小,表明进程的优先级越高。对于实时进程,prio 的值通过 rt_priority 的值计算得到。rt_priority 仅对实时进程有意义,其取值范围为[0, 99]。实时进程的实际优先级

```
prio=MAX_RT_PRIO-1 -rt_priority,
```

由于 MAX_RT_PRIO=100,因此实时进程的实际优先级 prio 的范围是[0, 99]。

用户进程的实际优先级可以通过 nice 值进行一定范围内的调节。prio 等于 static_prio,而 static_prio 这样计算:

```
static_prio =MAX_RT_PRIO +nice +20
```

由于 nice 的取值范围为[－20，19]，则 static_prio 的取值范围（也就是 prio 的取值范围）是[100，139]。

实时进程的 normal_prio 等于其 prio；用户进程的 normal_prio 等于其 static_prio。

有关优先级的宏定义在如下 openEuler 源码文件中。

```
include/linux/sched/prio.h
//nice 的范围
#define MAX_NICE  19
#define MIN_NICE  -20                              // nice 的取值范围为[-20,19]
#define NICE_WIDTH(MAX_NICE -MIN_NICE +1)          // nice 的宽度为 40

#define MAX_USER_RT_PRIO  100                      // 用户进程的最高优先级为 100
#define MAX_RT_PRIO MAX_USER_RT_PRIO
#define MAX_PRIO (MAX_RT_PRIO +NICE_WIDTH)         // 优先级范围是 0...MAX_PRIO-1
#define DEFAULT_PRIO (MAX_RT_PRIO +NICE_WIDTH / 2)   // 默认优先级为 120

//对于用户进程,实际优先级可以通过 nice 值来调节
#define NICE_TO_PRIO(nice) ((nice) +DEFAULT_PRIO)
#define PRIO_TO_NICE(prio) ((prio) -DEFAULT_PRIO)
...
```

下面通过 openEuler 环境中几个有关进程调度的常用命令来说明如何观察和设置进程的调度信息。

（1）获取进程基本信息的命令：ps -el。

该命令的执行结果为：

```
F  S  UID   PID  PPID  C  PRI  NI   ADDR    SZ     WCHAN   TTY     TIME     CMD
4  S   0     1     0   0  80   0    -     42184     -       ?    00:00:02  systemd
1  S   0     2     0   0  80   0    -       0       -       ?    00:00:00  kthreadd
1  I   0     3     2   0  60  -20   -       0       -       ?    00:00:00   rcu_gp
...
0  S  1000  2088  2080 0  80   0    -      4912   do_wai  pts/0  00:00:00   bash
4  S  1000  2592  1151 1  80   0    -    1477012  poll_s    ?    00:04:38  firefox
...
```

其中，UID、PID、PPID 分别为进程的用户 ID、进程 ID 和父进程 ID。PRI 为进程的优先级，NI 为进程的 nice 值。注意这里的优先级 PRI 是通过进程的 static_prio 按照如下方法计算得出的：PRI＝static_prio - 40。

（2）持续监听系统性能的命令：top。

该命令的执行结果是：

```
top -17:36:34 up  7:31,  1 user,  load average: 0.00, 0.00, 0.00
Tasks: 187 total,  2 running, 184 sleeping,  1 stopped,  0 zombie
%Cpu(s): 25.0 us,  6.2 sy,  0.0 ni, 68.8 id,  0.0 wa,  0.0 hi,  0.0 si,  0.0 st
MiB Mem :  3933.9 total,   410.3 free,  1395.4 used,  2128.2 buff/cache
MiB Swap:  1809.1 total,  1809.1 free,     0.0 used.  1411.1 avail Mem

 PID  USER   PR  NI    VIRT   RES   SHR  S  %CPU  %MEM   TIME+   COMMAND
   1  root   20   0  168736 12800  8344  S  0.0   0.3  0:02.92  systemd
   2  root   20   0       0     0     0  S  0.0   0.0  0:00.00  kthreadd
   3  root    0 -20       0     0     0  I  0.0   0.0  0:00.00  rcu_gp
2088 zenith  20   0   19648  5440  3668  S  0.0   0.1  0:00.10  bash
2592 zenith  20   0 5945936  1.6g  1.2g  S  0.0  40.5  4:46.28  firefox
...
```

上述结果展示了系统的若干重要性能指标。例如，从第 2 行可以获悉系统中进程的总个数，以及处于不同状态（running、sleeping、stopped 以及 zombie）的进程个数；第 3 行说明了 CPU 的占用情况，如空闲（idle）占据了 68.8% 的 CPU 时间，用户模式占用了 25.0% 的 CPU 时间等。结果还展示了每个进程的优先级（PR）、nice 值（NI）、CPU 和内存占用率等数据。值得注意的是，上述结果以固定的频率刷新（默认 3s 刷新一次），因此结果具有实时性。另外，top 命令中的优先级 PR 与 static_prio 的关系是：

```
PR =static_prio -100
```

因此，top 命令获取的进程优先级与 ps 命令获取的优先级有所不同。

（3）改变进程优先级的命令：nice。

使用该命令可以改变一个进程的 nice 值，进而改变进程的优先级。修改后的优先级与原优先级的关系是：PRI(real) ＝ PRI(old) ＋ NI。例如，默认情况下，vi 程序的 nice＝0。为了提高 vi 程序的优先级，在 root 用户下可以输入命令：

```
#nice -n -10 vi&
```

将会减小原来优先级的值，从而提高 vi 程序的优先级。

3.6 线　　程

在现代操作系统中，经常还会遇到一个与进程密切相关的概念——线程。本节主要讲述线程的概念以及与进程的区别和联系。

3.6.1 线程概念的引入

进程的概念包含如下两方面抽象。

(1) 环境和资源的抽象。进程为程序的执行提供了一个环境或上下文。程序执行需要的所有内容都被布局在进程虚拟地址空间中。另外,进程是资源分配的单元,程序执行所需的各种资源,如内存、打开文件和I/O设备等,通过进程控制块中的特定属性与进程关联起来。

(2) 程序执行流的抽象。进程还包含一个处理器执行流。进程控制块中保存了处理器的状态信息、进程的调度状态信息等,操作系统使用这些信息来调度进程以及让处理器正确地执行进程。

上述两方面抽象是独立的,有必要将它们分离开来单独考虑。把有关程序执行流方面的抽象从进程概念中分离出去,就形成了线程的概念,而进程的概念主要集中在环境和资源的抽象方面。做了这样的分离之后,线程就是对程序执行流的一个抽象,而进程是这个执行流所依赖的一个上下文环境。

引入了线程的概念之后,进程与运行在其上的线程之间的关系就不局限于1∶1。在一个进程中,可能有一个或多个线程,每个线程也具有特定的结构,如图3-9所示。线程的结构中包括如下信息。

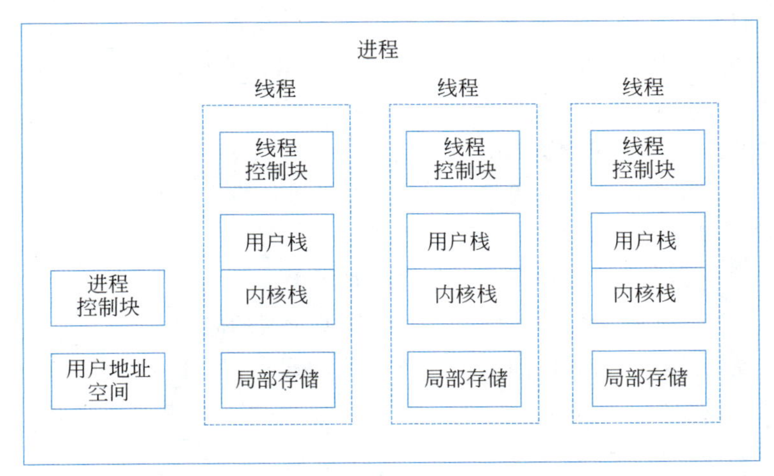

图3-9 多线程进程模型

(1) 线程控制块:与进程控制块类似,包含了描述线程属性的信息,如线程ID、线程的栈指针、程序计数器、条件码和通用寄存器的值等,以及线程的执行状态(运行、就绪等)。

(2) 线程执行栈:保存一个线程执行过程中的活动记录,包括用户栈和内核栈。其中用户栈用于保存过程调用的活动记录，内核栈用于保存系统调用的活动记录。执行栈对于每个线程来说都是私有的，因此不同线程的执行流不会发生相互干扰。

（3）线程局部存储(Thread Local Storage，TLS)：是某些操作系统为线程单独提供的私有空间，用于存储每个线程私有的全局变量，即一个线程内部的各个过程调用都能访问，但其他线程不能访问的变量。

注意，以上线程结构中，线程控制块和线程局部存储是线程的私有区域，其他线程不允许访问；而线程的栈区不受保护，一个线程如果获取了另一个线程栈区的指针，那么它可以读写那个栈区的任意内容。尽管线程的栈区不受保护，我们仍然将它看作线程私有结构的一部分，因为通常情况下，线程的栈区被各自的线程所访问，并不建议一个线程访问另一个线程的栈区，只不过操作系统未对此加以限制罢了。

一个线程除了以上私有区域外，还与进程内的其他线程共享进程的用户地址空间，以及打开的文件和信号等。用户地址空间包括程序段、数据段、堆、共享库和共享数据等，栈区与程序的执行相关，因此被分离到每个线程中的用户栈和内核栈中。每个进程的地址空间中仍然保留着进程控制块，其中保存进程的 ID 信息以及资源信息等。

由于同一进程中的多个线程共享进程的数据段，当其中的一个线程改变了数据段中的一个数据项时，其他线程能够观察到该数据项的变化。使用这一方式可以方便地实现线程间的通信。如果一个线程以读权限打开一个文件，那么同一个进程中的其他线程也能够从这个文件中读取数据。由于每个线程拥有独立的线程控制块和栈区，因此每个线程能够保存 CPU 的状态信息以及自身的运行状态、调度信息等，操作系统可以利用这些信息实现线程的调度和线程的交替执行。

在一个进程中创建多个线程具有以下优点。

（1）在一个进程中创建一个线程比创建一个子进程所需的时间开销要少。一些研究表明，创建一个线程要比创建一个进程快 10 倍。

（2）终止一个线程比终止一个进程花费的时间少。

（3）同一进程内线程间的切换比进程间的切换花费的时间少。

（4）线程提高了程序间通信的效率。进程间的通信需要内核的介入，以提供必要的保护和通信所需的机制。但是，由于同一个进程中的线程可以共享内存和文件，它们无需调用内核就可以相互通信。

在支持线程的操作系统中，调度和分派是以线程为单位的。因此，大多数与执行相关的信息必须保存在线程级的数据结构中。但是，有些活动影响着进程中的所有线程，操作系统必须在进程级对它们进行管理。例如，挂起操作要把一个进程的地址空间换出内存以便为其他进程腾出空间，由于进程的所有线程共享同一个地址空间，所以当执行挂起操作时，进程的所有线程都必须被同时挂起。类似地，进程的终止会导致进程中所有线程的终止。

3.6.2　线程的实现

线程的实现分为两大类：用户级线程（User Level Thread，ULT）和内核级线程（Kernel Level Thread，KLT），后者又称为内核支持的线程或轻量级进程。

1. 用户级线程

所谓用户级线程指有关线程管理的所有工作都由一个应用程序，即线程库来完成，内核意识不到线程的存在，仍然以进程为调度和执行的单位。任何应用程序都可以使用线程库设计成多线程程序。线程库是对用户级线程进行管理的一个例程包，它位于用户地址空间，用于创建和销毁线程、在线程间传递消息和数据、调度线程执行以及保存和恢复线程上下文等。应用程序和它的线程被分配给一个由内核管理的进程，如图 3-10(a)所示。应用程序在运行过程中可以调用线程库中的例程，派生一个在相同进程空间中运行的新线程。内核继续以进程为单位进行调度。线程库的管理活动和线程的运行只有在进程处于运行状态时才能实施。

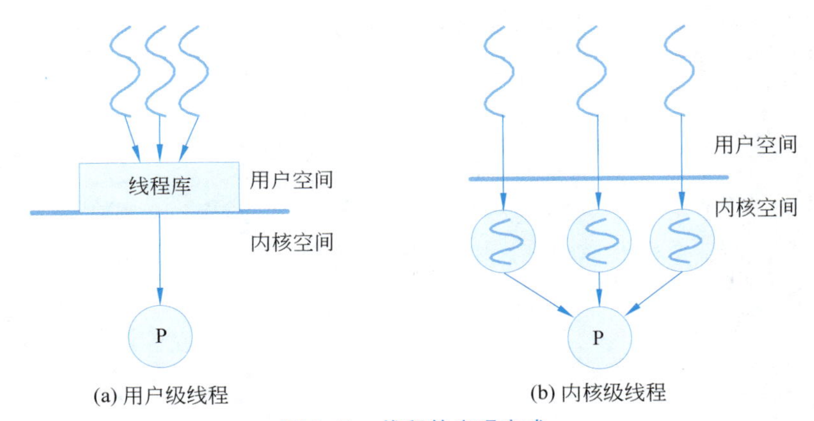

图 3-10　线程的实现方式

2. 内核级线程

应用程序中没有进行线程管理的代码，内核级线程的所有管理工作都由内核来完成，应用程序通过系统调用来使用线程。如图 3-10(b)所示，内核为进程及其内部的每个线程维护上下文信息，并以线程为调度的单位。内核级线程克服了用户级线程的两个缺点：①内核可以同时把同一个进程中的多个线程调度到多个处理器中；②如果进程中的一个线程被阻塞，内核可以调度同一进程中的其他就绪线程。内核级线程的主要缺点是需要在内核中完成线程的切换，因而大大增加了处理开销。

用户级线程有如下主要优点。

(1) 由于所有线程管理的例程和数据结构都在一个进程的地址空间内，因此一个进程中的线程切换不会引起进程上下文切换,也不会引起模式转换,节省了系统开销。

(2) 线程调度与操作系统的调度是相互分离的,因此可以为应用程序量身定做调度算法而不必扰乱底层的操作系统调度程序。

(3) 用户级线程可以在任何操作系统中运行,不需要对底层内核进行修改以支持用户级线程。线程库是一组供所有应用程序共享的应用程序级别的函数库。

但是用户级线程也存在两个明显的缺点。

(1) 在典型的操作系统中,许多系统调用都会引起阻塞。因此,当用户级线程执行一个系统调用时,将会阻塞它所在的进程,进而阻塞该进程内的所有线程。

(2) 用户级线程相当于实现了一个进程内的多道程序设计,但是操作系统意识不到这些线程的存在,这些线程只能共享操作系统分配给该进程的 CPU 资源。在一个进程内创建并执行多个线程并不会带来处理器资源的增多以及处理器使用效率的提高。

3.6.3 线程与进程的关系

线程概念的引入使得资源分配的单位和调度执行的单位发生了分离。线程的执行离不开进程地址空间,在一个进程地址空间中可以执行一个或多个线程。表 3-11 是不同操作系统中进程与线程之间的关系。

表 3-11 线程和进程之间的关系

线程:进程	描 述	示例系统
1:1	一个进程中只有一个线程,或者说一个线程就是一个进程	传统的 UNIX
M:1	可以在一个进程中创建和执行多个线程,所有这些线程共享进程用户地址空间	Windows NT, Solaris, Linux, OS/2, MACH
1:M	一个线程可以从一个进程环境迁移到另一个进程环境	RS(Clouds), Emerald
M:N	结合了 M:1 和 1:M 情况	TRIX

表 3-11 中的 1:M 和 M:N 关系意味着线程从一个进程环境移动到另一个进程环境,跨越了多个进程的边界。一个线程的执行需要用到多个进程地址空间中的代码和数据。这一需求在分布式系统中是必要的。例如,在分布式系统中,用户的活动可以表示成一个线程。操作系统需要根据各种系统相关因素,如每个用户活动的资源访问需求、系统负载状况等,对用户活动进行动态部署,使得一个用户活动可能跨越进程,甚至计算机的边界。另外,线程的概念也为我们提供了一种新的划分模块的方式:可以把一个活动(即线程)作为一个程序模块来考虑。这样,作为程序模块的线程,就不必局限于一个进程地址空间内部,有可能需要执行多个进程中的程序和数据。

3.6.4 openEuler 中的 POSIX 线程库

在进程空间中,执行 main 函数的线程称为“主线程”,主线程可以通过系统调用创建新线程。与进程类似,按照创建与被创建关系,形成了一棵线程树。当子线程终止后,父线程需要回收子线程的内存资源。

与进程控制一样,操作系统需要通过系统调用对线程的创建、终止、回收、数据共享以及线程同步进行控制。这里我们介绍 POSIX 标准(IEEE 1003.1c)定义的线程库中用于线程控制的几个主要调用。POSIX 线程库是在 C 程序中控制线程的一个标准接口,1995 年被采用,并在大多数类 UNIX 系统中得到实现。线程的控制主要包括创建线程、终止线程、回收线程和分离(detaching)线程。

1. 创建线程

```
#include <pthread.h>
typedef void * (func) (void *);

int pthread_create ( pthread_t * tid, pthread_attr_t * attr, func * f, void *
arg);
                                          Returns: 0 if OK, nonzero on error
```

pthread_create()函数创建一个新线程,并在该新线程的上下文中运行线程例程 f(第 3 个参数),并以 arg 作为 f 的输入参数;参数 attr 用来修改新创建线程的默认属性,如果不需要修改,则用 NULL 作为输入参数。

当 pthread_create()返回时,参数 tid 包含新创建线程的 ID。一个线程可以通过调用 pthread_self()函数获取自身的线程 ID。

```
#include <pthread.h>
pthread_t pthread_self(void);
                                          Returns: thread ID of caller
```

2. 终止线程

可以使用以下几种方式终止一个线程。

(1) 隐式终止。当一个线程从其执行函数体返回时,该线程默认终止。如果主线程隐式终止,会导致整个进程终止,并释放进程的资源,这时其他线程有可能还没有执行完毕,从而造成程序执行错误。为了避免这种情况发生,主线程要么显式终止,要么调用 pthread_join( )等待回收所有其他线程终止。

(2) 显式终止。当一个线程调用 pthread_exit()后,该线程显式终止。如果主线程调用了 pthread_exit(),它必须等待所有其他线程终止,然后再终止主线程和整个进程,并返回值 thread_return。

```
#include <pthread.h>

void pthread_exit(void * thread_return);
                                        Returns: 0 if OK, nonzero on error
```

(3) 一个线程(主线程或子线程)调用了 exit()函数,将终止整个进程以及与该进程关联的所有线程。

(4) 进程中的一个线程可以通过调用 pthread_cancel()终止该进程中的其他子线程,参数 tid 为被终止的线程 ID。

```
#include <pthread.h>
int pthread_cancel(pthread_t tid);
                                        Returns: 0 if OK, nonzero on error
```

3. 回收已经终止的线程

线程通过调用 pthread_join()等待其他线程终止。

```
#include <pthread.h>
int pthread_join(pthread_t tid, void* * thread_return);
                                        Returns: 0 if OK, nonzero on error
```

调用 pthread_join()函数的线程将会阻塞,直到线程 tid 终止,然后回收 tid 线程所拥有的所有内存资源。

4. 分离线程

一个线程可以被其他线程回收(joinable),也可以被分离。一个可回收的线程可以被其他线程回收和杀死,它所占有的内存资源直到被回收时才释放;而一个分离的线程不能被其他线程回收或杀死,当它终止时,它所占有的内存资源自动被操作系统释放。默认情况下,被创建的线程都是可回收的。为了避免内存泄露,每个线程要么被其他线程回收,要么通过调用 pthread_detach()使它成为一个分离的线程,由操作系统来回收。

```
#include <pthread.h>
int pthread_detach(pthread_t tid);
                                        Returns: 0 if OK, nonzero on error
```

线程可以通过调用 pthread_detach(pthread_self())来分离自身。

在某些情况下,分离一个线程是非常必要的。例如,一个高性能的 Web 服务器每次收到一个来自 Web 浏览器的连接请求后,为该连接请求创建一个新线程。由于每个连接请求的处理都是相互独立的,因此服务器没有必要等待每个线程终止并回收。这种情况下,每个线程在开始处理请求之前,应该先将自身分离,以便终止之后其内存资源可以被操作系统回收。

下面通过一个多线程程序了解这几个线程函数的用法。

```
ch3-thread-create.c
1       #include<pthread.h>
2       #include<stdio.h>
3       #include<stdlib.h>
4
5       void * thread(void * varg);
6
7       int main()
8       {
9           pthread_t tid;
10          pthread_create(&tid, NULL, thread, NULL);
11          pthread_join(tid, NULL);                    //主线程等待回收子线程
12          exit(0);                                    //进程终止
13      }
14
15      void * thread(void * varg)                      //thread routine
16      {
17          printf("Hello, world!\n");
18          return NULL;                                //线程终止
19      }
```

主线程创建一个新线程,新线程执行例程 thread(第 10 行)。之后进程空间中存在主线程和一个子线程,操作系统按照特定的调度算法对它们进行调度。父线程执行到 pthread_join()时(第 11 行)将会阻塞,直到子线程终止。主线程通过调用 exit(0)终止整个进程。注意在使用 gcc 编译上述程序时,需要加上"-pthread"选项。

3.6.5 多线程程序中的变量

每个进程拥有各自独立的地址空间,一个进程禁止访问另一个进程的地址空间。因此,通过全局变量无法实现进程之间的通信。但是,一个进程中的多个线程共享进程的地址空间,即共享进程的用户程序和用户数据部分。由于全局变量存储在用户数据区,因而多个线程能够共享这些全局变量,进而通过这些变量进行线程间的通信。我们来看下面的例子。

```
ch3-thread-vars.c
1       #include<stdio.h>
2       #include<stdlib.h>
3       #include<pthread.h>
4
5       #define N 2
6       void * thread(void * vargp);
7
8       char * * ptr;                                              // 全局变量
9
10      int main(){
11          int i;
12          pthread_t tid;
13          char * msgs[N]={"Hello from foo", "Hello from bar"};
14        ptr =msgs;
15          for (i=0; i<N; i++)
16            pthread_create(&tid, NULL, thread, (void*)i);   //创建两个线程
17          pthread_exit(NULL);                                //主线程等待两
18                                                               个线程终止
19      }
20
21      void * thread(void* vargp){
22          int myid = (int)vargp;
23          static int cnt=0;
24          printf("[%d]: %s (cnt=%d)\n", myid, ptr[myid], ++cnt);
25          return NULL;                                        //线程隐式终止
        }
```

该例子中出现了多线程程序中的 3 种变量：全局变量(第 8 行定义的 ptr)、局部变量(第 11～13 行定义的 i，tid 和 msgs，以及第 21 行定义的 myid)和局部静态变量(第 22 行定义的 cnt)。在编写程序时，必须注意这些变量的内存分配，要了解在程序运行时，该变量的实例是一个还是多个，或者说该变量是被多个线程所共享还是被一个线程所独占。

(1) 全局变量定义在所有例程之外，在程序加载时被分配在进程的数据段中，只有一个实例，能够被进程内的所有线程共享。上述代码中，ptr 是一个全局变量，它的实例只有一个，能被主线程和两个子线程共享。

(2) 局部变量的作用范围局限在一个例程之内，在运行时，它被分配在每个线程的栈区。当多个线程执行同一个例程时，每个线程的栈区内都有同一局部变量的各自实例，因此局部变量在不同线程之间不会共享。例如，tid 是 main 函数的局部变量，因此它的实例被分配在执行 main 函数的线程(即主线程)的栈区，我们可以将这个实例记为 tid.m。

myid是thread例程的局部变量，由于两个线程都执行了thread例程，因此它的实例有两个，分别在线程0和线程1的栈区，我们可以将这些实例分别记为myid.t0和myid.t1。

(3) 局部静态变量的作用范围限制在一个例程之内，但是在运行时，它的实例只有一个，即它能够被该例程的多次调用共享。例如，上述代码中的变量cnt是局部静态变量，它的实例只有一个。首次调用thread例程时，cnt被初始化为0，之后的多次对thread的调用都对同一cnt的实例进行递增操作，因此cnt可以用来计数thread例程的调用次数。

另外，还要注意，数组msgn[N]被分配在主线程的栈区，如果不在第13行将msgs赋值给ptr，那么两个子线程就无法访问到该数组。通过ptr指针，两个子线程可以访问到主线程的栈区，尽管不建议这么做，但是由于线程的栈区未加保护，因此并不能防止其他线程访问一个线程的私有栈区。

对于共享变量，在编写程序时要特别注意，因为可能会出现多个线程对共享变量的读写竞争，导致出现一些不期望的程序状态。有关多个进程或线程对共享变量的读写竞争问题，以及相应的并发控制方法将在第4章进行介绍。

知识扩展

什么是thread-safe(线程安全)的函数?

上面的例子引出了程序设计中一个非常重要的概念——线程安全。假定上述程序中的函数thread()要被设计成一个库函数，由于在设计时通常无法预知它何时被调用、被什么程序调用，因此设计时的一个基本需求是，对thread()函数的调用应当是无状态的(stateless)，即一个函数的多次调用之间不会发生任何干扰(interaction或interference)。我们把满足这一需求的(库)函数称为线程安全的(库)函数。显然，上述thread()函数不是线程安全的，因为其中包含一个static变量cnt。每次调用thread()时，都会使cnt值发生变化，cnt的状态会传播到下一次对thread()的调用，从而多次调用之间发生了干扰。

为了设计一个线程安全的函数，可以采取下述策略。

(1) 在函数体中，使用局部变量，避免使用全局变量和静态变量。

(2) 共享不可变数据(immutability)。简单来说就是被多个线程所共享的数据对象引用和数据对象值在程序运行过程中不发生任何变化。

(3) 使用线程安全的数据结构。例如，Java语言中的StringBuffer是线程安全的数据结构，作用在其上的操作是线程安全的；而StringBuilder不是线程安全的。但是，在单线程使用环境下，建议使用StringBuilder，因为它的运行效率比StringBuffer高。

习　题

1. 试述什么是进程？进程与程序的关系是什么？

2. 进程的结构包括哪些部分？进程控制块中包括哪些信息？

3. 什么是系统调用？试说明过程调用与系统调用的区别和联系。

4. 为什么处理器需要区分用户态和核心态两种运行模式？操作系统的相关程序是在哪种模式下执行的？

5. 在什么时机下，执行操作系统的调度程序？抢占式调度和非抢占式调度的区别是什么？

6. 分析用户级线程和内核级线程的优缺点。

7. 当中断或系统调用把控制转移给操作系统时，通常将内核堆栈和被中断进程的运行堆栈相分离，为什么？

8. 进程上下文切换和 CPU 模式转换之间的关系是什么？

9. 假设一个计算机有 a 个 I/O 设备和 b 个 CPU，在任何时候内存最多容纳 c 个进程。假设 $a<b<c$（即 a 的数目小于 b，b 的数目小于 c），试问：

(1) 任一时刻，处于就绪态、运行态、阻塞态、就绪挂起态、阻塞挂起态的最大进程数目各是多少？

(2) 处在就绪态、运行态、阻塞态、就绪挂起态、阻塞挂起态的最小进程数目是多少？

10. fork()系统调用创建了一个包含父、子进程的进程树，其中父进程指向子进程。画出下面 3 个连续的 fork()系统调用产生的进程树：

```
fork();        // A
fork();        // B
fork();        // C
```

用合适的 fork()语句标出每个被创建的进程。

11. 假定我们为运行 I/O 密集型任务的计算机开发一个调度算法。当进程进入系统时，它们被分类为 CPU 密集型或 I/O 密集型。为了保证 I/O 密集型任务能够快速得到处理，我们在进程五状态模型的基础上考虑两个 Ready 状态：Ready-CPU 状态（CPU 密集型进程的就绪态）和 Ready-I/O（I/O 密集型进程的就绪态）。系统中处于 Ready-I/O 状态的进程拥有最高权限访问 CPU，并且以 FCFS 方式执行。处于 Ready-CPU 状态的进程以轮转方式执行。

(1) 讨论上面所述调度算法的优缺点。

(2) 对进程五状态模型进行扩展，以反映上述进程状态迁移过程，并画出新的状态模型图。

12. Linux 操作系统对进程的退出状态进行了细化，将其分为僵尸状态（zombie）和消亡状态。僵尸状态指程序执行完毕但资源还未被回收的状态;消亡状态指程序执行完毕且资源已回收的状态。其他状态及其迁移与五状态模型保持一致。

（1）从性能方面分析,为什么要对退出状态进行这样的细化?

（2）根据以上描述,对进程五状态模型进行扩展,以反映上述进程状态迁移过程,并画出新的状态模型图。

13. 对于如下进程集合,试计算在时间片 $q=2$ 时的轮转调度和不可抢占调度下,每个进程的周转时间和归一化周转时间。(进程的周转时间 $T=w+s$,其中 w 是等待时间,s 是服务时间,即实际执行时间;归一化周转时间 $=T/s$)

进程	A	B	C	D	E
到达时间	0	1	3	9	12
服务时间 s	3	5	2	5	5

14. 5个批处理作业同时到达计算中心。它们的估计运行时间分别为150,90,30,60和120(单位:s)。它们的优先级分别为6,3,7,9和4(值越小,优先级越高)。设一次作业上下文切换的平均时间为2s。对于下面每种调度算法,计算每个作业的周转时间和所有作业的平均周转时间。

（1）时隙为10秒的轮转调度。

（2）基于优先级的不可抢占调度。

（3）FCFS调度(按150,90,30,60和120的顺序执行)。

（4）最短作业优先。

第4章 进程的并发和死锁

本章介绍进程的并发问题、并发控制机制、并发程序设计，以及由进程并发所引起的死锁现象。操作系统为进程的并发控制提供了基本机制，但是如何合理地运用这些机制以达到期望的设计目标，却是由程序设计者来决定的，因此本章内容既涉及并发控制机制，又与程序设计密切相关。

本章内容和基本要求如下。

(1) 理解进程的交互方式及并发控制问题，理解并发程序执行的竞争条件、开放性和不确定性等问题。

(2) 通过分析典型并发设计问题，明确两类基本并发控制问题——互斥和同步。

(3) 学习信号量、并发控制机制，重点学习几类典型并发设计问题。难点是分析这些并发设计的正确性和无死锁性。

(4) 学习死锁的定义、描述和产生条件，掌握死锁预防、避免和检测的常用方法，了解银行家算法、死锁检测算法的工作过程，能够实现和运行这些算法。

4.1 并发问题

程序是指令的一个序列，通常以二进制文件的形式保存，而进程是程序的一次执行过程。程序执行通常用一个无限长的状态序列来描述：

$$s_0 \xrightarrow{\alpha_1} s_1 \xrightarrow{\alpha_2} \cdots \xrightarrow{\alpha_i} s_i \xrightarrow{\alpha_{i+1}} s_{i+1} \xrightarrow{\alpha_{i+2}} \cdots$$

其中 s_i 表示程序状态，s_0 是初始状态，α_i 表示原子操作。在状态 s_i 下执行一个操作 α_{i+1}，将使程序到达状态 s_{i+1}。一方面，从基于状态的观点来看，一个程序的执行可以被描述成状态迁移的序列，即 $\langle s_0, s_1, \cdots, s_i, s_{i+1}, \cdots \rangle$，从 s_i 到 s_{i+1} 的状态迁移称为一个执行步(step)。另一方面，从基于事件的观点来看，一个程序的执行可以被描述成原子操作的序列，即 $\langle \alpha_1, \alpha_2, \cdots, \alpha_i, \alpha_{i+1}, \cdots \rangle$，这两种描述方式是等价的。

为了明确表示程序状态与操作之间的关系，用三元组

$$\{s_i\}\alpha_{i+1}\{s_{i+1}\}$$

表示在状态 s_i 下执行操作 α_{i+1} 后，状态迁移到 s_{i+1}，其中 s_i 称为前置状态，s_{i+1} 称为后置状态。引入这样的表示之后，上面的程序执行序列就可以表示如下：

$$\{s_0\}\alpha_1\{s_1\}\alpha_2\{s_2\}\cdots\{s_i\}\alpha_{i+1}\{s_{i+1}\}\cdots$$

对于一个程序,如果程序执行的结果仅取决于初始状态 s_0,即初始状态确定后,程序的每一个执行步就被完全确定下来,这样的程序称为确定性程序。

从前面学习过的多道程序设计及进程的调度策略可知,当多个进程要在同一个处理器上运行时(即共享处理器),操作系统通过合理的调度策略和进程上下文切换,使处理器"同时"执行多个进程,造成多个进程并发执行的"假象"。我们把多个进程可以在同一时间段内同时执行的现象称为程序的并发性。对于单处理器而言,这种并发性是"伪并发",实际上是通过进程的交叉或交叠(interleaved 或 overlapped)执行来实现的。

例如两个进程 A 和 B,A 顺序执行操作$<\alpha_1, \alpha_2, \alpha_3>$,B 顺序执行$<\beta_1, \beta_2, \beta_3>$。如果这两个进程在单处理器上并发执行,那么可能的交叠执行序列就有很多种:

(1) 先执行 A,后执行 B,即 $<\alpha_1, \alpha_2, \alpha_3, \beta_1, \beta_2, \beta_3>$,

(2) 先执行 B,后执行 A,即 $<\beta_1, \beta_2, \beta_3, \alpha_1, \alpha_2, \alpha_3>$,

(3) 交叠执行,$<\alpha_1, \beta_1, \alpha_2, \beta_2, \alpha_3, \beta_3>$

(4) 交叠执行,$<\beta_1, \alpha_1, \alpha_2, \beta_2, \beta_3, \alpha_3>$

当多个进程并发执行时,会不会影响每个进程的执行结果呢?或者说,如何判断每个交叠执行的结果是正确的、一致的?我们分从规划两种情况来考虑。

(1) 如果并发的进程是无关的,即每个进程分别在不同的变量集合上操作,一个进程的执行与其他进程的执行无关,这种情况下,任意交叠执行的结果都是一致的、正确的。

(2) 如果并发的进程是交互的,即它们共享某些变量或资源,或者它们的某些操作之间具有特定的顺序关系约束,那么一个进程的执行可能影响其他进程的执行,使得某些交叠执行是一致的、正确的,而另一些交叠执行是错误的、不可接受的。

对于发生交互关系的并发进程,需要对并发进程的操作执行顺序加以合理的控制,否则会出现不正确的结果。我们把这一问题称为交互进程的并发控制问题。

进程之间交互的方式可以分为 3 类,如表 4-1 所示。

表 4-1　进程的交互方式

交互方式	特　点
进程之间的资源竞争	这些进程通常独立工作,不知道其他进程的存在,进程间没有任何信息交换,不会相互合作,但是它们通过使用相同的资源,从而发生相互作用。进程间的这种交互关系称为资源竞争或竞争条件
进程之间通过共享对象合作	这些进程并不需要确切地知道对方进程的 PID,但它们通过共享某些对象,如 I/O 缓冲区,从而发生相互合作,例如生产者-消费者问题
进程之间相互通信	对于点对点通信,一个进程知道另一个进程的 PID,对于广播通信,接收进程通常知道发送进程的 ID。它们通过消息通信从而发生相互作用

1. 资源竞争的例子

两个无关的应用程序可能都试图访问同一个磁盘、文件或打印机。如果一个进程运行得较快，首先获得了资源，那么其他进程就必须等待，直到资源被释放为止。因此，一个进程的执行时间可能会受到其他进程的影响。

2. 进程间通过共享对象合作的例子

多个进程可能访问一个共享变量、共享文件或数据库。一个进程可能使用并修改共享变量，虽然不能确切地知道其他进程的 PID，但却知道这些进程也可能访问同一个数据。与资源竞争不同的是，交互进程会影响共享对象的状态，并且通过这些状态对其他使用这一共享对象的进程发生作用或相互合作。这种交互方式需要解决的主要问题是维护共享数据的完整性。

例如，生产者和消费者是一对相互合作的进程，生产者将生产的产品放入一个缓冲区，消费者从该缓冲区中取出一个产品进行消费。显然，生产者不必知道具体的消费者是谁，消费者也不必知道具体的生产者是谁，它们之间通过缓冲区相互作用——当缓冲区满了的时候，生产者必须等待消费者消费一个产品；当缓冲区空了的时候，消费者必须等待生产者生产一个产品。显然，无论是生产者还是消费者，都对缓冲区的状态产生了影响，而且这种状态会影响到二者各自的行为。

当进程通过通信进行合作时，发送进程和接收进程需要进行连接，通信过程提供了同步和协调各种活动的方法。典型情况下，通信可由各种类型的消息组成，发送消息的原语由程序设计语言或由操作系统内核提供。我们通常所说的通信协议，实际上就是对多个通信进程之间的消息发送和接收的某种约定，通过这种约定，可以实现它们之间的信息交换和同步协作。

4.2 进程的互斥

4.2.1 互斥问题

首先通过两个例子引入进程互斥问题。

【例 4-1】 假设一个飞机订票系统有两个终端，在每个终端上分别运行订票业务进程 P_1 和 P_2。

```
cobegin
    P(1) || P(2)
coend
```

```
process P (int i) (i=1,2)
int x;
begin
    read record to x;
    if x >=1 then x :=x-1;
    write x to record;
end
```

每个订票业务进程执行完全相同的操作：首先把数据库中的机票数余额记录 record 读出到局部变量 x 中，然后机票数减 1，得到剩余机票数，最后把剩余机票数写回到数据库中的 record 记录。两个进程并发执行，并且通过票务数据库（被两个进程共享）发生交互。如果对数据库的访问顺序不加控制，就可能得到错误的执行结果。

假定当前只剩余 1 张机票，由于 P_1 和 P_2 运行速率不同，无论其中哪一个订到票，结果都是可以接受的和正确的，但是如果 P_1 和 P_2 都订到了票，那么结果一定是错误的。当 P_1 和 P_2 并发交叠执行时，如果对它们的操作次序不加控制，那么就有可能出现错误的结果。考察如下两个交叠执行序列：

序列 1	序列 2
{record=1} P1::read record to x {P1::x=1} P1::x:=x-1 {P1::x=0} P1::write x to record {record=0} {P1 订到票} P2::read record to x {P2::x=0} P2::write x to record {record=0} {P2 未订到票}	{record=1} P1:: read record to x {P1::x=1} P2:: read record to x {P2::x=1} P1::x:=x-1 {P1::x=0} P2::x:=x-1 {P2::x=0} P1:: write x to record {record=0} {P1 订到票} P2:: write x to record {record=0} {P2 订到票}

序列 1 的结果是正确的，而序列 2 的结果是错误的、不可接受的。究其原因，是因为 P_1 和 P_2 对共享数据（这里是数据库中保存的机票余额记录 record）的不正确的操作次序而引起的。实际上，对共享数据的读写操作应当是原子的：当一个进程正在对共享数据进行操作时，任何其他进程对该共享数据状态的观察和变更都将引起数据状态的不一致。

在上面的代码中，对共享变量 record 的操作是从 read record to x 开始，直到 write x to record 结束，我们把这样一段代码区域称为**临界区**（critical region）。当 P_1 正在执行临界区中的代码时，共享变量 record 处于正在被操作的中间状态。如果这时，P_2 也对临界区中的代码进行操作，那么它对 record 的观察和更改就有可能出现错误结果，如序列 2。

在通过共享数据进行交互的并发进程中，为了防止出现这类不期望的结果，我们通常要求每个进程对临界区中的代码或数据的操作必须是互斥的或原子的，即最多一次只能允许一个进程在临界区内执行。当一个进程进入临界区时，其他企图进入临界区的进程只能在临界区外面等待，只有当该进程退出临界区时，才能允许一个等待的进程进入临界区。

【例 4-2】 假设有两个并发进程 borrow 和 return 分别负责申请和归还主存资源。x 表示现有的空闲主存量,B 表示申请或归还的主存量。

cobegin
    borrow || return
coend
	process borrow(int B, int x)
	begin
	  if B>x then
	      等待主存资源;
	  x:=x-B;
	    修改主存分配表;
	end;
		process return(int B, int x)
		begin
		  x:=x+B;
		  释放等待主存资源者;
		  修改主存分配表;
		end;

这里,borrow 进程和 return 进程都需要访问共享变量 x 以获取和修改当前空闲主存量,因此对 x 的读取以及修改的代码就构成了临界区。同样,如果不对两个进程在临界区中的执行进行互斥控制,那么有可能出现不期望的结果。

例如,假定当前的空闲主存量 x<B,borrow 进程执行比较操作 B>x 之后,恰好被 return 进程所打断,然后 return 进程归还了全部内存。这时,由于 borrow 进程还未执行"等待主存资源"的操作,因此进程 return 的操作"释放等待主存资源者"就成为一个空操作。这时,当处理器又切换回 borrow 进程时,执行了"等待主存资源"的操作,从而使 borrow 进入等待资源释放状态。这一过程如下面的序列所示:

```
{B>x}
borrow::if B>x
{B>x}
return::x:=x+B; 释放等待主存资源者; 修改主存分配表;
{x>B}
borrow::等待主存资源 --进入错误状态
```

这时就出现了这样的矛盾状态:有足够的空闲主存量 x 可供分配,但是 borrow 进程仍然处于等待资源被释放的状态。究其原因,仍然是由于两个进程同时进入了临界区。为了防止多个进程同时进入临界区,需要实现多个进程之间的互斥。

通过上面两个例子,总结出互斥并发控制问题应满足的条件如下。

(1) 一次至多一个进程能够在临界区内;

(2) 一个在非临界区终止的进程不能影响其他进程;

(3) 一个进程留在临界区中的时间必须是有限的;

(4) 不能强迫一个进程无限地等待进入它的临界区。特别地,进入临界区的任一进程不能妨碍正等待进入的其他进程;

(5) 当没有进程在临界区中时,任何需要进入临界区的进程必须能够立即进入;

(6) 对相关进程的执行速度和处理器的数目没有任何要求和限制。

解决互斥问题有 3 类方法。

(1) 软件方法,即不需要程序设计语言或操作系统提供任何支持,完全由并发执行的进程通过相互合作来实施互斥。这类方法存在一定缺陷,或者说无法真正实现进程的互斥。

(2) 通过硬件支持来实现互斥,涉及中断禁用、专用机器指令等。该方法的优点是开销小,但是由于其依赖硬件,因此抽象层次较低,通用性较差。

(3) 在操作系统或程序设计语言层次,提供相应的支持。

4.2.2～4.2.4 节将分别介绍这 3 类方法。

4.2.2　解决互斥问题的软件方法

Dekker 算法和 Peterson 算法是解决互斥问题的两个重要算法。这两个算法都使用共享全局变量来标识每个进程是否在临界区中。当一个进程企图进入临界区时,首先通过共享全局变量来判断是否有其他进程正在临界区中,如果有,那么该进程处于忙等(循环等待)状态,否则可以进入。这两个算法的前提:一是多个进程可以访问内存中的同一共享变量;二是对该变量的访问(读或写)是原子的,即某一时刻对某一内存地址只能进行一次访问。

在给出 Dekker 算法之前,先看 4 个比较直观的算法,这些算法称为协同程序 coroutine),如图 4-1 所示,它们存在各种并发设计漏洞,实际上无法真正解决互斥问题。

/* P0 */	/* P1 */

…
while(turn !=0) skip;
/* 临界区 */
turn:=1;
…
	…
	while(turn !=1) skip;
	/* 临界区 */
	turn:=0;
	…

(a) 算法 1

/* P0 */	/* P1 */

…
while(flag[1]) skip;
flag[0]:=1;
/* 临界区 */
flag[0]:=0;
…
	…
	while(flag[0]) skip;
	flag[1]:=1;
	/* 临界区 */
	flag[1]:=0;
	…

(b) 算法 2

图 4-1　协同程序

/* P0 */	/* P1 */

…
flag[0]:=1;
while(flag[1]) skip;
/* 临界区 */
flag[0]:=0;
…
	…
	flag[1]:=1;
	while(flag[0]) skip;
	/* 临界区 */
	flag[1]:=0;
	…

(c) 算法 3

/* P0 */	/* P1 */

…
flag[0]:=1;
while(flag[1]) {
  flag[0]:=0;
  /* 延迟 */
  flag[0]:=1;
}
/* 临界区 */
flag[0]:=0;
…
	…
	flag[1]:=1;
	while(flag[0]) {
	  flag[1]:=0;
	  /* 延迟 */
	  flag[1]:=1;
	}
	/* 临界区 */
	flag[1]:=0;
	…

(d) 算法 4

图 4-1 （续）

图 4-1(a)即算法 1 使用一个共享全局变量 int turn:=0 来协调不同进程交替进入临界区。显然，该算法存在两个问题。第一，进程必须交替进入它们的临界区，也就是说，当 P_0 从它的临界区退出之后，它不能再次进入，直到 P_1 进入和退出它的临界区。显然这不符合“当没有进程在临界区中时，任何需要进入临界区的进程必须能够立即进入”这一条件。第二，无论一个进程在临界区内或在临界区外终止，另一个进程都将永久等待。

图 4-1(b)即算法 2 定义一个布尔数组 flag[2]，flag[0]标识 P_0 的状态，flag[1]标识 P_1 的状态。初始时，flag 的状态为 flag[2]={0,0}。每个进程可以检查但不能改变另一个进程的 flag。当一个进程要进入临界区，它会周期性地检查另一个进程的 flag，直到其值为 0，这表明另一个进程不在临界区内。算法 2 依然存在两个问题。第一，如果一个进程在临界区内终止，或者在设置 flag[i]:=1(i = 0,1)之后、进入临界区之前终止，那么另一个进程就会被永久挡在临界区之外而不能进入。第二，算法 2 实际上无法保证互斥。考虑以下交叠序列：

```
{flag[0]=0,flag[1]=0}
P0::test flag[1]
P1::test flag[0]
P0::flag[0]:=1;
P0::enter critical section;
{flag[0]=1,flag[1]=0}
P1::flag[1]:=1;
P1::enter critical section;
{flag[0]=1,flag[1]=1}
```

出现了 P_0 和 P_1 同时进入临界区的情况。产生这种情况的原因是,语句 while(flag[1]) skip 和语句 flag[0]:=1 之间有可能被打断,于是就会出现两个进程测试均成功的情况,使得它们都进入了临界区。

为了解决算法 2 先测试、后设置 flag 的缺陷,图 4-1(c)即算法 3 将设置 flag 的代码移到测试代码之前,但是这样一来,会引发两个进程均无法进入临界区的问题。考虑下面的交叠序列:

```
{flag[0]=0, flag[1]=0}
P0::flag[0]:=1;
P1::flag[1]:=1;
{ flag[0]=1, flag[1]=1}
P0::while(flag[1]) skip;
{P0 等待进入}
P1::while(flag[0]) skip;
{P1 等待进入}
```

导致这一问题的原因仍然是无法保证对 flag 的读、写操作的原子性。

算法 3 中每个进程通过设置 flag[i]的状态坚持进入临界区的权利,因此可能会造成僵局,使得它们没有机会回退到原来的状态。为了解决这一问题,图 4-1(d)即算法 4 采取了一种“谦让”的方法:每一个进程企图进入临界区时,首先设置它的 flag,当检测到其他进程在临界区时,它会谦让该进程,随时重设 flag,并为其他进程延迟请求。

先考察算法 4 能否避免僵局。当 P_0 执行了 flag[0]:=1,P1 执行了 flag[1]:=1 之后,假定 P_0 执行得较快,首先进入 while 循环,设置 flag[0]:=0,然后进入延迟操作。这时,操作系统开始调度 P_1,P_1 测试 flag[0]失败,于是跳出 while 循环,进入临界区。这样看来,算法 4 采用了“谦让”方法,能够避免僵局的发生,但是会出现两个进程都很“谦让”,从而使二者都不能进入临界区的现象。考虑下面的交叠序列:

```
{flag[0]=0, flag[1]=0}
P0::flag[0]:=1;
P1::flag[1]:=1;
{ flag[0]=1, flag[1]=1}
P0::test flag[1];
P1::test flag[0];
P0::flag[0]:=0;
P1::flag[1]:=0;
{ flag[0]=0, flag[1]=0}
P0::delay;
P1::delay;
P0::flag[0]:=1;
P1::flag[1]:=1;
{ flag[0]=1, flag[1]=1}
…
```

如果这样的模式不断重复，P_0 和 P_1 都不能退出 while 循环，从而出现二者都不能进入临界区的现象，这样的状态称为活锁(live lock)。活锁有可能得到解除，也有可能使得任何进程都不能进入临界区，这取决于进程的运行速率能否打破上述重复模式。

1. Dekker 算法

为了避免算法 4 中两个进程“相互谦让”，从而导致活锁的问题，采用算法 1 中的变量 turn 来标识进程有权进入它的临界区。做了这样改进的算法就是 Dekker 算法，如下所示。

```
ch4-dekker.c
1        #include <pthread.h>
2        #include <stdio.h>
3        #include <stdlib.h>
4        #include <sched.h>
5
6        int flag[2]={0,0};
7        int turn=0;
8
9
10       void P0(){
11           while(1){
12               flag[0]=1;                    //指示 P0 进入临界区
13               while(flag[1]){               //咨询 P1 是否有进入临界区的企图
```

```
14              if(turn==1){                //*咨询是否轮到 P1 进入临界区
15                  flag[0]=0;  //若轮到 P1 进入,则 P0 收回其进入临界区的企图
16                  while(turn==1);         //并等待 P1 退出临界区
17                  flag[0]=1;
18              }
19          }
20          //*若 P1 没有进入临界区的企图,P0 立即进入临界区*/
21          printf("P0 进入临界区.\n");
22          sched_yield();
23                      //模拟 P0 在临界区中工作时,被强制切换出去,即被 P1 打断
            printf("P0 退出临界区.\n");
24
25          turn=1;                          //设置该轮到 P1
26          flag[0]=0;
27      }
28  }
29
30  void P1(){
31      while(1){
32          flag[1]=1;                       //提示 P1 试图进入临界区
33          while(flag[0]){                  //咨询 P0 是否有进入临界区的企图
34              if(turn==0){                 //咨询是否轮到 P0 进入临界区
35                  flag[1]=0;               //若轮到 P0 进入,P1 收回进入企图
36                  while(turn==0);          //并等待 P0 退出临界区
37                  flag[1]=1;
38              }
39          }
40          printf("==========P1 进入临界区.\n");
41          sched_yield();
42          printf("==========P1 退出临界区.\n");
43
44          turn=0;                          //设置该轮到 P0
45          flag[1]=0;
46      }
47  }
48
49  void main(){
50      pthread_t tid;
51      pthread_create(&tid, NULL, P0, NULL);
52      pthread_create(&tid, NULL, P1, NULL);
53      pthread_exit(NULL);
54  }
```

对 Dekker 算法可以这样简单理解：

(1) 若只有一个进程，如 P_0，具有进入临界区的企图，即 flag[0]=1 且 flag[1]=0，则 P_0 可以立即进入临界区。

(2) 若两个进程都试图进入临界区，或其中一个已工作在临界区中，另一个试图进入临界区，即 flag[0]=1 且 flag[1]=1，则需要咨询该轮到 P0 还是 P1(第 14 和 34 行)。若轮到 P_0，即 turn==0，则 P_1 暂时放弃进入临界区的企图，然后等待 P_0 退出临界区(第 35 和 36 行)。P_0 退出临界区后，将 turn 设为 1，flag[0]设为 1(第 25 和 26 行)。之后我们考虑两种可能：

① 假如这时恰好调度到 P_1 进程，则 P_1 退出 while 循环(第 36 行)，并重新表达进入临界区的企图(第 37 和 33 行)，这次允许 P_1 进入临界区。

② 假如 P_0 退出临界区后仍然保持运行，并试图再次进入临界区。当执行到第 14 行时，发现该轮到 P_1 进入临界区，即 turn==1，P_0 则会暂时放弃进入临界区的权利，并等待 P_1 退出临界区(第 16 行)。

2. Peterson 算法

尽管前面对 Dekker 算法提供了一种简单理解，但是考虑到两个进程的语句可以任意交叠，要证明该算法在任意交叠情况下都是正确的是比较困难的。Peterson 提出了一个简单且出色的算法。仍然采用全局数组 flag 标识每个进程是否处于临界区，用全局变量 turn 解决多个进程同时企图进入临界区时发生的冲突。Peterson 算法如下所示。

```
ch4-peterson.c
1       #include <pthread.h>
2       #include <stdio.h>
3       #include <stdlib.h>
4       #include <sched.h>
5
6       int flag[2]={0,0};
7       int turn=0;
8
9       void P0(){
10          while(1){
11              flag[0]=1;
12              turn=1;
13              while(flag[1] && turn==1);
14              /* P0 进入临界区 */
15              printf("P0 进入临界区.\n");
16              sched_yield();
17              printf("P0 退出临界区.\n");
18              /* P0 退出临界区 */
19              flag[0]=0;
```

```
20          }
21      }
22
23      void P1(){
24          while(1){
25              flag[1]=1;
26              turn=0;
27              while(flag[0] && turn==0);
28              /* P1 进入临界区 */
29              printf("==========P1 退出临界区.\n");
30              sched_yield();
31              printf("==========P1 退出临界区.\n");
32              /* P1 退出临界区 */
33              flag[1]=0;
34          }
35      }
36
37      void main(){
38          pthread_t tid;
39          pthread_create(&tid, NULL, P0, NULL);
40          pthread_create(&tid, NULL, P1, NULL);
41          pthread_exit(NULL);
42      }
```

要证明 Peterson 算法的正确性是较为困难的，难点在于 P_0 和 P_1 可能在多个程序点被打断，需要证明在所有可能的交叠下，算法总是能够实现互斥。下面我们大致证明一下该算法满足互斥并发控制的 3 个特性：

(1) 一个进程可以连续多次进入临界区；

(2) 任一时刻，最多只有一个进程在临界区内；

(3) 进入临界区的任一进程不能妨碍正等待进入的其他进程。

证明

(1) 初始时，由于 P_1 不在临界区，所以 flag[1]=0 始终成立，因此 P_0 的循环条件(第 13 行)被打破，P_0 首次进入临界区。由于只有 P_1 才会影响 flag[1]的取值，因此只要 P_1 不试图进入临界区，P_0 仍然可以再次进入临界区。

(2) 先考虑在哪些程序点有可能发生交叠。P_0 可能在下列程序点被打断：第 11～12 行之间、第 12～13 行之间、第 13 行的 flag[1]测试与 turn==1 测试之间，以及临界区代码之间；同样，P_1 可能在下列程序点被打断：第 25～26 行之间、第 26～27 行之间、第

27 行的 flag[0]测试与 turn==0 测试之间，以及临界区代码之间。显然，如果考虑 P_0 与 P1 的组合，那么可能的交叠情况很多，这里仅给出几种典型情况，其余情况请读者自己思考。

假定 P_0 在第 11～12 行之间被打断，P_1 得到调度，那么 P_1 将会循环在第 25 行，当时间片到期时，调度将会切换回 P_0。这时，P_0 执行 turn=1(第 12 行)后，将会循环在第 13 行。当其时间片到期时，调度又切换到 P_1，这时第 25 行的循环条件被打破(因为此时 turn==1)，于是 P_1 进入临界区。当 P_1 在临界区工作时，无论怎样被打断，P_0 始终循环在第 13 行(因为 flag[1]和 turn 的状态没有发生变化)，无法进入临界区，这就保证了只有 P_1 在临界区内。只有当 P_1 退出临界区且将 flag[1]设置为 0 时，P_0 才会退出循环条件，进入临界区。

假定 P_0 在第 12～13 行之间被打断，P_1 得到调度，那么 P_1 将会循环等待在第 25 行。当其时间片到期时，调度切换回 P_0，这时第 13 行的循环条件被打破(因为 turn==0)，于是 P_0 进入临界区，而 P_1 始终循环在第 25 行，不能进入临界区，直到 P_0 退出临界区，并把 flag[0]设置为 0。

假定在初始时，P_0 运行得较快，首先进入第 13 行，并在执行完测试 flag[1]==0 之后、即将进入临界区时被打断，调度切换给 P_1，那么 P_1 将会循环等待在第 27 行(因为 flag[0]==1 且 turn==0)，当期时间片到期后，调度再次切换回 P_0 时，P_0 将会进入临界区，而 P_1 将会一直循环等待，直到 P_0 退出临界区。这种情况下，仍然只有一个进程在临界区中。

(3) 假定 P_0 在临界区中，而 P_1 忙等在第 27 行循环条件上试图进入临界区。当 P_0 退出临界区后，会执行 flag[0]=0。如果 P_1 能够得到操作系统的调度，将打破循环条件，从而进入临界区。如果 P_1 得不到调度，那么 P_0 将会执行下一轮的 flag[0]=1; turn=1，并最终忙等在第 13 行循环条件上。只要 P_1 有机会得到调度，P_1 的循环条件将不成立(因为 turn==1)，从而进入临界区。

上述 Peterson 算法看似能够实现两个进程的互斥，但是仍然具有一定的缺陷。采用循环等待的方法实现“一个进程被挡在临界区之外”，该进程仍然处于运行态，耗费了宝贵的 CPU 资源；更重要的是，如果处于循环等待的进程优先级较高，那么另一个进程有可能始终得不到调度，于是就会出现“活锁”现象：两个进程均处于运行态或就绪态，但是它们都无法继续进行下去。

4.2.3 解决互斥问题的硬件方法

1. 中断禁用

在进程互斥问题中，如果能够保证一个进程进入临界区后，其执行是原子的，即不能被其他进程所抢占，直到该进程退出临界区，那么自然就可以保证进程的互斥执行。这种能力可以通过启用或禁用中断来实现。一个进程可以通过下面的方法实现互斥。

```
while(1){
    …
    /*禁用中断*/;
    /*临界区*/;
    /*启用中断*/;
    …
}
```

该方法的代价非常高，处理器的执行效率将会明显降低。另外一个问题是，该方法不能用于多处理器架构。当一个计算机系统包括多个处理器时，有可能多个进程在不同处理器上同时执行，这种情况下，禁用中断无法保证互斥。

2. 专用机器指令

在4.2.2节的图4-1(b)中，对flag的测试和设置操作分别用两条指令来完成，虽然测试操作和设置操作分别是原子的，但是测试、设置操作之间却有可能被另一个进程所打断，从而可能出现两个进程同时进入临界区的情况。如果对flag的测试和设置操作作为整体是原子的，不能被其他进程所中断，那么使用该算法能够正确地实现互斥。为了实现测试和置位操作的原子性，需要得到机器指令层面的支持。

常见的指令有比较和交换(compare&swap)指令和交换(exchange)指令，这些指令都是原子的，并且在一个指令周期内完成。这两个指令的定义如下。

```
int compare&swap(int * word, int testval,
int newval){
    int oldval;
    oldval:=*word;
    if(oldval=testval) *word:=newval;
    return oldval;
}
```

```
void exchange(int register, int memory){
    int temp;
    temp:=memory;
    memory:=register;
    register:=temp;
}
```

几乎所有处理器都支持这两条指令的某个版本，而且多数操作系统都利用该指令支持并发。下面分别是用这两条指令实现互斥的算法。

```
const int n:=    /*进程的个数*/;
int bolt;
```

```
const int n:=    /*进程的个数*/;
int bolt;
```

void P(int i){
  while(1){
    while (compare&swap (bolt, 0, 1) = 1)
skip;
    /* 临界区 */
    bolt:=0;
    …
  }
}
 	
main(){
  bolt:=0;
  parbegin(P(1),P(2),…,P(n));
}
	void P(int i){
	  int keyi:=1;
	  while(1){
	    do exchange(bolt, keyi)
	    while(keyi!=0);
	    /* 临界区 */
	    bolt:=0;
	    …
	  }
	}
	
	main(){
	  bolt:=0;
	  parbegin(P(1),P(2),…,P(n));
	}

由于 compare&swap 的执行是原子的,因此在状态 bolt==0 时,一个进程被允许进入临界区,并且将 bolt 的状态置为 1,在该状态下,任何其他企图进入临界区的进程忙等(busy waiting)或自旋等(spin waiting)在 while 语句上,直到 bolt 的状态变为 0。对于使用 exchange 实现互斥的算法,分析是类似的。根据变量的初始化方式及 exchange 算法,下面的表达式总是成立的:

$$\text{bolt} + \sum_{i=1}^{n} \text{key}_i = n$$

我们把这个在程序运行过程中始终保持成立的逻辑表达式称为不变式(invariant)。初始状态时,bolt=0,$\text{key}_i=1(i=1,\cdots n)$,不变式保持成立;当一个进程 P_i 进入临界区时,bolt=1,而且该进程的 $\text{key}_i=0$,而其他 $n-1$ 个进程的 $\text{key}_i=1$,不变式仍保持成立。

使用专门的机器指令实现互斥有以下优点。

(1) 适用于在单处理器或共享内存的多处理器上的任何数目的进程。

(2) 算法简单且正确性易于证明。

(3) 可用于支持多个临界区,每个临界区可以用它自己的变量来标识。

但是,使用专门的机器指令实现互斥也存在一些缺点。

(1) 使用了忙等。因此,当一个进程在等待进入临界区时,它会继续消耗处理器时间。

(2) 可能发生饥饿现象。当一个进程离开临界区,并且有多个进程正在等待时,选择哪一个等待进程是任意的,因此,某些进程可能被无限期地拒绝进入。

(3) 可能发生活锁。考虑单处理器中的下列情况:进程 P_1 执行专门指令并进入临界区,然后 P_1 可能被中断并把处理器让渡给具有更高优先级的 P_2。P_2 在试图进入临界区前，需要执行专门指令，并忙等在循环上。由于 P_2 的优先级高于 P_1，其执行权不会被 P_1 所抢占，因此 P_1 永远不会得到调度执行，而 P_2 也将永远忙等在循环上，于是活锁就发生了。

4.2.4 信号量和 P、V 操作

除了软件方法和硬件方法之外，操作系统或程序设计语言提供了一组并发控制机制，支持进程的互斥和同步。由于其抽象层次高于硬件方法，因此通用性更强；另外，由于这些并发控制机制提供了支持进程并发的语义，避免了进程忙等所带来的处理器消耗，而且使用方法简单，去除了软件方法复杂的进程间交互和协作，便于证明程序的正确性。

操作系统提供的并发控制机制主要有信号量、管程、条件变量及消息传递等。本节主要介绍信号量和 P、V 操作。

为了支持进程并发，并发控制机制应满足下面 3 个需求。

(1) 能够让一个进程阻塞或等待(waiting)在某个条件上，这样就可以避免忙等所带来的处理器消耗。

(2) 当一个进程所等待的条件发生变化时，该进程能够得到通知。如果一个或多个进程等待(阻塞)在某个条件上，当该条件发生变化时，必须有一个通知机制告诉被阻塞的进程，以便它能够解除阻塞，并继续得以执行。如果没有通知机制，那么阻塞在一个条件上的进程将永远得不到执行。

(3) 为了实现进程的互斥和同步，必须使用共享的条件变量来协调进程。一个进程内部定义的普通全局变量由于不能被其他进程共享，所以不能充当共享变量，这一变量必须由操作系统管理和维护。

1965 年，荷兰计算机科学家 Dijkstra 首次提出了一个由操作系统提供的并发控制机制——**信号量**(semaphore)。信号量实际上是一个抽象数据类型，包括一个由操作系统管理和维护的整数变量 count、一个阻塞进程队列 queue，以及作用在信号量上的一组操作。这组操作包括初始化操作及 P、V 操作，其定义如下：

(1) **初始化操作**。一个信号量可以初始化为一个非负整数。

(2) **P(s)操作**：首先将信号量的值 s.count 递减。如果 s.count<0，则操作系统把调用 P(s)的进程置成阻塞态，并把它加入队列 s.queue 中；如果 s.count≥0，则 P(s)直接退出。

(3) **V(s)操作**：首先将信号量 s 的值 s.count 递增。如果 s.count≤0，则在队列 s.queue 中挑选并移出一个进程，把它从阻塞态变换为就绪态，并加入就绪队列，然后退出；如果 s.count>0，那么 V(s)直接退出。

P 操作和 V 操作可表示为如下两个过程：

```
struct semaphore{
  int count;
  queuetype queue;
};

Procedure P(semaphore s){
  s.count:=s.count-1;
  if(s.count<0) Wait(s);
}

Procedure V(semaphore s){
  s.count:=s.count+1;
  if(s.count<=0) Release(s);
}
```

其中,Wait(s)和 Release(s)是由操作系统提供的两个原语。

(1) Wait(s):操作系统把调用 P(s)的进程设置为阻塞态,并把它加入信号量 s 的阻塞队列 s.queue 中,然后控制流转移到 CPU 调度程序,它调度另一个进程去执行。

(2) Release(s):操作系统从信号量 s 的阻塞队列 s.queue 中按照某种策略挑选一个进程,把它从队列中移出,并把它从阻塞态变换为就绪态,加入就绪队列。这个进程能否立即得到调度并执行,取决于调度策略;

为了方便起见,后面我们直接用 s 表示 s 的计数值 s.count。例如用 $s \geqslant 0$ 表示 $s.count \geqslant 0$。

对信号量 s 及 P、V 操作可以这样理解:信号量表示某种钥匙(或特权),信号量的计数值表示钥匙的数目。P、V 操作分别表示拿走一把钥匙和归还一把钥匙。拿走一把钥匙时,钥匙的数量减 1,归还一把钥匙时,钥匙的数量加 1。当没有钥匙时,企图拿走钥匙的进程必须等待,这时 s 的计数值为负值,表示等待钥匙的进程的数目;当归还一把钥匙时,如果发现有进程正在等钥匙(即 $s \leqslant 0$),那么通知它有一把钥匙可以得到。

根据 count 的取值,信号量可分为**计数信号量**(counting semaphore)和**二元信号量**(binary semaphore)。计数信号量的 count 值可以取任意整数值(但初值为非负整数),而二元信号量的 count 只能取 0 或 1。

(1) 当在二元信号量 s 上执行 P 操作时,如果 count=1,那么把 count 变为 0,继续执行该进程;如果 count=0,则当前进程阻塞,并加入 s 的阻塞队列。

(2) 当在二元信号量 s 上执行 V 操作时,首先检查是否有进程阻塞在 s 上(即阻塞队列是否为空),如果有,按照某种策略唤醒一个阻塞进程,并将它出队;如果没有阻塞进程,那么 count 被设置为 1。

显然,计数信号量 count 为负值时,其绝对值 |count| 表示了信号量阻塞队列中进程的个数,而二元信号量的 count 没有计数功能。在某些系统中,二元信号量也称为**互斥锁**

(mutex lock)。可以证明,二元信号量和计数信号量具有同样的表达能力。

对于信号量,需要注意如下5点。

(1) P、V操作必须是原子的。如何实现P、V操作的原子性呢?这又是一个互斥问题。对于单处理器系统,我们可以采用在P或V操作执行期间禁止硬件中断的方式来实现;对于多处理器系统,采用禁止中断的方式不再奏效,可以采用前面所述的硬件方法来实现。

(2) 信号量s是由操作系统创建、管理和维护的一种系统资源,并通过唯一的ID进行管理和识别。当一个进程需要对信号量进行操作时,首先必须向操作系统申请获取该信号量。

(3) 调用P操作可能使调用进程阻塞在条件 $s<0$ 上。

(4) 调用一次V操作可能使阻塞在s上的一个进程被唤醒(或被通知),从而进入就绪状态,但不一定能够马上得到调度执行,这取决于调度策略。

(5) 当存在多个进程阻塞在信号量上时,V操作究竟该选择哪一个进程解除阻塞,这取决于操作系统的调度策略。可以按照先进先出策略,即被阻塞时间最久的进程最先从阻塞队列中释放。我们把采用这个策略定义的信号量称为强信号量(strong semaphore),强信号量能够保证公平性,因此不会产生进程饥饿现象;而没有规定进程从队列中移出顺序的信号量称为弱信号量(weak semaphore),弱信号量可能产生饥饿现象。

4.2.5 使用信号量解决互斥问题

下面的算法给出了使用信号量解决互斥问题的方法。设有 n 个进程,用 $P_i(i=1,2,\cdots,n)$ 来表示。每个进程进入临界区前执行P操作,退出临界区后执行V操作。

```
const int n:=/*进程数*/;
semaphore s:=1;
void P(int i){
    while(1){
        P(s);
        /*临界区*/
        V(s);
        /*其他代码*/
    }
}

void main(){
    parbegin (P(1), P(2),…, P(n));
}
```

上述算法能够实现多个进程对临界区的互斥访问。

初始时，信号量 s 的初值是 1，运行速度较快的一个进程（假设为 P_i）首先执行到 P(s)操作，使 s 的值从 1 变为 0，然后退出 P(s)操作，进入其临界区。假设这时，进程 P_j 被调度开始执行 P(s)操作，由于 s 的值为 0，于是 P_j 阻塞在条件 s<0 上，操作系统只能再次调度执行 P_i。当 P_i 在临界区中时，任何企图进入临界区的进程都将阻塞在信号量 s 上，直到 P_i 退出临界区，执行 V(s)操作之后，唤醒一个阻塞进程，使其进入临界区。可见，任一时刻，最多只能有一个进程进入其临界区。

任何一个进程，在退出临界区前必须调用 V(s)操作。如有进程等待进入临界区，V(s)操作将唤醒阻塞队列中的一个进程，使其进入临界区，因而不会出现进程无限等待进入临界区的情况。值得注意的是，对于弱信号量，可能出现进程无限等待的情况，即饥饿现象。

当一个进程在非临界区终止时，不会影响其他进程。但是当一个进程在临界区中退出或终止时，如果设计不当，可能使其他进程无限阻塞在信号量上，得不到执行。例如例 4-3 预订飞机票的情况。

【例 4-3】 设一民航航班售票系统有 n 个售票处。每个售票处通过终端访问系统中的票务数据库。假定数据库中一些单元 x_k ($k=1,2,\cdots$)分别存放航班现有票数。设 $P_1,P_2,\cdots,P_n$ 分别表示各售票处的处理进程，$R_1,R_2,\cdots,R_n$ 表示各进程执行时所用的工作单元。

用信号量实现进程间互斥的程序如下：

```
1       semaphore s:=1;
2       void main( ){
3           parbegin (P(1), P(2), …, P(n));
4       }
5
6       void P(int i){
7           while(1){
8             /* 按旅客订票要求找到 xk */;
9             P(s);
10            Ri=xk;
11            if Ri >=1 then {
12                Ri:=Ri-1;
13                xk :=Ri;
14                V(s);
15                /* 输出一张票 */
16            }
17            else{
18                V(s);
19                /* 输出"票已售完" */
20            }
```

```
21            }
22        }
```

这里，票务数据库是被 n 个进程所共享的数据资源，因此对数据库的读、写操作就构成了每个进程的临界区(第 10～13 行代码)，在进入临界区前需要执行 P(s)操作，退出临界区后需要执行 V(s)操作。那么为什么在第 18 行还需要一个 V(s)操作呢？因为如果 Ri<1，在 else 块中不执行 V(s)操作，P(s)和 V(s)操作就不配对，那么阻塞在信号量上的进程就会无限等待下去。

例 4-3 说明，在进行互斥并发控制设计时，P(s)和 V(s)操作必须成对出现。如果进程在临界区中退出或终止，在退出或终止之前必须调用 V(s)操作，否则等待在信号量上的进程就得不到释放。

4.3　openEuler 中信号量的实现

本节将介绍 openEuler 内核使用的信号量机制。openEuler 提供了 P、V 操作的具体实现，分别用 down 原语和 up 原语来实现，其中 down 原语在函数 down()的基础上提供了多个变种函数，本节介绍最常用的 down_interruptible()函数。与 up 原语对应的函数是 up()。

4.3.1　down 和 up 原语的实现

在 openEuler 内核源码(版本 4.19.90)文件 include/linux/semaphore.h 中定义了信号量的数据结构：

```
源文件：/include/linux/semaphore.h
        struct semaphore {
1           raw_spinlock_t          lock;
2           unsigned int            count;
3           struct list_head        wait_list;
4       };
5
```

其中，count 表示信号量的计数值(注意其类型为无符号整数，因此其值不能小于 0)，wait_list 是该信号量的阻塞队列，lock 用于保护对 count 和 wait_list 的互斥访问。

1. down 原语的实现

down 原语的实现函数为 down_interruptible()(原来的实现函数 down( )已经过时，不再使用)在内核源文件/kernel/locking/semaphore.c 中被定义如下：

```
源文件: /kernel/locking/semaphore.c
        int down_interruptible(struct semaphore * sem)
1       {
2           unsigned long flags;
3           int result =0;
4           raw_spin_lock_irqsave(&sem->lock, flags);
5           if (likely(sem->count >0))
6               sem->count--;
7           else
8               result =__down_interruptible(sem);
9           raw_spin_unlock_irqrestore(&sem->lock, flags);
10          return result;
11      }
12
```

为了保证 down 操作的原子性，线程将整个 down 操作加上互斥锁(第 5 行)，并在操作结束后释放互斥锁(第 10 行)。线程首先判断计数值 count 是否大于 0(第 6 行)，如果大于 0，则执行 count--，表示已经成功获取到资源，然后退出函数；否则，表示获取资源失败，并进入函数__down_interruptible()中进行处理(第 9 行)。__down_interruptible()又调用了__down_common()：

```
源文件: /kernel/locking/semaphore.c
static noinline int __sched __down_interruptible(struct semaphore * sem){
    return __down_common(sem, TASK_INTERRUPTIBLE, MAX_SCHEDULE_TIMEOUT);}
```

而__down_common()是一个内联函数(inline)，其中参数 state 为 TASK_INTERRUPTIBLE、参数 timeout 为 MAX_SCHEDULE_TIMEOUT，而 TASK_INTERRUPTIBLE 表示“阻塞态”。

```
源文件: /kernel/locking/semaphore.c
        struct semaphore_waiter {
1           struct list_head list;
2           struct task_struct * task;
3           bool up;};
4
5       static inline int __sched __down_common(struct semaphore * sem,
6                                       long state, long timeout)
7       {
8           struct semaphore_waiter waiter;
9           /* 将当前进程加入等待队列 */
10          list_add_tail(&waiter.list, &sem->wait_list);
11          waiter.task =current;                          //获取当前线程的任务结构体
```

```
12
13          waiter.up = false;                       //将唤醒标识设置为 false
14
15          for (;;) {
16              ...
17              __set_current_state(state);          //设置当前线程状态为阻塞态
18              raw_spin_unlock_irq(&sem->lock);     //释放锁
19              timeout = schedule_timeout(timeout); //主动让出 CPU
20              raw_spin_lock_irq(&sem->lock);       //上锁
21              if (waiter.up)                       //检查线程是否被唤醒
22                  return 0;          //如被唤醒,则退出该函数,进而退出 down 原语
23          }
24          ...
25      }
```

该函数主要包括以下 5 个步骤。

(1) 将该线程加入该信号量的等待队列中(第 11～13 行)。

(2) 将该线程的状态转换为阻塞态(即 TASK_INTERRUPTIBLE)(第 17 行)。

(3) 主动让出 CPU,等待信号量被释放(第 19 行)。

(4) 检查线程是否被 up 原语唤醒(第 21 行)。如果是,则退出 down 原语(第 22 行);否则进入下一轮循环(回到第 15 行),又把该线程的状态设为阻塞态。注意,该线程可能被 up 原语唤醒,也可能被信号、超时(timeout)等事件唤醒,因此需要执行第 21 行,判断该线程是否"真的"被 up 原语唤醒。

(5) 第 18 行和 20 行分别执行了释放锁和上锁操作,这是必不可少的。

2. up 原语的实现

up 原语的实现函数如下:

```
源文件: /kernel/locking/semaphore.c
        void up(struct semaphore * sem) {
1           unsigned long flags;
2
3           raw_spin_lock_irqsave(&sem->lock, flags);
4           if (likely(list_empty(&sem->wait_list)))
5               sem->count++;
6           else
7               __up(sem);
8           raw_spin_unlock_irqrestore(&sem->lock, flags);}
9
```

如果该信号量的阻塞队列为空,即没有线程阻塞在该信号量上,则计数值加 1(第 5、6 行);否则执行__up(sem)函数,唤醒被阻塞的线程。__up()函数的定义如下:

```
源文件: /kernel/locking/semaphore.c
1       static noinline void __sched __up(struct semaphore * sem){
2           struct semaphore_waiter * waiter=list_first_entry
3               (&sem->wait_list, struct semaphore_waiter, list);
4           list_del(&waiter->list);
5           waiter->up =true;
6           wake_up_process(waiter->task);
7       }
```

__up()函数首先从阻塞队列头移出一个线程(第 2 行),然后将其 up 标志设为 true(第 5 行),最后修改线程状态,将其加入就绪队列中(第 6 行)。

4.3.2 有关信号量的函数调用

上述 down 和 up 原语是操作系统内核对信号量 P、V 操作的内部实现,但是用户程序不能直接调用它们。在进行程序设计时,通常使用 POSIX 库提供的若干函数来操纵信号量。

```
#include <semaphore.h>
int sem_init(sem_t * sem, 0, unsigned int value);
int sem_wait(sem_t * s);          //P(s)
int sem_post(sem_t * s);          //V(s)
                                        Returns: 0 if OK, -1 on error
```

函数 sem_init 把信号量 sem 初始化为初值 value(类型为 unsigned int 意味着初值不能为负值)。信号量在使用之前必须被初始化。程序通过调用函数 sem_wait()和 sem_post()来执行 P、V 操作。有关这些函数调用的使用,见后面有关并发程序设计的若干例程。

4.4 进程的同步

4.4.1 同步问题

同步是进程交互的另一种方式。在异步环境中,每个进程都以各自独立的、不可预知的速度运行,但有时它们需要在某些确定的点上相互协调,或者说一个进程的某些操作与另一个进程的某些操作之间存在特定的偏序关系,这就要求运行较快的进程在某些点上需要等待运行较慢的进程。

同步问题实际上是多个进程之间在某些条件上的等待问题,因此也称为**条件同步**问题。我们有时也把进程同步称为握手(handshake),这非常形象。当一只手伸出时,必须等待另一只手伸出。只有当两只手都伸出时,握手或同步就发生了。握手发生后,各自又以不同的速度继续运行,直到下一次握手。

在现实生活中,同步的例子无处不在。例如,在一辆公共汽车上,司机和售票员各司其职,独立工作。司机负责开车和到站停车;售票员负责售票和开、关车门。但两者需要在某些操作上密切配合、协调一致。当司机驾驶的车辆到站并把车辆停稳后,售票员才能打开车门,让乘客上、下车,然后关好车门,这时汽车司机才能继续开车行驶。

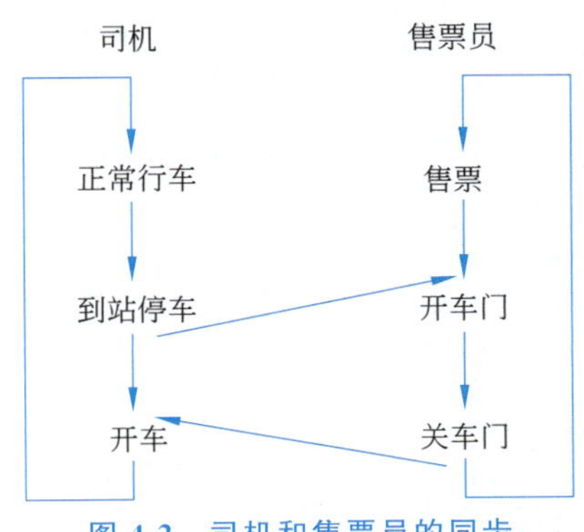

图 4-2　司机和售票员的同步

我们可以用偏序关系来解释同步现象。司机按照“正常行车→到站停车→开车→正常行车→……”的顺序执行,其中箭头“A→B”表示偏序关系,即操作 A 发生在操作 B 之前。同样,售票员按照“售票→开车门→关车门→售票→……”的顺序循环往复。同时,司机和售票员之间的某些操作之间还存在偏序关系,如“司机::到站停车→售票员::开车门”“售票员::关车门→司机::开车”,如图 4-2 所示。

由于司机和售票员的运行速度不一致,售票员有可能先执行到“开车门”,但是由于“开车门”必须等待条件“到站停车”发生之后才能执行,所以售票员必须等待,直到司机执行完“到站停车”之后,才能执行“开车门”,这就是一次同步过程。这次同步发生之后,司机和售票员又按照各自的步调继续执行。当司机首先执行到“开车”时,必须等待条件售票员“关车门”发生之后,才能继续执行,于是又发生了一次同步。

司机和售票员中没有偏序关系的操作可以任意交叠。例如“司机::正常行车”与“售票员::售票”之间可以任意交叠。但是偏序关系的传递性使得某些操作之间隐含地具有先后次序。例如,“司机::正常行车→司机::到站停车”,而且“司机::到站停车→售票员::开车门”,因此“司机::正常行车→售票员::开车门”。

按照并发进程的交叠语义,满足进程内部偏序关系及进程之间的同步关系的任意交叠序列都是正确的和可接受的。对于上述例子,正确的执行序列可能有如下的组合方式:

(1) <司机::正常行车,售票员::售票,司机::到站停车,售票员::开车门,售票员::关车门,司机::开车,售票员::售票,司机::正常行车,……>

(2) <售票员::售票,司机::正常行车,司机::到站停车,售票员::开车门,售票员::关车门,司机::开车,司机::正常行车,售票员::售票,……>

(3) ……

4.4.2 使用信号量解决同步问题

同步问题实际上就是让运行较快的进程在同步点上等待运行较慢的进程，而 P 操作能够让运行较快的进程等待(即阻塞)在同步点上，V 操作能够让运行较慢的进程通知运行较快的进程解除阻塞，于是使用 P、V 操作可以有效地解决同步问题。

【例 4-4】 使用信号量实现司机和售票员进程的同步。

```
semaphore BusStop:=0;
semaphore DoorClose:=0;

void main(){
  parbegin (driver(), seller());
}

void driver(){
    while(1){
        正常行车;
        到站停车;
        V(BusStop);          //到站停车
        P(DoorClose);        //等待关车门
        开车;
    }
}

void seller(){
    while(1){
        售票;
        P(BusStop);          //等待停车
        开车门;
        关车门;
        V(DoorClose);        //关车门
    }
}
```

这个问题中有两个同步点，“售票员::开车门”等待“司机::到站停车”和“司机::开车”等待“售票员::关车门”。解决的方法是：在等待点之前加 P 操作，在被等点之后加 V 操作。如果有多个同步点，在不同的同步点上使用不同的信号量，且每个信号量的初值为 0。

下面分析同步过程。对于第一个同步点，如果售票员进程运行较快，那么它将首先阻塞在 P(BusStop)操作上(BusStop 的状态为－1)，直到司机进程执行 V(BusStop)之后

(BusStop 的状态从－1 变为 0),售票员进程被唤醒;如果司机进程运行较快,它将首先执行 V(BusStop)操作,使 BusStop 的状态从 0 变为 1。当售票员进程执行 P(BusStop)时,BusStop 的状态从 1 变为 0,并不阻塞,于是可以继续执行开车门动作。综合这两种情况,无论司机和售票员哪个进程的执行速度快,该方法总是使"司机::到站停车"动作发生在"售票员::开车门"动作之前,满足了同步的偏序要求。

【例 4-5】（1-位缓冲区问题)设有一个 1 位的缓冲区,每次只能放置一个产品。一个生产者(Producer)不断生产产品并放入缓冲区,一个消费者(Consumer)不断从缓冲区中取出产品来消费,如图 4-3 所示。显然,由于缓冲区一次只能放置一个产品,于是限制了生产和消费的步调,即生产者生产一个产品后必须等待消费者消费之后才能进行下一轮生产,而消费者也必须等待生产者生产一个产品后才能消费。请用 P、V 操作实现这一同步过程。

图 4-3　1-位缓冲区问题

解　用 Pro 表示生产者的生产操作 produce(),用 Con 表示表示消费者的消费操作 consume( )。显然满足同步要求的正确操作序列只能如下:

```
<Pro; Con; Pro; Con; Pro; Con; … >,即<Pro; Con>+
```

这里有两个同步点:Consumer 等待 Producer,Producer 等待 Consumer。因此需要两个信号量。实现这一同步过程的算法如下:

```
ch4-1bit-buffer.c
1       #include <semaphore.h>
2       #include <pthread.h>
3       #include <stdio.h>
4       #include <stdlib.h>
5       #include "ch4-PV.h"
6
7       sem_t empty;                          //表示缓冲区中空位个数的信号量
8       sem_t full;                           //表示缓冲区中满位个数的信号量
9
10      void Pro(){                           //生产者
11          while(1){
12              P(&empty);                    //如果有空位,则生产;否则阻塞
13              printf("(Pro;");
14              V(&full);                     //生产后,产生一个满位
15          }
16      }
```

```
17  void Con(){                                    //消费者
18      while(1){
19          P(&full);                              //如果有一个满位,则消费;否则阻塞
20          printf("Con)");
21          V(&empty);                             //消费后,产生一个空位
22      }
23  }
24
25  void main(){
26      /*初始化 empty 为 1,full 为 0*/
27      if(sem_init(&empty, 0, 1)<0 || sem_init(&full, 0, 0)<0)
28          printf("Semaphore initialization is failed\n");
29
30      pthread_t tid;
31      pthread_create(&tid, NULL, Pro, (void *)NULL);     //生产者线程
32      pthread_create(&tid, NULL, Con, (void *)NULL);     //消费者线程
33      pthread_exit(NULL);
34  }
```

其中第 12,14,19 和 21 行分别调用了 P、V 操作,这两个操作分别封装了 POSIX 函数 sem_wait()和 sem_post(),它们定义在文件 ch4-PV.c 中。

```
ch4-PV.c
#include <semaphore.h>
#include <stdio.h>
#include <stdlib.h>
#include "ch4-PV.h"
void P(sem_t *s){
    if(sem_wait(s)<0) printf("P error");}
void V(sem_t *s){
    if(sem_post(s)<0) printf("V error");}
```

```
ch4-PV.h
#include <semaphore.h>

void P(sem_t *s);
void V(sem_t *s);
```

读者可以在 openEuler 或其他类 Linux 平台上运行上述程序,验证程序是否输出字符串集合$<\text{Pro;Con}>^{+}$。

4.5 典型并发设计问题

在很多并发设计问题中,同时会涉及互斥和同步并发控制问题。本节将以典型的并发设计问题为例,介绍如何使用信号量实现较为复杂的并发控制。

4.5.1　生产者-消费者问题

前面介绍了一个最简单的生产者-消费者问题——1-位缓冲区问题，以这个问题为基础，我们首先把它改造为 1 个生产者-1 个消费者的 n-位缓冲区问题，然后再改造为多个生产者-多个消费者的 n-位缓冲区问题，依次分析它们的解决方法。

【例 4-6】（1 个生产者-1 个消费者的 n-位缓冲区问题）设有一个 n 位的缓冲区，最多只能放置 n 个产品。一个生产者不断生产产品并放入缓冲区，一个消费者不断从缓冲区中取出产品来消费，如图 4-4 所示。由于缓冲区的容量有限，于是生产者和消费者的速度必须协调。请用信号量实现生产者和消费者的同步过程。

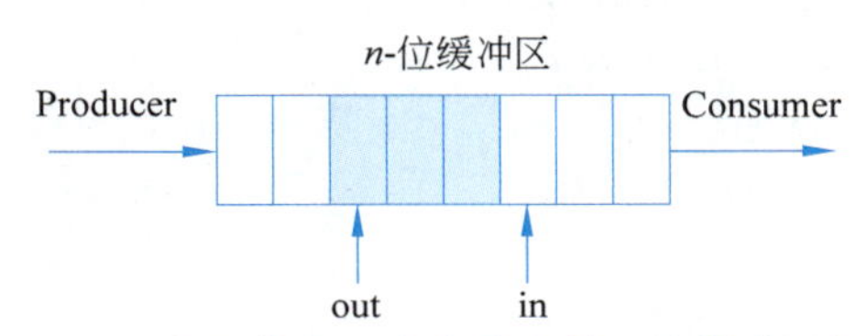

图 4-4　1 个生产者-1 个消费者的 n-位缓冲区问题

解　首先从并发执行序列的角度理解该问题。设 $n=3$，简记生产操作和消费操作分别为 Pro 和 Con，那么正确的并发交叠序列有很多种，如＜Pro，Pro，Con，Pro，Pro，Con，Con＞。那么考虑序列＜Con，Pro，Pro，Pro，Con，…＞、＜Pro，Pro，Con，Con，Con，Pro，…＞和＜Pro，Con，Pro，Pro，Pro，Pro，Con，…＞是否是正确的交叠序列呢？

序列＜Con，Pro，Pro，Pro，Con，…＞的错误在于没有生产就已经开始消费了；序列＜Pro，Pro，Con，Con，Con，Pro，…＞的错误在于经过序列前缀＜Pro，Pro，Con，Con，…＞之后，缓冲区已经为空，不能再次进行消费了；序列＜Pro，Con，Pro，Pro，Pro，Pro，Con，…＞的错误在于连续的 3 个生产操作已经把缓冲区充满了，不可能再进行生产了。该问题中涉及互斥和同步并发控制问题。

（1）生产者和消费者访问缓冲区时必须互斥。

（2）当缓冲区为空时，消费者必须等待生产者；当缓冲区满时，生产者必须等待消费者。

实现这一同步过程的算法如下。

```
ch4-nbit-buffer.c
1       #include <semaphore.h>
2       #include <pthread.h>
3       #include <stdio.h>
4       #include <stdlib.h>
5       #include <sched.h>
6       #include "ch4-PV.h"
```

```
7
8       #define N 10
9       char buffer[N];                    //n-位缓冲
10      sem_t empty;
11      sem_t full;
12      void Pro(){
13        unsigned int in=0;               //生产者指标
14        while(1){
15            P(&empty);
16            buffer[in]='m';              //将生产信息 m 放入缓冲区
17            printf("Pro%d;", in);
18            sched_yield();
19            in=(in+1)%N;
20            V(&full);
21        }
22      }
23      void Con(){
24      unsigned int out=0;                //消费者指标
25        while(1){
26            P(&full);
27            buffer[out]='0';             //来自缓冲区的消费信息
28            printf("Con%d;", out);
29            sched_yield();
30            out=(out+1)%N;
31            V(&empty);
32        }
33      }
34      void main(){
35          if(sem_init(&empty, 0, N)<0 || sem_init(&full, 0, 0)<0)
36              printf("Semaphore initialization is failed.\n");
37          pthread_t tid;
38          pthread_create(&tid, NULL, Pro, (void *)NULL);
39          pthread_create(&tid, NULL, Con, (void *)NULL);
40          pthread_exit(NULL);
41      }
```

算法以 N=10 为例。为了观察生产者和消费者的相互交叠，算法在第 18 和 29 行分别调用了 sched_yield()，强制生产者或消费者放弃调度，使得对方有机会得到 CPU 调度。

上述程序中需要注意以下两个问题。

(1) 由于只有一个生产者和一个消费者，它们用不同的指标对缓冲区进行操作，互不干扰，因此指标变量 in 和 out 可以被设计为 Producer( )和 Consumer( )的局部变量。

(2) 缓冲区作为生产者线程和消费者线程操作的公共数据对象，为什么不需要进行互斥保护呢？这是由于信号量 empty 和 full 已经控制了生产者和消费者的步调，不可能出现对缓冲区中同一单元同时进行生产和消费的情况，因此不必对缓冲区进行互斥保护。

【例 4-7】 (k 个生产者-m 个消费者的 n-位缓冲区问题)设有一个 n 位的缓冲区，最多只能放置 n 个产品。k 个生产者不断生产产品并放入缓冲区，m 个消费者不断从缓冲区中取出产品来消费，如图 4-5 所示。请用信号量实现生产者和消费者的同步过程。

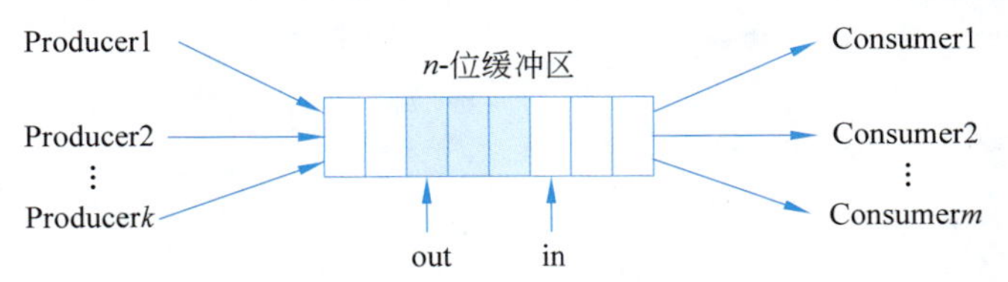

图 4-5　k 个生产者-m 个消费者-n-位缓冲区问题

解　首先把这个问题与 1 个生产者-1 个消费者的问题相比较。由于 k 个生产者可以同时对缓冲区写入，因此对每个缓冲区单元的写入操作必须互斥，否则就会造成多个进程同时写入同一个单元的情况；同样，m 个消费者从缓冲区中读取产品的操作也必须互斥，否则就会出现多个消费者读取了同一个产品进行消费的情况。

另外，缓冲区的指标 in 必须能够为多个生产者共享。同样，指标 out 也必须能够为多个消费者共享。因此，in 和 out 必须是共享全局变量，对 in 和 out 的操作也必须是互斥的，否则就会出现多个生产者同时对 in 进行操作，或多个消费者同时对 out 进行操作的情形。

综合以上分析，对 1 个生产者－1 个消费的算法略加改造，就得到下面 k 个生产者-m 个消费者-n-位缓冲区问题的算法。注意，算法以 K＝5，M＝3 为例。使用信号量 pmutex 和 cmutex 分别互斥 K 个生产者和 M 个消费者，而 K 个生产者和 M 个消费者之间不需要互斥，因为信号量 empty 和 full 已经同步了消费者和生产者的步调，即生产者和消费者不可能对同一缓冲区单元操作。

```
ch4-kpmcnbit-buffer.c
1       #include <semaphore.h>
2       #include <pthread.h>
3       #include <stdio.h>
4       #include <stdlib.h>
5       #include <sched.h>
6       #include "ch4-PV.h"
7
8       #define N 10
9       #define K 5
```

```
10     #define M 3
11
12     char buffer[N];                        //N-位缓冲区
13     sem_t empty;
14     sem_t full;
15     sem_t pmutex;                          //生产者信号量 pmutex
16     sem_t cmutex;                          //消费者信号量 cmutex
17     unsigned int in=0;                     //生产指标
18     unsigned int out=0;                    //消费指标
19
20     void Pro(void* i){
21         int ti=(int)i;
22         while(1){
23             P(&empty);
24             P(&pmutex);
25             buffer[in]='m';                //将生产信息 m 放入缓冲区
26             printf("Pro%d[%d];",ti,in);
27             sched_yield();
28             in=(in+1)%N;
29             V(&full);
30             V(&pmutex);
31         }
32     }
33     void Con(void* j){
34         int tj=(int)j;
35         while(1){
36             P(&full);
37             P(&cmutex);
38             buffer[out]='0';               //来自缓冲区的消费信息
39             printf("Con%d[%d];",tj,out);
40             sched_yield();
41             out=(out+1)%N;
42             V(&empty);
43             V(&cmutex);
44         }
45     }
46
47     void main(){
48         if(sem_init(&empty,0,N)<0 || sem_init(&full,0,0)<0 ||
49                 sem_init(&pmutex,0,1)<0 || sem_init(&cmutex,0,1)<0)
50             printf("Semaphore initialization is failed.\n");
```

```
51
52         pthread_t tid;
53         for(int i=0; i<K; i++)
54             pthread_create(&tid, NULL, Pro, (void *)i);
55         for(int j=0; j<M; j++)
56             pthread_create(&tid, NULL, Con, (void *)j);
57         pthread_exit(NULL);
58     }
```

4.5.2　读者-写者问题

【例 4-8】　有一个被多个进程共享的数据区，这个数据区可以是一个文件、一块内存空间或者是一组寄存器。有一些读者进程(reader)只读取这个数据区中的数据，一些写者进程(writer)只向数据区中写数据。此外，还必须满足以下 3 个条件：

(1) 任意多个读者进程可以同时读这个文件；

(2) 一次只能有一个写者进程可以写文件；

(3) 如果一个写进程正在写文件，则禁止任何进程读该文件。

解　首先比较该问题与生产者-消费者问题。不能简单地把写者看作生产者，把读者看作消费者，因为读者进程可以同时读取文件，而消费者进程不能同时从缓冲区中读取。另外，生产者和消费者之间存在同步问题，而读者和写者之间不存在同步问题，主要是互斥问题。如果把所有读者和所有写者对文件的访问互斥起来，那么施加的并发控制又太强，不满足读者可以同时读取文件的条件。因此，关键是要解决选择性互斥(selective mutual exclusion)问题，即当存在一个读者进程正在读文件时，只互斥写进程；当存在一个写者进程正在写文件时，互斥所有其他进程。

为了实现选择性互斥，设计一个初值为 0 的变量 nr，表示正在读取文件的读者进程的个数。当一个读者进程企图读取文件时，首先将计数 nr 递增，然后需要判断 nr 的值：

(1) 如果 nr >1，表示已经有若干读者进程正在读取，于是该读者进程允许直接进入读取；

(2) 如果 nr=1，说明这是第一个读者进程，但是可能有一个写者进程正在写入，因此读者需要与写者进行互斥。

解决读者-写者问题的算法如下：

```
ch4-rw.c
1       #include <semaphore.h>
2       #include <pthread.h>
3       #include <stdio.h>
4       #include <stdlib.h>
5       #include <sched.h>
```

```
6      #include "ch4-PV.h"
7
8      #define M 5              //最大读者数量
9      #define N 3              //最大写者数量
10
11     sem_t rw;                //读者与写者信号量
12     sem_t mutex;             //读者信号量
13     unsigned int nr=0;       //写者信号量
14
15     void R(void* i){
16         int ti=(int)i;
17         P(&mutex);
18         nr++;
19         if(nr==1)P(&rw);
20         V(&mutex);
21         printf("R%d is reading;\n",ti);
22         sched_yield();
23         P(&mutex);
24         printf("R%d exits;\n", ti);
25         nr--;
26         if(nr==0)V(&rw);
27         V(&mutex);
28     }
29     void W(void* j){
30         int tj=(int)j;
31         P(&rw);
32         printf("W%d is writing;\n",tj);
33         sched_yield();
34         printf("W%d exits;\n", tj);
35         V(&rw);
36     }
37     void main(){
38         if(sem_init(&rw,0,1)<0 || sem_init(&mutex,0,1)<0)
39             printf("Semaphore initialization is failed.\n");
40         pthread_t tid;
41         for(int i=0; i<M; i++)
42             pthread_create(&tid, NULL, R, (void *)i);
43         for(int j=0; j<N; j++)
44             pthread_create(&tid, NULL, W, (void *)j);
45         pthread_exit(NULL);
46     }
```

信号量 rw 用于读者-写者的互斥及写者-写者互斥。当一个读者进程试图进入时，首先判断当前正在读取的读者进程的个数 nr，如果 nr>1，它直接进入读取；如果 nr==1，说明这是第一个读者，但可能有写者进程正在写入，于是需要执行 P(&rw)与写者进程互斥(第 19 行)。当一个读者进程读取完毕退出后，需要将读者进程的个数减 1，如果是最后一个读者进程，那么需要释放信号量 rw，允许写者进程进入(第 26 行)。

为什么还要引入信号量 mutex？这是由于 nr 是多个读者可以同时访问的共享变量，为了防止多个读者同时对 nr 进行操作，造成不期望的结果，因此需要将它们作为临界区互斥起来。举一个反例，假如没有第 17 和 20 行的 P、V 操作，那么有可能出现如下交叠序列：

```
{nr==0}
R1::nr++;
{nr==1}
R2::nr++;
{nr==2}
R1::if(nr==1)测试失败;
{R1 进入};
W1::P(rw);
{W1 进入}
```

于是就出现了读者和写者同时操作文件的情形，这显然是违背设计要求的。

容易证明上述算法满足如下几个性质：

(1) 当 nr>0 时，其他读者进程可以允许直接进入；

(2) 当 nr>0 时，任何一个写者进程都不允许进入；

(3) 当一个写者进程进入后，不允许任何读者进程和其他写者进程进入；

(4) 当一个读者进程等待进入时，其他试图进入的读者进程均需等待进入。

上述算法更偏向读者进程。只要有一个读者进程正在读取文件，其他读者进程可以不加控制地进入读取，使得等待进入的写者进程迟迟不能进入，必须等待所有读者进程都退出之后才能进入，我们把这种策略称为“读者优先”。但在实际问题中，往往希望写者优先，即当有读者进程在读取文件时，如果有写者进程请求写入，那么后来的读者进程必须被拒绝进入，待已经进入的读者完成读操作之后，立即让写者进入，只有当无写者工作时，才让读者进入读取。

【例 4-9】 使用信号量实现写者优先的读者-写者问题。

解 使用信号量实现写者优先的读者-写者问题的算法如下所示。

```
ch4-rw-wpref.c
1       #include <semaphore.h>
2       #include <pthread.h>
3       #include <stdio.h>
4       #include <stdlib.h>
```

```
5      #include <sched.h>
6      #include "ch4-PV.h"
7
8      #define M 5              //最大读者数量
9      #define N 3              //最大写者数量
10
11     sem_t sn;                //读者数量
12     sem_t mutex;             //读者与写者的信号量
13
14     void R(void* i){
15         int ti=(int)i;
16         P(&mutex);
17         P(&sn);
18         V(&mutex);
19         printf("R%d is reading;\n",ti);
20         sched_yield();
21         printf("R%d exits;\n",ti);
22         V(&sn);
23     }
24     void W(void* j){
25         int tj=(int)j;
26         P(&mutex);
27         for(int i=0;i<M;i++)P(&sn);
28         printf("W%d is writing;\n",tj);
29         sched_yield();
30         printf("W%d exits;\n", tj);
31         for(int i=0;i<M;i++)V(&sn);
32         V(&mutex);
33     }
34
35     void main(){
36         if(sem_init(&sn,0,M)<0 || sem_init(&mutex,0,1)<0)
37             printf("Semaphore initialization is failed.\n");
38         pthread_t tid;
39         for(int i=0; i<M-2; i++)
40             pthread_create(&tid, NULL, R, (void *)i);
41         for(int j=0; j<N; j++)
42             pthread_create(&tid, NULL, W, (void *)j);
43         /* Enforce some readers to enter after writers */
44         for(int i=M-2; i<M; i++)
45             pthread_create(&tid, NULL, R, (void *)i);
46         pthread_exit(NULL);
47     }
```

理解这段程序的关键是要证明程序满足下面的性质：

> 当有 k $(1 \leqslant k \leqslant M)$ 个读者进程正在读取文件时，一个写者进程请求写入文件，那么它必须等待 k 个读者退出后才能进入，而且后续试图进入的读者进程必须等待，直到该写者进程退出。

下面简要证明这个性质。当有 k 个读者进程正在读取文件时，两个信号量的状态为 $\{\text{mutext}==1 \land \text{sn}==M-k\}$。这时，如果一个写者进程请求写入，它将执行第 27 行的 for 循环，经过 $M-k$ 轮循环后，sn==0，于是写者进程阻塞在第 $M-k+1$ 轮循环的 P(&sn)上，直到 k 个读者进程都执行完第 22 行的 V(&sn)之后，第 27 行的循环才能退出，于是写者进程进入共享区域并写入。这时信号量的状态为 $\{\text{mutex}==0 \land \text{sn}==0\}$。从写者进程执行第 26 行的 P(&mutex)操作，一直到写入文件完毕这段时间内，所有试图进入的读者和写者进程均须等待，无法进入，直到第 31 行和 32 行执行完毕时，sn 的状态恢复为 M，mutex 得到释放为止，这时的信号量状态为 $\{\text{mutex}==1 \land \text{sn}==\text{M}\}$。此状态允许等待的读者或写者进程进入。

4.6 死锁

死锁(deadlock)是系统中多个进程并发执行时，由于资源占有和请求所引发的一种进程被永远阻塞、从而无法继续运行下去的现象。通常认为死锁是由并发设计不当引起的，是设计过程中应当避免的一种负面现象。在验证一个并发程序的正确性时，无死锁(deadlock freedom)通常是程序最基本的安全性需求之一。

本节首先通过几个实例来说明死锁现象及其原因，然后介绍死锁的描述，最后给出死锁发生的条件。

4.6.1 死锁的定义

在讨论死锁问题时，我们首先对资源的占有和请求方式及程序的特性做如下假设。

(1) 任意一个进程要求资源的最大数量不超过系统能提供的最大量。

(2) 如果一个进程在执行中所提出的资源要求能够得到满足，那么它一定能在有限的时间内运行结束。

(3) 一个资源在任何时刻最多只被一个进程占有。

(4) 一个进程一次申请一个资源，且只有在申请资源得不到满足时才处于等待状态。换言之，其他一些等待状态，如人工干预、等待外围设备传输结束等，在没有故障的条件下，可以在有限长的时间内结束，不会产生死锁。因此，这里不考虑这种等待。

(5) 一个进程结束时，释放它占有的全部资源。

（6）系统具有有限个进程和资源。

一组进程处于死锁状态指该组中每一个进程都在等待被另一个进程所占有的、不能抢占的资源。

【例 4-10】 竞争资源产生死锁。

设系统有打印机、读卡机各一台，它们被进程 P 和 Q 共享。两个进程并发执行，它们按下列次序请求和释放资源：

进程 P:	进程 Q:
请求读卡机	请求打印机
请求打印机	请求读卡机
…	…
释放读卡机	释放读卡机
释放打印机	释放打印机

它们执行时，相对速度无法预知，当出现如下资源请求序列时，就会发生死锁。

```
P::请求读卡机
{P 获得读卡机}
Q::请求打印机
{Q 获得打印机}
P::请求打印机
{P 阻塞,等待打印机被释放}
Q::请求读卡机
{Q 阻塞,等待读卡机被释放}
{死锁}
```

【例 4-11】 P、V 操作使用不当产生死锁。

设进程 P_1 和 P_2 共享两个资源 r_1 和 r_2。信号量 s_1 和 s_2 分别用来控制资源 r_1 和 r_2 的互斥访问。假定两个进程使用资源的方式如下：

进程 P_1:	进程 P_2:
P(s_1);	P(s_2);
P(s_2);	P(s_1);
使用 r_1 和 r_2	使用 r_1 和 r_2
V(s_1);	V(s_2);
V(s_2);	V(s_1);

如果 s_1 和 s_2 的初值设置不当，比如初值设为 0，那么 P_1 和 P_2 无论怎样执行，都一定会死锁；如果 s_1 和 s_2 的初值设置为 1，那么也有可能出现死锁。例如，当出现如下调度序

列时：

```
{s₁=1∧ s₂=1}
P₁::P(s1);
{s1=0 ∧ s₂=1}
P2::P(s2);
{s1=0 ∧ s₂=0}
P₁::P(s₂);
{P₁ 阻塞,等待 P₂ 释放 s₂}
P₂::P(s₁);
{P₂ 阻塞,等待 P₁ 释放 s₁}
{ 死锁}
```

这个例子说明，死锁的发生可能是必然的，即无条件的；也可能是有条件的，即只有在某些情况下才会发生，这就给死锁的发现和检测带来了困难。实际上，证明程序无死锁，或者发现死锁，是一项非常困难的任务。

【例 4-12】 资源分配不当引起死锁。

若系统中有 m 个资源被 n 个进程共享，当每个进程都要求 k 个资源，而 $m<n\times k$ 时，即资源数小于进程所要求的总数时，如果分配不当就可能引起死锁。例如，当 $m=5$，$n=5$，$k=2$ 时，首先为每个进程依次分配一个资源，这时资源已经分配完毕，于是每个进程都进入阻塞等待状态，死锁发生了。

假如改变资源分配策略，首先尽量满足一个或多个进程的资源需求待它们运行完毕释放资源后，再把资源分配给其他进程，这样就有可能避免死锁发生。例如，首先把 5 个资源分配给 2 个进程，让它们都能够满足资源需求并运行起来，待它们中的一个运行结束，释放占有的 2 个资源后，再把剩余的 3 个资源分配给第 3 个进程，按照这样的策略一直分配下去，完全可以避免死锁的发生。

综合上面的例子，可见产生死锁的因素不仅与系统拥有的资源数量有关，而且与资源的分配策略、进程对资源的使用要求及并发进程的执行速率有关。在学习和理解死锁概念时，还应注意以下几点。

(1) 死锁是系统的一个状态而不是进程的状态。进程只有就绪、运行和阻塞等基本状态，死锁状态与进程的阻塞状态有关，但不等同于阻塞状态。死锁是系统的一个状态，是系统中由于资源的占有与请求关系所形成的一种所有进程都无法继续进展下去的状态。

(2) 有时，系统中的进程能够运行（即处于运行态），但仍然会发生死锁。例如，有些系统中采用加锁原语 LOCK(W)和解锁原语 UNLOCK(W)来实现进程的互斥。

```
LOCK(W): while(W==1) skip; W=1;
UNLOCK(W): W=0;
```

进程在进入临界区之前执行 LOCK(W)，在退出临界区之后执行 UNLOCK(W)：

进程 P_1: LOCK(W); 进入临界区; UNLOCK(W);	进程 P_2: LOCK(W); 进入临界区; UNLOCK(W);

采用忙等的方法使一个进程停留在 LOCK 原语上，有可能造成死锁。考虑这种情况：W 的初值为 0，P_1 首先通过 LOCK(W)进入临界区，这时进程 P_2 就绪，而且其优先级高于 P_1，于是 P_2 被调度执行，并忙等在 LOCK(W)上，等待 P_1 退出临界区，释放 W。但是由于 P_1 优先级较低，而且 P_2 一直处于运行状态，使得 P_1 始终得不到调度，于是死锁就发生了。在这个例子中，死锁发生时，P_1 和 P_2 分别处于"就绪"和"运行"状态，但是仍然无法进展下去。

考虑用 P、V 操作分别代替这里的 LOCK(W)和 UNLOCK(W)，还会不会发生死锁呢？当 P_1 进入临界区时，如果 P_2 试图进入临界区，将会阻塞在 P 操作上，尽管其优先级较高，但由于处于阻塞状态，它不会得到调度，从而 P_1 将会继续执行，直至释放信号量。显然，这种情况下不会发生死锁。

(3) 死锁的发生通常是有条件的。通常情况下，死锁只有在某些条件下才会发生，因此死锁的发现、再现和检测通常较为困难。

4.6.2 哲学家就餐问题

哲学家就餐问题是用来说明死锁现象的一个经典并发设计问题，由著名计算机科学家 Dijkstra 在 1971 年提出。问题描述如下：有 5 位哲学家 $P_1 \sim P_5$ 住在一座房子里，在他们面前有一张餐桌。每位哲学家的生活就是思考和吃饭。通过多年的思考，所有的哲学家一致同意最有助于他们思考的食物是意大利面。由于缺乏手工技能，每位哲学家需要两把叉子来吃意大利面。

吃饭的布置很简单，如图 4-6 所示。一个圆桌上有一大碗面，5 个盘子，每位哲学家一个，还有 5 把叉子 $f_1 \sim f_5$。每个想吃饭的哲学家将坐到桌子旁分配给他的位置上，使用盘子两侧的叉子取面和吃面。现在要求设计一个算法允许哲学家们吃饭。算法必须保证互斥(不允许两位哲学家同时使用同一把叉子)，同时还要避免死锁和饥饿。

下面给出了使用信号量的解决方案。每位哲学家首先拿起左边的叉子，然后拿起右边的叉子，最后吃饭。吃完之后，这两把叉子又被放回到桌子上。

```
semaphore fork[5]={1};
int i;
void P (int i){
```

```
    think( );
    P(fork[i]);
    Pick up f[i];
    P(fork[(i+1) mod 5]);
    Pick up f[(i+1) mod 5];
    eat();
    Put down f[i];
    Put down f[(i+1) mod 5]
    V(fork[i]);
    V(fork[(i+1) mod 5]);
}

void main( ){
    parbegin(P(1), P(2), …, P(5));
}
```

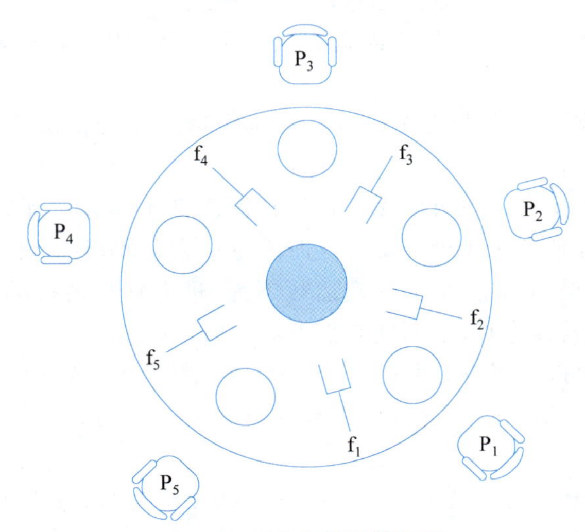

图 4-6　哲学家就餐的布局

这个解决方案可能会导致死锁：如果所有的哲学家在同一时刻都感到饥饿，他们都坐下来，都拿起左边的叉子，又都伸手拿右边的叉子，但都没有拿到，这时就会导致死锁。我们用交叠序列来说明发生死锁的这种情况：

```
P1::P(fork[1]);pick up f[1];
P2::P(fork[2]);pick up f[2];
P3::P(fork[3]);pick up f[3];
P4::P(fork[4]);pick up f[4];
```

```
P5::P(fork[5]);pick up f[5];
P1::P(fork[2]);
{P1 阻塞}
P2::P(fork[3]);
{P2 阻塞}
P3::P(fork[4]);
{P3 阻塞}
P4::P(fork[5]);
{P4 阻塞}
P5::P(fork[1]);
{P5 阻塞}
{系统死锁}
```

死锁发生的原因是系统资源总量与每个进程的资源需求之间产生了矛盾。系统中共有 5 个资源(即叉子),共有 5 个进程(即哲学家),每个进程需要 2 个资源,为了确保任何调度情况下都不会发生死锁,需要考虑这样两个问题:

问题 1 在进程数和每个进程所需资源数一定的情况下,系统最少需要提供多少个资源?

问题 2 在系统资源总数和每个进程所需资源数一定的情况下,最多允许多少个进程进入?

实际上,只需要 6 个资源就可以保证任何情况下都不会发生死锁。把 6 个资源逐一分配给 5 个进程,这样还剩余 1 个资源。这时无论把剩余的资源分配给哪个进程,都可使这个进程的资源需求得到满足,从而使它运行下去,进而释放占有的资源。之后,释放的这些资源可以分配给其他进程,从而使它们继续运行下去。

采用类似的分析可以回答问题 2。在系统资源总数为 5,每个进程需要 2 个资源的情况下,为了确保不发生死锁,最多允许的进程个数为 4。一般地,有如下结论成立:

> 设系统中同类资源的个数为 m,由 n 个进程互斥使用,每个进程对该类资源的最大需求量为 k。为了保证在任何调度情况下系统都不会发生死锁,那么 m、n 和 k 必须满足如下条件:
>
> $$n \times (k-1) + 1 \leqslant m$$

从以上分析可知,为了避免死锁发生,可以通过增加资源供给和减少进程个数两种途径来解决。下面给出一个通过限制哲学家就餐人数来避免死锁的方案。考虑增加一位服务员,他只允许 4 位哲学家同时进入餐厅,由于最多只有 4 位哲学家就餐,根据前面的结论,系统在任何调度下都不可能发生死锁。下面是这个方案的算法伪代码。

```
semaphore fork[5]={1};
semaphore room=4;
int i;
void P (int i){
  think( );
  P(room);
  P(fork[i]);
  Pick up f[i];
  P(fork[(i+1) mod 5]);
  Pick up f[(i+1) mod 5];
  eat();
  Put down f[i];
  Put down f[(i+1) mod 5]
  V(fork[i]);
  V(fork[(i+1) mod 5]);
  V(room);
}

void main( ){
  parbegin(P(1), P(2), …, P(5));
}
```

4.6.3　死锁的描述

可以通过描述进程对资源的占用和请求关系来描述死锁。我们用资源分配图(resource allocation graph)来刻画进程与资源的关系。

资源分配图是一个有向图，描述了系统资源和进程的关系，每个资源和进程用节点来表示，如图 4-7 所示。资源节点中，一个圆点表示资源的一个实例。从进程节点指向资源节点的边表示进程请求该资源，但是还没有得到授权。从资源节点中的一个圆点到进程节点的边表示该进程已经占有该资源。

如果资源分配图中不存在环路，那么系统一定无死锁；如果资源分配图中存在环路，那么系统可能死锁。例如，在图 4-7(b)中，存在两个最小环路，这时系统发生死锁。

$$P_1 \rightarrow R_1 \rightarrow P_2 \rightarrow R_2 \rightarrow P_3 \rightarrow R_3 \rightarrow P_1$$

$$P_2 \rightarrow R_2 \rightarrow P_3 \rightarrow R_3 \rightarrow P_2$$

但是存在环路不一定造成死锁。主要有两个原因，第一，当环路中的资源类型还有足够的资源实例可供分配；第二，可能有其他进程不在环路上，这些进程的资源需求得到满足后将继续执行，然后会释放资源，满足环路上的一个进程的资源需求，从而打破死锁僵局，如图 4-8 所示。

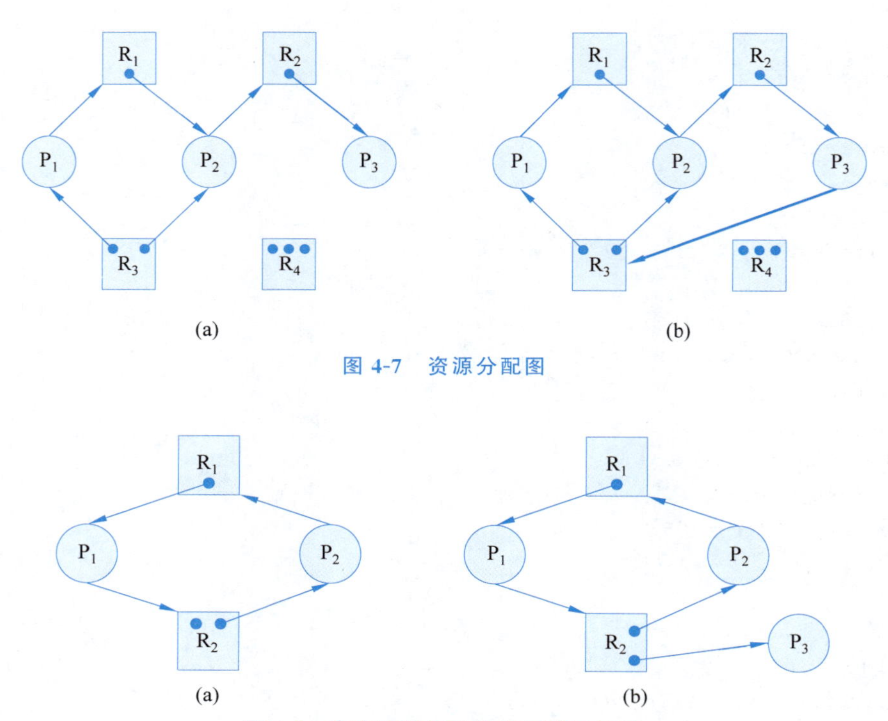

图 4-7 资源分配图

图 4-8 存在环路但不发生死锁的例子

图 4-8(a)和图 4-8(b)中都存在环路 $P_1 \rightarrow R_2 \rightarrow P_2 \rightarrow R_1 \rightarrow P_1$，但是都不发生死锁。图 4-8(a)中，资源 R_2 还有一个实例可供分配，于是 P_1 的请求能够得到满足，因此 P_1 可以运行下去，并最终释放资源 R_1，打破环路僵局；图 4-8(b)中，进程 P_3 不在环路上，而且它的资源需求已经得到满足，于是它可以执行下去，并释放资源 R_2，这样 P_1 的资源需求就可以得到满足。于是循环链条被打破。总之，我们可以得到，资源分配图中环路与死锁之间的关系如下：

> 资源分配图中存在环路是死锁的**必要条件**，即如果系统发生了死锁，那么资源分配图中一定存在环路，或者说，如果资源分配图中不存在环路，那么系统一定无死锁。但是资源分配图中存在环路，并不能保证系统一定死锁。

使用资源分配图可以直观地描述死锁发生时进程和资源的占用-请求关系，便于人们分析死锁的发生及其成因。下面画出例 4-10 和哲学家就餐问题死锁发生时的资源分配状态，如图 4-9 所示。

4.6.4 死锁发生的条件

死锁的发生有如下 4 个**必要条件**。

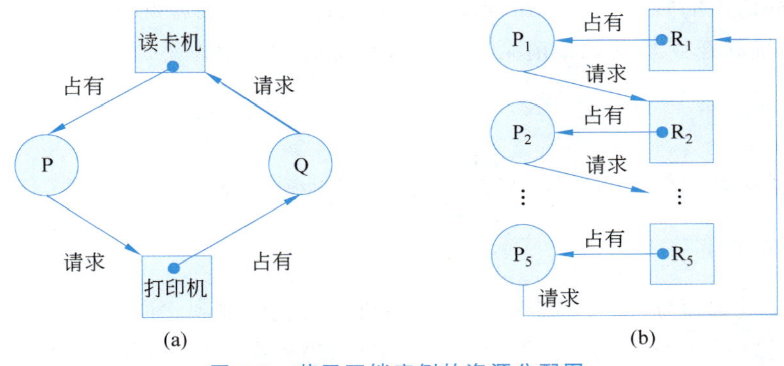

图 4-9　若干死锁实例的资源分配图

(1) 互斥。一个资源一次只能被一个进程所使用，如果有其他进程请求该资源，那么请求进程必须等待，直到该资源被释放。

(2) 占有且等待。一个进程请求资源得不到满足而等待时，不会主动释放已占有的资源。

(3) 不可抢占。一个进程不能强行从另一个进程抢夺资源，即已被占用的资源，只能由占用进程自己来释放。

(4) 循环等待。在资源分配图中存在一个循环等待链，其中每一个进程分别等待它的前一个进程所持有的资源。

这 4 个条件合在一起是死锁发生的必要但不充分条件。前 3 个条件是必要且合理的，只要程序设计得当，完全可以避免死锁的发生，而第 4 个条件也是必要条件。

实际上，前 3 个条件是独立的，而条件(4)是前 3 个条件的潜在结果。条件(4)中循环等待之所以是不可解的，是因为前面 3 个条件的存在。因此，条件(4)与前 3 个条件之间不是完全独立的。

4.7　死锁的处理

死锁是一种人们不期望发生的系统状态，应当予以必要的处理。处理死锁的方法有 3 个层次：预防、避免和检测。

(1) 死锁预防(deadlock prevention)指采用某种策略来消除条件(1)至条件(4)中的一个条件，使得死锁的条件不再成立，从而保证死锁不会发生。

(2) 死锁避免(deadlock avoidance)允许前三个必要条件，但是基于当前的资源分配状态，选择接受或拒绝当前资源分配请求，确保系统状态不会到达死锁点。

(3) 死锁检测(deadlock detection)则不限制资源访问或约束进程行为，只要有可能，尽量授予进程请求的资源。操作系统周期性地执行一个算法检测死锁是否发生，若发生死锁，则把系统状态恢复到死锁前某个一致或正确的状态上。

4.7.1 死锁预防

下面介绍两种比较实用的死锁预防方法，它们能破坏条件(2)或条件(4)。

1. 静态分配策略

静态分配也称预分配，指一个进程必须在执行前就申请到它所需的全部资源，所有资源都得到满足之后才开始执行。采用静态分配后，进程在执行中不再申请资源，因而不会出现占有某些资源同时等待另一些资源的情况，即破坏了条件(2)的出现。静态分配策略实现简单，因而被许多操作系统采用，例如 OS/360。

采用该方法可以预防例 4-10 中的死锁。把进程 P 的逐次资源请求改为一次性请求，即 P 执行前要么一次全部得到这两个资源，要么一个都得不到。如果 P 运行得较快，首先得到这两个资源，那么 Q 就必须等待，直到 P 释放这两个资源。这样就不可能出现一个进程占有资源，并请求另外资源的情况，从而避免了死锁的发生。

这个策略存在的问题是：首先，一个进程可能被阻塞很长时间，以等待满足其所有的资源请求。而实际上，只要有一部分资源，它就可以执行起来；其次，分配给一个进程的资源可能有相当长的一段时间不会被使用，且在此期间，它们不能被其他进程使用，导致资源使用率较低；最后，有时一个进程可能事先不会知道它所需的所有资源。

2. 顺序分配策略

循环等待条件可以通过定义申请资源的顺序来消除。该方法的基本思想是对系统的全部资源加以全局编号，然后规定进程申请资源时，必须按照编号的特定顺序来申请。

对于例 4-10，如果我们把读卡机编号为 #1，打印机编号为 #2，而且规定每个进程只能按照资源的升序来申请，那么当进程 P 占有了读卡机，并申请打印机时，如果调度切换到进程 Q，Q 也只能先申请读卡机，再申请打印机，于是进程 Q 阻塞在读卡机资源上。这样就不会造成死锁。再如，对于哲学家就餐问题，如果规定每个哲学家只能按照叉子 f1、f2、f3、f4 和 f5 的顺序申请资源，那么就会预防死锁的发生。

资源顺序分配法的缺点是资源申请的顺序可能与实际使用资源的顺序不一致，所以有可能较长时间占用某些资源而不用，从而使得资源利用率变低。

4.7.2 死锁避免

死锁避免和死锁预防稍有差异。死锁预防是通过约束资源请求，防止 4 个条件中至少一个的发生，从而消除死锁的产生。而死锁避免则相反，它允许前 3 个必要条件，但通过对资源请求的允许或拒绝确保系统不会到达死锁点。死锁避免相比死锁预防允许更多的并发。

银行家算法是一个重要的死锁避免方法，由 Dijkstra 于 1965 年提出。Dijkstra 把系统比作一个银行家，它占有有限的资金（资源）。银行家不可能满足所有借款人（进程）的最大需求量总和，但可以满足一部分借款人的借款需求。待这些人的借款归还后，又可把这笔资金借给他人。这样，当一个借款人提出借款要求时，银行家就要进行计算，以决定是否借给他，看是否会造成银行家的资金被借光而使资金无法周转（死锁）。

1. 单项资源银行家算法

考虑一个系统，它具有 12 个磁带机和 3 个进程 P_0、P_1 和 P_2。这些进程分别需要 10、4 和 9 个磁带机，用向量 **Claim**＝(10,4,9)来表示这些进程的资源需求。显然，总资源无法同时满足 3 个进程的资源需求。于是，当一个进程请求资源时，系统必须谨慎判断是否接受请求或拒绝请求。假定系统尝试接受该资源请求，如果该请求使系统仍然处于“安全状态”，那么就选择授予资源；如果使系统到达“不安全状态”，那么就暂时推迟该请求，让它在以后某个合适的时间再申请，同时把系统状态恢复到尝试接受资源前的状态。

假定在时刻 t_0，进程 P_0、P_1 和 P_2 占有资源的状况为

$$\mathbf{Allocate}=(5,2,2)$$

这时，剩余的资源为 Available＝3，它们分别还需要的资源为

$$\mathbf{Need}=\mathbf{Claim}-\mathbf{Allocate}=(10,4,9)-(5,2,2)=(5,2,7)$$

剩余的 3 个资源可以满足 P_1 的资源需求，这样 P_1 就可以运行下去直到结束，并释放资源，这时剩余资源为 Available＝5。这些剩余的资源接着可以满足 P_0 的资源需求，于是 P_0 可以运行下去直到结束，并释放资源，这时剩余资源为 Available＝10，它又可以满足 P_2 的资源需求，使 P_2 运行下去直至结束。这样，按照资源分配序列$<P_1,P_0,P_2>$可以使 3 个进程都运行结束。

如果在一个资源分配状态 **S** 下，存在这样一个进程资源分配序列，使所有进程都能执行完毕，那么就称该状态是安全状态，否则就是不安全状态。在上面的例子中，在 t_0 时的状态下，能够找到一个进程资源分配序列$<P_1,P_0,P_2>$，使它们都运行下去，那么这个状态(5,2,2)就是安全的。

系统可以从一个安全状态迁移到不安全状态。假定在 t_1 时刻，进程 P_2 请求一个资源，如果接受该请求，那么这时资源分配状态为 **Allocate**＝(5,2,3)，每个进程仍需请求的资源为 **Need**＝**Claim**－**Allocate**＝(5,2,6)，剩余资源为 Available＝2，这些剩余的资源只能满足 P_1 的需求，于是 P_1 可以运行结束并释放资源，这时 Available＝4，它无法满足 P_0 的资源需求，于是 P_0 必须等待。同样，剩余的资源也无法满足 P_2 的资源需求，于是 P_2 也必须等待，这样就发生了死锁。这时，我们说状态(5,2,3)是不安全状态。

发生死锁的原因是我们在 t_1 时刻接受了 P_2 的资源请求，使系统进入了不安全状态。

反过来，如果我们在 t_1 时刻拒绝 P_2 的请求，那么系统仍然逗留在 **Allocate**=(5,2,2)这一安全状态下，就可以避免死锁的发生。

死锁避免算法的思路如下。

在每一次资源请求时，应总是确保系统处于安全状态，这样就可以避免死锁的发生。开始时，系统总是处于一个安全状态。当一个进程请求一个资源时，系统必须判断接受或拒绝该请求。只有当该请求使系统处于安全状态时，才接受该请求，给其分配资源，否则让其等待。

2. 多项资源银行家算法

前面考虑的是单项资源的情况，现在考虑多项资源的系统。考虑一个具有 n 个进程和 m 种不同类型资源的系统。为了描述系统的资源分配状态，需要引入如表 4-2 所示的几个向量和矩阵。

表 4-2　描述系统资源分配状态的向量和矩阵

向量/矩阵	说　明
Resource$=(R_1,R_2,\cdots,R_m)$	系统中每种资源的总量
Available$=(V_1,V_2,\cdots,V_m)$	每种资源的剩余量。初始时 **Available**=**Resource**
Claim$=\begin{pmatrix} C_{11} & C_{12} & \cdots & C_{1m} \\ C_{21} & C_{22} & \cdots & C_{2m} \\ \cdots & \cdots & \cdots & \cdots \\ C_{n1} & C_{n2} & \cdots & C_{nm} \end{pmatrix}$	进程资源需求矩阵。C_{ij} 表示进程 i 对第 j 种资源的最大需求
Allocate $=\begin{pmatrix} C_{11} & C_{12} & \cdots & C_{1m} \\ C_{21} & C_{22} & \cdots & C_{2m} \\ \cdots & \cdots & \cdots & \cdots \\ C_{n1} & C_{n2} & \cdots & C_{nm} \end{pmatrix}$	资源分配矩阵。A_{ij} 表示当前分配给进程 i 的第 j 种资源的数目。显然，对任意 i 和 j，必须有 $A_{ij} \leqslant C_{ij}$，而且 $A_{1j}+A_{2j}+\cdots+A_{nj} \leqslant R_j$
Need=**Claim**−**Allocate**	每个进程仍需要的资源矩阵

系统的资源分配状态可以用上面定义的资源分配矩阵 **Allocate** 来描述。由于资源总量 **Resouce** 和最大资源需求矩阵 **Claim** 始终保持不变，所以可以通过 **Allocate**、**Resource** 和 **Claim** 计算出剩余资源向量 **Available** 和仍需请求的资源矩阵 **Need**。

在一个状态下判断一个请求是否被接受的关键是判断该请求是否让系统处于安全状态。下面的例子说明了如何判断安全状态。假设系统中有 4 个进程(P_1、P_2、P_3 和 P_4)和 3 类资源。设 **Resource** 和 **Claim** 分别如下：

$$\textbf{Resource}=(9, 3, 6),\quad \textbf{Claim}=\begin{pmatrix}3 & 2 & 2\\6 & 1 & 3\\3 & 1 & 4\\4 & 2 & 2\end{pmatrix}$$

其中每一行表示一个进程,每一列表示一类资源。

假设系统运行到一定阶段时,资源分配状态为

状态 1:

$$\textbf{Allocate}=\begin{pmatrix}1 & 0 & 0\\5 & 1 & 1\\2 & 1 & 1\\0 & 0 & 2\end{pmatrix}$$

则

$$\textbf{Need}=\begin{pmatrix}2 & 2 & 2\\1 & 0 & 2\\1 & 0 & 3\\4 & 2 & 0\end{pmatrix},\quad \textbf{Available}=(1, 1, 2)$$

由于 **Need** 中不存在一个零向量,说明每个进程的资源需求都没有得到满足。假设在此状态下,P_2 请求一个 R_1 资源和一个 R_3 资源,即 **Request**=(1, 0, 1)。如果假定同意该请求,则资源分配状态变为

状态 2:

$$\textbf{Allocate}=\begin{pmatrix}1 & 0 & 0\\6 & 1 & 2\\2 & 1 & 1\\0 & 0 & 2\end{pmatrix}$$

则

$$\textbf{Need}=\begin{pmatrix}2 & 2 & 2\\0 & 0 & 1\\1 & 0 & 3\\4 & 2 & 0\end{pmatrix},\quad \textbf{Available}=(0, 1, 1)$$

如果**状态 2** 是安全的,则接受该请求,如果是不安全的,则拒绝该请求。下面就来考查**状态 2** 是否安全,即考查从该状态出发,是否存在一个资源分配序列使系统中的所有进程资源需求都能满足,进而运转下去。

例如,可以将剩余的一个 R_3 资源分配给进程 P_2,于是 P_2 的所有资源需求都得到满足,可以运行下去,进而释放占有的所有资源,这时的状态为

状态 3:

$$\textbf{Allocate}=\begin{pmatrix}1 & 0 & 0\\— & — & —\\2 & 1 & 1\\0 & 0 & 2\end{pmatrix}$$

则

$$\textbf{Need}=\begin{pmatrix}2 & 2 & 2\\ - & - & -\\ 1 & 0 & 3\\ 4 & 2 & 0\end{pmatrix},\quad \textbf{Available}=(6,\ 2,\ 3)$$

在此状态下，可以将剩余资源分配给任一个进程，比如 P_1，可以满足它的资源需求，进而使它运行下去，最后释放所占资源。这时状态为

状态 4：

$$\textbf{Allocate}=\begin{pmatrix}- & - & -\\ - & - & -\\ 2 & 1 & 1\\ 0 & 0 & 2\end{pmatrix}$$

则

$$\textbf{Need}=\begin{pmatrix}- & - & -\\ - & - & -\\ 1 & 0 & 3\\ 4 & 2 & 0\end{pmatrix},\quad \textbf{Available}=(7,\ 2,\ 3)$$

剩余资源又可以满足 P_3 或 P_4 的资源需求，从而使整个系统可以运行下去，不会造成死锁。因此状态 2 是一个安全状态，于是在状态 1 下，P_2 的请求为 **Request**=(1, 0, 1)被接受。

再来看一个拒绝资源请求的情况。假如在状态 1 下，P_1 请求资源为 **Request**=(1,0,1)，如果允许的话，资源分配状态将变为

状态 2'：

$$\textbf{Allocate}=\begin{pmatrix}2 & 0 & 1\\ 5 & 1 & 1\\ 2 & 1 & 1\\ 0 & 0 & 2\end{pmatrix}$$

则

$$\textbf{Need}=\begin{pmatrix}1 & 2 & 1\\ 1 & 0 & 2\\ 1 & 0 & 3\\ 4 & 2 & 0\end{pmatrix},\quad \textbf{Available}=(0,\ 1,\ 1)$$

这时，剩余的资源无法满足任何一个进程的资源需求，最终会产生死锁。于是状态 2'是一个不安全状态。那么状态 1 下，P_1 的资源请求 **Request**=(1,0,1)就被拒绝。

实现银行家算法的程序如下所示。

设 $\textbf{Request}_i$ 是进程 P_i 的资源请求向量，$\textbf{Request}_{ij}$ = k 表示进程 P_i 请求 k 个第 j 种资源实例。在当前资源分配状态 **Allocate** 下，当进程 P_i 发出一个资源请求时，银行家算法的步骤如下。

（1）如果 $\mathbf{Request}_i \leqslant \mathbf{Need}_i$，那么执行步骤（2）。否则，产生一个错误条件，因为进程的资源请求已经超过了它的资源需求总量。

（2）如果 $\mathbf{Request}_i \leqslant \mathbf{Available}$，执行步骤（3）。否则，$P_i$ 必须等待，因为目前剩余资源不能满足它的需求。

（3）系统尝试接受该请求，并实施资源分配，那么资源分配状态改变为

$$\begin{bmatrix} \mathbf{Allocate}_i := \mathbf{Allocate}_i + \mathbf{Request}_i \\ \mathbf{Need}_i := \mathbf{Need}_i - \mathbf{Request}_i \\ \mathbf{Available} := \mathbf{Available} - \mathbf{Request}_i \end{bmatrix}$$

需要判断新资源分配状态 **Allocate** 是否安全。如果新资源分配状态是安全的，则实施资源分配；如果新资源状态是不安全的，则 P_i 必须延迟请求，并且把系统状态恢复到原来状态上。

判断状态 Allocate 是否安全的算法如下所示。

（1）设 **Work**[m]和 **Finish**[n]分别是长度为 m 和 n 的向量。开始时，有

Work [m]:=**Available**，**Finish**[i] :=false，$i=1,2,\cdots,n$

（2）在 **Need** 矩阵中找一个 i，使得

$$\mathbf{Finish}[i]=\text{false} \land \mathbf{Need}_i \leqslant \mathbf{Work}$$

如果这样的 i 不存在，执行步骤（4）。

（3）**Work** [m]:=**Work**+$\mathbf{Allocate}_i$

Finish[i] :=true

返回步骤（2）。

（4）如果对于所有的 $i=1,2,\cdots,n$，都有 **Finish**[i]=true，说明在状态 **Allocate** 下，存在一条资源分配序列，使系统运行完毕，则状态 **Allocate** 是安全状态；否则，**Allocate** 状态是不安全状态。

（5）如果在步骤（2）中，存在多个 i 满足条件，无论选择哪一个都不会影响判断结果。换言之，该算法在状态树上搜索时，选择的任意一条路径都会得到同样的结果，不需要回溯。

对于步骤（5），我们做如下说明。判断安全状态的算法实际上只要找到一条资源分配路径，使系统能够运行完毕即可。如果沿着状态树找到了一条这样的路径，那么算法即可终止，并返回“安全状态”的结果；如果沿着这条分配路径，系统发生了死锁，那么是否需要回溯搜索其他的路径呢？也就是说，是否存在其他不发生死锁的路径呢？步骤（5）告诉我们，如果一条路径判断结果是死锁的，那么其他可行的路径都必然是死锁的，因此没有必要回溯搜索。反过来，如果一条路径判断结果是安全的，那么其他所有可行路径的判断结果都将为安全的。显然，这是一个很好的性质，可以大大简化算法的复杂度。为了论证这一点，Dijkstra 在手稿 *The Mathematics behind the Bank's Algorithm* 中给出了一个非

常简洁而优美的论证，感兴趣的读者可以研究一下。

3. 对银行家算法的评价

与资源静态分配法相比，银行家算法的资源利用率提高了，又避免了死锁。但它有如下几个不足：第一，该算法对资源分配过于保守，没有考虑到进程获得资源后，虽然未达到其最大需求量，也可能把它释放；第二，算法计算量较大，每次申请都要经过计算以决定是否同意分配；第三，必须事先知道进程对资源的最大需求量，这往往是不切实际的。

知识拓展

状态空间

根据进程占有资源的情况，可以把系统的状态分为“安全状态”集合 Safe 和“不安全状态”集合 Unsafe。这两个集合互斥，即 $Safe \cap Unsafe = \varnothing$。死锁状态是不安全状态，但是不安全状态不一定是死锁状态，即 $Deadlock \in Unsafe$。例如，在前面的例子中，当系统处于不安全状态时，系统仍然是活动的，剩余资源仍然可以满足一些进程的需求，使它们可以运行下去，直到剩余资源无法满足任一进程的资源需求时，才发生死锁。

从安全状态可以迁移到不安全状态，从不安全状态也可以迁移到安全状态。例如，前面提到的状态 state 2′是一个不安全状态，但是如果 P_1 从这个状态开始，释放了 1 个 R_1 资源和 1 个 R_3 资源，那么系统又会返回到安全状态上来。因此，不安全状态不一定导致死锁。但是如果每个进程在运行中都不释放资源，直到运行结束，那么一旦进入不安全状态，一定会导致死锁。

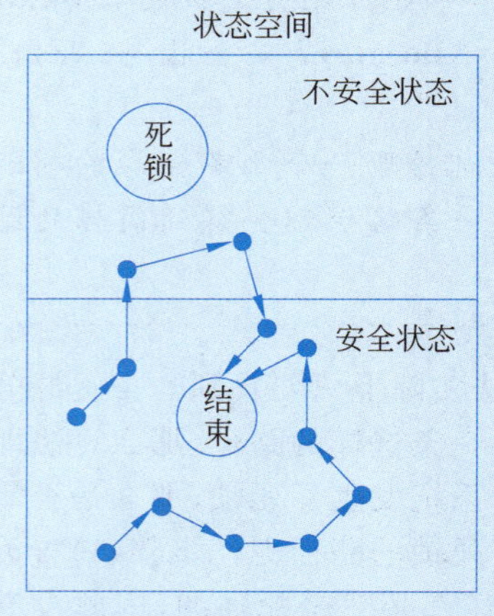

图 4-10 安全状态、不安全状态和死锁状态的关系

如果系统始终运行在安全状态上，那么一定不会发生死锁。银行家算法就是根据这一论断避免了死锁的发生。

我们用图 4-10 说明安全状态、不安全状态和死锁状态的关系。当每一个资源分配总是限定在安全状态上时，那么可以保证死锁状态是不可达的，即这样的资源分配是安全的。但这并不意味着不安全状态空间上的资源分配一定会导致死锁。由于某些进程在运行中可能释放了一些资源，从而使它从不安全状态“拉回”到安全状态。这反过来也说明，上面的死锁避免策略过于保守，或者说，安全状态下的资源分配是避免死锁的充分但非必要条件。

4.7.3 死锁检测

死锁检测的基本思想是，不限制资源访问请求或约束进程行为，只要有可能，请求的资源就被授予给进程。操作系统周期性地执行一个算法检测死锁是否发生。若检测到死锁，则设法加以解除。

1. 死锁检测算法

下面描述一个常见的死锁检测算法，它使用了 4.7.2 节介绍的资源分配矩阵 **Allocate**、未分配的资源向量 **Available**，此外还需要定义一个资源请求矩阵 **Request**，其中 $\mathbf{Request}_{ij}$ 表示进程 i 请求第 j 种资源的数量。算法的工作过程与前面的银行家算法有些类似，但是其目的是检测当前状态是否为死锁状态。

死锁检测算法如下所示。

(1) 设 **Work**[m]和 **Finish**[n]分别是长度为 m 和 n 的向量。开始时，**Work**[m]:= **Available**，对于 $i=1,2,\cdots,n$，如果 $\mathbf{Allocate}_i \neq \mathbf{0}$，那么 **Finish**[i] :=false；否则 **Finish**[i] := true。

(2) 在 **Request** 矩阵中找一个 i，使得

$$\mathbf{Finish}[i]=\text{false} \wedge \mathbf{Request}_i \leqslant \mathbf{Work}$$

如果找不到这样的 i，则执行步骤 4。

(3) **Work** [m]:=**Work** + $\mathbf{Allocate}_i$

Finish[i] :=true

返回步骤(2)。

(4) 如果存在某个 i，$1 \leqslant i \leqslant n$，**Finish**[i] =false，说明剩余资源无法满足进程 P_i 的资源需求，那么系统状态是死锁的，而且 P_i 是死锁进程；否则，说明该状态不是死锁状态。

(5) 如果在步骤(2)，存在多个 i 满足条件，无论选择哪一个都不会影响判断结果。

下面通过一个例子说明算法的工作过程。图 4-11 是前面介绍死锁的描述时给出的两幅资源分配图。其中图 4-11(a)不会发生死锁，而图 4-11(b)会发生死锁。

我们用上面的死锁检测算法来检测死锁状态，并把结果与图示法进行对比。设资源总数为 **Resource**=(1,1,2,3)。我们首先用算法来分析图 4-11(a)的状态，算法工作过程中的状态变化如表 4-3 所示。

表 4-3 算法工作过程中的状态变化

	初 始 状 态	状态 1	状态 2	状态 3
Allocate	$\begin{pmatrix}0&0&1&0\\1&0&1&0\\0&1&0&0\end{pmatrix}$	$\begin{pmatrix}0&0&1&0\\1&0&1&0\\—&—&—&—\end{pmatrix}$	$\begin{pmatrix}0&0&1&0\\—&—&—&—\\—&—&—&—\end{pmatrix}$	$\begin{pmatrix}—&—&—&—\\—&—&—&—\\—&—&—&—\end{pmatrix}$
Work	(0,0,0,3)	(0,1,0,3)	(1,1,1,3)	(1,1,2,3)
Request	$\begin{pmatrix}1&0&0&0\\0&0&1&0\\0&0&0&0\end{pmatrix}$	$\begin{pmatrix}1&0&0&0\\0&0&1&0\\0&0&0&0\end{pmatrix}$	$\begin{pmatrix}1&0&0&0\\0&0&1&0\\0&0&0&0\end{pmatrix}$	$\begin{pmatrix}1&0&0&0\\0&0&1&0\\0&0&0&0\end{pmatrix}$
Finish	**Finish**[1]=false **Finish**[2]=false **Finish**[3]=false	**Finish**[1]=false **Finish**[2]=false **Finish**[3]=true	**Finish**[1]=false **Finish**[2]=true **Finish**[3]=true	**Finish**[1]=true **Finish**[2]=true **Finish**[3]=true

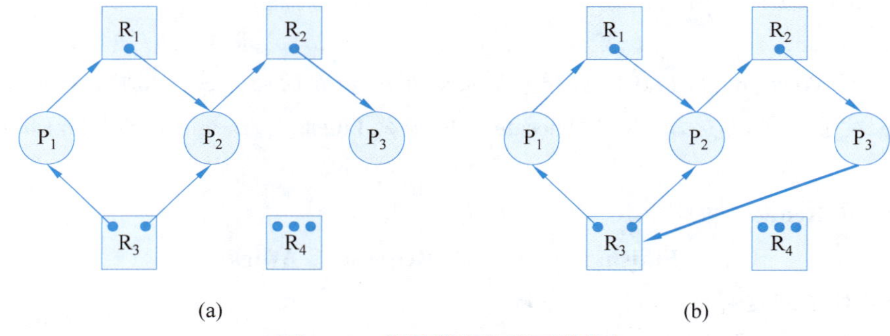

图 4-11 使用算法检测死锁状态

按照算法步骤，初始状态时，发现剩余资源可以满足进程 P_3 的需求，即 $\mathbf{Request}_3 \leqslant \mathbf{Work}$，于是把进程 P_3 标记为“结束”，即 Finish[3]=true，并把 $\mathbf{Allocate}_3$ 加到 **Work** 上，得到状态 1。在状态 1 下，剩余资源可以满足进程 P_2 的需求，即 $\mathbf{Request}_2 \leqslant \mathbf{Work}$，于是标记 P_2，并把 $\mathbf{Allocate}_2$ 加到 **Work** 上，得到状态 2。在此状态下，剩余资源可以满足 P_1 的需求，于是 P_1 得到标记，并释放资源。最终所有进程都得到标记，算法退出，说明图 4-11(a)所描述的状态不是死锁状态。

类似地，图 4-11(b)的状态为

$$\mathbf{Allocate} = \begin{pmatrix}0&0&1&0\\1&0&1&0\\0&1&0&0\end{pmatrix}$$

$$\mathbf{Work} = (0,0,0,3)$$

$$\mathbf{Request} = \begin{pmatrix}1&0&0&0\\0&1&0&0\\0&0&1&0\end{pmatrix}$$

显然,剩余资源无法满足任何一个进程的资源请求,于是该状态就是死锁的。

2. 死锁的恢复

一旦检测到死锁,就需要某种策略把系统恢复到死锁前的一个正确状态。下面按复杂度递增的顺序列出几种可能的方法。

(1) 取消所有的死锁进程,这是操作系统最常用的方法。

(2) 把每个死锁进程回滚到前面定义的某些检查点(checkpoint),并且从这些检查点重新执行所有进程。这要求在系统必须具有回滚和重启机制。该方法的风险是原来的死锁可能再次发生。但是,并发进程的不确定性通常能够保证这种情况不会发生。

(3) 连续取消死锁进程,直到不再存在死锁。选择取消进程的顺序基于某种最小代价原则。在每次取消后,必须重新调用检测算法,以测试是否仍存在死锁。

(4) 连续抢占资源,直到不再存在死锁。和前面取消进程的策略一样,需要使用一种基于代价的选择方法,并且需要在每次抢占后重新调用检测算法。一个资源被抢占的进程必须回滚到获得这个资源之前的某一状态。

习　题

1. 什么是临界区? 对临界区的管理应满足哪些条件?

2. 若信号量 s 表示一种资源,那么 s 的值及 s 上的 P、V 操作的直观含义是什么?(提示:资源分配图中资源节点表示资源类型,资源节点中的小圆点表示资源实例。如果把 s 看作资源类型,P 操作就是消耗一个资源实例,V 操作就是生产一个资源实例。)

3. 何谓死锁? 产生死锁的原因和必要条件是什么? 为什么说死锁是与时间有关的一种错误?

4. 对死锁问题的处理有哪些策略? 每类策略的优缺点分别是什么?

5. 怎样预防死锁发生? 常用的方法有哪些?

6. 对于哲学家就餐问题,试画出死锁发生时的资源请求图。规定每个哲学家只能按照叉子 f1、f2、f3、f4 和 f5 的顺序申请资源,为什么这样可以预防死锁的发生?

7. 在文献中经常提及的另一条支持互斥的原子机器指令是 test&set 指令,其定义如下:

```
boolean test&set (int i) {
    if (i=0){
      i:=1;
      return true;
    }
    else return false;
}
```

使用 test&set 指令设计一个互斥算法。

8. 一些文献中是这样定义 P、V 操作的：

```
struct semaphore{
    int count;                                         //要求 count >=0
    queuetype queue;
};

Procedure P(semaphore s){
    while(s.count=0) Wait(s);
    s.count:=s.count-1;
}

Procedure V(semaphore s){
    s.count:=s.count+1;
    if(#queue>0) Release(s);                           //#queue 表示 queue 中进程的数目
}
```

试比较这种定义方法与本书中的定义方法的区别。

9. 设有 n 个进程共享一个临界区，有如下两种情况：

(1) 每次只允许一个进程进入临界区；

(2) 最多允许 m 个进程($m<n$)同时进入临界区。

试问：所采用的互斥信号量初值是否相同？信号量值的变化范围如何？

10. 现有 3 个并发进程，如图 4-12 所示，R 负责从输入设备读入信息并把信息放入缓冲区 Buffer1。M 从 Buffer1 中取出信息并加工，并把加工的信息放入缓冲区 Buffer2。P 把 Buffer2 中的信息取出并打印输出。两个缓冲区的容量均为 K。试用 P、V 操作写出 3 个进程能正确工作的程序。

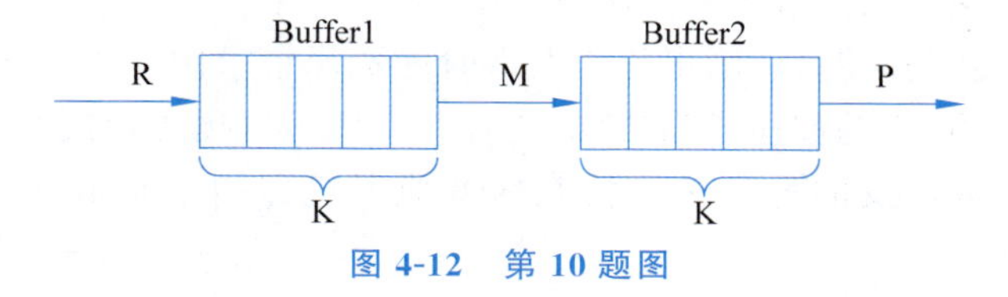

图 4-12　第 10 题图

11. 现有容量为 200 的循环缓冲区，为了管理它，设置两个指针 IN 和 OUT，分别指示能存入和取出的位置，怎样用 IN 和 OUT 来表示缓冲区空或满？(提示：证明 IN=(OUT+count−1) **mod** n +1 成立，其中 n 为缓冲区大小，count 为缓冲区中产品的个数。)

12. 设有两个优先级相同的进程 P_1 和 P_2 如下。令信号量 s_1 和 s_2 的初值为 0，x、y、z 的初值为 0。试问 P_1、P_2 并发运行结束后，x、y、z 的值分别是多少？

进程 P_1	进程 P_2
y:=1;	x:=1;
y:=y+2;	x:=x+1;
V(s_1);	P(s_1);
z:=y+1;	x:=x+y;
P(s_2);	V(s_2);
y:=z+y;	z:=x+z;

13. 桌子上有一只盘子,每次只能向其中放入一个水果。爸爸专门向盘中放苹果,妈妈专门向盘中放桔子,一个女儿专门等吃盘中的苹果,一个儿子专门等吃盘中的桔子。试用 P、V 操作和管程写出他们能够同步的程序。

14. 在一个盒子里混装了数量相等的围棋白子和黑子。现在要用自动分拣系统把白子和黑子分开。该系统设有两个进程: P_1 和 P_2,其中 P_1 将拣白子,P_2 将拣黑子。规定每个进程每次只拣一子。当一个进程正在拣子时,不允许另一个进程去拣;当一个进程拣了一子时,必须让另一进程去拣。试写出两个并发进程能正确执行的程序。

15. 利用 P、V 操作,怎样才能保证进程 P_i 能按图 4-13 的次序正确执行? 其中 S 表示开始,F 表示结束。

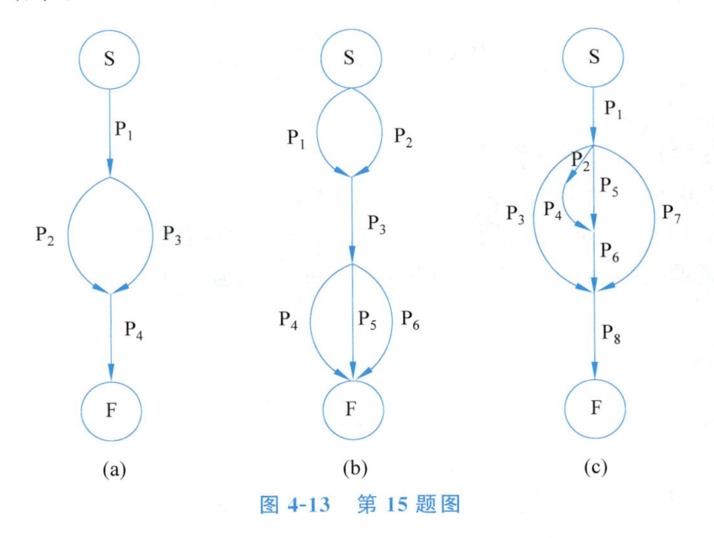

图 4-13　第 15 题图

16. 考虑下面 3 个并发进程及资源需求:

进程 P_0 只需要资源 R_1 和 R_3;

进程 P_1 只需要资源 R_2 和 R_3;

进程 P_2 只需要资源 R_1 和 R_3。

对于上面的资源需求,给出一个会导致死锁的分配顺序,并画出死锁发生时的资源分配图。

17. 对于下面的资源分配状态，请用死锁检测算法检测该状态是否为死锁，并画出此状态时的资源分配图。如果是死锁状态，则找出图中的一条环路。

$$\textbf{Allocate}=\begin{pmatrix}1&0&1&1&0\\1&1&0&0&0\\0&0&0&1&0\\0&0&0&0&0\end{pmatrix},\quad \textbf{Request}=\begin{pmatrix}0&1&0&0&1\\0&0&1&0&1\\0&0&0&0&1\\1&0&1&0&1\end{pmatrix},$$

$$\textbf{Available}=(0,0,0,0,1),\quad \textbf{Resource}=(2,1,1,2,1)$$

18. 假设在系统中有 4 个进程和 4 种类型的资源，系统使用银行家算法来避免死锁。最大资源需求矩阵为

$$\textbf{Claim}=\begin{pmatrix}4&4&2&1\\4&3&1&1\\13&5&2&7\\6&1&1&1\end{pmatrix}$$

系统中每一种类型的资源总量由向量 **Resource**=(16,5,2,8)给出。当前的资源分配情况由下面的矩阵给出：

$$\textbf{Allocate}=\begin{pmatrix}4&0&0&1\\1&2&1&0\\1&1&0&2\\3&1&1&0\end{pmatrix}$$

(1) 说明这个状态是否为安全状态。

(2) 进程 1 申请 1 个单位的资源 2 是否被允许？

(3) 进程 3 申请 6 个单位的资源 1 是否被允许？(与问题(2)是独立的)(4) 进程 2 申请 2 个单位的资源 4 是否被允许？(与问题(2)和(3)是独立的)

第5章

内存管理

要执行一个进程，首先必须把进程的结构加载到物理内存空间中。内存管理就是围绕如何为一个进程分配物理内存空间这一核心问题展开的。进程是资源分配和管理的基本单位，因此内存管理也是以进程为单位的。从系统角度来看，内存管理本质上是一个最优化问题，不仅要考虑单个进程的内存需求，还要考虑整个系统对有限内存资源的需求，使得系统的一个或多个目标函数达到最优。

本章内容和基本要求如下。

(1) 明确内存管理的基本需求，即重定位、共享、隔离及存储器扩充的需求，了解早期操作系统内存管理的方法和存在的不足。

(2) 重点掌握虚拟内存的概念、分页式管理的基本原理、虚拟地址到物理地址的转换方法、缺页中断的处理流程，了解地址转换过程的硬件加速实现。

(3) 重点掌握分页管理的读取策略和置换策略。理解分页管理是如何支持进程可重定位、保护、共享及存储器扩充的。

(4) 掌握分段式内存管理的基本原理，理解段的动态链接和段共享的方法。

总之，本章介绍的内存管理与前面介绍的进程管理是操作系统极为重要的内容。在学习时需要加强与进程概念的联系，特别需要注意，当进程发生切换时与进程相关联的内存空间是如何随之发生转换的。只有把片段的知识联系起来，才能形成对操作系统工作过程的完整理解，最终达到深刻认识的目的。

5.1 内存管理的需求

5.1.1 内存管理的4个基本要求

为了有效地为一个进程分配物理内存空间，内存管理必须满足4个基本要求，即重定位、共享、隔离及存储器扩充。

(1) 重定位需求。一个程序在不同的运行实例中，操作系统为它分配的物理内存空间可以不同，甚至在一个程序运行期间，它所占据的物理内存空间也可以上下浮动。之所以提出该需求是基于以下两个原因：第一，程序员在编写程序时通常无法确定，而且也没有必要确定程序所在的物理内存空间；第二，当一个进程被换出、下一次又被换入时，如果要求必须换入先前的内存区域，那么这将是一个很大的限制。为此，要求进程可以重定位到内存的不同区域。

(2) 共享需求。共享需求有两方面含义：第一，在多道程序设计中，内存中将会驻留多个进程，这些进程共享同一物理内存，为此需要对内存空间进行合理有效的划分，使得每个进程独占一定的内存区域，而且这些区域不相互冲突；第二，允许多个进程访问同一内存区域。例如，当多个进程需要调用 C 语言库函数时，如果每个进程都拥有 C 语言库的一个副本，那么这将浪费宝贵的内存空间；如果让 C 语言库的一个副本为多个进程所共享，那么就会节约有限的内存资源。再如，合作完成同一任务的多个进程可能需要访问相同的数据结构(如信号量、信箱、共享内存等)，这时也要求这些数据结构所在的内存区域被多个进程所共享。

(3) 隔离需求。隔离需求与共享需求是一个问题的两个方面。由于多个进程驻留在内存中，因此必须保护一个进程的内存空间不受其他进程有意或无意的干扰。一个进程不能未经授权访问另一个进程的内存单元。处理器在执行时必须终止这样的指令，或产生相应的异常。

可重定位需求增加了隔离的难度。由于进程在内存中的位置是可以变动的，因而在编译时不可能通过检查绝对地址来进行保护，并且大多数程序设计语言允许在运行时进行地址解析(例如计算数组下标或数据结构中的指针等)，因此必须在运行时检查进程产生的所有内存访问，以确保它们只能访问分配的内存空间。

注意，内存保护必须由处理器(硬件)来实现，而不是由操作系统(软件)来实现。这是因为操作系统不能预测程序产生的所有内存访问；即使可以预测，提前审查每个进程中可能存在的非法内存访问也是非常耗时的。因此，只能在指令访问内存时(例如，存取数据或跳转时)来判断这个内存访问是否非法。这一点必须由处理器硬件来保证。

(4) 存储器扩充。充分使用有限的内存空间，运行更多的进程，这些进程的内存需求总量可能已经超过了存储器所能提供的存储容量。这种扩充不是通过增加物理内存容量来实现的，而是通过内存管理算法来实现的，是虚拟的扩充。该需求要求进程的结构不能一次全部载入内存，而是边运行边加载(on-the-fly)。当物理内存不足时，需要采用一定的交换(swap)策略，将部分进程换出以便为其他进程腾出足够的内存空间。

5.1.2 地址定位

所谓地址定位(或称为地址绑定，address binding)指为了执行一个程序，必须确定程序指令和数据所在物理内存地址的过程。在程序还没有加载之前，程序以文件的形式存在于磁盘空间中，程序中的指令和数据使用相对地址(或逻辑地址)来编址；当准备运行程序时，程序被加载到内存中，这时需要定位程序指令和数据的物理内存地址，即在物理内存中确定指令和数据的位置。因此，地址定位过程就是逻辑地址到物理地址的变换过程。

在程序生命周期的时间轴上，我们将程序地址定位发生的时态总结为图 5-1。

在程序设计时进行地址定位，要求程序员在写程序时就能将指令和数据的物理地址

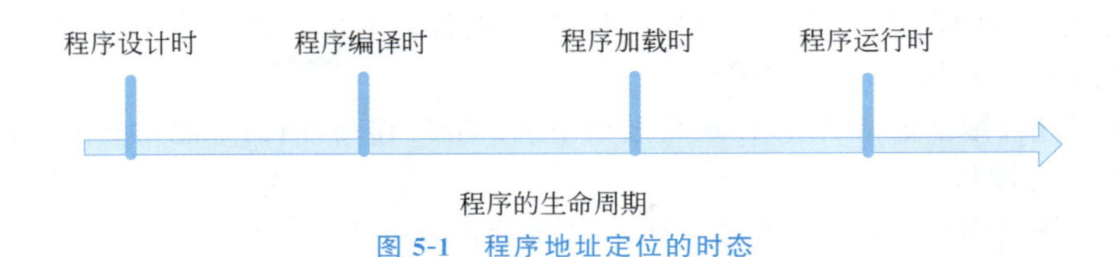

图 5-1 程序地址定位的时态

确定下来;在程序编译时进行地址定位,是将地址定位的时间推迟到程序编译时,使用编译器把指令和数据的物理地址确定下来。显然,这两种方式需要在编写程序时或编译时预知程序执行时的内存环境,这对于大多数计算机系统来说几乎是不可能的。

高级语言程序大多在程序加载时或程序运行时进行地址定位,但这并不意味着设计时和编译时地址定位没有意义;相反,在很多专用计算机系统(如简单嵌入式系统)或操作系统的底层程序中,通常需要在设计时或编译时将程序和数据安排在内存的特定位置,以适应或利用特定的计算机硬件结构。

1. 静态地址定位

在程序加载时进行地址定位,也称为**静态地址定位**,指由加载器(loader)在加载程序过程中将程序指令和数据的物理地址确定下来,如图 5-2 所示。

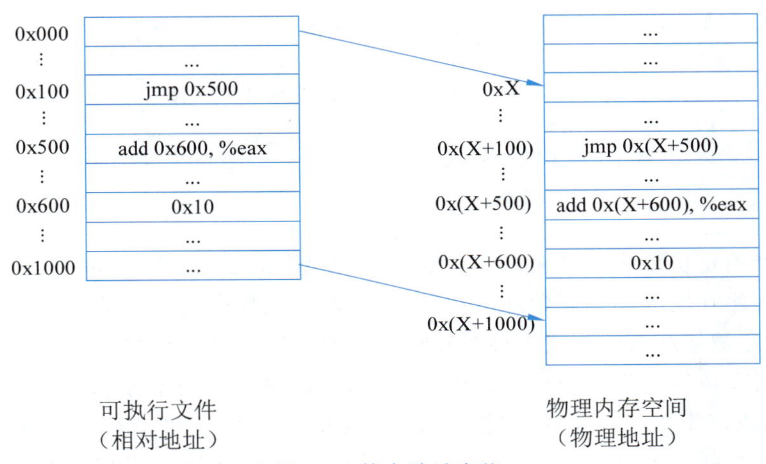

图 5-2 静态地址定位

静态地址定位把可执行文件中相对地址 0x000～0x1000 的一段程序映射到从 0xX 到 0x(X+1000)的一段物理地址。程序中指令和数据的逻辑地址(用 LA 表示)及指令所引用的逻辑地址都在加载时被定位到物理地址(用 PA 表示)。地址定位的算法为

$$PA = LA + X$$

其中 X 是加载的起始内存地址。

静态地址定位的优点是容易实现,无须硬件支持,它只要求程序本身是可重定位的,

即对那些要修改的地址部分具有某种标识。早期的操作系统大多采用这种方法进行地址定位。其主要缺点如下。

(1) 程序经地址定位之后,在运行过程中就不能再移动,因而不能重新分配内存,不利于内存的有效利用。

(2) 程序在内存空间中只能连续分配,不能离散分布在内存的不同区域。

(3) 不利于多个进程共享内存中的同一程序或数据。

2. 动态地址重定位

在程序运行时进行地址定位,也称为动态地址重定位,指把地址定位从程序加载时推迟到程序运行时。在程序加载时,仍然保持程序的相对地址不变,只有在访问一条指令或数据时,才计算它们的物理地址,如图 5-3 所示。

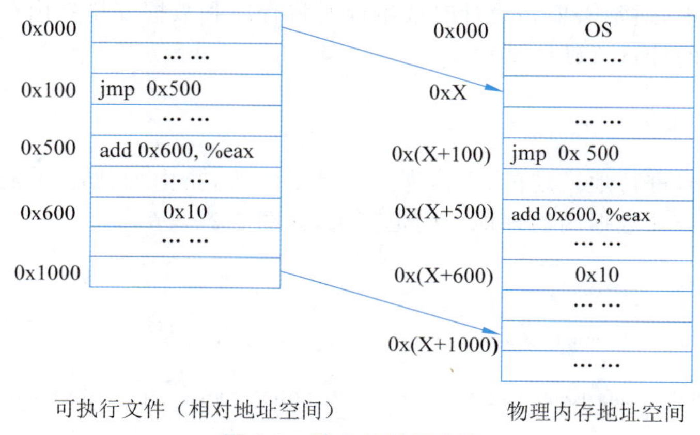

图 5-3 动态地址重定位

动态地址重定位使用硬件机构 MMU(内存管理单元)来实现,如图 5-4 所示。基址寄存器记录程序在内存中的起始地址,界限寄存器记录程序的最大逻辑地址(即程序的字节数)。当程序被加载入内存或当该进程被换入时,必须设置这两个寄存器。

在程序指令执行过程中会遇到逻辑地址,这些逻辑地址可能来自程序计数器 PC、跳转指令(jmp)或调用指令(call)中的指令地址,以及 load 指令和 store 指令中的数据地址等。逻辑地址被映射为物理地址的方法是:首先将逻辑地址与界限寄存器中的值相比较,判断逻辑地址是否越界,如果越界,则 MMU 产生一个地址错误异常,操作系统必须以某种方式对该异常作出响应;如果不越界,则把逻辑地址与基址寄存器的内容相加产生一个物理地址。简单地说,运行时地址定位的算法为

$$PA = LA + (\text{基址寄存器}) \quad \text{并且} \quad LA < (\text{限界寄存器})$$

其中"(基址寄存器)"和"(限界寄存器)"分别表示基址寄存器和限界寄存器中的内容。

动态地址重定位具有如下优点。

(1) 程序在加载后,起始地址可以上下浮动,有利于实现进程地址空间的换入和换出

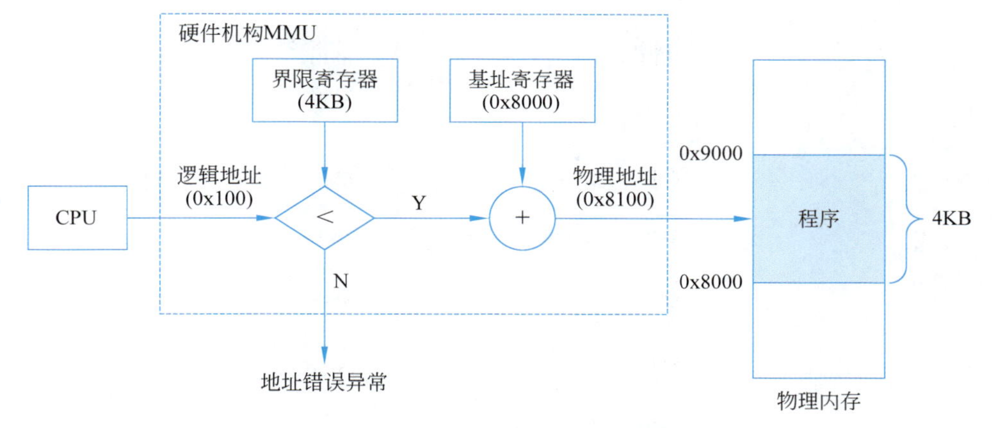

图 5-4　动态地址重定位的实现

策略，也有利于内存的充分利用。

(2) 程序不必连续存放在内存中，可以分散在内存中的不同区域，只须增加几对基址-界限寄存器，每对寄存器对应一个区域。

(3) 有利于实现多个进程共享同一程序。

需要注意的是，动态地址重定位发生在运行时，因此不可能由操作系统来完成地址定位(这是因为当用户进程正在占用 CPU 运行时，操作系统是不可能运行的)，只能由 CPU 的硬件机构 MMU 来完成地址变换。由于在运行时使用附加的硬件进行地址映射，因此处理器指令循环的一部分周期花费在了地址映射上，在一定程度上影响了程序的执行效率。

5.2　早期操作系统的内存管理

5.2.1　固定分区管理

分区内存管理将内存划分为若干个区域，每个区域只能被一个进程所独占。为进程分配内存时，只要有一个大小合适的分区，就可以分配给它；如果所有分区都已经被分配，那么需要按照某种调度策略换出一个进程，为新进程让出空间。具体哪个进程被换出或换入内存是由中程调度(见第 3 章)来决定的。一个进程被换出内存，它的状态就由活跃态变为挂起态；被换入内存时，它的状态就由挂起态变为活跃态。一般情况下，总是将处于阻塞态的进程换出。

按照分区大小是否可变，可以把分区管理分为固定分区和可变分区。固定分区又分为两种：每个分区大小相等和分区大小不等。图 5-5 显示了一个 64MB 内存的固定分区方法。操作系统占据了内存的某些固定部分，其余分区可供多个进程使用。

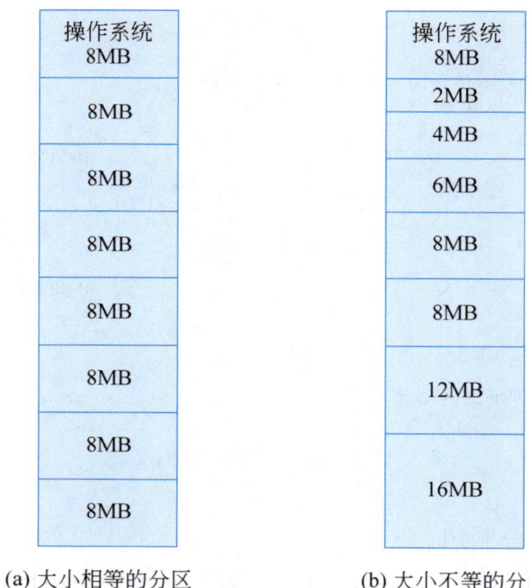

(a) 大小相等的分区　　(b) 大小不等的分区

图 5-5　固定分区

对于大小相等的固定分区，当为一个进程分配内存时，只要进程所需要的内存小于或等于分区大小，就可以选择任意一个分区分配给进程。对于大小不相等的固定分区，如果有多个分区都可以满足进程的内存需求，那么需要选择一个合适的分区来分配。选择的方法主要有以下 3 种。

(1) 最小适配。在所有满足进程内存需求的分区中选择一个最小的分区来分配，即 $\min\{x \mid x \geqslant R\}$，其中 x 是分区的大小，R 是进程的内存需求大小。

(2) 首次适配。即按照某种顺序，选择找到的第一个满足进程内存需求的分区分配给该进程。

(3) 最大适配。在所有满足进程内存需求的分区中选择一个最大的分区来分配，即 $\max\{x \mid x \geqslant R\}$。

固定分区方法的优点是分区的大小和数目固定，因此内存管理算法相对简单，只需要很小的操作系统软件和处理开销。但是它也存在以下 3 个缺点。

(1) 分区的数目是固定的，限制了系统中活跃进程的数目。

(2) 由于分区的大小是事先设置的，因而小进程不能有效地利用分区空间，容易产生分区内部空间碎片(fragmentation)。

(3) 程序大小超过最大分区时，不能放到一个分区中。这种情况下，程序员必须使用覆盖技术(overlaying)设计程序，使得任何时候只有一部分程序驻留内存中，而且不影响程序的运行。

5.2.2 覆盖技术

覆盖技术和后面将要介绍的请求分页技术(paging)是为了解决进程所需要的内存大于计算机系统所能提供的内存而提出的两种解决方案。它们的基本思想都是利用了程序局部性原理，将进程的部分结构先载入内存，让进程运行起来。当进程在执行过程中用到某个模块时，才把该模块加载进内存。这两种方法都实现了存储器扩充的目的。

覆盖技术对于程序员是不透明的，必须通过程序员编写代码来实现。程序员在编写程序时，必须手工将程序分成若干块，然后编写一个小的辅助代码来管理这些模块何时驻留在内存、何时被替换掉。这个小的辅助代码就是所谓的覆盖管理器(overlay manager)。

例如，一个程序有主模块 main，它分别会调用模块 A 和模块 B，但是 A 和 B 之间不会相互调用。假定这 3 个模块的大小分别是 1024 字节、512 字节和 256 字节，理论上它们需要占用 1792 字节的内存。由于模块 A 和 B 相互不调用，因此它们可以相互覆盖，共享同一块内存区域，使得实际内存占用减小到 1536 字节，如图 5-6 所示。

当模块 main 调用模块 A 时，覆盖管理器保证将模块 A 从文件中读入内存；当模块 main 调用模块 B 时，则覆盖管理器将模块 B 从文件中读入内存，由于这时模块 A 不会被使用，因此模块 B 可以载入原来模块 A 所占用的内存空间。

事实上，程序往往不止两个模块，而模块之间的调用关系也比上面的例子复杂得多。在多个模块的情况下，程序员需要手工将模块按照它们之间的调用依赖关系组织成树状结构图。在这个树状结构图中，从任何一个模块到树的根模块(即 main 模块)的路径叫作调用路径。当一个模块被调用时，整个调用路径上的模块都必须在内存中，这一点由程序员来保证。图 5-7 是一个复杂覆盖的例子。其中 main 调用模块 A 和 B，A 又调用模块 C 和 D，B 调用模块 E 和 F。

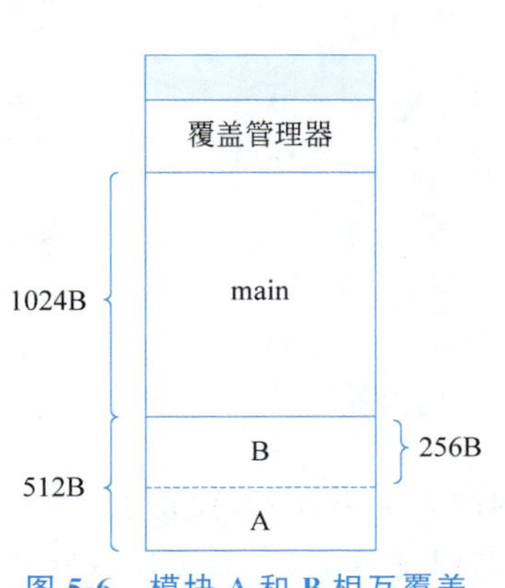

图 5-6 模块 A 和 B 相互覆盖

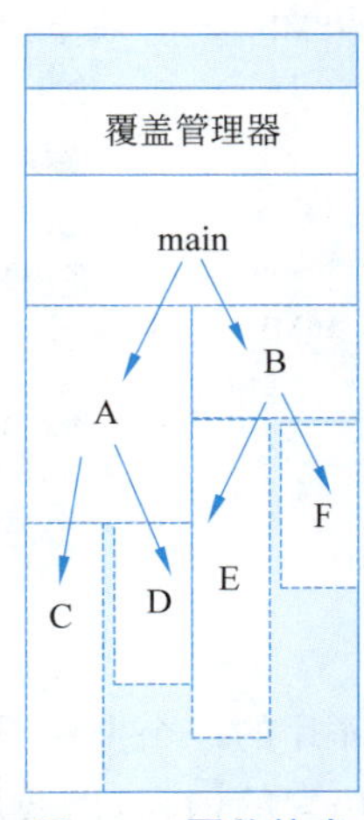

图 5-7 覆盖技术

值得注意的是，覆盖管理器必须保证满足以下两个要求。

(1) 如果一个模块在内存中，那么从该模块开始的整个调用路径上的模块都必须在内存中。例如当模块 C 被调用时，那么 C、A、main 都必须被加载到内存中，否则当这个模块调用结束时，就不能正确地返回到调用模块。

(2) 分支树上的模块之间不能存在相互调用。如果分支树上的模块之间存在相互调用，那么就会破坏树状调用依赖关系图。也就是说，当程序运行时，就需要将更多的模块加载到内存中，极端情况下，需要将所有模块都加载到内存中，这就失去了覆盖技术的意义。

5.2.3 可变分区管理

可变分区管理的分区长度和分区数目都是不固定的。当进程被载入内存时，系统会给它分配一块和它所需内存大小完全相等的内存空间。图 5-8 是一个可变分区的例子。开始时，64MB 的内存中只有操作系统，被装入的前 3 个进程从操作系统结束处开始，分别占据了它们所需要的空间大小。假定第 4 个进程需要 8MB 内存，这时剩下的 4MB 内存不够分配，只能等待前 3 个进程中的一个退出或者被换出内存。如果内存中的进程都是阻塞的，那么就可以换出一个进程腾出空间。假定进程 2 被换出，那么进程 4 就可以被载入内存，但是会产生 6MB 的内存碎片。在接下来的运行中，进程 1 退出，其内存空间被释放，这时进程 2 可以被换入内存，状态从挂起变为活跃。可以看到，这时的内存布局产生了 3 个内存碎片。可以想象，当内存中的进程数目很多时，经过较长运行时间之后，内存中的碎片变得很小、很多，使得它们难以再被分配。

图 5-8 可变分区的例子

克服内存碎片的一个办法是将进程占据的内存上下浮动，使得若干细小、零散的碎片被整合成一整块大的内存，以便用于其他进程的内存分配，但是这样做需要两个机制的支持：一是动态地址重定位，二是内存复制。在进程的生命周期内，其内存空间要上下浮动，如果采用静态地址定位，当程序和数据部分浮动之后，内存引用就会出现错位。另外，内存复制浪费处理器时间,效率不高。

下面对分区内存管理进行总结。分区管理具有下面几个特点。

(1) 分区管理能够实现多个进程共享同一内存空间,而且便于实现进程的保护。另外,分区管理相对比较简单,容易实现。

(2) 一个进程的地址空间要么全部交换到内存空间,要么全部交换出内存空间。使用分区管理无法实现真正意义上的存储器扩充。尽管可以通过把某些进程换出内存的方式腾出部分内存空间供其他进程使用,但是由于需要将整个进程的地址空间都加载到内存中,因此内存中活跃进程的数目仍然非常有限。

(3) 一个进程需要被映射到连续的内存区域。无论是静态还是动态地址定位,都以连续内存分配为前提。如果进程的不同部分被映射到离散的内存区域,那么逻辑地址变换和进程保护就将变得非常复杂。

5.2.4　伙伴系统

固定分区方案限制了活动进程的数目,而且如果可用分区的大小与进程大小完全不匹配,则内存空间的利用率非常低。可变分区的维护较复杂,并且整理内存碎片需要额外开销。伙伴系统(buddy system)是二者的一种折中方案。

在伙伴系统中,可用内存块的大小为 2^K 字节,$L \leqslant K \leqslant U$,其中,$2^L$ 表示最小内存块的大小,2^U 表示最大内存块的大小。通常 2^U 是可供分配的整个内存的大小。

开始时,可用于分配的整个空间被看作一个大小为 2^U 的块。如果请求的大小 s 满足 $2^{U-1} < s \leqslant 2^U$,则分配整个空间。否则该块被分成两个大小相等的伙伴,大小均为 2^{U-1}。如果 $2^{U-2} < s \leqslant 2^{U-1}$,则分配两个伙伴中的任何一个;否则,其中的一个伙伴又被分成大小相等的两半。这个过程一直继续下去,直到产生大于或等于 s 的最小块,并分配给该请求。

通常使用一个页面的大小(如 4KB)作为最小内存块的大小,伙伴内存块的大小为页面的 2^n 倍。例如,如果页面大小为 4KB,那么划分出的伙伴为 4KB($1=2^0$ 个页面),8KB($2=2^1$ 个页面),16KB($4=2^2$ 个页面),32KB($8=2^3$ 个页面),64KB($16=2^4$ 个页面)、……

通常使用空闲链表数组 free_area 实现伙伴系统,该数组包含 11 个元素,如图 5-9 所示。数组第 1 个元素 free_area[0]保存 4KB 空闲内存块(即 1 个页面)的链表头指针,数组第 2 个元素 free_area[1]保存 8KB 空闲内存块(即 2 个页面)的链表指针,以此类推,数组第 11 个元素 free_area[10]保存 4MB 空闲内存块(即 1024 个页面)的链表指针。

假如一个进程的内存请求是 15KB,那么合适的内存大小应当为 16KB,因此首先在数组元素 free_area[2]指示的空闲链表中去找。如果链表不为空,则直接从链表头取出空闲块进行分配;如果链表为空,则依次查找存储更大块的链表。假如能够在 free_area[3]指示的链表中找到一个 32KB 的空闲块,则把该块分为两个 16KB 大小的伙伴块,其中一个分配给该进程,另一个则加入 free_area[2]指示的链表中。

释放过程与分配过程相反。首先找到被释放的块的伙伴块,如果伙伴块处于非空闲

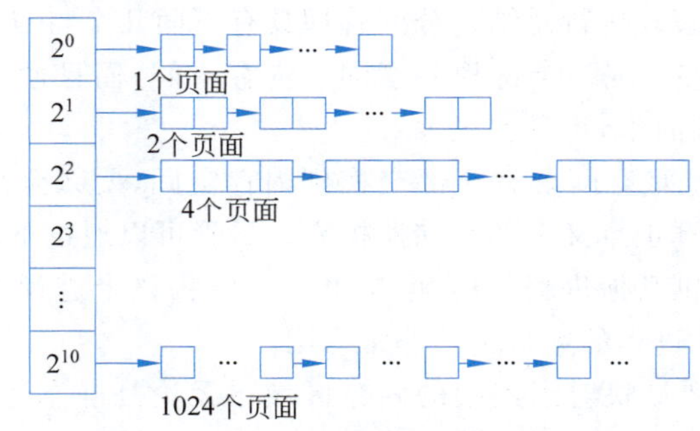

图 5-9 伙伴系统的空闲链表数组

态，则将被释放的块直接插入对应大小的空闲链表中，即完成释放；如果伙伴块处于空闲态，即在空闲链表中，则将它们进行合并，将合并后的块当成一个完整的块释放，并重复该过程。

在释放过程中需要注意，只有伙伴块才可以合并，因此需要快速找到一个块的伙伴块。可以观察到，互为伙伴的两个块的物理地址仅有一位有所不同，且该位由块的大小决定。例如，块 A、B 互为伙伴，且大小为 8KB。如果 A 的地址为 0x0000，那么 B 的地址一定为 0x2000，这两个地址只有第 13 位(从第 0 位开始计)不同。利用这一特点，可以快速找到一个块的伙伴块。

从上面的描述可以看出，伙伴系统的工作过程很适合用二叉树来进行描述。

【例 5-1】 设内存大小为 1MB，初始时未分配。第 1 个进程 A 需要 100KB，第 2 个进程 B 需要 256KB，第 3 个进程 C 需要 500KB。这些进程按照 A、B、C 的顺序依次进入并退出系统。伙伴系统管理内存的过程如下。

(1) 将 1MB 内存折半分成两个伙伴，直到产生一个 128KB 大小的伙伴，分配给进程 A。这时伙伴系统的状态如图 5-10(a)所示。

(2) 为进程 B 分配 256KB 大小。这时由于恰好存在一个大小为 256KB 的空闲分区，于是直接分配给进程 B。按照类似的方法，可以为进程 C 分配内存。此时伙伴系统的状态如图 5-10(b)所示。

下面再来看内存的释放过程。

(1) 释放进程 A 的内存之后，两个大小为 128KB 的伙伴都变为空闲状态，于是它们可以合并成一个大小为 256KB 的伙伴。由于进程 B 占据着另外一个伙伴，因此不能再继续合并。此时伙伴系统的状态如图 5-10(c)所示。

(2) 进程 B 的退出释放了另一个 256KB 的伙伴，于是这两个空闲伙伴又合并为一个 512KB 的空闲伙伴；进程 C 的退出释放了另一个 512KB 的伙伴，这两个伙伴又合并为 1MB 大小的内存。至此，内存释放过程结束，如图 5-10(d)所示。

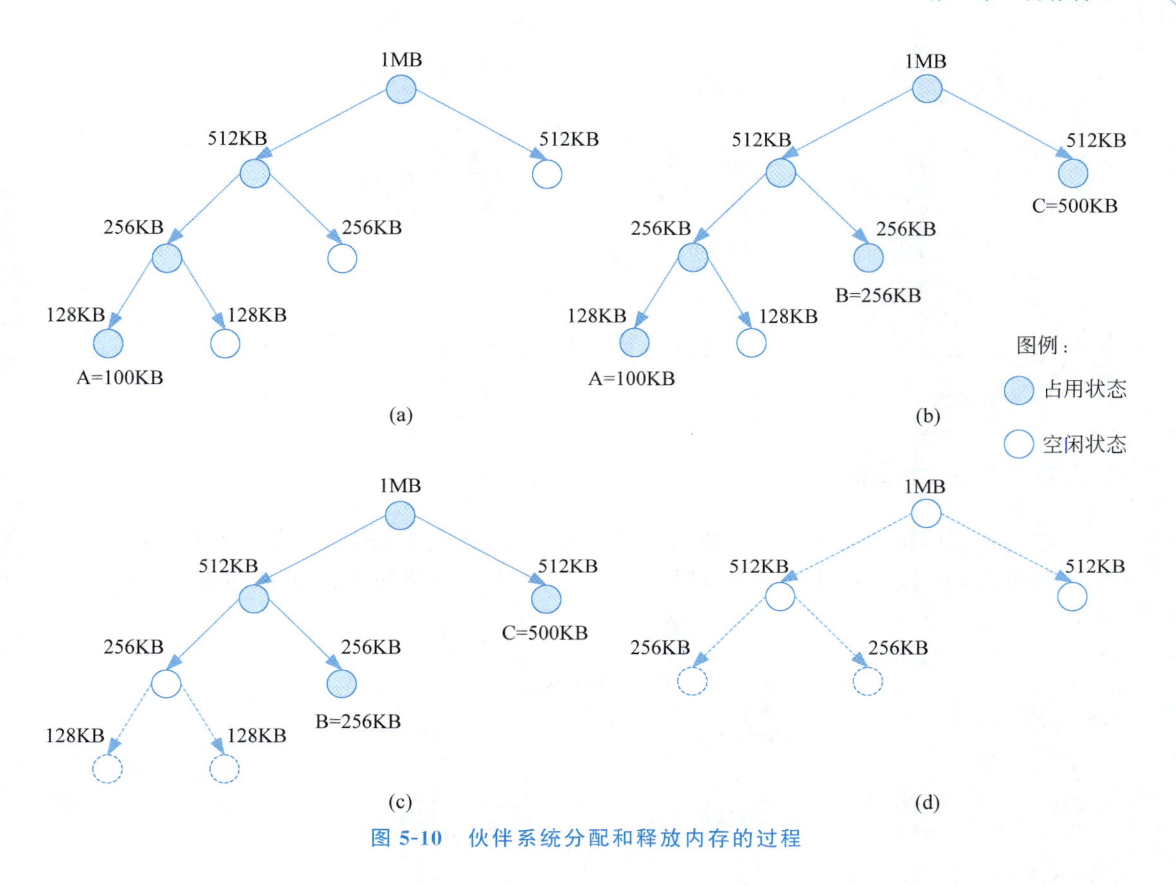

图 5-10 伙伴系统分配和释放内存的过程

伙伴系统是一个折中的方案，它克服了固定分区和可变分区方案的缺陷。伙伴系统在并行系统中有很多应用，它是为并行程序分配和释放内存的一种有效方法。UNIX 内核存储分配中也使用了一种改进的伙伴系统，一直沿用至今。

5.3 虚拟内存

当前操作系统普遍采用虚拟内存的概念。基于虚拟内存的内存管理并不是直接将可执行目标文件映射到物理内存，而是通过虚拟内存间接建立可执行目标文件与物理内存的映射关系，如图 5-11 所示。这样，可执行目标文件就与分配给它的物理内存空间相解耦，便于实现可执行目标文件在物理内存中的重定位、内存保护以及代码和数据共享等目标。本节将以虚拟内存概念为核心介绍内存管理的基本原理和方法。在学习时，特别要注意虚拟内存与磁盘空间以及物理内存空间之间的映射关系。

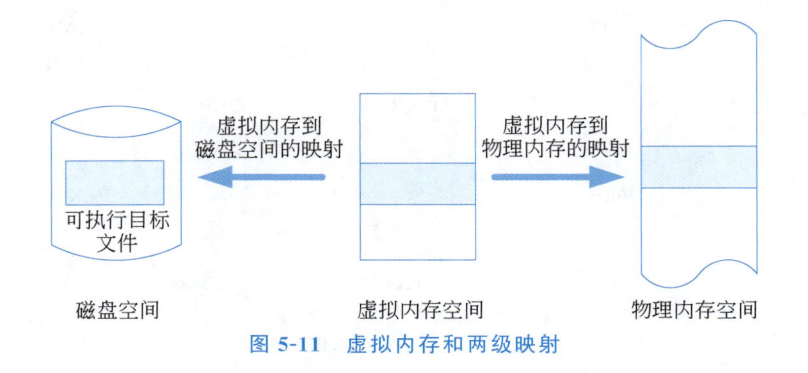

图 5-11 虚拟内存和两级映射

5.3.1 可执行目标文件

首先介绍可执行目标文件。使用程序设计语言编写完程序之后，通常需要进行编译、链接两个阶段，最终产生可执行目标文件，再通过加载器加载到虚拟内存，如图 5-12 所示。

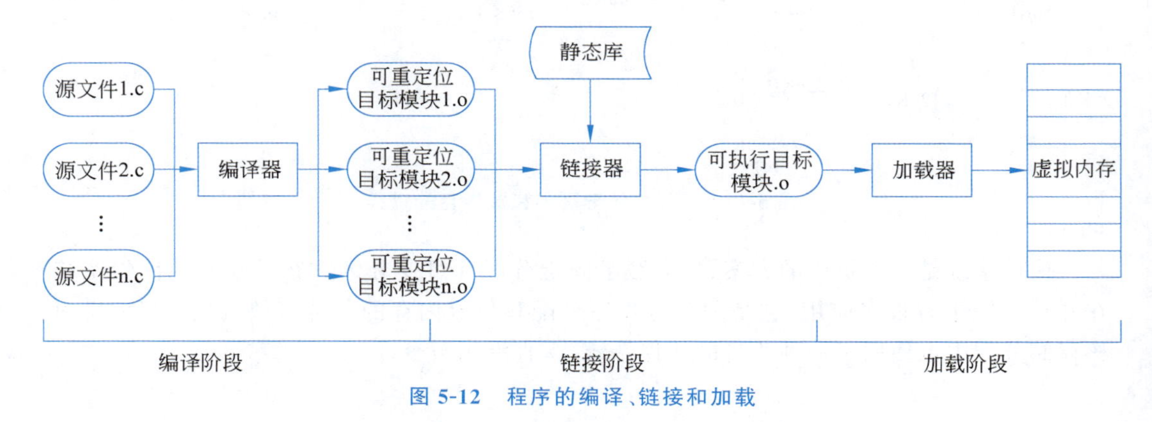

图 5-12 程序的编译、链接和加载

编译器把高级语言程序翻译成机器指令集的指令序列，形成了可重定位目标模块(relocatable object file)。由于源程序之间可能存在定义与引用关系，因此一个可重定位目标模块中的一些全局符号引用(包括全局变量引用、全局过程调用等)有可能找不到对应的定义，需要在接下来的链接阶段进行解析。链接器将各个可重定位目标模块及它们所引用的静态库一起进行链接。链接又可分为两个阶段：第一阶段进行符号解析，即建立符号引用与符号定义之间的唯一关联；第二阶段进行重定位，首先将各个目标模块、静态库中的代码段和数据段等进行合并，形成新的代码段和数据段，并为这些段及符号定义重新分配地址，然后重定位代码段和数据段中的符号引用。通过编译和链接阶段之后，所有符号引用都得到了解析和定位，形成了自含的可执行目标文件。注意，这里我们暂时不考虑动态链接及共享库。有关动态链接的概念会在后面专门论述。

知识扩展

可执行文件的结构

Linux 操作系统下可执行复制文件是 ELF(Executable and Linkable Format)格式，而 Windows 操作系统下可执行复制文件是 PE(Portable Executable)格式。这里以 ELF 格式为例分析可执行复制文件的结构。一个典型的 ELF 可执行复制文件由若干段(segment)组成，如图 5-13 所示。

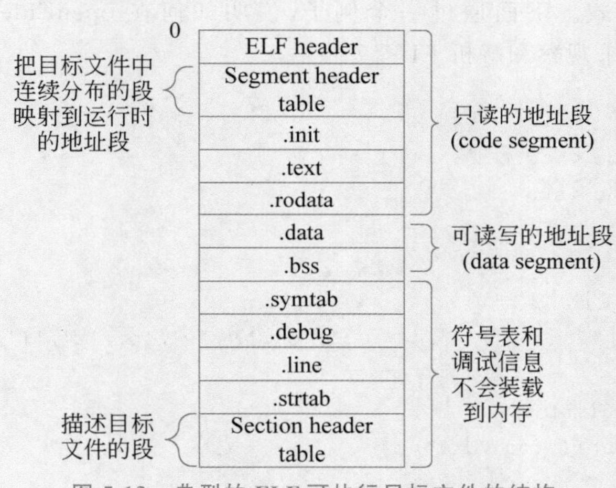

图 5-13　典型的 ELF 可执行目标文件的结构

可执行目标文件的格式与可重定位目标文件的格式类似。ELF header 描述文件的整体结构，也指出了程序的入口点(entry point)，即程序运行时要执行的第一条指令的地址。我们从上向下分析各个段的含义。

(1) .init 段定义了一个称为_init 的小函数，它由程序初始化代码所调用。

(2) .text 段保存程序的指令序列，通常认为程序是只读的。

(3) .rodata 段是为只读数据分配的字节序列，并用初始值初始化了这些字节。

(4) .data 段是为已经初始化了的可读写的数据(包括全局变量、static 局部变量、static 全局变量等)分配的字节序列，并用初始值初始化这些字节。

(5) .bss 段是为未初始化的可读写变量分配的段，但是在可执行文件中并没有为该段分配字节空间，其大小已经在编译时计算出来，当.bss 段载入内存时，会在内存空间中为它分配相应大小的内存。

(6) 剩下的段依次是符号表段、调试信息段、行号段及字符串段，在运行时它们不需要被加载到内存中，除非要对程序进行调试。

ELF 可执行目标文件作为一个普通文件，其内容为字节的序列。为了表示和引用文件中每一字节的数据内容，需要给每个字节赋予一个地址。通常使用一个字节相对于文件的第一个字节的偏移量(offset)作为该字节的地址。文件第 1 字节的偏移量为 0，那么第 n 字节的地址(即偏移量)就是 n-1。

5.3.2 openEuler 环境下解析 ELF 文件

不只是可执行文件，Linux 的目标文件、动态链接库文件(.so)和静态链接库文件(.a)都采用 ELF 文件格式。下面通过一个例子，说明如何在 openEuler 环境下使用工具 objdump 和 readelf 来观察和解析 ELF 文件。

```
ch5-elf.c
1       #include <stdio.h>
2       #include <stdlib.h>
3       #include <unistd.h>
4
5       /* 全局变量 */
6       char ga[12]={'H','e','l','l','o',' ','w','o','r','l','d','!'};
7
8       void foo(int i){
9           printf("foo %d\n", i);
10      }
11
12      int main(){
13          static int sv=15;
14          static char sc='A';
15          int i;
16          for(i=0;i<12;i++)
17              printf("main %c\n",ga[i]);
18          foo(sv);
19          pause();
20          return 0;
21      }
```

采用 gcc 把上述程序编译成一个 32 位的目标文件 ch5-elf.o：

```
#gcc -m32 -c ch5-elf.c
```

使用 readelf 命令查看文件格式，

```
#readelf -h ch5-elf.o
```

得到如下代码清单。

```
ELF Header:
  Magic:   7f 45 4c 46 01 01 01 00 00 00 00 00 00 00 00 00
  Class:                             ELF32
  Data:                              2's complement, little endian
  Version:                           1 (current)
  OS/ABI:                            UNIX - System V
  ABI Version:                       0
  Type:                              REL (Relocatable file)
  Machine:                           Intel 80386
  Version:                           0x1
  Entry point address:               0x0
  Start of program headers:          0 (bytes into file)
  Start of section headers:          1324 (bytes into file)
  Flags:                             0x0
  Size of this header:               52 (bytes)
  Size of program headers:           0 (bytes)
  Number of program headers:         0
  Size of section headers:           40 (bytes)
  Number of section headers:         18
  Section header string table index: 17
```

从上面的代码清单中，可以获得该目标文件的基本信息：文件类别（Class）为ELF32，采用小端存储，类型（Type）为可重定位文件（REL），入口地址（entry point address）为 0x0。

为了观察 ELF 文件中的各个段（sections），使用 objdump 命令获取每个段的基本信息：

```
#objdump -h ch5-elf.o
Sections:
Idx Name      Size      VMA       LMA       File off  Algn
  0 .group    00000008  00000000  00000000  00000034  2**2
              CONTENTS, READONLY, GROUP, LINK_ONCE_DISCARD
  1 .group    00000008  00000000  00000000  0000003c  2**2
              CONTENTS, READONLY, GROUP, LINK_ONCE_DISCARD
  2 .text     000000b0  00000000  00000000  00000044  2**0
              CONTENTS, ALLOC, LOAD, RELOC, READONLY, CODE
  3 .data     00000011  00000000  00000000  000000f4  2**2
              CONTENTS, ALLOC, LOAD, DATA
```

```
  4 .bss      00000000  00000000  00000000  00000105  2**0
              ALLOC
  5 .rodata 00000011  00000000  00000000  00000105  2**0
              CONTENTS, ALLOC, LOAD, READONLY, DATA
  6 .text.__x86.get_pc_thunk.ax  00000004  00000000  00000000  00000116  2**0
              CONTENTS, ALLOC, LOAD, READONLY, CODE
  7 .text.__x86.get_pc_thunk.bx 00000004  00000000  00000000  0000011a  2**0
              CONTENTS, ALLOC, LOAD, READONLY, CODE
  8 .comment0000002b  00000000  00000000  0000011e  2**0
              CONTENTS, READONLY
  9 .note.GNU-stack  00000000  00000000  00000000  00000149  2**0
              CONTENTS, READONLY
 10 .note.gnu.property 0000001c  00000000  00000000  0000014c  2**2
              CONTENTS, ALLOC, LOAD, READONLY, DATA
 11 .eh_frame     00000098  00000000  00000000  00000168  2**2
              CONTENTS, ALLOC, LOAD, RELOC, READONLY, DATA
```

对上述结果的部分解释如下。

(1) .text 表示代码段,分布在从偏移量 0x44 开始、大小为 0xb0(即十进制 176)字节的区域,其读写属性为 READONLY。

(2) .data 表示数据段(包括全局变量和静态变量),分布在从偏移量 0xf4 起始、大小为 0x11(即 17)字节的区域。读者可以计算,程序 ch5-elf.c 中全局变量 ga 的大小为 12 字节,静态整型变量 sv 占 4 字节,静态字符型变量 sc 占 1 字节,共占 17 字节,恰好为数据段的大小。

(3) .rodata 表示只读数据段,用来保存程序中的常量值,分布在从偏移量 0x105 起始的大小为 0x11 的区域内,其读写属性为 READONLY。

从上面的结果可以看出,所有段的虚拟内存地址 VMA 均为 0x00000000,说明这些段还没有被映射到进程虚拟地址空间。

下面进一步挖掘代码段和数据段的内容,使用 objdump 的"－s"选项可以将所有段的内容以十六进制的方式打印出来,"－d"选项可以将所有包含指令的段反汇编。

```
 #objdump -s -d ch5-elf.o
Contents of section .text:
...
Contents of section .data:
0000 48656c6c 6f20776f 726c6421 0f000000      Hello world!...
0010 41                                         A
Contents of section .rodata:
0000 666f6f20 25640a00 6d61696e 2025630a foo %d..main %c.
0010 00
```

```
...
Disassembly of section .text:

00000000 <foo>:
  0:   f3 0f 1e fb              endbr32
  4:   55                       push   %ebp
  5:   89 e5                    mov    %esp,%ebp
  7:   53                       push   %ebx
  8:   83 ec 04                 sub    $0x4,%esp
  b:   e8 fc ff ff ff           call   c <foo+0xc>
  10:  05 01 00 00 00           add    $0x1,%eax
  15:  83 ec 08                 sub    $0x8,%esp
  18:  ff 75 08                 pushl  0x8(%ebp)
  1b:  8d 90 00 00 00 00        lea    0x0(%eax),%edx
  21:  52                       push   %edx
  22:  89 c3                    mov    %eax,%ebx
  24:  e8 fc ff ff ff           call   25 <foo+0x25>
  29:  83 c4 10                 add    $0x10,%esp
  2c:  90                       nop
  2d:  8b 5d fc                 mov    -0x4(%ebp),%ebx
  30:  c9                       leave
  31:  c3                       ret

00000032<main>:
  32:  f3 0f 1e fb              endbr32
  36:  8d 4c 24 04              lea    0x4(%esp),%ecx
  3a:  83 e4 f0                 and    $0xfffffff0,%esp
  3d:  ff 71 fc                 pushl  -0x4(%ecx)
  40:  55                       push   %ebp
  41:  89 e5                    mov    %esp,%ebp
  43:  53                       push   %ebx
  44:  51                       push   %ecx
  45:  83 ec 10                 sub    $0x10,%esp
  48:  e8 fc ff ff ff           call   49<main+0x17>
  4d:  81 c3 02 00 00 00        add    $0x2,%ebx
  53:  c7 45 f4 00 00 00 00     movl   $0x0,-0xc(%ebp)
  5a:  eb 28                    jmp    84 <main+0x52>
  5c:  8d 93 00 00 00 00        lea    0x0(%ebx),%edx
  62:  8b 45 f4                 mov    -0xc(%ebp),%eax
  65:  01 d0                    add    %edx,%eax
  67:  0f b6 00                 movzbl (%eax),%eax
```

```
    6a:  0f be c0                   movsbl %al,%eax
    6d:  83 ec 08                   sub    $0x8,%esp
    70:  50                         push   %eax
    71:  8d 83 08 00  00 00         lea    0x8(%ebx),%eax
    77:  50                         push   %eax
    78:  e8 fc ff ff  ff            call   79 <main+0x47>
    7d:  83 c4 10                   add    $0x10,%esp
    80:  83 45 f4 01                addl   $0x1,-0xc(%ebp)
    84:  83 7d f4 0b                cmpl   $0xb,-0xc(%ebp)
    88:  7e d2                      jle    5c <main+0x2a>
    8a:  8b 83 0c 00  00 00         mov    0xc(%ebx),%eax
    90:  83 ec 0c                   sub    $0xc,%esp
    93:  50                         push   %eax
    94:  e8 fc ff ff  ff            call   95<main+0x63>
    99:  83 c4 10                   add    $0x10,%esp
    9c:  e8 fc ff ff  ff            call   9d <main+0x6b>
    a1:  b8 00 00 00  00            mov    $0x0,%eax
    a6:  8d 65 f8                   lea    -0x8(%ebp),%esp
    a9:  59                         pop    %ecx
    aa:  5b                         pop    %ebx
    ab:  5d                         pop    %ebp
    ac:  8d 61 fc                   lea    -0x4(%ecx),%esp
    af:  c3                         ret
```

可以看到，数据段里存放的是全局变量 ga 和两个 static 变量，而且已初始化；只读数据段.rodata 里存放的是程序 ch5-elf.c 第 9 行和第 17 行 printf()函数的格式化字符串，这两个字符串长度加起来恰好是 17 个字符。

上面分析了目标文件 ch5-elf.o 的结构。该目标文件需要与库文件（动态库或静态库）链接生成可执行文件。简单起见，以静态链接为例，使用如下命令把 ch5-elf.c 编译并链接成可执行文件 ch5-elf：

```
#gcc -m32 -static ch5-elf.c -o ch5-elf
```

然后使用 objdump 或 readelf 命令观察其结构：

```
#readelf -l ch5-elf
```

得到的结果清单如下：

```
Elf file type is EXEC (Executable file)
Entry point 0x8049b80
```

```
There are 9 program headers, starting at offset 52

Program Headers:
Type           Offset   VirtAddr   PhysAddr   FileSiz MemSiz  Flg Align
LOAD           0x000000 0x08048000 0x08048000 0x00224 0x00224 R
LOAD           0x001000 0x08049000 0x08049000 0x6a0e8 0x6a0e8 R E 0x1000
LOAD           0x06c000 0x080b4000 0x080b4000 0x2e1c1 0x2e1c1 R   0x1000
LOAD           0x09a6a0 0x080e36a0 0x080e36a0 0x02c38 0x03970 RW  0x1000
NOTE           0x000154 0x08048154 0x08048154 0x00060 0x00060 R   0x4
TLS            0x09a6a0 0x080e36a0 0x080e36a0 0x00010 0x00030 R   0x4
GNU_PROPERTY   0x000178 0x08048178 0x08048178 0x0001c 0x0001c R   0x4
GNU_STACK      0x000000 0x00000000 0x00000000 0x00000 0x00000 RW  0x10
GNU_RELRO      0x09a6a0 0x080e36a0 0x080e36a0 0x01960 0x01960 R   0x1
```

可以看到，程序的入口地址是 0x8049b80，程序从虚拟地址 0x08048000 开始布局，页面大小为 0x1000 字节，即 4KB。实际上，当一个程序编译并链接完成后，就已经布局到进程的虚拟地址空间中，而且已经进行了分页。对于 32 位系统，可执行程序从虚拟地址 0x08048000 开始布局，对于 64 位系统，可执行程序从虚拟地址 0x400000 开始布局。

当程序 ch5-elf 运行起来后，可以使用如下命令观察进程的虚拟地址空间布局。首先执行程序 ch5-elf 并转入后台执行，获取其 PID 为 5343：

```
#./ch5-elf&
[7] 5343
```

然后执行如下命令：

```
#cat /proc/5343/maps
```

得到该进程的虚拟地址空间布局如下。

```
08048000-08049000 r--p 00000000 08:05 1834896    ch5-elf
08049000-080b4000 r-xp 00001000 08:05 1834896    ch5-elf
080b4000-080e3000 r--p 0006c000 08:05 1834896    ch5-elf
080e3000-080e5000 r--p 0009a000 08:05 1834896    ch5-elf
080e5000-080e7000 rw-p 0009c000 08:05 1834896    ch5-elf
080e7000-080e8000 rw-p 00000000 00:00 0
09a12000-09a34000 rw-p 00000000 00:00 0          [heap]
f7f1e000-f7f22000 r--p 00000000 00:00 0          [vvar]
f7f22000-f7f24000 r-xp 00000000 00:00 0          [vdso]
fff7a000-fff9b000 rw-p 00000000 00:00 0          [stack]
```

可见，32 位程序的起始虚拟地址是 0x08048000，其中第二行表示的区域读写属性为 r-xp（可读、可执行、私有），表示的是代码段，分布在从 0x08049000 到 0x080b4000 的地址空间，而且按照页面对齐。第 5 行表示的区域读写属性为 rw-p（可读、可写、私有），表示的是数据段，占据 2 个页面。

5.3.3 虚拟地址空间

地址空间是一个非负整数地址的有序集合：$\{0, 1, 2, \cdots, N-1\}$。如果地址空间中的元素是连续的，那么我们称该地址空间为线性地址空间，N 称为地址空间的大小。在后面的讨论中，我们总是假定地址空间为线性地址空间。

地址空间是一个抽象的数学概念，使用它可以编码任何字节内容，如物理内存、处理器寻址范围、文件内容及进程结构等。我们把编码物理内存（大小为 M 字节）的地址空间称为物理地址空间（PAS，Physical Address Space）：

$$\{0, 1, 2, \cdots, M-1\}$$

而把编码处理器寻址范围的地址空间称为虚拟地址空间（VAS，Virtual Address Space）：

$$\{0, 1, 2, \cdots, N-1\}$$

其中 $N=2^n$，n 表示处理器所支持的最大地址的位数，通常取 32 或 64。当 $n=32$ 时，$N=2^{32}=4\text{GB}$，表明虚拟地址空间的大小是 4GB，也可以把该虚拟地址空间称为 32 位地址空间。虚拟地址空间中的每一个地址称为虚拟地址。虚拟地址空间的大小取决于处理器及计算机硬件体系结构的设计，表示处理器能够寻址的字节范围，与物理内存的大小无关。

地址空间概念的引入使得数据对象本身或数据对象的内容与它们的地址分离开来，地址可以看作数据对象的一个属性。意识到这一点，就可以让一个数据对象具有多个独立的地址，每个地址来自不同的地址空间。一个数据对象在不同地址空间中的地址可能不同，但是这些地址都指向同一个数据对象。

【例 5-2】 设一个可执行目标文件中代码段.text 的地址范围是 0x10～0x100，把它加载到地址从 0x8010 到 0x8100 的物理内存中。这里的数据对象是.text 段，它在文件中的地址（即偏移量，或相对地址）范围是 0x10～0x100，而在物理内存地址空间中的地址范围是 0x8010～0x8100。可以把.text 从文件加载到内存的过程看作把数据对象从文件地址空间映射到物理地址空间的过程，如图 5-14 所示。

5.3.4 虚拟内存和分页

虚拟内存（Virtual Memory，VM）是由 N 个连续的字节存储单元构成的一个数组，每个字节具有唯一的虚拟地址作为其标识，N 是虚拟内存的大小。

虚拟内存与虚拟地址空间的关系是：虚拟内存在概念上是一个由连续字节存储单元构成的数组，而虚拟地址空间是虚拟内存中每一个字节的虚拟地址的集合；虚拟内存的大

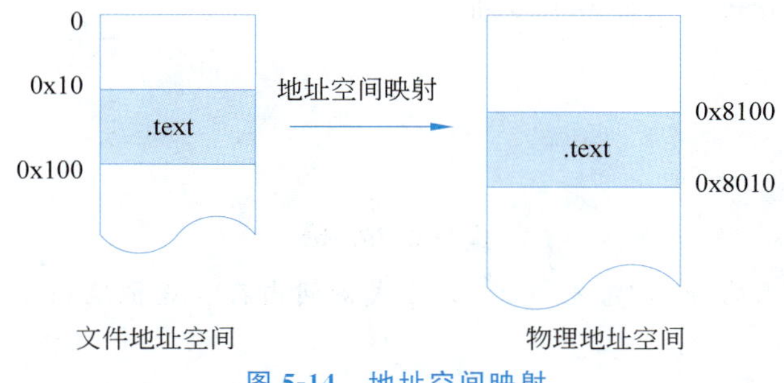

图 5-14　地址空间映射

小和虚拟地址空间的大小是相同的。例如，对于一个 32 位计算机系统，其虚拟内存和虚拟地址空间的大小都是 4GB。由于虚拟内存和虚拟地址空间具有一一对应关系，因此，在以后的讨论中，我们通常不区分虚拟地址空间和虚拟内存，二者可以相互指代。

为了便于管理，虚拟内存通常被划分为固定大小的块，每一个块称为一个虚拟页面(VP)(简称虚页)，页面的大小为 $P=2^p$ 字节。类似地，物理内存也被划分为大小相等的物理页面(PP)，或简称实页或页框(page frame)。为便于虚拟内存到物理内存的映射，虚页和实页的大小相等，通常为 4KB，即 $p=12$。

对于一个大小为 2^n 的虚拟内存，如果页面大小为 2^p，那么该虚拟内存就可以划分成 2^{n-p} 个页面，从 0 开始为每个页面编号，那么做了分页的虚拟内存就可以看成连续页面序列的集合{VP 0，VP 1，…，VP 2^{n-p}-1}。

虚拟内存的引入，使得一个数据对象与它的实际存储区域相分离。该数据对象可能存在于磁盘中，也可能存在于内存中，无论它存在哪里，我们总可以用虚拟内存中的一个区域(即连续字节或虚拟页面)来引用这个数据对象本身，而实际的存储区域就成为该数据对象的存储属性。

由于数据对象实际上存储在磁盘或内存等存储介质中，因此需要建立虚拟内存与该数据对象的实际存储空间的映射关系。

(1) Allocate 映射：虚拟内存到磁盘空间的映射。该映射是一个部分函数，将虚拟内存中的一个页面映射到磁盘中的一个数据对象，该数据对象是一段连续字节的区段，这个区段可以是一个普通文件中的一个片段，也可以是磁盘中连续的磁盘块(或称为匿名文件，或 paging file)。如果已经建立了 Allocate 映射，说明虚拟内存中的一些虚页已经“分配给”了磁盘中的数据对象，这时我们也可以把对应的磁盘空间称为虚拟内存的备份区(backing store)。

(2) Cache 映射：虚拟内存到物理内存的映射。它也是一个部分函数，将一个虚拟页面映射到唯一的一个物理页面。

通过虚拟内存及这两个映射，间接建立了磁盘空间与物理内存空间之间的关系。当 Cache 映射发生变化时，说明一个数据对象从一个物理页面移动到了另一个物理页面，从而实现了数据对象在内存中的上下浮动。

虚拟地址

现代计算机通常使用“虚拟地址”的方式访问内存。虚拟地址与物理地址的区别和联系如下。

(1) 物理地址是对内存中字节物理位置的编址方式，而虚拟地址是对应用程序中指令和数据的相对位置的编址方式。

(2) 虚拟地址是逻辑地址，是操作系统为了进程管理和内存管理而引入的，因此虚拟地址离不开编译器、链接器和操作系统的支持，而物理地址独立于操作系统。

(3) 内存地址空间、磁盘地址空间和 I/O 设备地址空间都可以被映射到虚拟地址空间。于是，虚拟地址空间就为程序提供了一个统一的存储空间映像，便于程序通过一致的方式访问内存、磁盘和特定的 I/O 设备。

(4) 虚拟地址到物理地址需要进行地址转换(address translation)，这种转换通常使用处理器芯片中专门的部件 MMU 完成，MMU 把虚拟地址转换为物理地址，如图 5-15 所示。有关地址转换的原理和过程将在第 6 章进一步展开。

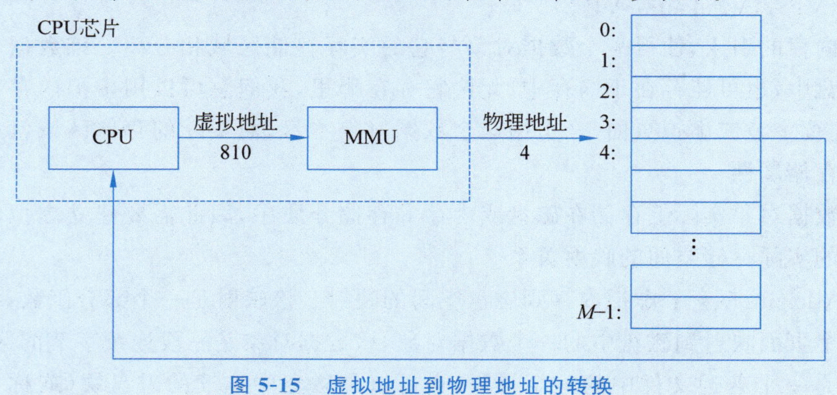

图 5-15 虚拟地址到物理地址的转换

【例 5-3】 图 5-16 给出了一个虚拟内存与磁盘中的文件及物理内存的映射关系。通过 Allocate 映射和 Cache 映射，间接建立磁盘空间与物理内存的关系。

4 个虚拟页面 VP 0～VP 3 分别与文件的 4 个片段 Segment 1～Segment 4 对应，其中 VP 0 缓存在物理页面 PP 1 中，VP 1 缓存在 PP 0 中，VP 2 缓存在 PP 3 中，而 VP 3 暂时还没有缓存到任何一个物理页面。通过虚拟页面 VP 0，Segment 1 被缓存(或被加载)在物理页面 PP 1 中，我们把 PP 1 称为 Segment 1 在内存中的缓存，把 Segment 1 称为 PP 1 在磁盘中的备份。

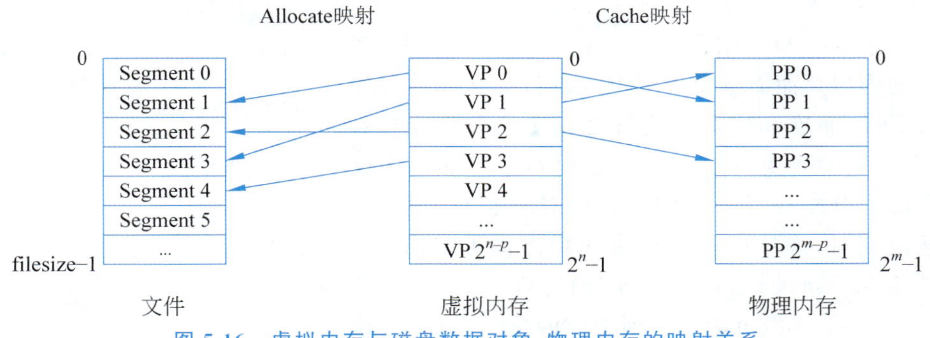

图 5-16　虚拟内存与磁盘数据对象、物理内存的映射关系

从图 5-16 还可以看到，并非所有虚拟页面都必须与磁盘数据对象相对应，一个与磁盘对象相对应的虚拟页面也不一定与一个物理页面相对应。根据虚拟页面的映射情况，可以把虚拟页面分为 3 个状态，如表 5-1 所示。

表 5-1　虚拟页面的状态

页面状态	Allocate 映射	Cache 映射	说　明
Unallocated（未分配）	未建立	未建立	该虚页还没有分配给一个磁盘数据对象。如果程序访问该虚页中的指令或数据，那么就会出现非法（invalid）地址访问异常
Cached（已缓存状态）	已建立	已建立	该虚页已经分配给一个磁盘数据对象，而且已被缓存（或已加载）到一个的物理页面中
Uncached（未缓存状态）	已建立	未建立	该虚页已经分配给一个磁盘数据对象，但该数据对象还没有被缓存/换入（swap in）一个物理页面中，仍然位于磁盘中
--	未建立	已建立	该状态不存在

例如，在图 5-16 中，VP 0、VP 1 和 VP 2 处于已缓存状态，说明已经把 Segment 1、Segment 3 和 Segment 2 换入对应的物理页面中，VP 3 处于未缓存状态，说明数据对象 Segment 4 还没有被换入物理页面。而虚拟页面 VP 4～VP 2^n-1 处于未分配状态，它们还没有被分配给任何磁盘数据对象。

5.3.5　虚拟内存究竟是什么

本节通过分析 openEuler 的源代码，说明虚拟内存实际上是一个描述进程结构分布的数据结构。

以 32 位 openEuler 操作系统为例。一个用户进程的虚拟内存大小为 $2^{32}=4$GB，其中，高 1GB 留给操作系统内核区使用，用户区从虚拟地址为 0x08048000 的字节开始分布，如图 5-17 所示。当进程创建时，建立虚拟内存，并把虚拟内存分配给相应的磁盘数据对象。由于程序和数据保存在可执行目标文件中，因此对应的虚拟页面能够映射到可执行目标文件中的程序和数据段，而堆和栈在可执行目标文件中并没有对应的部分，这时需要在磁盘的交换区（swap space）中或匿名文件中分配一部分空间与它们对应起来。总之，在创建进程时，虚拟内存与磁盘对象之间的 Allocate 映射就建立了起来。如果有空闲的物理页面，按照某种策略，可以把虚拟页面缓存到相应的物理页面中，建立起 Cache 映射，并使程序运行起来。当进程退出时，虚拟内存连同映射一起被释放。

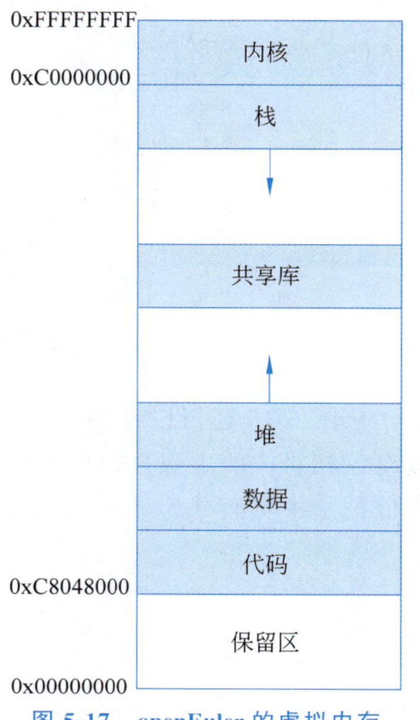

图 5-17　openEuler 的虚拟内存

值得注意的是，分配给用户进程的虚拟内存可达 3GB 左右，而一般的用户进程映像根本用不了这么大的空间，因此虚拟内存中相当一部分页面是处于未分配状态的（图 5-17 中的空白区）。随着程序的运行，堆和栈不断扩展和收缩，共享库不断载入和退出，未分配的虚拟页面也不断被分配和释放，页面的分配状态不断发生变化。

下面通过分析 openEuler 源代码，揭示可执行目标文件中的各个段与虚拟地址空间的映射关系。首先，虚拟内存是与一个进程相关联的，即每个进程都有 4GB 的虚拟内存。虚拟内存的大小取决于计算机的字长，表示 CPU 的寻址能力，与物理内存的大小无关。

本书采用的 openEuler 基于 Linux 内核 4.19.90 版本。在描述进程的结构体 task_struct 中，有一个指向结构体 mm_struct 的指针，它指示了一个进程的虚拟内存，如图 5-18 所示。

```
内核源码文件：include/linux/sched.h
struct task_struct{
    ...
    struct mm_struct * mm;
                            // 进程的内存信息，其中包括进程虚拟地址空间布局和页表指针 pgd
    ...
};
```

结构体 mm_struct 在如下内核文件中定义：

```
内核源码文件：include/linux/mm_types.h
/* 描述进程虚拟内存的数据结构 */
struct mm_struct {
```

```
    struct {
        struct vm_area_struct * mmap;              //虚拟内存区(VMA)列表指针
        ...
        unsigned long task_size;                   //进程虚拟内存空间大小
        unsigned long highest_vm_end;
        pgd_t * pgd;                               //页表指针
        ...
    } __randomize_layout;
    unsigned long cpu_bitmap[];
};
/* VMA 结构体定义 */
struct vm_area_struct {
    unsigned long vm_start;                        //VMA 的起始地址
    unsigned long vm_end;                          //VMA 的结尾地址
    /* 实现 VMA 的双向链表:指向下一个和前一个 VMA 的指针 */
    struct vm_area_struct * vm_next, * vm_prev;
    struct mm_struct * vm_mm;                      //指向进程虚拟内存结构体的指针
    pgprot_t vm_page_prot;                         //VMA 的读写控制属性
    unsigned long vm_flags;                        //VMA 的其他标识,见 mm.h 文件
    ...
} __randomize_layout;
```

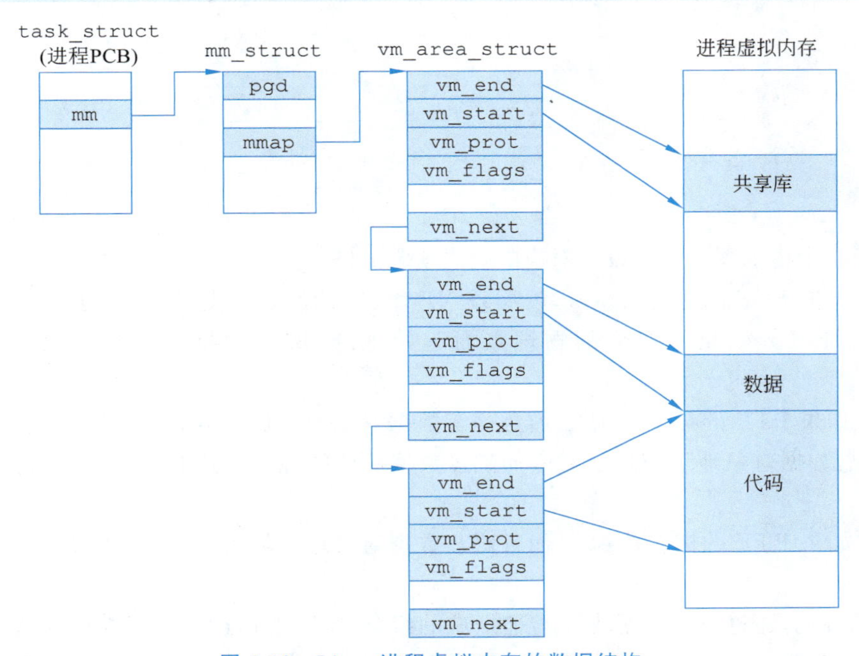

图 5-18　Linux 进程虚拟内存的数据结构

结构体 mm_struct 中的域 pgd 指向一级页表(即页目录)的起始地址,mmap 指向一个 vm_area_struct 结构体链表。vm_area_struct 包含如下域:

(1) vm_start,vm_end:一个虚拟内存区段(area)的起始和终止虚拟地址。

(2) vm_page_prot:描述一个虚拟内存区段中所有页面的读/写属性。

(3) vm_flags:描述一个虚拟内存区段中的页面可以被其他进程共享还是属于该进程私有。

(4) vm_next, vm_prev:指向下一个和上一个结构体的指针。

5.3.6 页表

为了方便地描述 Allocate 和 Cache 映射,需要一个称为页表(Page Table,PT)的数据结构。页表是一个由页表项(Page Table Entry,PTE)组成的数组。每个虚拟页面在页表中都对应一个页表项。就目前而言(以后根据应用需求,还会对页表项进行扩充),每个页表项 PTE 包含一个 1 位标志位(valid bit)、一个物理页面地址域和一个磁盘数据对象地址域。标志位和地址域一起指示虚拟页面当前的状态。虚拟内存与页表如图 5-19 所示。

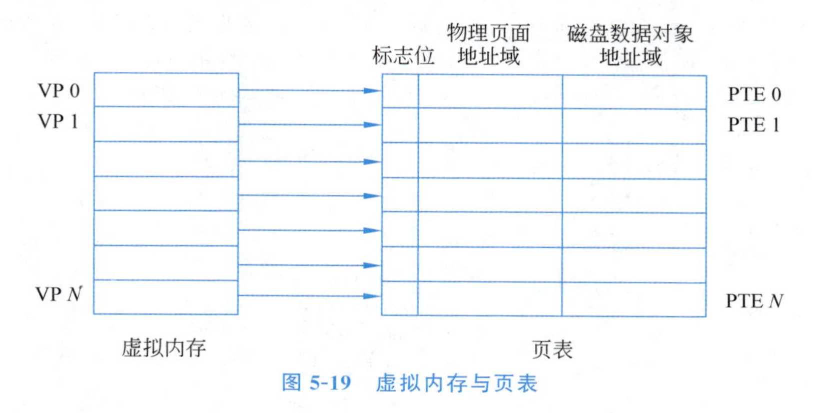

图 5-19 虚拟内存与页表

对于一个虚拟页面 VP,设它对应的页表项为 PTE。

(1) 如果 PTE 的标志位为 1,说明该 VP 为已缓存状态,物理页面地址域和磁盘数据对象地址域分别指示对应的物理页面起始地址(或物理页号)和磁盘数据对象的地址。

(2) 如果 PTE 的标志位为 0,而且磁盘数据对象地址域非空,说明该 VP 处于未缓存状态,磁盘数据对象地址域指示对应的磁盘数据对象的地址。这时,物理页面地址域没有意义。

(3) 如果 PTE 的标志位为 0,而且磁盘数据对象地址域为空,说明该 VP 处于未分配状态。

由此可见,通过页表项标志位与地址域的组合,实际上描述了虚拟内存的 Allocate 映射、Cache 映射,以及每个虚拟页面的状态。因此,通过考查页表,就可以了解当前物理内存缓存磁盘数据的状况。

为了表示方便起见，在后面的讨论中，用 valid-bit(PTE)表示页表项 PTE 的标志位，用 address-field(PTE)表示 PTE 的物理页面起始地址。

【例 5-4】 图 5-20 用一个页表描述虚拟内存的映射状态。在 $N+1$ 个虚拟页面中，6 个虚拟页面分别分配给 6 个磁盘块(5 号块～10 号块)，其中 4 个页面已经缓存在物理页面中，其余虚拟页面均未分配。

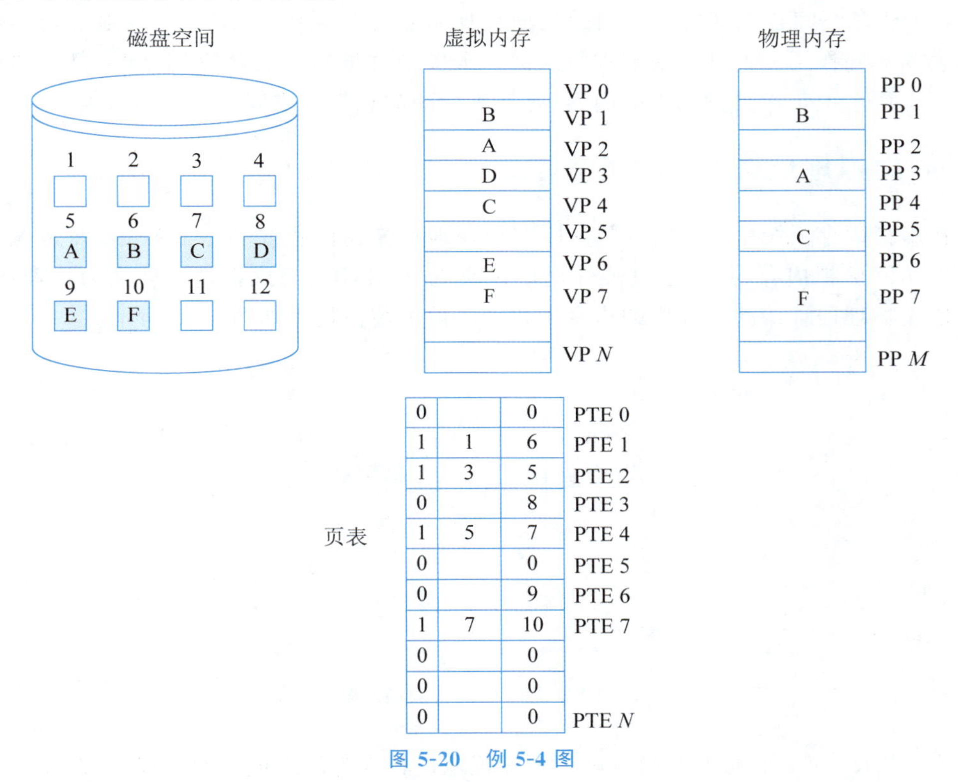

图 5-20　例 5-4 图

关于页表还需要注意以下几点。

(1) 页表存储在物理内存中，占有一定存储空间。对于一个 n 位虚拟地址空间，虚拟页面的个数为 2^{n-p} 个，那么页表中的页表项就有 2^{n-p} 个。如果一个页表项占用 m 字节，那么页表总共占用 $m\times 2^{n-p}$ 字节。

(2) 页表的状态不是一成不变的。如果操作系统把一个虚拟页面对应的磁盘数据对象换入某个物理页面中，那么相应页表项的状态变化如图 5-21 所示。

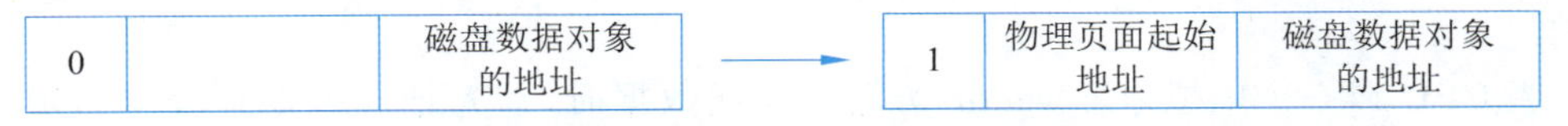

图 5-21　将虚拟页面对应的磁盘数据对象换入某物理页面中

如果操作系统把某个虚拟页面从物理页面中换出(swap out)到磁盘空间,那么对应的页表项状态变化如图 5-22 所示。

图 5-22　将虚拟页面从物理页面中换出到磁盘空间

(3) 磁盘空间与物理内存之间的页面交换依赖操作系统、MMU 中的地址转换硬件及页表的共同作用。地址转换硬件每次把一个虚拟地址转换为物理地址时,都需要访问页表。操作系统负责维护页表的内容,并且负责磁盘和内存之间交换页面数据。

5.3.7　虚拟地址转换和缺页故障处理

在虚拟内存系统中,CPU 不是直接用物理地址来访问程序指令和数据,而是先用虚拟地址访问虚拟内存,然后通过硬件地址转换机构 MMU,把虚拟地址转换为物理地址,最后通过物理地址访问内存中的指令和数据。地址转换过程如图 5-23 所示。

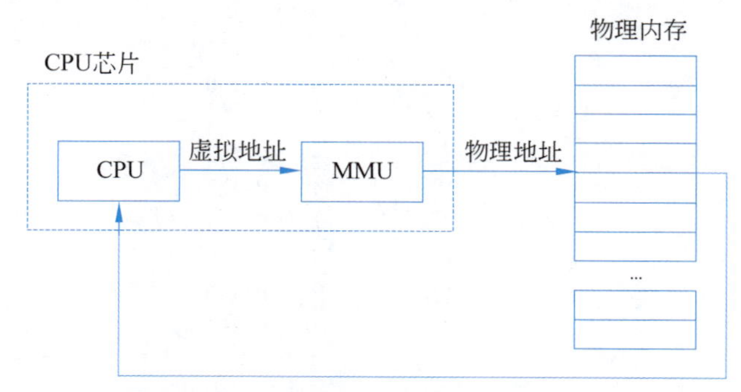

图 5-23　CPU 通过地址转换访问物理内存

下面用图 5-24 来说明 MMU 硬件把虚拟地址转换为物理地址的过程,以及在该过程中所产生的缺页故障(page fault)的处理过程。

对图 5-24 的虚拟地址转换为物理地址的过程做如下说明。

虚拟地址转换过程是由硬件机构 MMU 完成的,而缺页故障异常处理过程是由操作系统软件来完成的。由于地址转换需要查询页表,而页表位于内存中,因此需要额外的内存访问开销。为了尽可能缩短查表及地址计算过程的时间,通常由硬件机构来完成查表和地址计算(具体过程将在下面介绍)。缺页故障异常处理例程是操作系统内核的一部分,页面在磁盘和内存之间的交换及页表状态的更新都是由操作系统软件来完成的。

当 CPU 以一个虚拟地址 vaddr 访问指令或数据时,首先把虚拟地址分解为虚页号 VPN(或虚页地址)和虚页偏移量 VPO,具体算法是用 vaddr 除以页面大小,得到的商就是 VPN,余数就是 VPO。以得到的 VPN 为索引查页表,得到对应的页表项 PTE,然后考察该项的有效位，即 valid-bit(PTE)。若 valid-bit(PTE)为 1，说明该虚页已缓存到一个实页中，其实页号为 address-field(PTE)，因此物理地址就是 address-field(PTE)+PPO。由于虚页和实页的大小相同，因此虚页偏移量就是实页偏移量 PPO，于是物理地址 paddr =address-field(PTE)+VPO，如图 5-24(a)所示。

若 valid-bit(PTE)为 0，说明访问的虚页没有被缓存，MMU 将抛出缺页故障异常，操作系统程序响应这一异常，并进行相关处理，如图 5-24(b)所示。如果没有空闲的实页，那么就需要从被占用的实页中选择一个，并判断它是否被修改过。为了判断一个虚页(或实页)是否被修改过，通常需要在页表中增加一个**变更位**(modify bit，或 dirty bit)，做了这样的扩充之后，页表项的结构变为：

PTE	标识位	变更位	物理页面起始地址域	磁盘数据对象地地址域

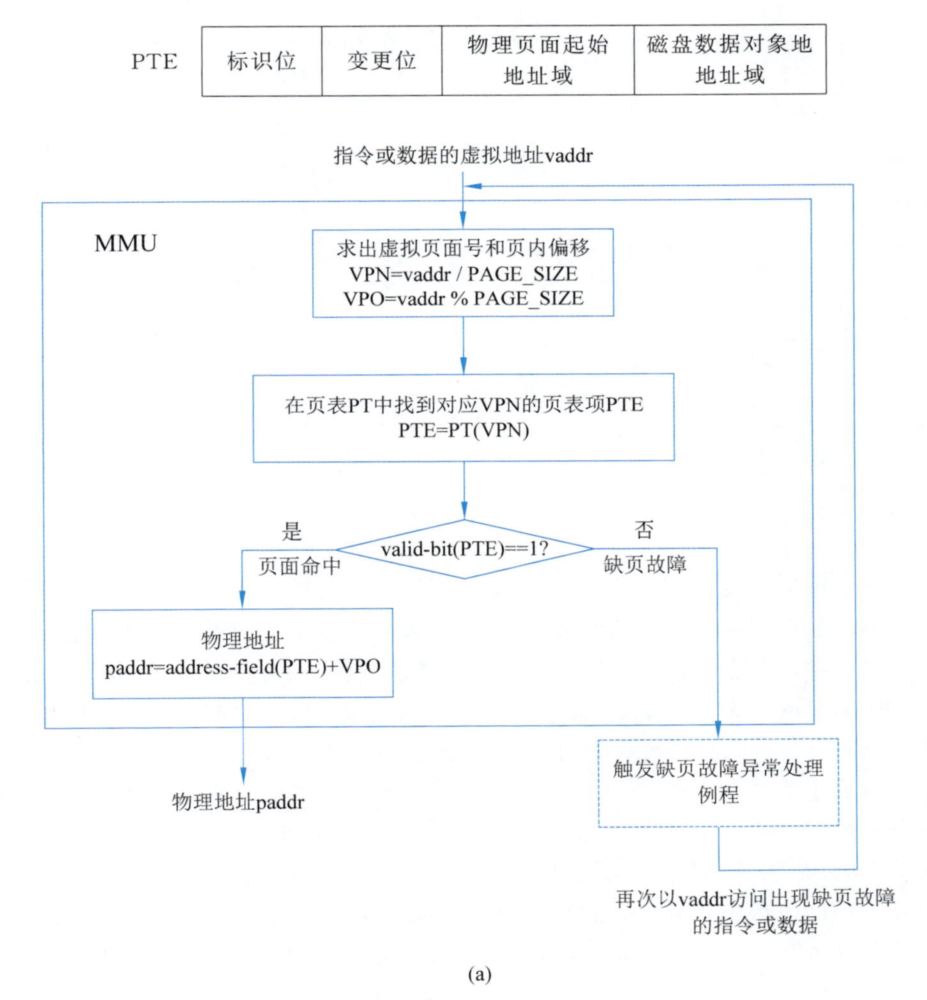

(a)

图 5-24　虚拟地址转换为物理地址的过程

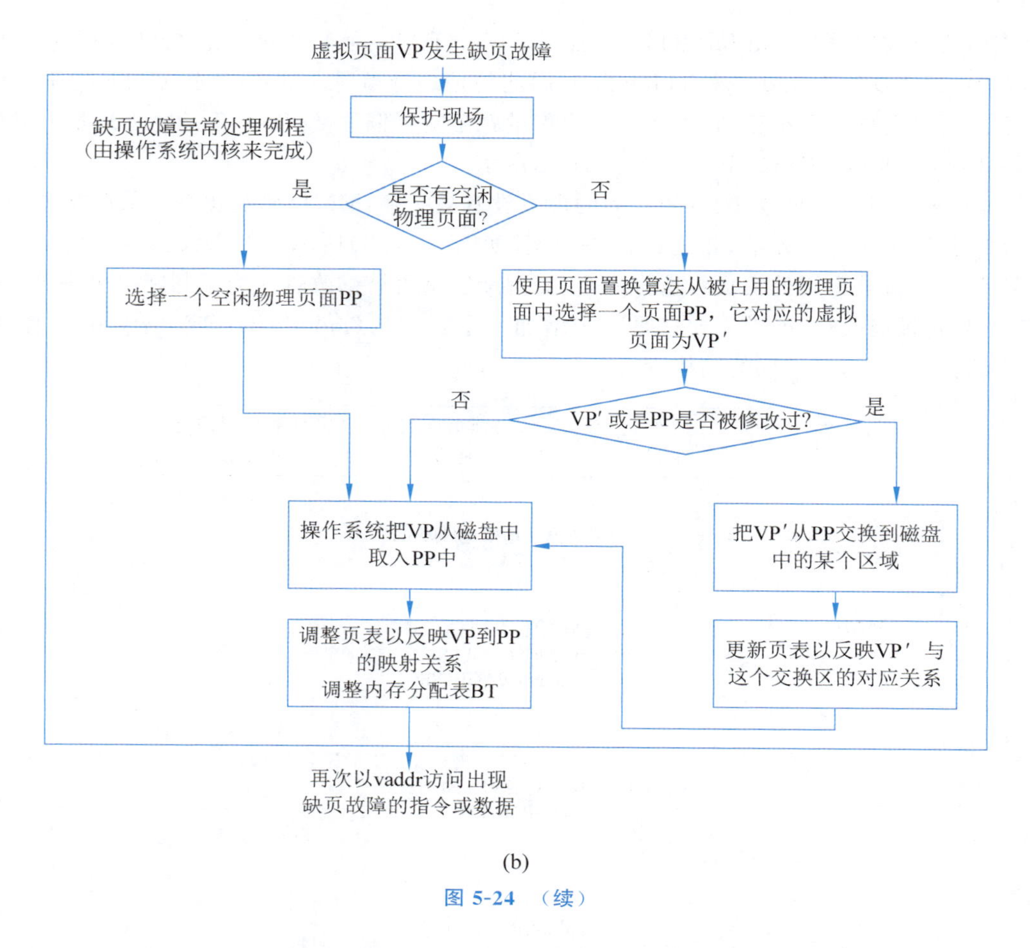

(b)

图 5-24 （续）

如果一个虚页变更过，那么需要将它交换到磁盘中的特定交换空间中，否则就会丢失变更。如果以后需要再次访问该虚页时，那么又要将它从磁盘交换到内存中。我们将一个虚页在磁盘和内存之间传输的过程称为页面**交换过程**(swapping 或 paging)，磁盘空间中用于交换的区域称为**交换空间**(swap space)。由于磁盘的访问速度远低于内存，因此使用交换空间会显著降低系统性能，但是会提高系统的吞吐量。

第 3 章讲述了进程管理，当系统的可用内存达到一个最低阈值时，一些进程会被选中并完全换出内存，从而处于挂起状态。实际上，在现代操作系统中，很少将一个进程地址空间完全换出，而是采用页面交换技术来实现进程部分空间的换入和换出。

输入 MMU 的虚拟地址 vaddr 可能是指令的虚拟地址，也可能是操作数的虚拟地址。当发生缺页故障并处理完毕之后，控制流需要以 vaddr 再次访问发生缺页故障的指令或数据。这时，由于虚页已经被换入内存，因此不会出现缺页故障，于是 MMU 将该虚拟地址成功转换为物理地址，进而访问物理内存。

在判断内存中是否存在空闲实页，以及从实页中选择一个将被换出的页面时，需要了解内存中实页集合的状态，我们用内存分配表 BT(Block Table)(或称块表)来描述这个状态。与页表类似，BT 也由若干表项 BTE 组成，每个表项 BTE_i 描述物理页面 PP_i 的空闲和占用状态，例如用 1 表示“占用”，0 表示“空闲”。注意，当一个实页被占用或释放时，要及时更新 BT 表，以反映物理页面状态的变化。

最后要强调，虚拟地址转换由 MMU 硬件来完成，而缺页故障处理过程则由 MMU 硬件和操作系统软件共同来完成：MMU 硬件判断对应页表项的标志位，如果标志位为 0，那么产生一个缺页故障，对缺页故障的处理由操作系统内核中的缺页故障处理例程来完成。

另外，MMU 在进行虚拟地址转换时，只需要用到页表中的部分列，如标志位和物理页面起始地址域(或实页号)，而缺页故障处理过程中需要用到页表中另外一些列，如变更位和磁盘数据对象地址域等。因此，在有些文献中，把缺页故障处理过程中用到的部分页表称为**软页表**(software page table)。

【例 5-5】 考虑这样一个虚拟内存，虚拟地址用 8 位来表示，其中高 3 位表示虚拟页面号，低 5 位表示页面偏移。虚拟内存以字节为单位进行编址和访问。假设一个进程有 6 页，其页表如下所示。

虚拟页面号	有效位	物理页面号	变更位	磁盘块号
0	1	4	0	7
1	1	7	0	23
2	0	—	—	1
3	1	0	1	9
4	1	5	1	2
5	0	—	—	6
6	未分配			
7	未分配			

(1) 求虚拟内存的大小、页面大小和页面的个数。

(2) 写出每个页面的虚拟地址(用十六进制表示)范围。

(3) 如果程序计数器 PC=0x25，在访问这条指令时是否会发生缺页故障？如果不会，那么 MMU 把该地址转换成的物理地址是多少？

(4) 执行指令 mov %eax, 0xD1 时，能否执行成功？

解　(1) 虚拟内存大小由虚拟地址的位数决定，因此其大小为 $2^8=258$ 字节；页面大小由虚拟地址中页面偏移的位数决定，因此页面大小为 $2^5=32$ 字节；页面个数由虚页号的位数决定，因此虚页个数为 $2^3=8$ 个。当然，该关系必须成立：虚拟内存大小=页面大小×虚拟页面个数。

(2) 每个虚拟页面的地址(用十六进制表示)范围如图 5-25 所示。

(3) 程序计数器寄存器中保存的是将要读取的指令的虚拟地址。虚拟地址 0x25 位于虚拟页面 VP 1,而 VP 1 的有效位是 1,说明该页面对应的数据已经加载到(缓存到)7 号物理页面,因此不会发生缺页故障。根据地址转换算法,可得物理地址(十进制)为 $7\times32+5=229$,即十六进制的 0xE5。

(4) 指令 mov %eax, 0xD1 要把寄存器%eax 中的内容移动到虚拟地址 0xD1 的字节单元。地址 0xD1 在虚拟页面 VP 6,而 VP 6 目前还没有被分配,因此 0xD1 是一个非法地址访问,将会触发相应的异常。操作系统响应这一异常,将终止该程序的执行。

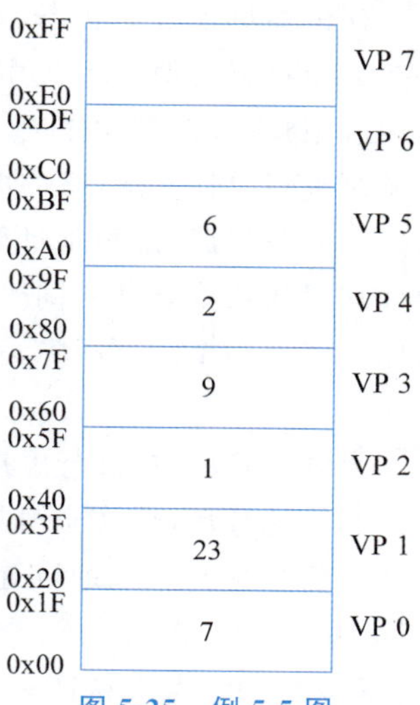

图 5-25 例 5-5 图

5.3.8 对内存管理需求的支持

本章一开始就对内存管理提出了可重定位、共享、隔离和可扩充 4 个基本需求。虚拟内存的引入可以以一种非常一致、简洁和优雅的方式实现上面的需求。本节就来讨论虚拟内存如何实现上述内存管理需求。

1. 对重定位的支持

可重定位要求进程的全部或部分结构能够在运行时上下浮动。如果直接使用物理地址来访问进程的结构,那么就会面临进程结构的物理地址不断变化的问题,增加了内存管理的难度。

虚拟内存将一个数据对象与它的存储空间分离开来,用虚拟地址空间对进程的结构进行一致的编排和布局,而且这种布局是固定的。例如,任何一个 Linux 进程的代码段总是起始于虚拟地址 0x08048000(对于 32 位地址空间)或 0x00400000(对于 64 位地址空间),数据段和 bbs 段紧跟在代码段之后,栈占据了进程用户地址空间的最高地址部分,并且向下增长。这种一致的虚拟内存布局格式与这些部分在物理内存中的实际布局及上下浮动无关。而且,程序总是以虚拟地址访问指令和数据,这些虚拟地址与指令和数据的物理内存地址无关。

页表机制也有利于实现进程结构的重定位。页表中 PTE 地址域的状态变化能够将同一个虚拟页面映射到不同的物理页面,这就实现了进程结构的重定位和上下浮动。另外,基于页表的虚拟地址转换过程是一种动态地址定位方法:CPU 使用虚拟地址访问一个数据对象,通过地址转换过程将虚拟地址转化为物理地址。当数据对象发生浮动以后,页表项的状态也会随之发生相应变化,使得物理地址始终能够准确地引用数据对象。

2. 对私有和共享的支持

一般来说，每个进程都有自己私有的代码、数据、堆、栈等结构，这些结构不能与其他进程共享。操作系统为不同的进程创建不同的页表，并把不同进程的虚页映射到不同的物理页面，以此来实现进程私有地址空间的隔离。

但在某些情况下，进程之间又需要共享代码和数据。例如，每个进程都需要调用相同的操作系统内核代码，每个 C 程序都会调用标准 C 库，如 printf。如果为每个进程复制一份内核和标准 C 库，放入进程的私有地址空间，那么将会占用大量的内存空间。这种情况下，操作系统通常会让多个进程共享这些代码的同一个副本。实现共享的方法是：操作系统首先把磁盘空间中的共享代码和数据映射到每个进程的虚拟内存中，然后通过每个进程各自的页表，把对应的虚拟页面映射到同一物理页面。图 5-26 给出了进程 i 和 j 共享代码和数据的例子。

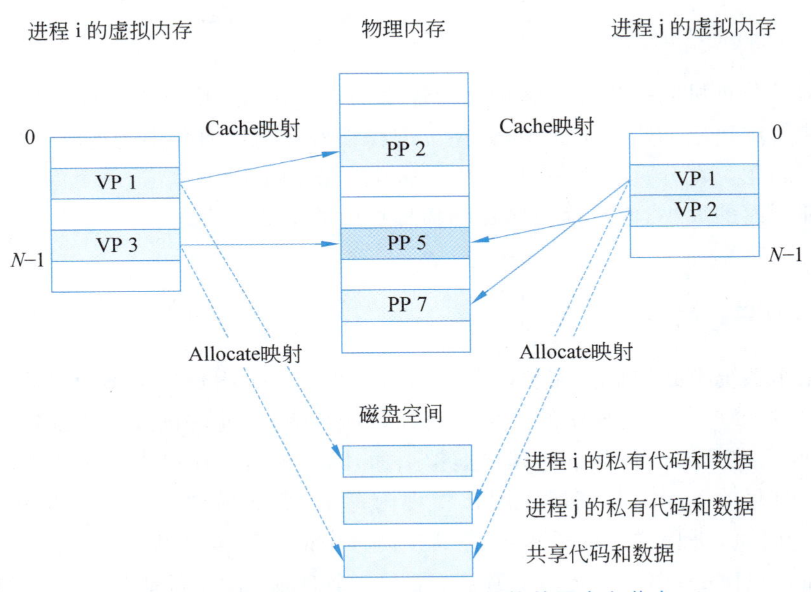

图 5-26　通过虚拟内存实现进程结构的隔离和共享

进程 i 和 j 分别拥有各自私有和共享的代码和数据。私有的部分分别通过 Cache 映射对应不同的物理页面 PP 2 和 PP 7。对于共享的代码和数据，进程 i 和 j 先通过 Allocate 对应各自的虚拟页面 VP 3 和 VP 2，然后通过 Cache 映射把 VP 3 和 VP 2 映射到同一物理页面 PP 5。这样，共享的代码和数据在物理内存中实际上只存在一个副本。

通过以上描述可以看出，在单处理器情况下，进程之间的隔离性是这样实现的：每个进程都拥有一个页表，不同进程的页表把进程的虚拟内存空间映射到不同的物理内存空间，当处理器正在执行一个进程 i 时，它使用进程 i 的页表进行虚拟地址转换；而当处理器切换到另一个进程 j 时，它使用进程 j 的页表进行虚拟地址转换。由于不同进程的页表把进程的虚拟内存空间映射到不同的物理内存空间，因此进程 i 和 j 实际上是对不同的物理内存空间进行操作，由此可以保证一个进程不会访问另一个进程的地址空间。

当一个进程在用户模式下试图通过一个虚拟地址访问虚拟内存中的内核区域时，由于该虚拟地址已经超出了用户地址空间的范围，处理器在进行地址转换时，就会抛出一个地址越界异常，禁止继续访问。一个进程只能通过操作系统提供的系统调用进入内核模式，因此它的行为只能按照操作系统规定的行为运行，并不能“为所欲为”。通过这种方式，可以防止一个进程有意或无意地入侵或破坏内核或其他进程的地址空间。

值得注意的是，对于共享的代码和数据，允许多个进程访问，但这并不意味着这些进程可以不加任何控制地访问共享地址空间。如果共享地址空间中的数据段是只读的，或代码段是可重入(reentrant)的，那么多个进程可以任意方式访问数据段和代码段；反之，如果数据段是可读写的或代码段是非可重入的，那么当多个进程访问共享代码和数据时，必须进行合理的并发控制，否则可能会导致不期望的错误结果。

3. 对离散内存分配的支持

虚拟内存分页机制把进程的结构分为连续的虚拟页面，并且通过页表把这些连续的虚拟页面映射到离散的物理页面中，避免了进程结构在物理内存中的连续分配，从而解决了内存碎片问题。在分页管理中，物理内存分配以物理页面为单位，一个内存碎片最大不会超过物理页面的大小，而且存在碎片的物理页面的个数通常很少，因此提高了内存的使用效率。

4. 对内存保护的支持

任何操作系统都必须提供控制内存访问的方法。一个用户进程不允许改变它的只读代码段；不允许读或改变内核中的任何代码和数据结构；不允许读或写其他进程的私有内存；不允许改变被其他进程共享的任何虚拟页面，除非征得了所有参与进程的同意。

如果把内存的访问控制直接作用在物理内存上，那么保护需求实现起来非常复杂。例如，在某个时刻，进程的代码段.text 存储在内存中的一个区域 A，那么我们要求 A 的访问控制属性是只读的；由于重定位的存在，在下一个时刻，.text 可能被存储在另一个区域 B，而 A 区域可能被用于存储数据段.data，这时 A 的访问控制又变为读和写。也就是说，由于重定位的存在，一块物理内存的访问控制属性会不断发生变化，因此对它进行保护也就比较困难。

虚拟内存的引入可以很好地解决内存保护问题：访问控制作用在虚拟页面上而不是物理页面上。每个进程拥有独立的虚拟地址空间，很容易把不同进程的私有部分隔离开来，而且可以以一种自然的方式对地址转换机制进行扩展，以提供更细粒度的访问控制。CPU 每次产生一个虚拟地址时，地址转换硬件都要读取一个 PTE，因此可以通过对 PTE 增加一些额外的允许位(permission bit)来施加访问控制，如图 5-27 所示。

在每个 PTE 中增加 3 个允许位。SUP 位指示进程是否必须在内核模式下才能访问

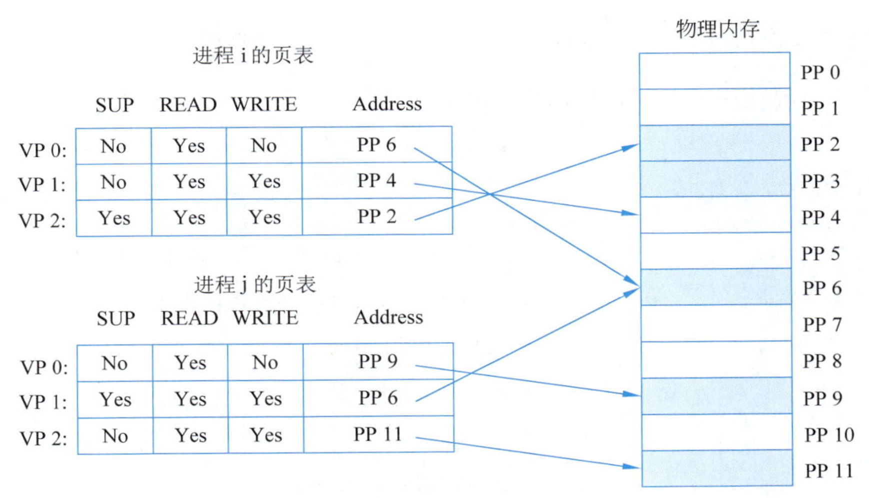

图 5-27 页面级内存访问控制

该虚页。运行在内核模式下的进程可以访问任何页面,但是运行在用户模式下的进程只能访问 SUP 为 No 的页面。例如,如果进程 i 运行在用户模式下,那么它有权读 VP 0,有权读写 VP 1,但无权访问 VP 2。

如果一条指令在访问虚拟页面时违反了这些权限,或者访问了一个未分配的页面,那么 CPU 就会触发一个保护异常(protection fault),控制流转移到内核中的异常处理例程。在 Windows 和 Linux 中通常把这类保护异常统称为段故障(segment fault)。

5. 对存储器扩充的支持

存储器扩充的需求指在不增加物理内存的前提下,使用软件方法,让尽可能多的进程运行在有限的内存中。分区管理要求把进程的结构全部加载到内存中,因此不可能实现存储器的扩充。前面介绍的覆盖技术和下一节介绍的按需(on demand)分页技术都是实现存储器扩充的方法。

按需分页技术的基本思想是:在加载时,并不是把进程虚拟地址空间中的所有页面都缓存在物理页面中,而是访问到哪个虚页时,才把这个页面缓存到物理页面中,即只把每个进程的部分虚页缓存到物理内存中,这样就可以用有限的内存运行数量更多的进程。从用户角度来看,就好像存储器被扩充了一样。

5.3.9 地址转换的硬件实现和加速

为了加快地址转换过程,通常使用特定的硬件(如 MMU),来完成这一过程,而且还采取了加速查询页表的方法。本节将探讨地址转换过程的硬件实现方法及加速方法。

1. 地址转换的硬件实现

先引入将要使用的一些符号，如表 5-2 所示。

表 5-2　地址转换过程使用的符号

符　　号	描　　述
$N=2^n$	n 是虚拟地址的位数，N 是虚拟地址空间的大小
$M=2^m$	m 是物理地址的位数，M 是物理地址空间的大小
$P=2^p$	P 是页面大小(字节)
VPO	虚拟页面偏移量(字节)
VPN	虚拟页面号
PPO	物理页面偏移量(字节)
PPN	物理页面号

地址转换是一个从虚拟地址空间(VAS)到物理地址空间(PAS)的映射：

$$\text{MAP: VAS} \rightarrow \text{PAS} \cup \varnothing$$

该映射满足如下关系：

$$\text{MAP}(A)=\begin{cases} A', & \text{如果虚拟地址 } A \text{ 处的数据对象在物理地址 } A' \in \text{PAS 处} \\ \varnothing, & \text{如果虚拟地址 } A \text{ 处的数据对象不在物理内存中} \end{cases}$$

图 5-28 给出了 MMU 硬件使用页表实现这个映射的方式。

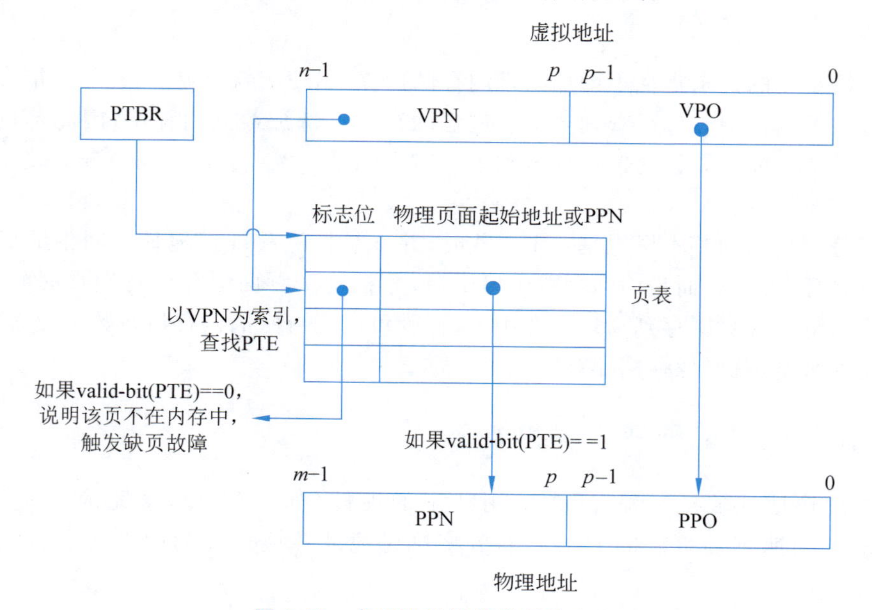

图 5-28　虚拟地址转换的硬件实现

CPU 中一个称为**页表基址寄存器**(Page Table Base Register,PTBR)的控制寄存器指向当前页表在物理内存中的起始地址,即通过 PTBR,MMU 可以访问当前进程的页表。

要把一个 n 位虚拟地址 vaddr 转换为物理地址 paddr,应该先求出 vaddr 的 VPO 和 VPN。通过对页面大小分别求余和求商得到 VPO 和 VPN,而二进制机器采用了更简单的方法得到 VPO 和 VPN:

> 一个 n 位虚拟地址的低 p 位就是它的虚拟页面偏移量 VPO,剩余的高 $(n-p)$ 位就是虚拟页面号 VPN。

MMU 以 VPN 为索引在页表中找到对应的 PTE。例如,VPN 0 对应 PTE 0,VPN 1 对应 PTE 1,以此类推。如果该虚页在内存中,那么就可以从 PTE 中得到物理页面号 PPN,然后将 PPN 与 VPO 进行拼接,得到物理地址。注意,由于物理页面和虚拟页面的大小是相同的,因此 VPO 和 PPO 是相同的。

下面用一个简单的数学公式来表示虚拟地址的转换过程。

> 设 n 位虚拟地址 vaddr 可以简记为 vaddr=[VPN, VPO]。在页面命中情况下,虚拟地址转换过程可以表示为如下公式:
>
> $$\text{paddr} = [\text{address-field}(\text{PT}(\text{VPN})), \text{VPO}]$$
>
> 其中,PT(VPN)表示以 VPN 为索引,在页表 PT 中找到对应的页表项 PTE;address-field(PT(VPN))表示页表项的物理页面地址或物理页面号。

【例 5-6】 给定一个 32 位虚拟地址空间和 24 位物理地址空间,页面大小为 $P=4\text{KB}$。

(1) 求 VPN,VPO,PPN 和 PPO 的位数。

(2) 求虚拟页面和物理页面的个数。

(3) 把虚拟地址 0x08048010 转化为物理地址,其中页表如图 5-29 所示。

	标志位	物理页面号
0x00000	.	…
0x00001	.	…
0x00002	.	…
⋮		
0x08047	.	…
0x08048	1	0x123
⋮		
0xFFFFE	.	…

图 5-29 例 5-6 图

解

(1) 页面大小为 $P=4\text{KB}=2^{12}\text{B}$,因此 $p=12$。VPN 的位数为 $32-12=20$;VPO 的位数为 12;PPO 的位数 = VPO 的位数 = 12,PPN 的位数为 $24-12=12$。

(2) 虚拟地址空间的大小为 $2^{32}=4\text{GB}$,一个页面的大小为 2^{12}B,因此虚拟页面的个数为 $2^{32}/2^{12}=2^{20}$;从另一个角度,虚拟页面的个数实际上就是

VPN 的个数，一个 VPN 占用 20 位，因此 VPN 的个数就是 2^{20}。另外，有 2^{20} 个 VPN 就意味着页表有 2^{20} 个页表项。同理，物理页面的个数就是 PPN 的个数，为 2^{12}。

(3) 虚拟地址 0x08048010 的 VPO=0x010，VPN=0x08048。对应 VPN 的页表项指出，该页在内存中，并且物理页面号为 0x123，因此物理地址为 0x123010。

2. 使用快表加速地址转换过程

CPU 每产生一个虚拟地址，MMU 就必须访问一次 PTE 以进行地址转换。由于页表在内存中，地址转换过程会带来额外的内存访问，将花费数十到数百个周期。为了加速地址转换过程，减小访问页表的开销，许多计算机系统在 MMU 中增加了一个称为快表（Translation Lookaside Buffer，TLB）的存储部件，用来缓存最近访问的部分页表项。

TLB 是一个高速访问的存储器，由若干行组成，每一行存储一个页表项。TLB 用来缓存最近访问的部分页表项。给定一个虚拟页面号 VPN，如果对应的 PTE 在 TLB 中，那么称 TLB 命中；否则称 TLB 未命中。如果 TLB 命中，那么可以直接从 TLB 中读出 VPN 对应的 PTE；如果未命中，说明 VPN 对应的 PTE 不在 TLB 中高速缓存，那么不得不从内存中的页表中获取 PTE，并将它加入 TLB 的某行，以便下一次访问时命中。

图 5-30(a)是 TLB 命中情况下的地址转换过程。由于所有的地址转换步骤都在 MMU 内部完成，因此速度非常快。其具体步骤描述如下：

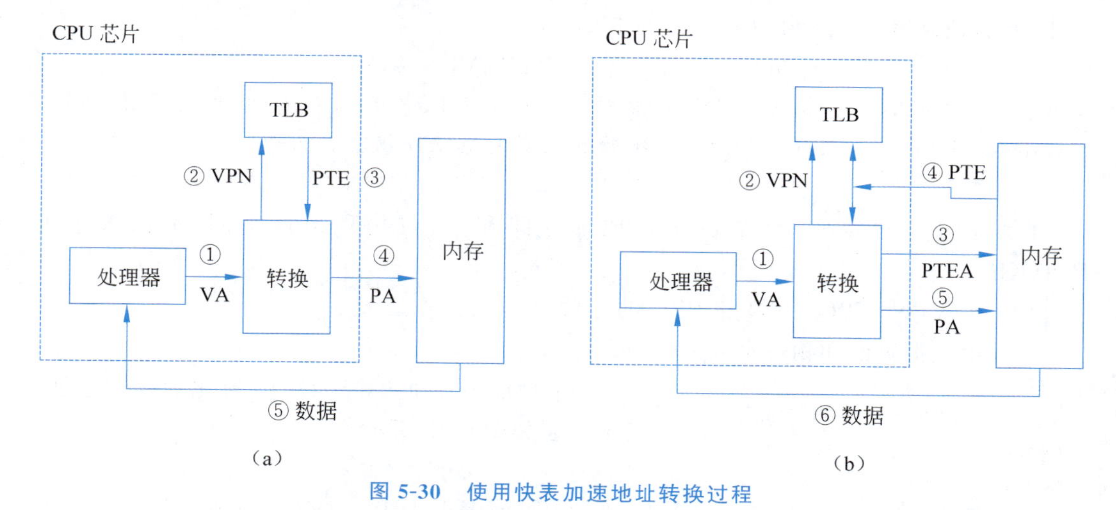

图 5-30 使用快表加速地址转换过程

① CPU 产生一个虚拟地址；

②和③ MMU 根据 VPN 从 TLB 中得到相应的 PTE；

④ MMU 把虚拟地址转换为物理地址，并发送到内存；

⑤ 内存返回请求的数据给 CPU。

当 TLB 未命中时，MMU 不得不从内存中获取 PTE。新获取的 PTE 保存在 TLB 中，如果 TLB 中没有足够的行，那么有可能覆盖某行，如图 5-30(b)所示。

值得注意的是，TLB 实际上是页表的部分缓存，其中保存了最近访问的 PTE。那么就存在一个有效性问题，即 TLB 中保存的页表项能否显著提高命中率？如果命中率不高，那么大部分情况下仍然需要从页表中获取相应的 PTE，这就失去了引入 TLB 的意义。5.4.1 节将要介绍的程序局部性原理能够回答这个问题，它保证了 TLB 的有效性。

3. 多级页表

通常，我们采用多级页表来管理虚拟页面与物理页面的映射关系。例如对于两级页表，第 1 级页表包括若干页表项，每个页表项的地址域指向第 2 级页表的基地址。每个第 2 级页表的页表项的地址域指向物理页面的基地址。通常将第 1 级页表称为页目录，对应的页表项称为页目录表项（Directory Table Entry，DTE），第 2 级页表仍然称为页表。

例如，对于一个 32 位地址空间，页面大小是 4KB。如果让页目录拥有 1K 个 DTE，那么每个第 2 级页表应该拥有 1K 个 PTE。这样，两级页表一共可以描述 1K×1K 个虚拟页面的映射关系。如图 5-31 所示。

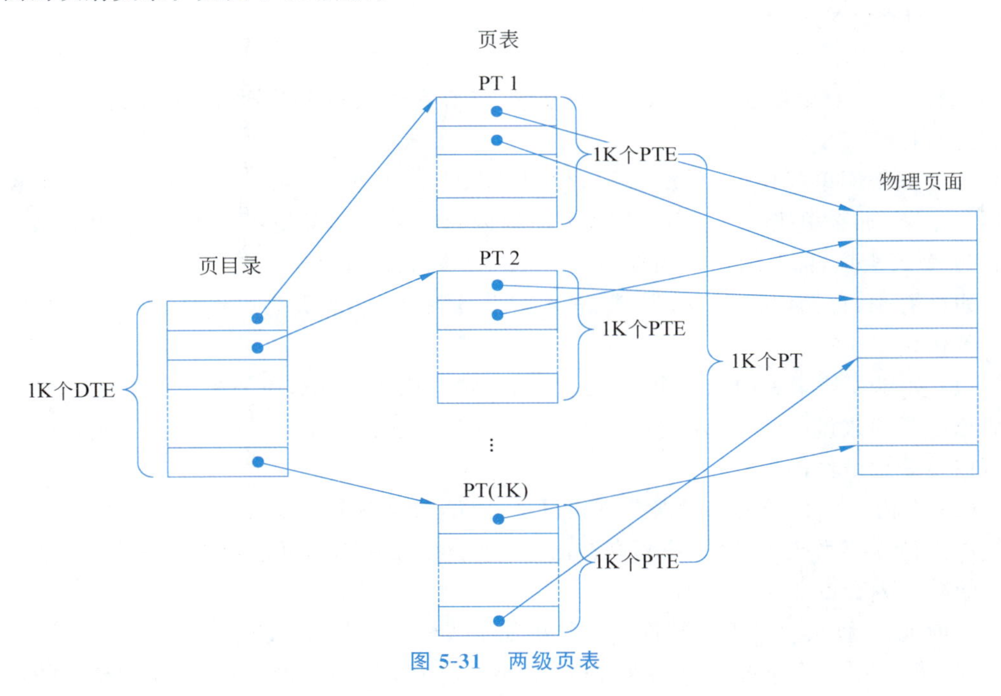

图 5-31　两级页表

每一级页表的页表项数目与虚拟地址的分段划分是一一对应的。例如，图 5-31 所示的两级页表结构对应这样的虚拟地址划分如下：

DTN 10位	VPN 10位	VPO 12位

32位虚拟地址

其中，虚拟地址 vaddr 的低 12 位为虚拟页面偏移量 VPO，中间 10 位为第 2 级页表的表项号，即虚拟页面号 VPN，高 10 位为页目录表项号(或第 1 级页表号 DTN)。给定一个虚拟地址

$$vaddr = [DTN, VPN, VPO]$$

可以通过如下步骤进行地址转换：

(1) 根据 DTN，在目录表 DT 中找到第 2 级页表的基址 DT(DTN)。

(2) 根据 VPN，在相应的第 2 级页表中找到对应的页表项 DT(DTN)(VPN)。

(3) 获取页表项 DT(DTN)(VPN)的地址域，即物理页面的基址 address-field (DT(DTN)(VPN))。

(4) 然后将物理页面基址与 VPO 拼接，形成物理地址 paddr＝[address-field(DT(DTN)(VPN)), VPO]。

【例 5-7】 对于图 5-31 所示的两级页表，计算存储该页表需要的内存空间，并与单级页表进行比较。

解 如果用单级页表，页表共有 2^{32} KB/4KB＝2^{20}(即 1M)个页表项。假设每个表项占用 4 字节，那么单级页表占用 4MB 大小的内存空间。如果使用二级页表，共需要(1K＋1M) 个页表项，即二级页表需要占用(1K＋1M)×4B 内存。

表面看来，存储多级页表更浪费内存空间，实际上，多级页表可以从以下两方面减小内存的占用。

(1) 如果页目录表中的一个 DTE 为 null，则意味着没有对应的第 2 级页表。对于一个典型的程序来说，4GB 大小的虚拟内存中，绝大部分页面都是未分配的，因此利用这一点可以显著地节约内存使用。

(2) 在内存中只需要随时保存页表目录，而第 2 级页表可以保存在磁盘中，在需要的时候由虚拟内存系统来创建、换入和换出，只把最经常使用的页表缓存在内存中，这样可以大幅减小内存的压力。

一般地，k 级页表的地址转换需要经历如下步骤，如图 5-32 所示。

(1) 把虚拟地址 VA 进行分段，得到 VPN 1，VPN 2，…，VPN k，VPO。VPO 的位数取决于页面的大小。如果页面大小为 $P=2^p$，那么 VPO 占据 VA 最低的 p 位；VPN i ($1 \leqslant i \leqslant k$)的位数取决于第 i 级页表的项数。假如第 i 级页表的项数为 1KB，那么 VPN i 占据 10 位。反过来，VPN i 所占的位数决定了第 i 级页表的项数。

(2) 以 VPN 1 为索引，在第 1 级页表(即页目录)PT_L1 中查找对应的页表项 PTE_

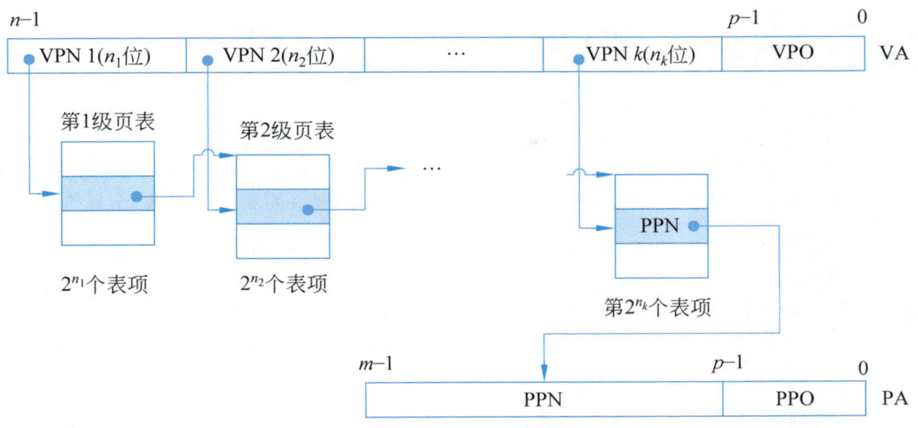

图 5-32　k 级页表的地址转换

L1，从而得到第 2 级页表 PT_L2 的基地址；然后以 VPN 2 为索引在 PT_L2 中查找对应的页表项 PTE_L2，得到第 3 级页表 PT_L3 的基地址……按照这样的顺序进行下去，直到以 VPN k 为索引在第 k 级页表 PT_L k 中查找到对应的页表项 PTE_L k，从中获得物理页号 PPN。

(3) 将 PPN 与 VPO 拼接，形成物理地址 PA。

5.4　分页式虚拟内存管理

为了提高物理内存的使用效率，减少由于缺页故障、地址转换等带来的额外软硬件开销，在设计和实现内存管理时，通常需要考虑若干重要的设计因素和管理策略。表 5-3 列出了重要的内存管理策略。

表 5-3　内存管理策略

策　略	说　明
读取策略	用于决定何时将一个虚拟页面换入内存。常用的两种方法如下。 (1) 请求分页(demand paging)：只有当访问到某虚页中的一个数据单元时才将该页换入内存。 (2) 预取分页(prepaging)：预测以后将要访问到的虚拟页面，并提前将这些页面取入内存。
驻留策略	决定一个进程的虚拟地址空间驻留在(被缓存在)哪些物理页面。对于分页管理来说，这个问题通常无关紧要，因为无论进程驻留在哪些物理页面，地址转换硬件和内存访问硬件都会以相同的效率访问到进程的数据
置换策略	当没有足够的空闲物理页面，需要把一个物理页面换出时，决定换出哪一个物理页面

续表

策　略	说　明
驻留集管理	驻留集管理涉及两个问题。 (1) 驻留集大小：为每个活动进程分配多少个物理页面才合理。 (2) 置换范围：当需要挑选一个物理页面被置换时，是在发生缺页故障的进程物理页面集合中挑选（局部置换），还是在所有进程的物理页面集合中挑选（全局置换）。
换出策略	换出策略与读取策略相反，它用于确定何时将一个修改过的页面写回磁盘。通常有以下两种选择。 (1) 请求式：只有当一个物理页面被挑选用于置换时，才被写回磁盘。 (2) 预先式：将已修改的多个页面在需要用到它们所占的物理内存之前，成批地写回磁盘。
加载控制	决定驻留在内存中进程的数目，或称为"系统并发度"。一方面，如果某一时刻驻留的进程太少，所有进程同时处于阻塞状态的概率较大，导致处理器使用率下降；另一方面，如果驻留的进程太多，平均每个进程占用的内存较少，就会发生频繁缺页故障，从而导致抖动。

本节主要讨论上述管理策略，特别是读取策略、置换策略和驻留集管理。在介绍这些策略之前，我们先介绍程序的局部性原理，它是保证读取策略有效性的基础，并在计算机软硬件设计和执行效率方面有着基础性作用。

5.4.1 程序局部性原理

一个结构良好的程序通常会呈现较好的局部性。所谓"程序的局部性"，指程序访问数据时总是会呈现的一种趋势：如果程序刚访问过一个指令或数据，那么它下一次总是趋向于再次访问该指令或数据，或者访问存储在该指令或数据附近的其他指令或数据。局部性有两种形式，分别是时间局部性和空间局部性。

(1) **时间局部性**(temporal locality)：如果一个内存单元刚被程序访问过一次，那么在不久的将来，该内存单元很可能被该程序多次重复访问。

(2) **空间局部性**(spatial locality)：如果一个内存单元刚被程序访问过一次，那么在不久的将来，该程序很可能会访问该内存单元附近的其他单元。

下面通过一个例子来说明局部性原理。

【例 5-8】 对于下面代码所示的向量元素求和函数，向量 $\boldsymbol{v}[N]$ 通常连续存储在内存中，for 循环顺序读取向量元素 $\boldsymbol{v}[0],\boldsymbol{v}[1],\cdots,\boldsymbol{v}[N-1]$。对于变量 sum 而言，每一次循环都要访问到它，因此函数对于 sum 具有好的时间局部性；对于向量 $\boldsymbol{v}$ 而言，每次循环顺序读取向量元素，因此该函数对于 $\boldsymbol{v}$ 具有好的空间局部性，但是时间局部性较差，因为每个向量元素只被访问一次。

```
1    int sumvec(int v[N])
2    {
3        int i, sum=0;
4
5        for(i=0;i<N;i++)
6            sum+=v[i];
7        return sum;
8    }
```

由于程序指令存储在内存中,必须被CPU读取,因此也可以讨论程序指令读取的局部性。对于该例子,for循环体中的指令按照存储顺序被执行,因此循环结构具有好的空间局部性;另外,由于循环体被多次执行,因此它也具有好的时间局部性。

程序数据和程序指令本质上都是数据,因此它们的局部性原理也是一致的。区别主要表现在以下两方面。

(1) 层次有所不同。程序数据是由程序指令来访问的,因此要获得较好的程序数据局部性取决于良好编写的程序以及编译器;而程序指令的读取是由PC寄存器的内容决定的,因此要获得较好的程序指令局部性取决于程序设计语言的结构化。

(2) 程序指令在运行时不能修改,而程序数据在运行时的状态会不断发生变化。

我们可以通过下面几条简单规则来评价程序的局部性。

(1) 重复访问相同变量的程序享有较好的时间局部性。

(2) 顺序访问方式具有好的空间局部性,而程序在内存中以较大跨度跳跃式访问,具有较差的局部性。

(3) 循环结构对于指令读取具有较好的时间和空间局部性,循环体越小、循环次数越多,局部性越好。

一般而言,程序的局部性越好,程序运行得越快。局部性原理对现代计算机系统各个层次的设计具有重要意义。在硬件层,为了加速主存的访问,通常引入一个存储能力小、访问速度更快的存储器,作为主存的"缓存存储器"(cache memory),用它来存储最近刚访问到的指令和数据,以加速程序的执行速度;在操作系统层次,程序局部性原理允许我们把主存用作最近访问到的虚拟页面的缓存。类似地,操作系统也用主存缓存最近刚访问的磁盘块,以加速磁盘文件访问;在设计应用程序时,也要充分考虑程序的局部性。例如,Web浏览器利用时间局部性,通常把最近访问的网页存储在本地磁盘上。大容量Web服务器通常把最近请求的文档存放在前台磁盘存储器中。浏览器可以直接对这些文档进行请求,而不需要服务器的任何干预。

5.4.2 读取策略

读取策略用于决定何时将一个虚拟页面取入内存。该策略的两个选择是请求分页和预取分页。

请求分页是一种延迟换入策略(lazy swapper),不是把整个进程虚拟内存换入物理内存,而是当访问到某虚拟页面中的一条指令或一个数据时才将该页取入内存,否则不会换入任何页面。以下几方面保证了请求分页策略的合理性。

(1) 程序的局部性原理保证了当把一个虚页换入内存之后,程序接下来将要访问的指令或数据将以很大概率仍然在该虚页中,即虚页被换入之后不会立即失效,总是在一段时间内能够满足程序执行的需要。

(2) 程序通常有很大一部分代码用于处理各种异常情况,实际上这些异常很少发生,异常处理代码也很少有机会执行,因此没有必要将它们都载入内存。

(3) 分配给数组、列表和表格等数据结构的内存空间往往大于它们实际用到的空间,因此没有必要将这些数据结构完全载入内存。

在程序开始执行时,所有虚拟页面都不在内存中。当访问程序入口指令时,将会出现缺页故障,于是异常处理例程将会把入口指令所在的页面换入内存,并再次执行该指令。可以想象,在程序执行的开始阶段,将会出现大量缺页故障,随着程序的运行,越来越多的页面被取入内存,指令和数据访问的命中率越来越高,缺页故障的数目会迅速减小。

预取分页采用特定的算法预测程序将要访问的虚拟页面,将这些页面预先取入内存,或者利用大多数辅存设备(如磁盘)的特性,一次从辅存设备中读取多个连续虚拟页面,并把它们换入内存,即使有些页面目前还没有被访问到。由于访问辅存设备的速度很慢,因此一次读入多个连续的页比每隔一段时间读取一页更有效。当然,预取分页也存在风险,如果大多数预先被换入的页面并没有被程序访问到,那么该策略就是低效的。

以下我们主要讨论请求分页,其过程如图 5-33 所示。请求分页的关键需求是缺页故障处理完之后,要重新执行发生缺页故障的指令。缺页故障可以发生在以下两个时刻。

(1) 如果在读取指令时发生缺页故障,那么故障处理结束后,需要再次启动该指令的读取。

(2) 如果在访问一个指令操作数时发生缺页故障,仍然需要再次读取、解码和执行该指令。

请求分页过程的部分细节已经在图 5-24 中介绍过。以一个三地址指令 ADD A,B,C 为例,它将操作数 A 和 B 相加的结果放到 C 中。执行这个指令包括以下步骤:

(1) 读取和解码 ADD 指令;
(2) 读取 A;
(3) 读取 B;
(4) 把 A 和 B 相加;
(5) 将相加结果存入 C 中。

如果在第(5)步存入 C 时发生缺页故障(由于 C 所在的页面不在内存中),我们必须换入

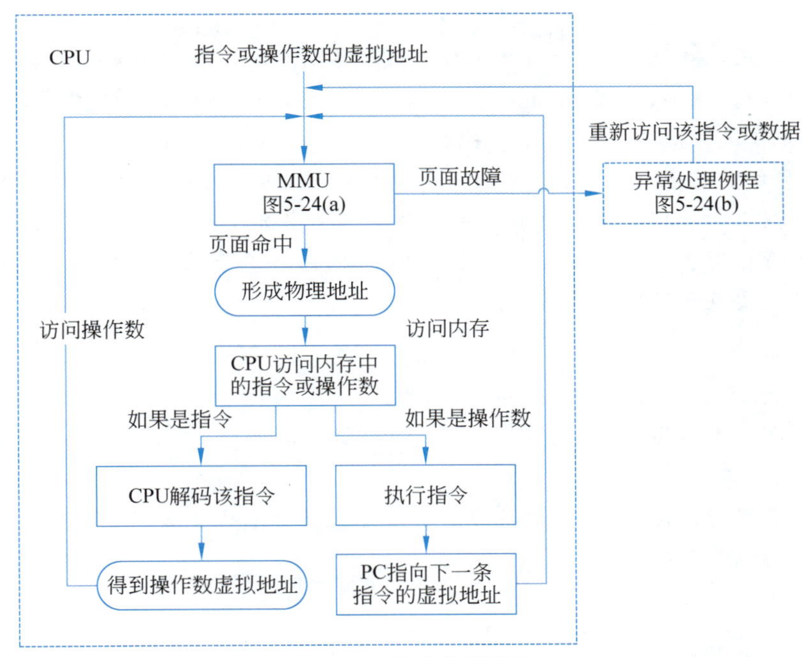

图 5-33 请求分页过程

相应的页面，修改页表，然后重启 ADD 指令。重启将会再次读取指令、解码、读取两个操作数并相加，然后将结果写入 C。这次不会发生缺页故障，指令成功执行。

在指令执行过程中发生缺页故障并重启该指令时，在某些情况下会带来中间状态不一致的问题。例如，考虑一个 IBM 360/370 系统的 MVC(MoVe Character)指令，它把 256 字节从一个位置移动到另一位置。如果源数据块或目的数据块横跨一个页面边界，缺页故障有可能发生在 MOV 指令部分执行之后。特别是，如果源数据块和目的数据块是重叠的，那么指令的部分执行有可能改变了源数据块，在这种情况下，不能简单地重启该指令。这个问题的实质是指令执行的原子性问题，即一个指令要么正确地执行完毕，要么必须恢复到执行前的一致状态，不能处于任何不一致的中间状态。

知识扩展

在 openEuler 中如何获取一个进程的缺页故障次数？

使用命令

```
#ps -o majflt,minflt -C 进程名
```

可以获取一个进程从启动到目前为止，发生的主要缺页故障(magflt)和次要缺页故障(minflt)的次数。

所谓主要故障，指缺页故障处理过程中需要读取磁盘数据并换入物理页面的那些缺页故障；而次要故障，指缺页故障处理过程不需要磁盘与物理页面的数据交换的那些缺页故障。例如，调用 malloc(4K)分配一个大小为 4KB 的动态内存时，操作系统内核首先在进程虚拟地址空间中分配一个大小为 4KB 的区域(恰好为 1 个虚页)。当进程首次访问该虚页时，就会产生一个缺页故障，内核为该虚页分配一个物理页面，并建立虚页与物理页面的映射关系。由于这个虚页没有分配给任何磁盘文件对象，所以不存在磁盘与物理页面之间的数据交换，因此这个缺页故障就是次要故障。显然，处理次要故障所花费的时间比主要故障少。

例如：

```
#ps -o majflt,minflt -C bash
    MAJFLT MINFLT
       3    1499
```

得到 bash 进程到目前为止，主要故障和小故障次数分别为 3 和 1499，这些值随时间不断累加。

5.4.3 置换策略

置换策略指当内存中没有空闲物理页面，并且需要把一个虚拟页面换入内存时，如何在候选物理页面集合中选择一个物理页面来置换。所有策略的目标都是移出最近最不可能访问的页。根据局部性原理，最近的访问历史和最近将要访问的模式之间具有很大相关性。因此，大多数策略都基于过去的行为来预测将来的行为。置换策略设计得越精细、越复杂，实现它的软硬件开销就越大，因此需要考虑策略的功能和性能之间的均衡。

值得注意的是，置换策略有一个约束：某些虚拟页面或物理页面可能是被锁定(locked)在内存中的。如果一个页面被锁定，那么该页就不能被置换。大部分操作系统内核和重要的控制结构所在的页面都被锁定在内存中。此外，I/O 缓冲区和其他对时间有严格要求的区域也可能锁定在物理页面中。锁定可以通过给每个虚拟页面或物理页面关联一个 lock 位来实现，这一位可以包含在页表或内存分配表中。

操作系统内核需要锁定在内存中，一方面是为了提高执行效率，另一方面也是为了避免死锁。考虑这种情况：假定内存中保存缺页故障异常处理例程(该例程是操作系统内核的一部分)的虚拟页面被交换到磁盘中，那么当一个进程发生缺页故障时，应当由缺页故障异常处理例程换入特定的页面，但这时异常处理例程的代码不在内存中而是在磁盘中，它本身也需要被换入内存才能执行，那么由谁来完成缺页故障异常处理例程代码的换入呢？这时就出现了一个逻辑矛盾，导致死锁发生。

在进行 I/O 操作时，我们也必须把用户进程中用来发送和接收数据的缓冲区锁定在内存中，否则可能会出现逻辑错误。以如下“单进程死锁问题”为例来说明。

(1) 当一个进程 P_1 请求一个 I/O 操作后，该请求被放入 I/O 设备的等待队列中，同时 P_1 转换到阻塞态；

(2) CPU 开始调度执行其他就绪进程。假定这些进程产生了缺页故障，其中的一个进程 P_2 要求把包含 P_1 的缓冲区物理页面置换出去；

(3) 一段时间后，P_1 的 I/O 请求移到了等待队列的最前面，这时 I/O 设备开始处理该请求，需要从缓冲区读出或向缓冲区写入数据。但这时，缓冲区原来所在的物理页面已经被 P_2 的页面所置换，因此 I/O 需要等待包含缓冲区的页面被换入内存。于是出现了这样一种情况：I/O 请求等待包含缓冲区的页面被换入内存，但是由于 P_1 处于阻塞态，它需要等待 I/O 请求的完成，于是出现了死锁，这就是单进程死锁问题。

下面介绍页面置换算法。把分配给一个进程的物理页面的集合称为该进程的**驻留集**。置换策略是在一个进程的驻留集中选择要被置换的页面。基本置换算法有如下 4 种。

(1) LRU(Least Recently Used，**最近最少用到置换算法**)。置换内存中最近一次使用距离当前最远的页。根据局部性原理，这也是最近最不可能访问到的页。实现 LRU 的一种方法是给每一页添加一个最后一次访问的时间戳，并且必须在每次访问时都更新这个时间戳。

(2) FIFO：该策略把分配给进程的物理页面集合看作一个循环缓冲区，按先入先出的方式淘汰页面。实现时，使用一个指针在该进程的页面集合中循环。该策略隐含的逻辑是置换驻留在内存中时间最长的页，即最先取入内存的页，目前最不可能被用到。但是这个隐含不总是正确的，因为一个很久前被取入内存的页很可能最近会被反复用到，如果使用 FIFO 算法，这些页会反复换入和换出，造成系统抖动。

(3) CLOCK：时钟策略。时钟策略有多个变种，最简单的时钟策略需要给每个物理页面关联一个附加位，称为**使用位**。当某一虚拟页面首次被装入内存时，则将该物理页面的使用位设置为 1；当该物理页面被命中时，它的使用位也会被设置为 1。用于置换的候选物理页面集合可以看作一个循环缓冲区，并且有一个指针与之关联。当一个物理页面被置换时，该指针被设置成指向缓冲区的下一个物理页面。当需要置换一个物理页面时，操作系统从指针处扫描缓冲区，以查找使用位为 0 的一个物理页面，并且每当遇到一个使用位为 1 的物理页面时，操作系统就将该位重新设置为 0；在扫描过程中，总是选择第一个使用位为 0 的物理页面；如果所有物理页面的使用位都为 1，则指针在缓冲区中完整地扫描一周，把所有使用位都置为 0，并且停留在最初的位置上，置换该物理页面。可见该策略类似于 FIFO，唯一不同的是，在时钟策略中使用位为 1 的物理页面被跳过。

(4) LFU(Least Frequently Used，**最不常用页面**)置换算法：如果给每一页设置一个计数器，每当访问该页时，就使它的计数器加 1。经过一段时间 T 后，将所有计数器全部清零。当发生缺页故障时，可选择计数器值最小的页面淘汰，显然它是在最近一段时间里最不常用的页面。该算法实现代价较高，而且选择多大的 T 值最合适也是一个难题。

【例 5-9】 图 5-34 是由 n 个物理页面组成的候选物理页面集合，可以被看作一个循环缓冲区，用以说明时钟策略置换算法。在虚拟页面 727 被取入内存之前，物理页面的状态如图 5-34(a)所示。缓冲区指针指向 2 号物理页面，从这个位置起顺时针扫描缓冲区，并把 2 号物理页面的使用位置为 0，直到找到第一个使用位为 0 的页面，即 3 号物理页面，然后把 727 页面换入，它的使用位被设置为 1，并将指针移动到下一个物理页面，即 4 号物理页面。置换后的缓冲区状态如图 5-34(b)所示。

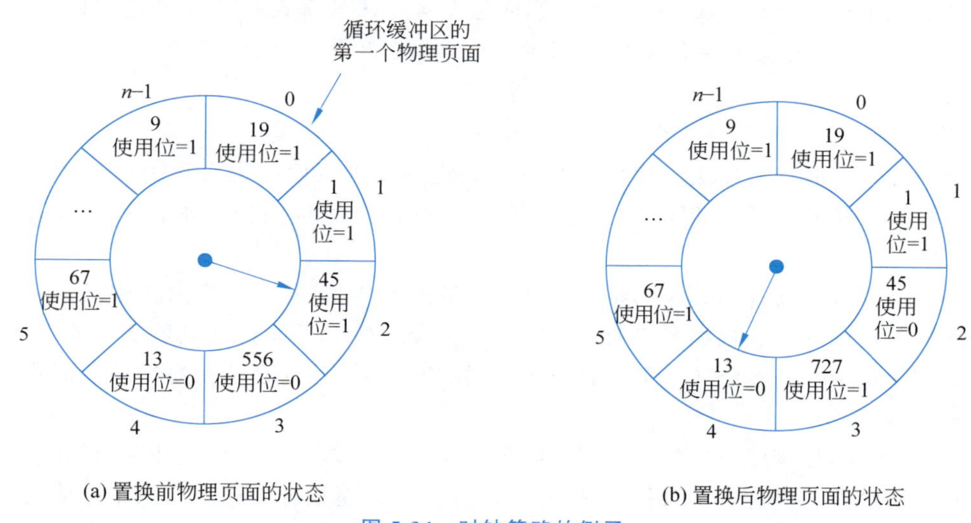

(a) 置换前物理页面的状态　　(b) 置换后物理页面的状态

图 5-34　时钟策略的例子

【例 5-10】 假设为某进程分配了固定的 3 个物理页面。进程执行需要访问 5 个不同的虚拟页面，该程序运行时需要访问的虚拟页面序列(即页面趋势或走向)为：

2,3,2,1,5,2,4,5,3,2,5,2

求：使用 LRU、FIFO 和 CLOCK 置换策略时，物理页面集合的状态变化过程。

解　物理页面集合的状态变化如图 5-35 所示。对于 LRU 算法，需要在虚页号后面添加时间戳，表明该虚页最近一次访问的时间。置换时，总是选择距离当前时间最长的一个虚页去置换。在 FIFO 算法中，用箭头表示队列头的指针，每次缺页故障发生时，总是置换位于队列头的虚页。在 CLOCK 算法中，用星号 * 表示该页的使用位为 1，没有星号则表示使用位为 0，箭头表示指针的位置。F 表示出现缺页故障。

5.4.4　驻留集管理

驻留集是分配给一个进程的页框的集合。本节主要讨论两个问题：驻留集大小和置换范围。

时间戳	t_0	t_1	t_2	t_3	t_4	t_5	t_6	t_7	t_8	t_9	t_{10}	t_{11}
页面序列	2	3	2	1	5	2	4	5	3	2	5	2
LRU	$2(t_0)$	$2(t_0)$	$2(t_2)$	$2(t_2)$	$2(t_2)$	$2(t_5)$	$2(t_5)$	$2(t_5)$	$3(t_8)$	$3(t_8)$	$3(t_8)$	$3(t_8)$
		$3(t_1)$	$3(t_1)$	$3(t_1)$	$5(t_4)$	$5(t_4)$	$5(t_4)$	$5(t_7)$	$5(t_7)$	$5(t_7)$	$5(t_{10})$	$5(t_{10})$
				$1(t_3)$	$1(t_3)$	$1(t_3)$	$4(t_6)$	$4(t_6)$	$4(t_6)$	$2(t_9)$	$2(t_9)$	$2(t_{11})$
	F	F		F	F		F		F	F		
FIFO	►2	►2	►2	►2	5	5	►5	►5	3	3	3	►3
		3	3	3	►3	2	2	2	►2	►2	5	5
				1	1	►1	4	4	4	4	►4	2
	F	F		F	F	F	F		F	F	F	F
CLOCK	2*	2*	2*	►2*	5*	5*	►5*	►5*	3*	3*	►3*	►3*
	►	3*	3*	3*	►3	2*	2*	2*	►2	►2*	2	2*
		►	►	1*	1	►1	4*	4*	4	4	5*	5*
	F	F		F	F	F	F		F		F	

图 5-35　LRU、FIFO 和 CLOCK 置换策略

1. 驻留集大小

对于分页式内存管理，程序执行时不需要也不可能把一个进程的所有虚拟页面都取入内存。因此，操作系统必须决定要为一个进程分配多少个页框。一方面，分配给一个进程的页框数越少，驻留在内存中的进程数就越多，提高了系统的并发度，处理器得到了充分使用；另一方面，较少的页框数会导致缺页率相应提高，增加了页面交换的时间。

考虑这些因素，操作系统通常采用下面两种策略。

(1) 固定分配策略(fixed-allocation)：为一个进程分配固定数目的页框。这个数目是在最初加载时(进程创建时)确定的，可以根据进程的类型(交互、批处理、应用类)或者基于程序员、系统管理员的需要来确定。在进程执行过程中一旦发生缺页故障，驻留集中的一页必须被置换。

(2) 可变分配策略(variable-allocation)：分配给一个进程的页框数目在该进程的生命周期内不断发生变化。理论上，如果一个进程的缺页率一直比较高，表明在该进程中局部性原理表现得比较弱，应该给它多分配一些页框以减少缺页率；而如果进程的缺页率特别低，则表明进程的局部性表现得比较好，那么可以在不明显增加缺页率的前提下减少页框数目。

可变分配策略看起来性能更优，但是它的难点在于要求操作系统能够评估活动进程的行为，这必然需要操作系统的软件开销，并且还依赖于处理器平台所提供的硬件机制。

2. 置换范围

置换范围指当一个进程发生缺页故障，而且没有空闲页框时，是在该进程的驻留集中选择一个置换页框，还是在内存中所有未被锁定的页框中选择一个置换页框（不管它们属于哪个进程）。前者称为局部置换策略，后者称为全局置换策略。尽管局部置换策略更易于分析，但是没有证据表明它一定优于全局策略，全局策略的优点在于其实现简单、开销较小。

置换范围和驻留集分配策略有一定的联系，两两组合可以形成不同驻留集管理策略，如表 5-4 所示。

表 5-4 驻留集管理策略

	局部置换	全局置换
固定分配	(1) 进程的页框数固定 (2) 从分配给该进程的页框中选择被置换的页	不存在
可变分配	(1) 分个配给进程的页框数可以不断变化，用于保存该进程的工作集(working set) (2) 从分配给该进程的页框中选择被置换的页框	从内存中所有可用页框中选择被置换的页框，这将导致进程驻留集的大小不断变化

无论是固定分配还是可变分配，都存在如何确定驻留集大小的问题。要解决这个问题，需要引入工作集(working-set)的概念。

工作集 $W(t, \Delta)$是一个页面的集合，表示在时间 t 时，最近 Δ 个页面访问所涉及的页面集合。如果一个页面最近是活动的，那么它将包含在工作集中；如果它最近不再被访问，那么从它最后一次访问后，经过 Δ 个时间单位，它将从工作集中消失。图 5-36 表示了一个页面访问序列以及 $\Delta=10$ 时的工作集。

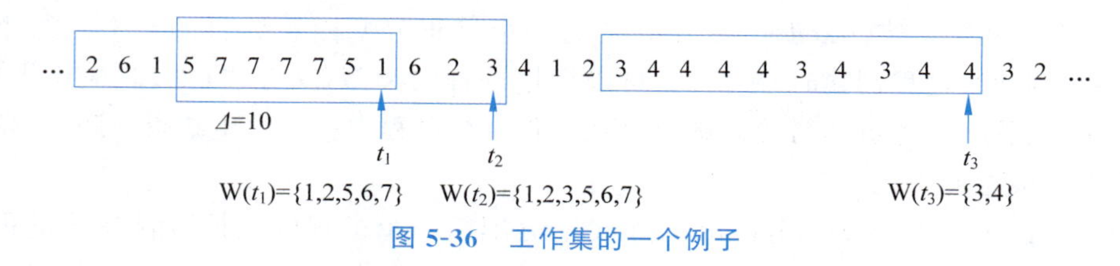

图 5-36 工作集的一个例子

显然，工作集是程序局部性的一个近似。对于给定的工作集窗口长度 Δ，如果工作集满足这样的性质：对于任意时间 t，$|W(t, \Delta)| \leqslant R$，那么就意味着给该进程分配大小为 R 的驻留集就足够了。但是 Δ 的选择较为困难。如果 Δ 太小，工作集不能覆盖整个局部性，如果 Δ 太大，工作集可能会覆盖若干个局部性。极端情况下，$\Delta=1$，则 $|W(t, \Delta)|=1$；$\Delta=+\infty$，则 $|W(t, \Delta)|=N$，N 是程序执行过程中涉及的所有页面的数目。一般情况下有：

$$1 \leqslant |W(t, \Delta)| \leqslant N$$

一旦 Δ 被选定，就可以使用工作集确定驻留集的大小。操作系统监视每个进程的工作集，并且按照工作集的大小为进程分配足够的页框。如果还有额外的空闲页框，就可以启动其他进程。如果工作集大小的总和超过了页框的总数，那么操作系统选择一个进程挂起，该进程的页面被交换出去，释放的页框重新分配给其他进程。挂起的进程在之后适当的时候被重新启动。

5.4.5　换出策略

换出策略与读取策略正好相反，它用于确定何时将一个修改过的页面写回磁盘。通常有以下两种选择。

（1）请求式。只有当一个页面被选择用于置换时才被写回磁盘。

（2）预先式。把修改过的多个页在被置换之前成批地写回磁盘。

完全使用任何一种策略都存在风险。对于预先式策略，一个被写回磁盘的页可能仍然留在内存中，直到页面置换算法指示它被换出。预先式策略允许成批地写页，但这并没有太大实际意义，因为这些页中的大部分常常会在被置换之前又被修改。

对于请求式策略，写出一个被修改过的页和读入一个新页是成对出现的，因此发生缺页故障的进程在解除阻塞之前必须等待两次页传送，这会降低处理器的使用率。

5.4.6　加载控制

加载控制决定驻留在内存中进程的数目，也就是系统的并发度。一方面，如果某一时刻驻留的进程太少，所有进程同时处于阻塞状态的概率较大，因而会花费较多时间在交换上；另一方面，如果驻留的进程太多，每个进程平均占用的内存较小，就会发生频繁缺页故障，从而导致系统抖动。图 5-37 说明了系统抖动的情况。

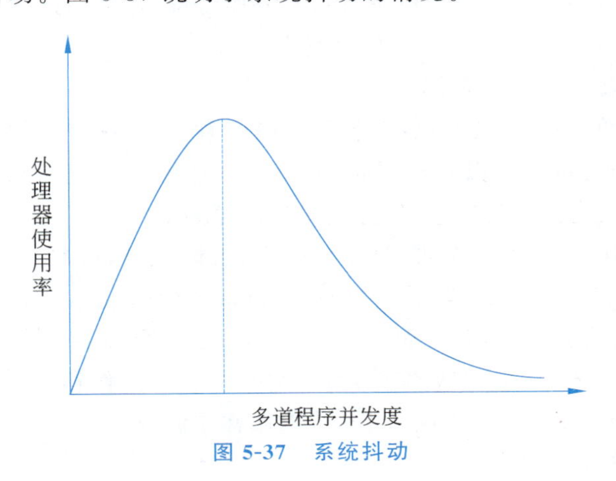

图 5-37　系统抖动

当系统并发度逐渐增加时，处理器的使用率也随之增长。但当到达某一点时，进程平均驻留集不够用了，导致缺页故障数目迅速增加，处理器忙于频繁的页面换入和换出，从而使处理器的利用率下降。

Denning 等人提出了一种确定系统并发度的方法，称为 $L=S$ 准则。他认为，当缺页故障之间的平均时间等于处理一次缺页故障的平均时间时处理器的利用率达到最大。因此可以把缺页故障之间的平均时间和处理一次缺页故障的平均时间作为动态调整并发度的依据。

为了减小系统的并发度，一个或多个进程必须被挂起（换出），究竟该挂起哪些进程，可以参考下面的启发式规则。

（1）挂起优先级最低的进程。

（2）挂起发生缺页故障的进程——进程发生缺页故障时，异常处理例程很可能还没有把页面取入页框，因而挂起它对性能的影响最小。

（3）挂起最后一个被激活的进程——这个进程的工作集很可能还没有驻留。

（4）挂起驻留集最小的进程——将来再装入时所需要的代价最小。但是，它不利于局部性较小的程序。

（5）挂起占用空间最大的进程——换出这样的进程可以得到最多的空闲页框。

5.5 分段式虚拟内存管理

5.5.1 基本原理

早期的一些程序设计语言支持程序的分段，一个程序通常由若干段组成，例如由一个主程序段、若干子程序段、若干数组段和工作区段组成。分段式内存管理以段为单位进行存储分配，如图 5-38(a)所示。每一段都可从 0 开始编址，段内地址是连续的。通常使用

[段号，段内偏移]

的地址形式来访问段内的指令或数据。

借助虚拟内存的概念，也可以把分段结构的程序统一用虚拟内存进行布局，如图 5-38(b)所示。与分页式虚拟内存不同，分段式虚拟内存以段为基本单位划分虚拟内存，每个段具有独立、完整的逻辑意义，并且对应程序中的一个模块。

虚拟地址结构确定以后，一个进程中允许的最大段数及每段的最大长度就确定了下来。例如，PDP-11/45 的段址结构为：段号占 3 位，段内偏移占 13 位，也就是一个作业最多可分 8 个段，每段长度可达 8KB；而 GE645 的 Multics 容许一个作业占有 256 个段，每段可达 64KB，这就意味着段号占据虚拟地址中的 8 位，段内偏移占据 16 位。一般地，对于一个 n 位虚拟地址，如果段号占高 p 位，段内偏移占低 $(n-p)$ 位，那么容许的最大段数为 2^p，每段长度可达 2^{n-p} 字节。

与分页式管理类似，用段表来描述段在物理内存中的分配情况。每个段被缓存到物理内存中的一段连续区域，不同的段之间不要求连续存储。段表由若干段表项组成，每个

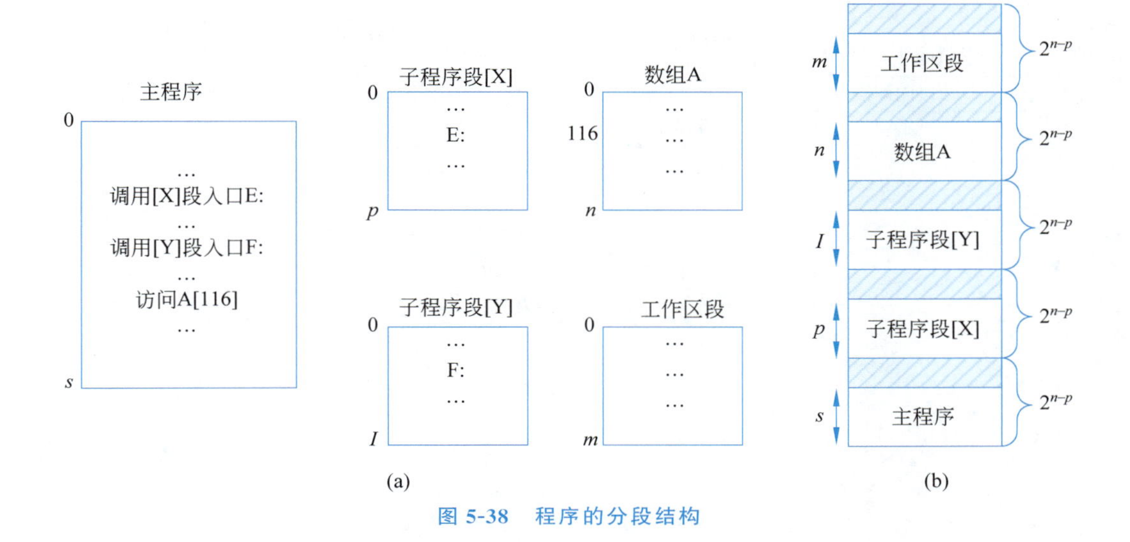

图 5-38　程序的分段结构

段表项包括：标识位（标识一个段是否缓存在内存中）、段的内存起始地址、段长、段在磁盘等辅助存储器中的位置等，还可设置段是否被修改过、是否能移动、是否可扩充、是否共享等标志。段表格式如下：

	标识位	存取权限	修改位	扩充位	内存起址	段长	辅存地址
0 段							
1 段							

对段表格式中的部分内容作出如下解释。

（1）标识位由两位组成。00：该段不在内存中。01：该段在内存中。10：保留。11：可共享。

（2）存取权限。00：允许执行。01：允许读。10：保留。11：允许写。

（3）修改位。00：未修改过。01：修改过。10：保留。11：不能移动。

（4）扩充位。0：固定长。1：可扩充。

与分页式内存管理类似，分段式内存管理也需要把一个虚拟地址转换为物理地址。对于一个形如“[段号，段内偏移]”的虚拟地址，硬件地址转换机构首先根据段号查找段表，若该段在内存中，则按照与分页管理类似的方法把虚拟地址转换为物理内存地址，如图 5-39 所示。

若该段不在内存中，则硬件发出一个缺段异常。操作系统处理这个异常时，查找内存分配表，找到一个足够大的连续区域以容纳该分段。如果找不到足够大的连续区域，则检查空闲区的总和，若该总和能够满足该分段的要求，那么进行适当移动后，将该分段装入内存。若空闲区总和不能满足要求，则可调出一个或几个分段到磁盘上，再将该分段装入

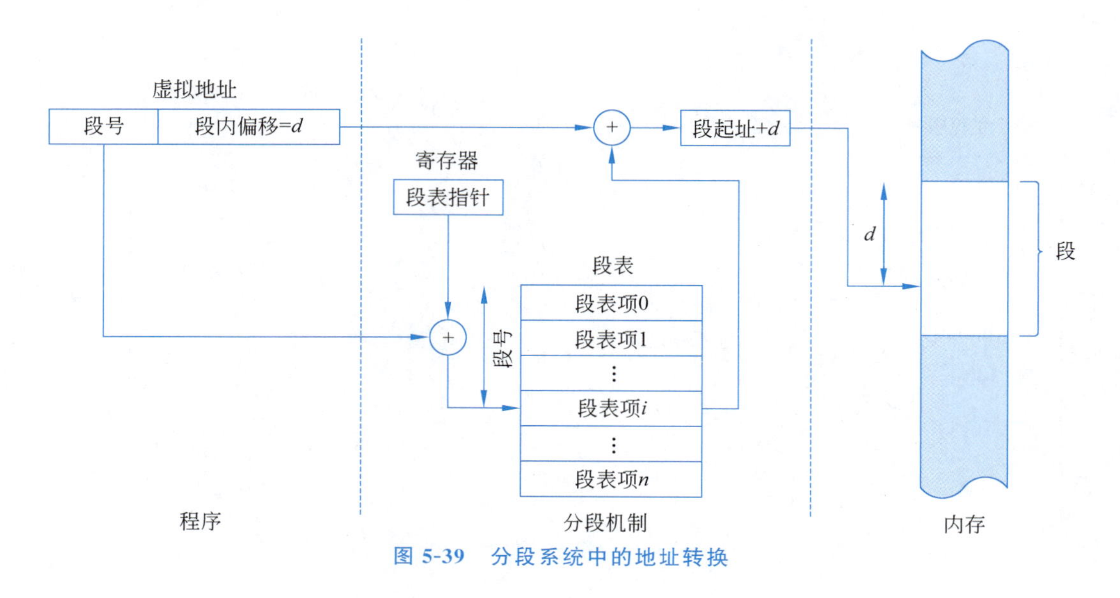

图 5-39 分段系统中的地址转换

内存。

在进程执行过程中，有些表格或数据段随输入数据多少而发生变化。例如，某个分段在执行期间因表格空间用完而要求扩大分段。这只要在该分段后添加新信息就可以，添加后的长度不应超过硬件允许的段的最大长度。对于这种变化的数据段，当向其中添加新数据时，由于欲访问的地址超出原有的段长，硬件将产生一个越界异常。操作系统处理这个异常时，先判断该段的"扩充位"标识，如可以扩充，则增加段的长度，必要时还要移动或调出一个分段以腾出内存空间。如该段不允许扩充，那么这个越界异常就表示程序出错。

缺段异常和段扩充处理流程如图 5-40 所示。

分段式存储管理具有如下优点。

(1) 简化对不断增长的数据结构的处理。如果程序员事先不知道一个特定数据结构的大小，除非允许使用动态的段大小，否则必须对其大小进行预估。而对于分段式虚拟内存，这个数据结构可以分配到它自己的段，需要时操作系统可以扩大或者缩小这个段的大小。

(2) 允许程序段独立地改变或重新编译，而不要求整个程序集合重新链接和重新加载。

(3) 有助于进程间的共享。程序员可以在段中放置一个实用工具程序或一个有用的数据表，供其他进程访问。

(4) 有助于保护。由于一个段可以被构造成包含一个明确定义的程序或数据集，因而程序员或系统管理员可以更方便地指定访问权限。

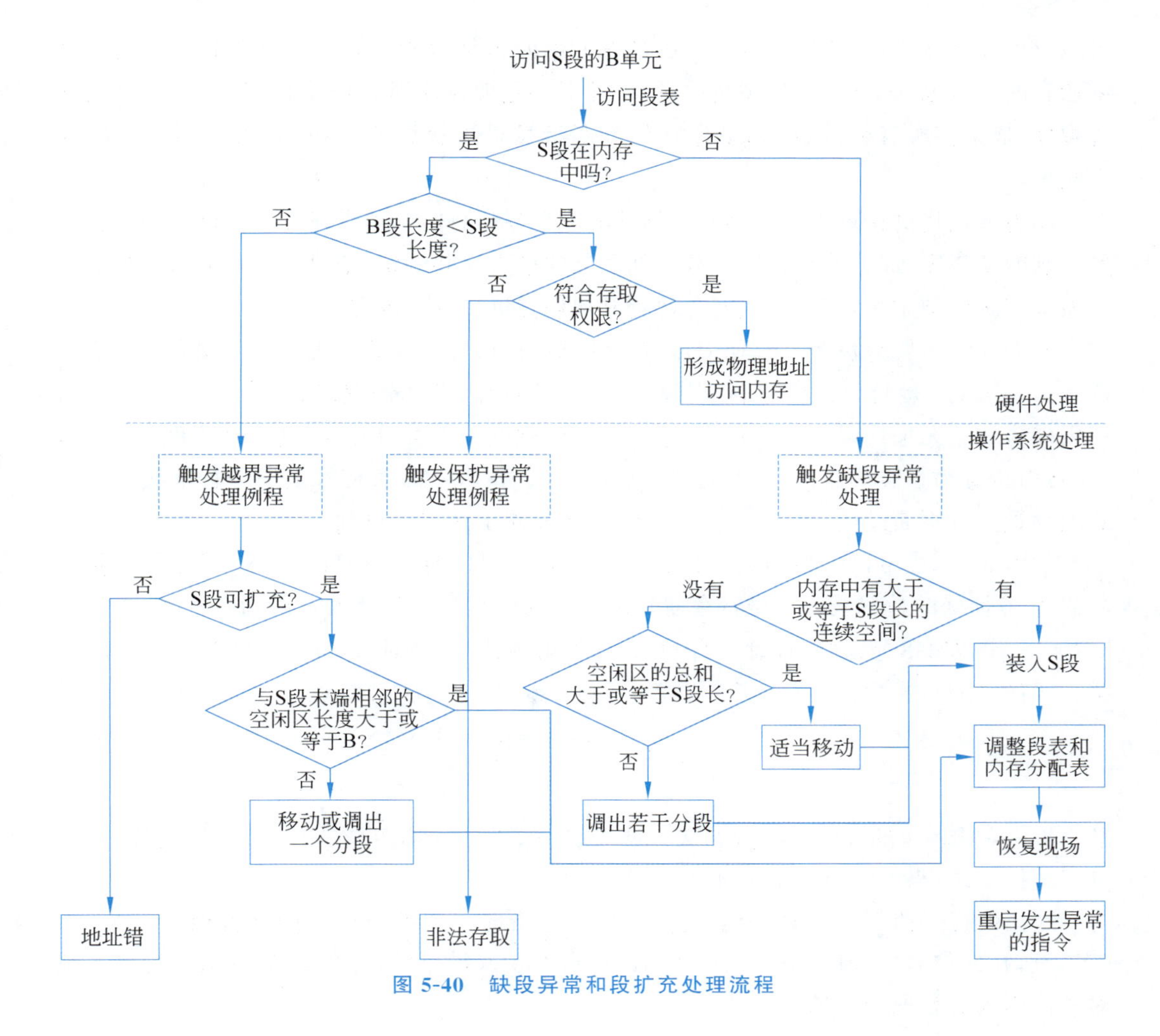

图 5-40　缺段异常和段扩充处理流程

5.5.2　段的动态链接

分段管理的优点之一是允许程序段独立改变和重新编译，而不要求整个程序集合重新链接和加载。这一优点是通过程序段的动态链接实现的。

为了提高程序的结构化，一个应用程序通常由若干模块构成，每个模块独立编写和编译，形成可重定位目标文件。由于模块之间可能存在“定义—引用”关系，因此需要把一个目标文件中的符号引用与定义在另一个模块中的符号定义关联起来，这一过程就是程序的链接过程。实现链接的方式有两种：静态链接和动态链接。

静态链接发生在程序加载之前。静态链接器把各个可重定位目标文件和它们所引用的静态库放在一起汇编，形成一个自含的可执行目标文件。由于符号定义都被包含在了可执行目标文件中,因此所有符号引用都在汇编时得到解析。静态链接在有些情况下是不适宜的。例如,一个大型程序在运行时,并不一定要调用所有的子程序(如某些出错处理程序)或访问所有的数据,如果把它们静态链接进可执行程序,将会占用很大的内存空间。

动态链接将链接过程推迟到程序加载时或程序运行时。如果在加载时已经知道程序要用到的动态库,那么就在程序加载时加载这些动态库并链接;如果只有在运行时才能知道需要用到的动态库,那么就只能在运行时加载并链接这些动态库。

下面我们主要分析分段管理中运行时动态链接过程的具体实现。实现动态链接需要两个支持机制:**地址无关代码**和**链接中断机制**。首先,编译器把需要动态链接的符号引用编译成地址无关代码,然后当程序第一次运行到该符号引用时,必须能够中断程序的运行,转而执行动态链接器程序,由它把动态库载入内存,然后对符号引用进行链接。分段式内存管理分别通过**间接编址**和**链接中断位**来实现上述两个机制。

如图 5-41,当分段 3 要对另一段产生一个符号引用时(LOAD 1, [X]|<Y>,即把 X 段的 Y 地址处的数据载入 1 号寄存器),编译器就产生一个间接编址的指令 LOAD* 1, 3|100 来代替原指令,其中地址 3|100 是一个间接地址,地址 3|100 处放置了一个间接字。间接字的格式为:

L	直接地址

其中 L 是链接中断位,当 L=1 时,表示需要链接,发出链接中断信号,转操作系统处理,进行链接工作;当 L=0 时,表示不需要链接。

这里间接字的 L=1,直接地址是 3|108,它指向代表符号引用的字符串 7 "[X]|<Y>"所在的位置。分段 3 执行到 LOAD* 1, 3|100 指令时,将产生链接中断,操作系统对链接中断的处理过程如下。

(1) 从 3 段 100 单元中取出间接字。

(2) 取出间接字中的直接地址:3|108,即 3 段 108 单元。

(3) 按直接地址取出要链接段的符号名[X]|<Y>,按定义给分段 X 分配段号(这里假定[X]=4),并查找符号 Y 在 X 段中的偏移量(这里假定<Y>=120)。

(4) 查[X]段是否在主存中,若不在,则从辅助存储器上把它调入主存,并登记段表,修改主存分配表。

(5) 修改间接字,取消链接中断位,且使直接地址为链接的分段地址,即 4|120。

(6) 重新启动被中断的指令执行。

当指令重新执行时,由于 3 段 100 单元处已无链接中断指示,不再引起中断,且直接地址就是要链接的地址 4|120,于是可从 4|120 读出所需的数据 015571 装入 1 号寄存器。

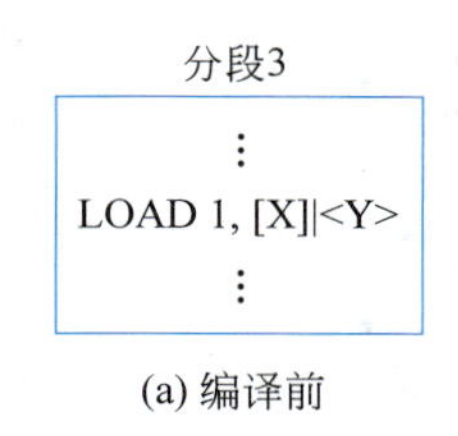

(a) 编译前

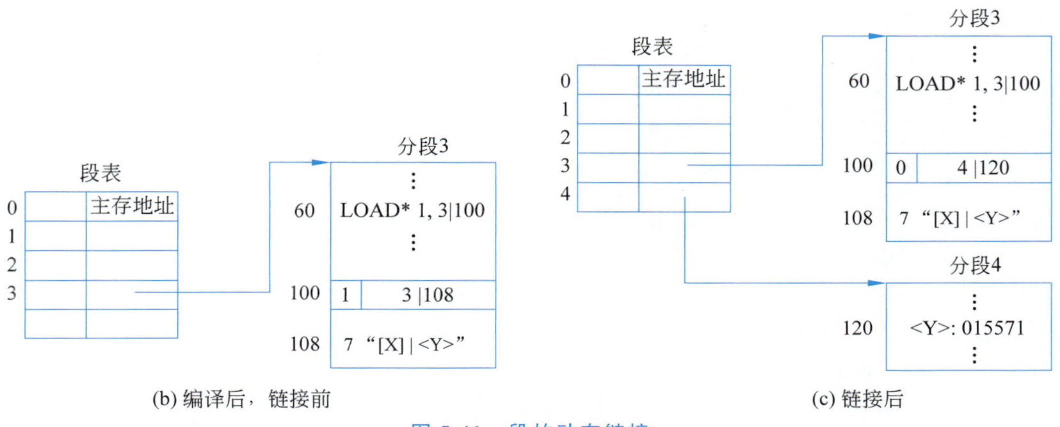

(b) 编译后，链接前　　(c) 链接后

图 5-41　段的动态链接

5.5.3　段的共享

在 5.3.8 节中谈到，使用页表管理机制能够容易地实现进程空间中的私有和共享结构。同样，在分段式虚拟内存管理系统中，采用段表机制也可以实现段的共享。所谓"段的共享"指一个代码段或数据段在内存中只存在一个副本，而且可以被多个进程同时访问。

例如，进程 1 和进程 2 都需要使用公共子程序 cos。代码段 cos 在进程 1 的虚拟地址空间中的段号为 5，在进程 2 的虚拟地址空间中的段号为 3，但是在物理内存中只存在一个副本，它被两个进程所共享，如图 5-42 所示。

为了对共享段进行管理，除了段表之外，还需要设置一张共享段表来协助管理共享段。共享段表记录每个共享段的段名、在/不在主存、在主存时指出它在主存的起始地址和长度、调用该段的进程数、进程名和进程定义的段号等，如图 5-43 所示。

当一个进程首次调用某个共享段时，若该段不在主存，先将其调入主存，然后在共享段表中填写必要的表项，并修改进程段表的相应表项；若该段已在主存，则修改共享段表和段表的相应表项。

当共享段被调出主存后，必须修改共享该段的每个进程的段表的相应表项(共享该段的进程名和段号可在共享段表中找到)，指示该段不在主存中。如果让进程段表中有关共享段的表项指向共享段表，那么就可以减少修改段表的工作量，在移动、调出、再装入时，

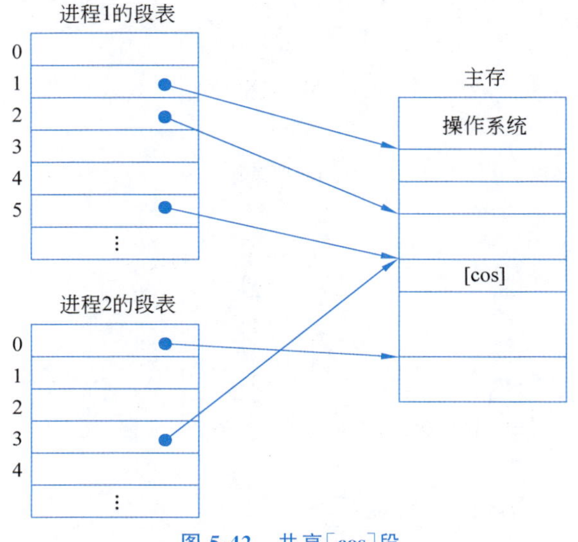

图 5-42　共享[cos]段

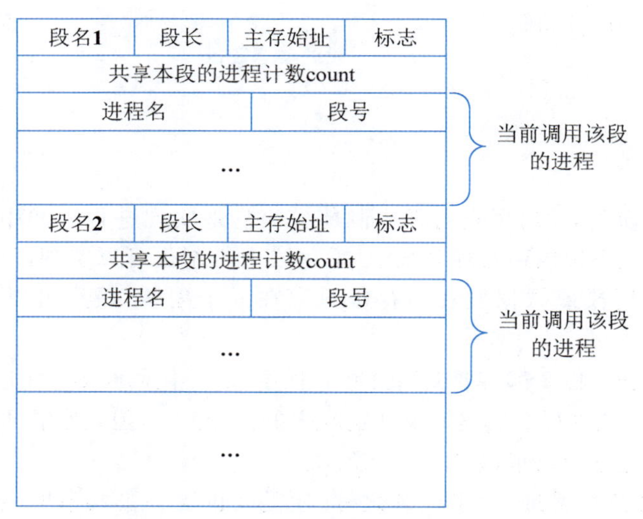

图 5-43　共享段表

只要修改共享段表中的表项即可，如图 5-44 所示。

(1) 当一个共享段首次被一个进程 P_1 访问时，它被载入内存，并在共享段表中添加相应表项，引用计数 count 设置为 1，表示有一个进程正在使用该共享段。

(2) 当另一个进程 P_2 也访问该共享段时，引用计数变为 count+1，并在共享段表中添加有关 P_2 的信息，即该共享段在 P_2 中的段号。

(3) 当一个进程释放(即不再使用)共享段时，操作系统将引用计数变为 count-1，当

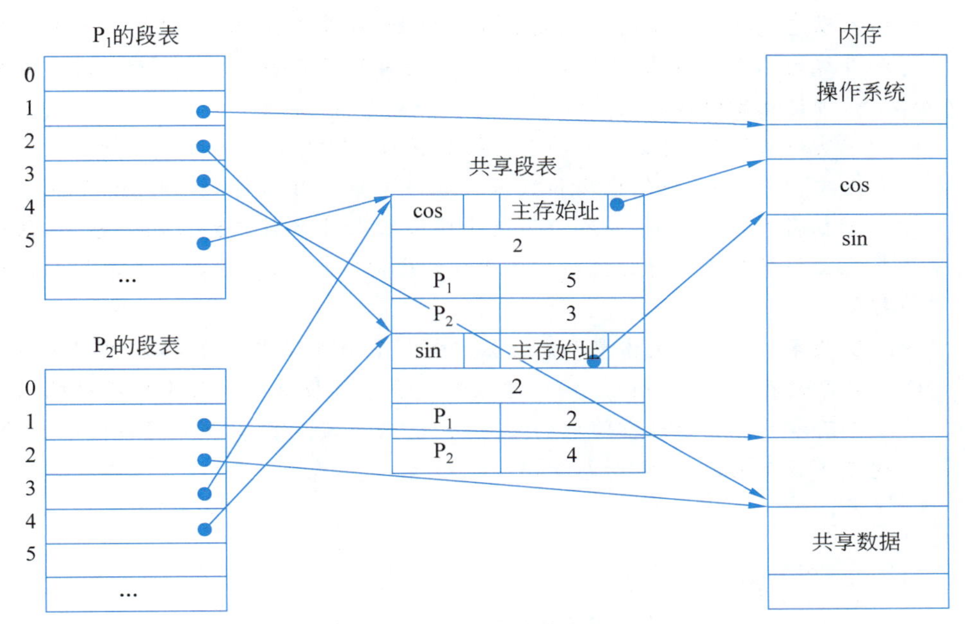

图 5-44　段共享的基本原理

count=0 时，表明没有任何进程使用该共享段，那么就将共享段从内存中释放，并将共享段表中有关该共享段的所有表项删除。

知识扩展

动态链接库和共享库

- **动态链接库**(Dynamic Link Library，DLL)，是微软公司在 Windows 操作系统中实现共享函数库的一种方式。这些函数库的扩展名为.dll、.ocx(包含 ActiveX 控件的库)或.drv(旧的系统驱动程序)。所谓"链接"过程，就是把符号的引用与符号的定义关联起来的过程，这里的符号可以是变量名也可以是函数名。所谓"动态链接"指链接过程可以发生在程序加载时或程序运行时两个时态。
- **共享库**，或称为**共享对象**(shared object)，常用在 UNIX/Linux 操作系统中，扩展名为.so，指可以被多个进程或线程共享的函数库。

  可以这样认为：动态链接库和共享库指代同一概念，前者是从链接的角度来命名的，而后者是从应用目的来命名的。但是，二者仍然存在一些细微的差别。

- 引入动态链接库的目的不只是共享。例如，在某些情况下，把经常容易变更和升级的函数库封装为动态链接库，主要目的不是共享，而是为了便于程序不必经过重新编译就能升级。
- 为了实现共享库，通常需要动态链接机制的支持。如果把共享库静态链接进程序中，那么共享库的代码和数据就成为进程私有结构的一部分，不能在多个进程间共享。通常，并不能知道哪些进程在什么时候会访问共享库，因此只能在加载时或运行时把共享库加载到虚拟地址空间，这时只能采用动态链接机制。
- 实现共享对象不一定需要动态链接。例如多个进程需要通信时，可以设计一块共享内存(shared memory)，它能够被多个进程访问。共享内存被映射到多个进程的虚拟地址空间中的共享区域，从而实现被多个进程访问的目的。这是共享数据，不需要动态链接。

5.5.4 段页式虚拟内存管理

段式结构不仅具有逻辑上的清晰和完整性，而且便于扩充、动态链接和实现共享。但它的主要缺点是每一段在内存中必须占据连续区域，这就限制了一个分段不能大于最大的空闲内存区域。克服这一缺点的方法有两个。

(1) 段的换入和换出机制，当进程被加载运行时，首先把当前需要的一段或几段装入内存，在执行过程中，当访问到不在内存的段时，再把它们装入；当一个段需要被载入内存，但又没有足够大小的空闲连续内存区域时，可以把一个段从内存中换出，腾出或合并出足够大的连续内存区域以供载入。

(2) 打破一个段必须存储在连续区域的限制，把每个段分成若干页面，每一段可按页存放在不连续的物理页面中，当物理页面不够时，可只将一段的部分页面放在内存中。这种把分段和分页结合起来的内存管理方法称为段页式内存管理。这种管理方式已经在IBM/370 和 Honeywell 6180 中采用。IBM/370 采用的一种逻辑地址格式为：

0　　　7	8　　　15	16　　19	20　　　31
	段号	页号	页内偏移

即硬件提供了 256 个分段，每个段最多有 16 页，每页 4KB，也就是一个分段最大不超过 16×4KB=64KB。

采用段页式结构，每个进程都要设置一张段表和若干张页表。段表中指出每段的页表始址和长度以及其他属性。页表长度是由段长和页面大小决定的。段表、页表以及它们之间的关系如图 5-45 所示。

通过段表和页表，可以把一个虚拟地址 vaddr 转换为物理地址：

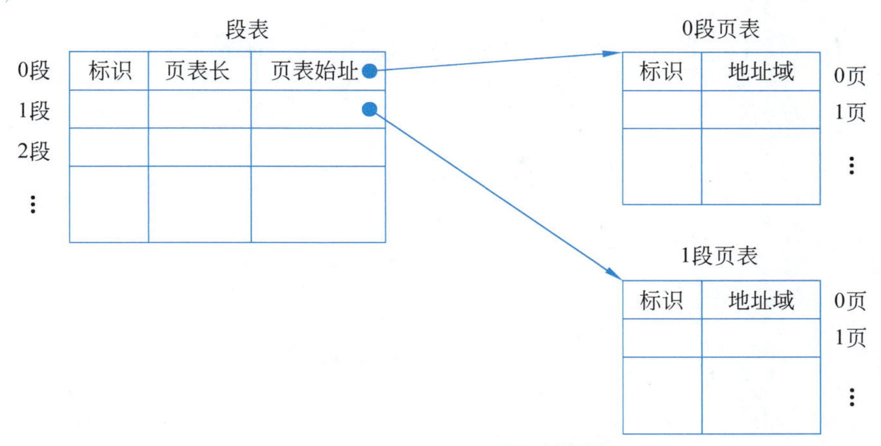

图 5-45　段页式结构的段表和页表

在段页式虚拟存储系统中，n 位虚拟地址 vaddr 由 3 部分组成：vaddr＝[SN，VPN，VPO]，其中 SN 为段号，VPN 为虚拟页面号，VPO 为页内偏移。

设段表为 ST，段表中对应段号 SN 的段表项为 ST(SN)，该段表项的页表始址所指向的页表为 PT(ST(SN))。则在页面命中的情况下，虚拟地址转换过程可以表示为公式：

paddr ＝ [address-field(PT(ST(SN)) (VPN))，VPO]

下面解释地址转换公式的含义：

(1) 根据虚拟地址格式，得到 vaddr 中的段号 SN，页号 VPN 和页内偏移 VPO；

(2) 使用段号 SN 查找段表 ST，得到对应的段表项 ST(SN)；

(3) 从段表项中得到对应的页表 PT(ST(SN))；

(4) 使用页号 VPN 查找页表中对应的页表项 PT(ST(SN))(VPN)；

(5) 从页表项 PT(ST(SN))(VPN)中得到对应物理页面的起始地址

address-field(PT(ST(SN))(VPN))

(6) 将物理页面的起始地址与页面偏移拼接在一起，得到物理地址 paddr：

paddr ＝ [address-field(PT(ST(SN))(VPN))，VPO]

当然，为了加快地址转换速度，也可以像分页式管理那样采用相联存储器来存放快表，快表中应指出段号、页号和页面的地址域。

在这种方式下，为访问某一单元而进行地址转换时，可能会引起链接中断、缺段中断、缺页中断、越界中断。地址转换流程如图 5-46 所示。

这些中断的处理方法如下。

(1) 链接中断：按照 5.5.2 节所述方式处理。

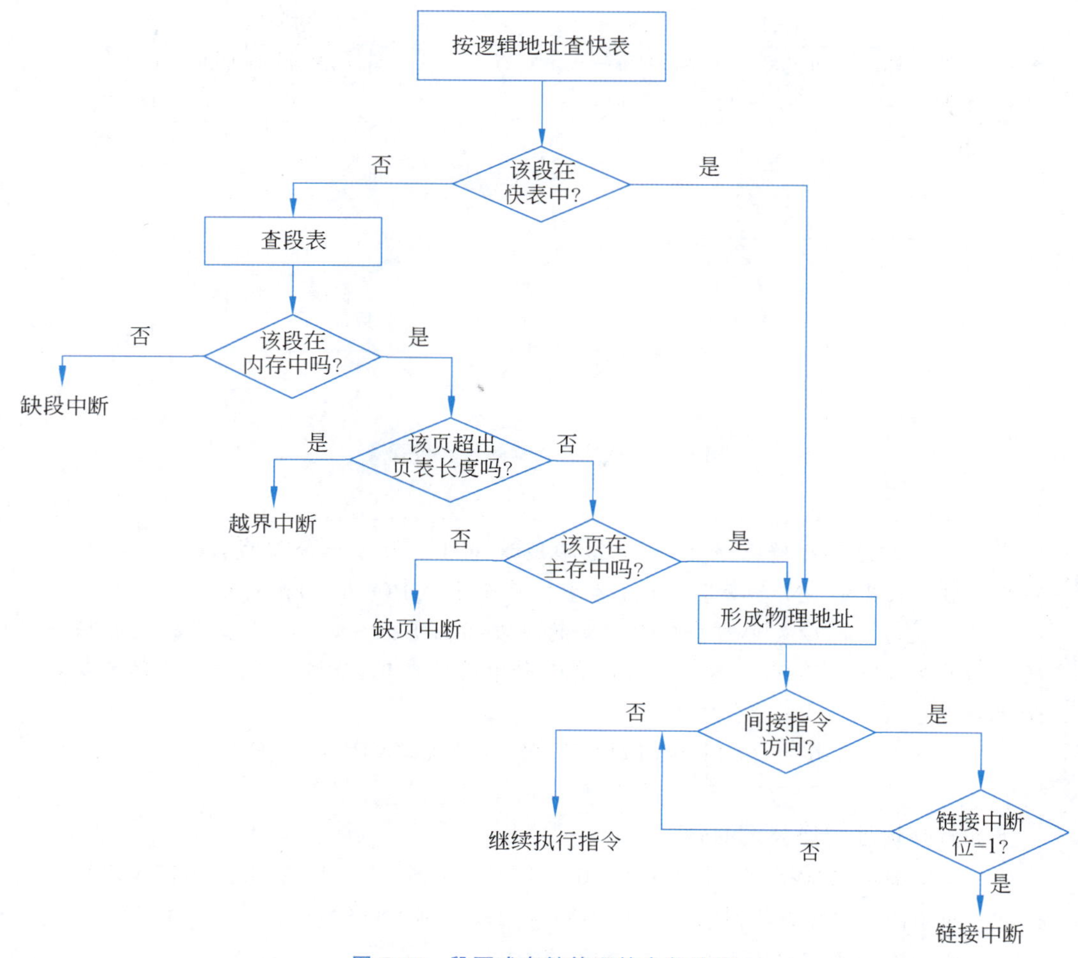

图 5-46　段页式存储管理的中断处理

(2) 缺段中断：为该段建立一张页表；查段表中该段的段表项(无段表项时，找一个空表项)填写页表始址和长度，以及其他必要的内容。

(3) 缺页中断：找出一个空闲物理页面或调出一页，装入需要的页面，修改相应的表格，如页表、主存分配表等。

(4) 越界中断：当该段允许扩充时，增加页表表目，修改段表中的页表长度指示。当该段不允许扩充时，做出错处理。

中断处理后，重新启动被中断的指令执行(出错情况除外)。

段页式虚拟存储系统结合了分段式和分页式的全部优点，但是增加了成本和复杂性，表格等的额外开销也大大增加，所以这种方式只适用于大型通用机。

习　　题

1. 试述内存管理的基本需求，并从进程管理的角度谈谈保护和共享需求的意义。

2. 试从内存管理的可重定位需求谈谈为什么不能在编译时实施内存保护。

3. 虚拟地址的位数取决于哪些因素？虚拟地址的位数能不能大于物理地址的位数？

4. 分页式虚拟内存管理是如何实现内存管理的保护需求和共享需求的？

5. 为什么说请求分页管理能够实现存储器的扩充？

6. 程序局部性原理包括哪两个方面？试从程序局部性原理的角度，谈谈为什么模块化是度量程序设计好坏的主要因素之一。

7. 什么是请求分页和预取分页？试比较这两种读取策略的优缺点。

8. 段的动态链接过程是如何实现的？

9. 对固定分区内存管理，按内存地址排列的空闲区大小是：10KB、4KB、20KB、18KB、7KB、9KB、12KB 和 15KB。对于连续的段请求：(a)12KB；(b)10KB；(c)9KB。使用首次适配算法、最佳适配算法和最差适配算法，分别进行内存分配。

10. 假设计算机系统使用伙伴系统进行内存管理。初始时系统有 1MB 的空闲内存，内存块起始地址为 0。对于下面的内存请求序列，说明每次内存申请和释放之后，内存的占用和空闲状态如何？

(1) 申请 256KB；

(2) 申请 500KB；

(3) 申请 60KB；

(4) 申请 100KB；

(5) 申请 30KB，然后释放 1；

(6) 申请 20KB。

11. 对十进制虚拟地址 20000，32768，60000，分别使用 4KB 页面和 8KB 页面计算虚拟页号和页内偏移量。

12. 一个 32 位地址的计算机使用两级页表。虚拟地址被分成 9 位的一级页表域，11 位的二级页表域和一个偏移量。

(1) 页面大小是多少？地址空间中一共有多少个页面？

(2) 如果页面大小保持不变，采用一级页表，试比较一级页表和上述二级页表的大小。

13. 一个计算机使用 32 位虚拟地址，4KB 大小的页面。程序和数据都位于最低的页面(0～4095)，堆栈位于最高的页面。如果使用一级分页，页表中需要多少个表项？如果使用二级分页，每部分有 10 位，需要多少个页表项？

14. 有二维数组 int X[64][64]。假设系统中有 4 个页框，每个页框大小为 128 个字(1 个整数占用 1 个字)。处理数组 X 的程序正好可以放在一页中，而且总是占用 0 号页。

数据会在其他 3 个页框中被换入和换出。数组 X 按行存储。下面两段代码中，哪一段会有最少的缺页中断？并计算缺页中断的次数。

A 段：

```
for (int j=0; j<64;j++)
    for(int i=0; i<64; i++) X[i][j]=0;
```

B 段：

```
for (int i=0; i<64; i++)
    for(int j=0; j<64; j++) X[i][j]=0;
```

15. 考虑以下来自一个 460 字节程序的虚拟地址(十进制)序列：

10、11、104、170、73、309、185、245、246、434、458、364。

假设页面大小为 100 字节。求出页面走向，并计算在 LRU 和 FIFO 置换策略下，缺页中断的次数。(假定给程序固定分配 3 个页框)

16. 考虑这样一个分页系统，该系统在内存中存放了二级页表，在 TLB 中存储了最近访问的 16 个页表表项。如果内存访问需要 80ns，TLB 检查需要 20ns，页面交换(读/写磁盘)时间需要 5000ns。假设有 20%的页面被更改，TLB 的命中率是 95%，缺页率是 10%，那么访问一个数据项需要多长时间？

17. 在一个简单分段系统中，包含如下段表：

段号	起始地址	长度(字节)
0	660	248
1	1752	442
2	222	198
3	996	604

对如下的每一个逻辑地址，确定其对应的物理地址或者说明段错误是否会发生。

(1) [0, 198]

(2) [2, 156]

(3) [1, 530]

(4) [3, 444]

(5) [0, 222]

18. 如果主存中某页正在与外围设备交换信息，那么发生缺页故障时，能否将这一页淘汰？为什么？出现这种情况时，有哪些处理方法？

第6章

文件管理

文件系统是操作系统的重要子系统，也是用户接触最多的子系统。用户的各种数据通常以文件的形式保存在计算机中。文件通常存储在非易失性存储介质中，因此其生命周期可以跨越进程边界，当进程终止之后，甚至当计算机掉电或重启之后，文件并不会消失，而是持久地保存在计算机中。

进程与文件有着密切的关系。进程结构中的代码段、数据段等都保存在可执行文件中。当进程创建时，把可执行文件中的这些段映射到进程的虚拟内存空间中；在进程执行过程中，如果需要页面交换，那么当换出时，物理页面可能回写到磁盘中的页面文件；换入时，虚拟页面又被加载到相应的物理页面；当进程消亡后，它占据的物理页面被释放，而文件及其状态仍然保存在磁盘中。

在学习文件系统时，尤其需要注意文件的两个基本特性：共享性和安全性。进程的重要特性是“隔离性”，而文件的一个重要特性是“共享性”。文件作为一种资源可以被多个进程访问，因此使用文件可以实现进程间通信。在多用户操作系统中，文件作为一种公共资源对不同主体呈现出不同的安全性级别，我们需要了解操作系统进行文件访问控制的方法。

本章学习内容和基本要求如下。

(1) 物理文件系统和虚拟文件系统的结构。

(2) 文件的物理结构和磁盘空闲空间管理。重点掌握描述文件内容磁盘块分布的索引表结构和B+树结构。重点掌握MS-DOS的磁盘空间管理方法和UNIX的成组链接法，尤其需要思考这些方法是如何对空闲磁盘块进行分配和释放的。

(3) 掌握文件的硬链接和符号链接。

(4) 重点学习进程打开文件在内核中的数据结构，在此基础上正确理解打开文件的两种共享方式，以及管道通信机制的原理。

(5) 形成文件系统安全的基本概念，重点学习UNIX中实现文件访问控制的方法，尤其需要明确用户、用户组，附加用户组等基本概念，了解文件访问许可是如何与访问主体(即进程)相匹配的。

本章内容较多较杂，在学习过程中，要注意寻找和建立文件系统与进程管理、文件系统与内存管理的关系，从而形成对操作系统较为系统的认识。

6.1 文件系统

6.1.1 文件系统的概念

文件系统是管理用户和系统信息的存储、检索、更新、共享和保护，并为用户提供一整套方便有效的文件使用和操作方法的子系统。文件系统包括文件集合和目录结构两部分，目录结构提供系统中所有文件的信息。文件系统驻留在非易失性存储介质上。

文件系统具有如下功能。

(1) 方便用户使用。使用者只要知道文件名，给出有关操作要求，便可存取文件内容，实现了按名存取，无须考虑文件内容存放的具体物理位置以及具体存储方式。

(2) 保障文件安全可靠。由于用户通过文件系统来访问文件，而文件系统能够提供各种安全、保密和保护措施，故可防止对文件信息有意或无意的破坏或窃取。此外，在文件使用过程中可能出现硬件故障，这时文件系统可组织重执或组织转储以提高文件的可靠性。

(3) 提供文件共享功能。不同的用户可以使用同名或异名的同一文件，这样既节省了文件存放空间，又减少了传送文件的交换时间，进一步提高了文件和存储空间的利用率。

计算机中使用的文件系统种类较多，大多数操作系统支持多种文件系统。UNIX 使用 UFS(Unix File System)文件系统，该系统基于伯克利快速文件系统 FFS(Fast File System)。Windows 操作系统支持 FAT,FAT32 和 NTFS 等磁盘文件系统格式。Linux 能够支持 40 多种不同的文件系统，标准 Linux 文件系统是扩展文件系统 EXT (EXTended file system)，最常用的版本是 EXT3 和 EXT4。

6.1.2 文件系统的存储结构

一个计算机系统通常支持多个文件系统。文件系统保存在磁盘等非易失性存储介质中。一个磁盘可以完全用于一个文件系统，也可以在一个磁盘上存放多个文件系统，或者把磁盘的一些区域用于存放文件系统，其他区域用于其他目的，例如页面交换空间或未格式化磁盘空间等。我们把磁盘的这些区域称为磁盘的分区(partition)、分片(slice)或小盘(minidisk)。在磁盘的每个分区中可以创建一个文件系统，多个分区可以组合形成更大的存储结构，称为卷(volume)。简单起见，我们把装载了一个文件系统的存储区域称为一个卷。每一个卷可以理解为一个虚盘，它可以包括一个或多个分区，甚至多个磁盘。每个卷包含一个文件系统，该文件系统中所有文件的信息存放在设备目录(device directory)或**卷表**(volume table of contents)中。设备目录中记录了该卷中的所有文件的文件名、位置、大小和类型等信息。图 6-1 是一个典型文件系统的组织。

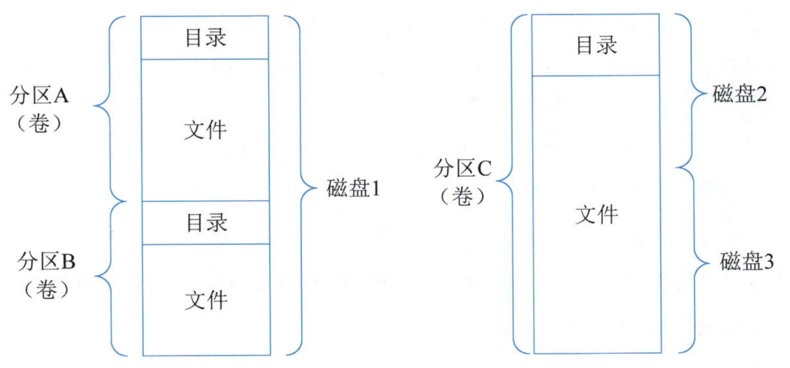

图 6-1 一个典型文件系统的组织

图 6-1 中有 3 个磁盘,其中磁盘 1 分为两个分区,分区 A 和分区 B,每个分区上装载一个文件系统,形成各自的卷。磁盘 2 和磁盘 3 合在一起装载了一个文件系统,形成分区 C 和相应的文件卷。3 个分区构成了 3 个文件卷,每个分区装载一个文件系统,因而可以理解为一个独立的虚盘。当用户使用文件系统时,并不关心这个文件系统是在一个磁盘分区上还是在多个磁盘构成的分区上。

6.2 文 件

文件是操作系统为用户提供的一个用于存储信息的统一的逻辑视图。文件抽象了不同存储设备的物理特性,为用户提供了一个逻辑存储单元。文件中的信息内容由文件的创建者来定义。存储在文件中的信息多种多样,例如源程序、目标程序、可执行程序、数字数据、文本、图像、音频记录等。一个文件具有特定的结构,这通常依赖文件内容信息的种类。例如,文本文件的结构是由若干字符构成的一个序列,这些字符被组织成若干行和若干页;源程序文件的结构是由若干子例程或函数构成的一个序列,而每一个子例程或函数又由声明部分和可执行语句的序列构成;目标文件是由若干字节构成的一个序列,这些字节被组织成能为链接器所理解的若干块或段;可执行文件的结构是由若干代码段构成的序列,这些段能够被加载器识别并加载到内存中执行。

6.2.1 文件的属性

文件具有若干基本属性,这些属性依赖不同的文件系统,如表 6-1 所示。

表 6-1 文件属性

基本信息	
文件名	容易被人们识记的符号名。进程通过文件名引用不同的文件
标识符	通常是一个数字，在文件系统内部标识一个文件。脱离了文件系统，标识符就失去了标识的作用。标识符通常不容易为人们所识记
文件类型	对支持多种文件类型的操作系统有用
文件组织	供那些支持不同组织的系统使用
地址信息	
位置信息	存储文件的设备地址和该设备上文件存储位置的地址。通常用卷和起始地址来表示
使用大小	文件的当前大小，单位为字节、字或块
分配大小	文件所允许的最大大小
访问控制信息	
所有者	控制该文件的用户。所有者可以授权或拒绝其他用户的访问，并可以改变文件的访问权限
访问信息	最简单的形式包括每个授权用户的用户名和口令
允许的操作	读、写、执行以及在网络上传送
使用信息	
创建者	通常是文件的当前所有者，但并不一定必须是当前所有者
当前使用信息	有关文件当前活动的信息，如打开文件的进程、是否被一个进程加锁、文件是否被修改等
时间、日期和用户标识	文件创建时间、最后一次修改和最后一次使用时间。这些属性对于文件保护、保密和监视文件的使用是非常有用的。

一个文件的所有属性信息构成了该文件的**元信息**或**元数据**(Metadata)。一个文件的元数据通常保存在**文件控制块**(File Control Block，FCB)中。这样，为了完整地描述一个文件，需要把文件分为两部分：File = FCB + Content，其中FCB是描述文件属性信息的数据结构，Content是文件所包含的实际数据内容。FCB和Content并不是完全无关的，通过FCB中的“位置信息”属性可以找到文件实际内容所在的存储空间。图6-2是一个典型文件控制块的示意图。

不同操作系统实现FCB的方式有所不同。在UNIX中使用inode数据结构来实现FCB，而在Windows NTFS文件系统中，用目录项来实现FCB。

所有文件的属性信息保存在目录结构中，目录结构也必须驻留在非易失性存储介质上。在UNIX系统中，一个目录项由文件名和文件的inode号构成，通过inode号可以找到文件的inode，从而可以得到文件的属性。通常保存一个文件的属性信息需要花费1000多字节。目录必须保存在存储设备上，并在需要时被载入内存。

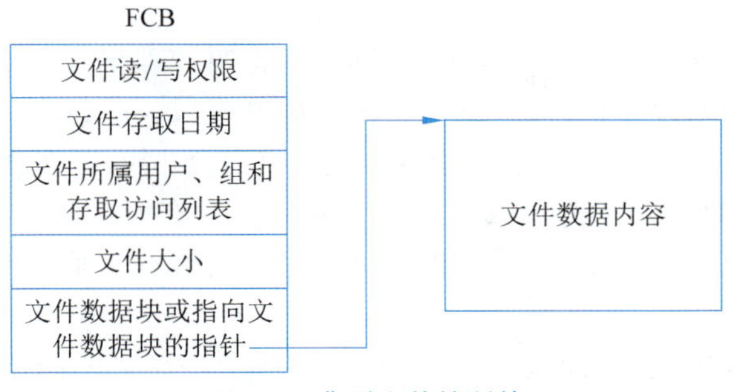

图 6-2　典型文件控制块

6.2.2　文件上的操作

操作系统提供一系列对文件的操作，具体操作及说明如表 6-2 所示。

表 6-2　文件的操作

操　作	说　明
创建文件	创建文件需要两步：①在文件系统中为该文件分配存储空间；②在目录中为该文件建立一个目录项
写入文件	写入一个文件需要提供文件名和将被写入的信息。文件系统使用文件名在目录中找到文件的位置。系统必须维护一个指向文件写入位置的"写指针"，下一次写操作就从写指针指向的位置开始写入。当写操作发生时，写指针必须更新
读取文件	读取一个文件需要提供文件名和读取的文件数据应放入的内存缓冲区。同样，需要搜索目录查找对应的目录项，系统需要维护一个指向文件读取位置的"读指针"，下一次读操作就从该位置开始读取。当读操作发生时，读指针必须更新
文件重定位	把当前文件位置指针设置为给定值。文件重定位操作不会引起任何实际 I/O 操作
删除文件	首先根据文件名找到对应的目录项，释放文件的所有存储空间，然后删除目录项
截断文件（Truncating file）	有时用户希望删除一个文件的内容同时保持文件的属性不变。这时，可以对文件施加截断操作。该操作的后效是：文件所占的存储空间被释放，文件的长度被设为 0，文件的其他属性均保持不变

除此之外，还有一些常用操作，如 appending，renaming 等。有些操作系统还提供了文件上锁操作。使用文件锁可以锁定一个文件，阻止其他进程获取文件的访问权限。文件锁对于由多个进程共享的文件非常必要。例如，系统日志文件只能被系统中的一些进程访问和修改。

6.2.3　文件的存储设备

常见的存储介质有磁盘、磁带、闪存等。对于磁带机和可卸盘组磁盘机等设备而言，由于存储介质与存储设备可以分离，所以存储介质和存储设备不总是一致的，不能混为一谈。

块是存储介质上连续信息所组成的一个区域，也叫物理记录。块是内存和辅助存储设备进行信息交换的物理单位，每次总是交换一块或整数块信息。决定块大小的因素有用户使用方式、数据传输效率和存储设备类型等。不同类型的存储介质，块的大小常常有所不同；对同一类型的存储介质，块的大小也可以不同。有些存储设备由于启停机械动作的要求或识别不同块的特殊需要，两个相邻块之间必须留有间隙。间隙是块之间不记录用户数据信息的区域。

文件的存储结构依赖存储设备的物理特性，下面介绍两种不同类型的文件存储设备，它们决定了文件的两种存取方式。

1. 顺序存取存储设备

顺序存取存储设备是严格依赖信息的物理位置进行定位和读写的存储设备，所以从存取一块信息到存取另一块信息要花费较多的时间。磁带机是最常见的顺序存取存储设备。它的优点是存储容量大、稳定可靠、卷可装卸和便于保存。

磁带上的物理块没有确定的物理地址，而是由它在磁带上的物理位置来标识。例如，磁头在磁带的始端，为了读出第 100 块上的记录信息，必须正向引带走过前面 99 块。对于磁带机，除了读/写一块物理记录的通道命令外，通常还有辅助命令，如反读、前跳、后退和反绕等，以实现多种灵活的控制。为了便于对带上物理块进行分组和标识，有一个称作带标的特殊记录块，只有使用写带标命令才能刻写。在执行读出、前跳和后退命令时，如果磁头遇到带标，硬件能产生设备特殊中断，通知操作系统进行相应处理。

2. 直接存取存储设备

磁盘是一种直接存取存储设备，又叫随机存取存储设备。每个物理记录有确定的位置和唯一的地址，存取任何一个物理块所需的时间几乎不依赖此块的位置。目前多数使用活动臂磁盘，除盘组的上下两个盘面不用外，其他盘面用于存储数据。每个盘面有一个读写磁头，所有的读写磁头都固定在唯一的移动臂上同时移动。在一个盘面上的读写磁头的轨迹称为磁道，在磁头位置下的所有磁道组成的圆柱体称为柱面，一个磁道又可被划分成一个或多个物理块，称为扇区，如图 6-3 所示。

文件的信息通常记录在同一柱面的不同磁道上，这样可使移动臂的移动次数减少，从而缩短存取信息的时间。为了访问磁盘上的一个物理记录，必须给出三个参数：柱面号、磁头号、扇区号。

磁盘机根据柱面号控制移动臂作机械的法向移动，带动读/写磁头到达指定柱面，这个动作较慢，一般称作“寻道时间”。下一步根据磁头号可以确定数据所在的盘面，然后等待被访问的扇区旋转到读写磁头下进行存取，这段延迟时间称为“搜索延迟”。磁盘机实现这些操作的通道命令是寻道、搜索、转移和读写。

扇区（sectors）是磁盘中存储信息的基本单位，即物理块，通常为 512 字节（可以使用

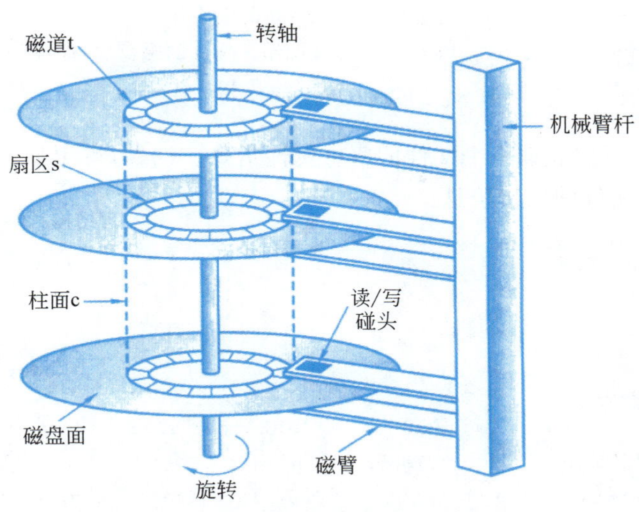

图 6-3　磁盘驱动器的组成

fdisk -l 命令获取）。但是，在为文件分配存储空间以及进行 IO 操作时，通常以 8 个扇区（即 4KB）为单位，我们把这一单位称为 **IO 块**（IO block）。因此，需要对物理块和 IO 块进行区分，前者是存储的基本单位，而后者是文件存储空间分配以及 IO 操作的基本单位。

6.2.4　openEuler 环境下如何获取文件信息

在 openEuler 源码文件 sys/stat.h 定义了保存文件属性信息的结构体 stat：

```
源码文件：sys/stat.h
    struct stat{
    mode_t        st_mode;        //文件类型和访问允许位
    ino_t         st_ino;         //inode 号
    dev_t         st_dev;         //文件系统设备号(文件系统),包括主设备号和次设备号
    dev_t         st_rdev;        //字符设备和块设备的实际设备号,包括主设备号和次设备号
    nlink_t       st_nlink;       //文件链接的个数
    uid_t         st_uid;         //文件用户的 user id
    gid_t         st_gid;         //文件用户的基本组 group id
    off_t         st_size;        //文件大小(字节),仅对普通文件而言
    time_t        st_atime;       //最后一次访问文件的时间
    time_t        st_mtime;       //最后一次修改文件的时间
    time_t        st_ctime;       //文件状态最后一次变更的时间
```

```
    blksize_t       st_blksize;     //I/O 块的大小
    blkcnt_t        st_blocks;      //分配给该文件的磁盘块(即扇区)数目
}
```

使用命令 stat 可以获取一个文件的所有属性信息。例如，可用如下命令获取当前目录下 helloworld.c 文件的属性信息：

```
#stat ./helloworld.c
```

输出为：

```
  File: helloworld.c
  Size: 101             Blocks: 8          IO Block: 4096    regular file
Device: 805h/2053d      Inode: 1583338     Links: 1
Access: (0664/-rw-rw-r--)  Uid:  ( 1000/  zenith)     Gid: ( 1000/ zenith)
Access: 2021-11-22    11:16:18.175270097  +0800
Modify: 2021-11-19    16:55:03.312459607  +0800
Change: 2021-11-19    16:55:03.352455553  +0800
```

可以看出，文件大小(size)为 101 字节，分配了 8 个物理块(即扇区)(每个块的大小为 512 字节)，IO Block 的大小为 4096，即 1 个 IO Block 由 8 个物理块为单位。该文件为普通文件(regular)，即非字符设备文件和块设备文件，文件系统主、次设备号(即 struct stat 的 st_dev 域)为 805h/2053d，inode 号为 1583338，链接计数为 1，读写访问权限为 0664，即-rw-rw-r--，文件所有者为 1000，即 zenith，文件组为 1000，即 zenith。注意，文件大小只有 101 字节，但是分配给文件 8 个物理块，可见文件系统为文件分配存储空间时，是以 IO Block，即 8 个物理块为单位的。

在 openEuler 系统中，目录也是文件，为了获取目录的详细信息，可以使用 stat 命令

```
#stat  /
```

获取根目录的信息如下：

```
  File: /
  Size: 4096            Blocks: 8          IO Block: 4096 directory
Device: 805h/2053d      Inode: 2           Links: 20
Access: (0755/drwxr-xr-x)  Uid: (   0/   root)  Gid: (   0/   root)
Access: 2021-12-15    20:44:48.220000515  +0800
Modify: 2021-12-12    20:24:59.326980334  +0800
Change: 2021-12-12    20:24:59.326980334  +0800
```

其中，“/”为目录文件(directory)，但是它与 helloworld.c 的文件系统主、次设备号完

全一致，都是805h/2053d，因为它们都位于同一磁盘驱动器上（由主设备号标识），而且所在的文件系统（由次设备号标识）也一致。

作为对比，我们对字符设备文件/dev/tty0使用stat命令：

```
#stat /dev/tty0
```

得到如下信息：

```
    File: /dev/tty0
  Size: 0          Blocks: 0         IO Block: 4096   character special file
Device: 5h/5d   Inode: 14        Links: 1   Device type: 4,0
Access: (0620/crw--w----)  Uid: (    0/    root)  Gid: (    5/    tty)
Access: 2021-12-15  20:44:42.888000200  +0800
Modify: 2021-12-15  20:44:42.888000200  +0800
Change: 2021-12-15  20:44:42.888000200  +0800
```

/dev/tty0表示当前虚拟终端设备（可以认为是计算机的显示器），它是一个字符设备文件（character special file），其文件系统主、次设备号为5h/5d，但它作为一个字符设备，其真实主、次设备号（即struct stat的st_rdev域）为4,0。

6.3 openEuler文件系统

在openEuler等宏内核中，文件系统通常作为操作系统内核的一部分对外提供服务。本节介绍openEuler文件系统的总体架构、虚拟文件系统（VFS）以及Ext4物理文件系统。

6.3.1 文件系统总体架构

openEuler中的文件系统架构如图6-4所示。位于最上层的是应用程序，通常以用户进程的形式运行。应用程序通过系统调用对文件系统进行访问请求，操作系统内核调用虚拟文件系统处理该请求。虚拟文件系统是一个存在于内存中的文件系统，充当各类物理文件系统的管理者。VFS抽象了不同文件系统的行为，为用户提供一组通用、统一的API，使用户在执行各类文件操作时不用关心底层的具体物理文件系统类型。物理文件系统分布在磁盘等存储介质中，常见的类型包括EXT4，NTFS等。openEuler默认采用EXT4（Fourth Extended Filesystem）文件系统作为物理文件系统。VFS是用户可见的一棵目录树，物理文件系统则作为一棵子目录树挂载在VFS目录树的某个目录上。

openEuler的目录树结构遵守文件系统层次结构标准FHS（Filesystem Hierarchy Standard），该标准定义了Linux发行版中的目录结构和目录内容。openEuler文件系统

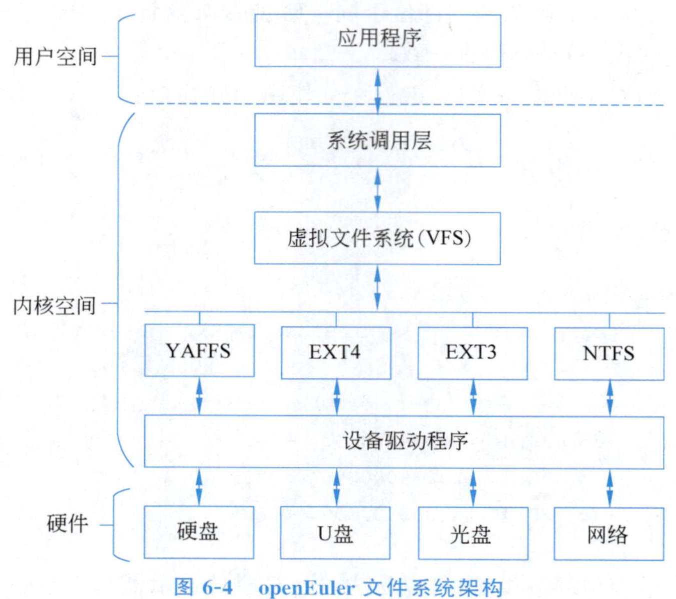

图 6-4 openEuler 文件系统架构

中一级目录结构和目录内容如表 6-3 所示。

表 6-3 openEuler 文件系统中一级目录及存放内容

目　　录	描　　述
/	整个 VFS 文件系统的根目录
/bin/	存放单用户维护模式下能使用的二进制可执行文件,这些命令可以被 root 和一般用户使用,如 cat、ls、cp 等
/boot/	存放引导文件。这些引导文件是 Linux 内核和系统开机所需的配置文件,如 kernel、initrd 等。该目录通常对应一个单独的分区
/dev/	存放设备文件
/etc/	存放配置文件
/home/	用户主目录,包含保存的文件、个人设置等,通常对应一个单独的分区
/lib/	存放系统库函数,包括/bin/和/sbin/中二进制文件所依赖的库文件
/media/	可移除设备(如 CD-ROM)的挂载目录
/mnt/	临时设备的挂载目录
/opt/	可选软件安装目录,用于安装第三方程序
/proc/	保存内核中有关进程的信息和配置,通常用来挂载 procfs 伪文件系统
/root/	超级用户的主目录

续表

目　录	描　述
/sbin/	保存基本的系统命令，用于设置系统环境、修复系统、还原系统等，这些命令只能被 root 用户使用，如 shutdown、reboot、init、ip、mount 等
/srv/	保存互联网站点数据，如保存 FTP、WWW 服务的数据
/tmp/	保存临时文件，在系统重启时，这些文件不会被保存
/usr/	系统软件资源目录，包含绝大多数用户工具和应用程序。注意，usr 是 UNIX Software Resource 的缩写，并非 user 的缩写
/var/	变量文件目录，保存在系统正常运行过程中内容不断变化的文件，如日志、脱机文件和临时电子邮件文件

6.3.2　物理文件系统

openEuler 默认采用 EXT4 文件系统作为物理文件系统，本节以 EXT4 为例介绍物理文件系统，主要包括两个方面：第一，文件系统以何种数据结构对数据进行组织，以及这些数据如何分布在磁盘上；第二，基于这些数据结构，文件系统如何实现文件的读写等操作。

物理文件系统使用一组特定的数据结构描述文件系统中的目录、文件、目录和文件内容的磁盘分布，以及空闲磁盘空间分布状况，这些数据结构本身也必须存储在磁盘上以实现文件系统的持久化。

一个磁盘可以被划分为多个分区，不同分区可以安装不同的文件系统。磁盘格式化是指将磁盘等数据存储设备初始化以供首次使用的过程。在某些情况下，格式化操作可能还会创建一个或多个新文件系统。一个格式化成 EXT4 文件系统的分区包括多个块组。EXT4 文件系统的整体布局如图 6-5 所示。

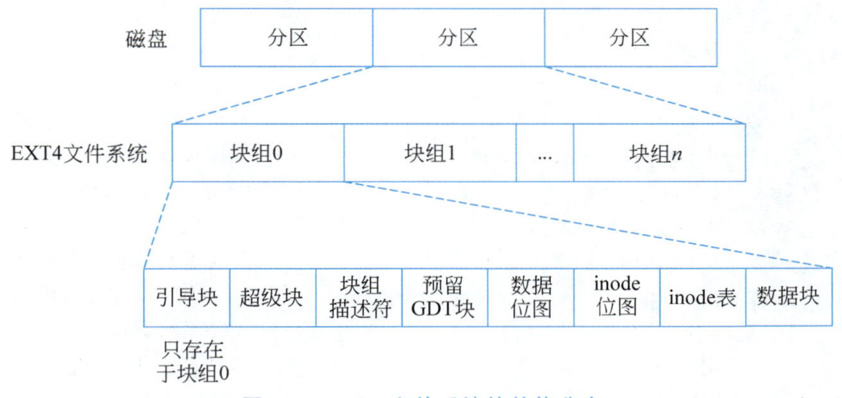

图 6-5　EXT4 文件系统的整体分布

块组中包括引导块(只存在于块组 0)、超级块、块组描述符、预留 GDT 块、数据位图、inode 位图、inode 表以及数据块。

(1) 引导块：如果在磁盘分区中安装了操作系统，则引导块中的信息用来引导该操作系统的加载。引导块中的信息不能被文件系统修改。通常以磁盘分区的第一个块作为引导块，引导块只存在于块组 0，其他块组中没有引导块。

(2) 超级块：块组 0 中的超级块称为主超级块。为了保证文件系统的可靠性，部分块组（块组编号为 3、5、7 及其幂，如 3^3，5^4，7^2）中保存着文件系统主超级块的副本，防止因主超级块损坏导致整个文件系统失效。一般地，操作系统内核只会读取块组 0 中的主超级块；如果主超级块中的信息损坏，则操作系统复制保存在其他块组中的超级块副本，修复文件系统。

(3) 块组描述符和预留 GDT 块：每个块组都有一个与之关联的块组描述符。所有的块组描述符构成块组描述符表(GDT)。为了便于扩展文件系统容量，EXT4 还预留一些磁盘块保存将要扩展出的块组描述符，称为预留 GDT 块。一般地，块组描述符表和预留 GDT 块总是与超级块保存在相同的块组中。

(4) 数据位图、inode 位图：用于对该块组的空闲数据块、inode 进行管理。由 inode 项组成的 inode 表用于实现文件的索引。

(5) 数据块：每个块组的大部分块为数据块，用于存储文件内容。

下面对各个块的数据结构进行描述。

1. 超级块

EXT4 文件系统通过超级块的数据结构记录文件系统整体层面的信息。超级块的大小固定为 1KB。超级块的数据结构在 Linux 源码(v4.19.90)中的 fs/ext4/ext4.h 文件中给出定义，部分数据结构如下面代码所示，其中数据类型__le16 与__le32 分别表示小端模式下长度为 16 与 32 位的无符号数。当操作系统加载文件系统时，将首先从磁盘超级块中获取文件系统的信息，并据此完成文件系统的初始化。

```
源码文件: fs/ext4/ext4.h
struct ext4_super_block {
    __le32  s_inodes_count;              // inodes 总数
    __le32  s_blocks_count_lo;           // 以块为单位的文件系统的大小
    __le32  s_free_blocks_count_lo;      // 空闲块计数
    __le32  s_free_inodes_count;         // 空闲 inode 计数
    __le32  s_log_block_size;            // 块的大小
    __le32  s_mtime;                     // 文件系统最后一次启动的时间
    __le32  s_wtime;                     // 上一次写操作的时间
    __le16  s_mnt_count;                 // 文件系统最后一次挂载的时间
    __le16  s_creator_os;                // 创建文件系统的操作系统
    __le16  s_magic;                     // 文件系统魔术数,代表其类型
    __le16  s_state;                     // 文件系统的状态
    ...
}
```

2. 文件的索引节点

EXT4 文件系统采用索引节点(index-node,即 inode)的数据结构记录文件的元信息。每个文件都对应一个 inode。inode 数据结构定义在源码文件 fs/ext4/ext4.h 中,部分数据结构如下所示。属性 i_block[EXT4_N_BLOCKS]称为"混合索引表",用以指示文件数据内容的磁盘块分布。

```
源码文件: fs/ext4/ext4.h
struct ext4_inode {
        __le16  i_mode;
                                    // 文件类型和访问权限
        __le16  i_uid;              // 文件属主的标识符
        __le32  i_size_lo;          // 以字节为单位的文件大小
        __le32  i_atime;            // 上一次访问时间
        __le32  i_ctime;            // 上一次 inode 改动时间
        __le32  i_mtime;            // 上一次文件修改时间
        __le16  i_gid;              // 文件用户组标识符
        __le16  i_links_count;      // 文件链接计数
        __le32  i_blocks_lo;        // 以块为单位的文件大小
        __le32  i_block[EXT4_N_BLOCKS];
                                    // 文件内容占据的数据块。EXT4_N_BLOCKS=15
        __le32  i_size_high;        // 以字节为单位的文件大小
        ...
}
```

EXT4 文件系统中,目录本身也是文件,也对应一个 inode。需要注意,文件(目录)以 inode 编号作为其唯一标识,但 inode 中并不包含文件(目录)名,文件(目录)名包含在该文件(目录)所在的父目录的数据中。一个目录的数据是该目录下所有文件(子目录)的名字与其 inode 号的映射关系。目录下每个文件(子目录)都对应一个目录项,映射关系实际上就是目录项的列表。

例如,在目录/home/zenith 下有两个文件 text1、text2 和一个子目录 d1,则目录/home/zenith 的数据内容如图 6-6 所示。需要访问该目录下的文件 text1 时,首先得到目录/home/zenith 的数据内容,即目录项列表,然后在列表中通过文件名 text1 查找到文件的 inode 号,然后根据 inode 号在 inode 表中找到对应的 inode,inode 里的 i_block 属性指示出该文件内容所在的磁盘块,最后通过访问这些磁盘块获取文件数据内容。由于目录本身也是文件,因此要访问一个子目录时,其查找过程与普通文件完全相同。显然,从根目录开始递归地使用这一过程,可以访问到从根目录开始的所有目录和文件。

注意,在 POSIX 中,每个目录中有两个特殊的目录项,其中保存的文件名分别为"."和"..",对应的 inode 号分别为该目录本身和其父目录。在进行访问时,这两个目录项与

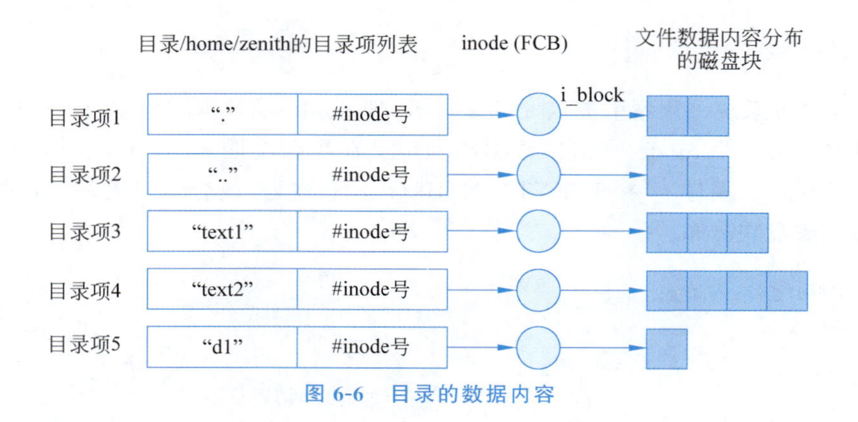

图 6-6 目录的数据内容

其他目录项是一样的。但这两个目录项由文件系统进行管理，与目录一同被创建和删除。对于根目录来说，"."和".."对应的 inode 号均为根目录本身。

使用 inode 来描述文件元信息的优点是：当文件路径需要在文件系统中变动时，文件的物理位置不需要改变，只将父目录中目标文件的目录项移动到新目录即可。在文件需要重命名时，只须修改父目录中目标文件对应的目录项中的文件名即可。因此，使用 inode 记录文件元信息，能够有效简化文件的移动、修改和重命名。

【例 6-1】 要查找到文件/usr/ast/mbox，需要进行多少次磁盘访问？

解 我们用图 6-7 来说明该文件查找过程以及涉及的数据结构。根目录"/"、子目录 usr 和 ast 都有相应的 inode，因此首先从根目录的 inode 找起。由于文件系统总是能够知道根目录 inode 的存储位置，因此能够访问到根目录 inode。要查找到文件/usr/ast/mbox，需要进行 7 次磁盘访问。

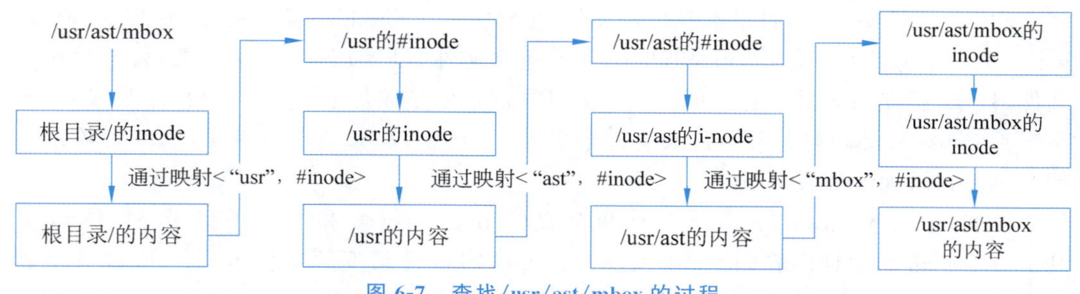

图 6-7 查找/usr/ast/mbox 的过程

3. inode 表

在磁盘上，操作系统划分了一块称为 inode 表(inode table)的区域，专门用来存储 inode。inode 表占据一个或多个磁盘块。当需要存取某个文件的数据块时，文件系统在获取文件的 inode 号之后，根据 inode 号计算出 inode 的位置，进而在 inode 表中读出该

inode，最后通过 inode 中的 i_block 数组找到相应的数据块。

4. 数据位图和 inode 位图

文件数据与 inode 都会占据磁盘块。为了创建新文件或给新文件分配存储空间，文件系统需要知道磁盘中所有块的使用情况，即空闲还是占用。EXT4 文件系统采用位图对空闲空间进行管理。位图是具有一定长度的比特位串。位图分为数据位图（data bitmap）和 inode 位图（inode bitmap）。数据位图中的 1 位（bit）标识一个数据块（即保存文件数据的磁盘块）的使用状态，inode 位图中的 1 位标识 inode 表中一个 inode 的使用状态。如果位为 1，则表示其映射的对象空闲；如果位为 0，则表示其映射的对象已被占用。

假定一个磁盘块的大小为 4KB，一个 inode 的大小为 256B，那么一个磁盘块可以存放 16 个 inode。为了映射这 16 个 inode 的使用状况，inode 位图需要设置 16 个位，如图 6-8 所示（这里仅给出一个 16 位的位图，实际位图可能占用一个或多个磁盘块）。即使只需要 16 个位的位图，位图也至少会占用一个磁盘块，即 4KB。从图可见，编号为 4、8、11、14 的 inode 已被使用，其余 inode 都为空闲。当需要创建一个新文件时，就可以把其中一个空闲 inode 分配给该文件。

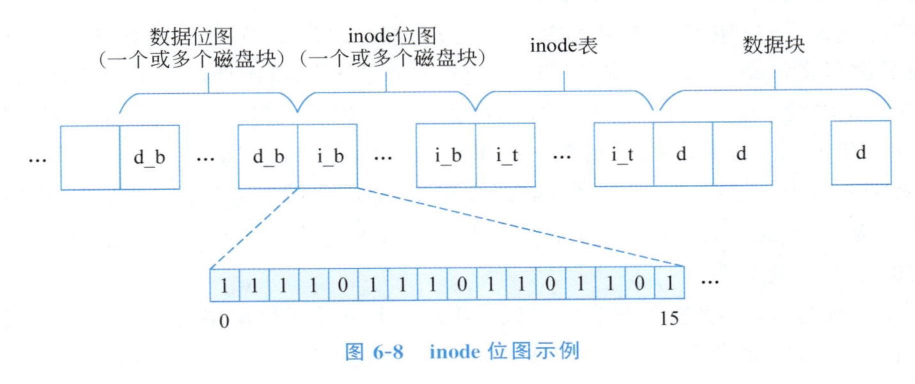

图 6-8　inode 位图示例

5. 块组及其描述符

早期的 UNIX 文件系统在磁盘上随机地选择空闲块保存数据。同一个目录中的文件可能存储在物理位置相隔很远的磁盘块中，甚至一个文件的数据块与其 inode 的物理位置也相隔很远。在访问两个物理位置相隔很远的磁盘块时，磁盘可能需要进行长时间的寻道，这会严重降低文件系统的性能。为了使一个文件相关的磁盘块尽量集中，EXT4 文件系统将磁盘划分成块组（block group），将相关的数据尽可能存储在相近的位置上。根据磁盘的物理结构（图 6-3），多个磁盘块位于同一柱面或物理上连续的柱面时，位置是相近的。因此一个块组由一个或多个物理上连续的磁盘柱面组成。

每个块组都有一个与之关联的块组描述符（Group Descriptor，GD）。块组描述符记录了块组中数据位图的地址、inode 位图的地址、inode 表的地址、空闲数据块的数目、可用 inode 数等重要信息。

6.3.3 虚拟文件系统

现代操作系统支持同时使用多种文件系统。例如一个磁盘分区使用 EXT4 文件系统,另一个磁盘分区使用 FAT32 文件系统。不同类型的文件系统提供的 API 可能有所不同。为了方便用户学习和使用文件系统,操作系统需要寻求一种通用的文件系统使用机制,以支持不同的文件系统。

openEuler 在多文件系统之上建立一个称为虚拟文件系统(Virtual File System,VFS)的抽象层,作为各类文件系统的管理者。VFS 面向用户进程提供一个通用、统一的 POSIX API 接口,使得用户在读写文件时不用关心底层的物理文件系统类型。

VFS 支持的底层物理文件系统主要包括以下 3 类:①基于磁盘的文件系统,如 Ext4、ReiserFS、JFS、XFS、FAT32,VFAT 及 NTFS 等;②基于网络的文件系统,如 NFS、SMB、OCFS 等;③特殊文件系统,如 PROC、SYSFS。VFS 向下层物理文件系统提供的接口称为 VFS 接口。这些接口包括许多功能的调用,VFS 通过这些调用与物理文件系统交互,完成实际的文件系统操作。

引入 VFS 后,应用程序调用通用 API 处理过程如图 6-9 所示。假定 VFS 下同时挂载了两个物理文件系统 EXT4 和 EXT2。当用户进程调用系统调用函数 write()时,将会调用 VFS 提供的 sys_write()函数处理与设备无关的操作。随后 sys_write()调用物理文件系统在 VFS 中注册的写操作函数。如果要访问的文件在 EXT4 文件系统中,则调用 EXT4 提供的 ext4_file_write_iter()函数,如果要访问的文件在 EXT2 文件系统中,则调用 EXT2 提供的 ext2_file_write_iter()函数。最后由这些函数处理与设备相关的操作,完成数据写入磁盘文件。

需要注意的是,与物理文件系统类似,VFS 也由一系列数据结构组成,但其数据结构只保存在内存中,而非磁盘中。VFS 的数据结构主要用于文件和目录的组织。在 openEuler 中,VFS 的目录结构是一棵目录树,最顶层是根目录,其他目录都挂载在根目录下。磁盘分区上的物理文件系统都挂载在 VFS 目录树的某个目录下,作为目录树的一个分支。例如,用于将进程信息导出到用户空间的 PROC 文件系统通常挂载在"/proc"目录下;用于将内核中的设备信息导出到用户空间的 SYSFS 文件系统通常挂载在"/sys"目录下,在操作系统的初始化期间,VFS 要在内存中构建目录树。

VFS 主要定义了 5 种数据结构:文件系统类型、超级块、索引节点、目录项和文件。这些结构都位于内存中,有些数据结构对应磁盘上相应的数据结构,而有的则没有对应的数据结构。下面对这些数据结构加以说明。

1. 文件系统类型

VFS 使用文件系统类型数据结构 file_system_type 统一组织和管理不同类型的物理文件系统,如下面代码所示。该数据结构以函数指针的方式定义了物理文件系统应提供

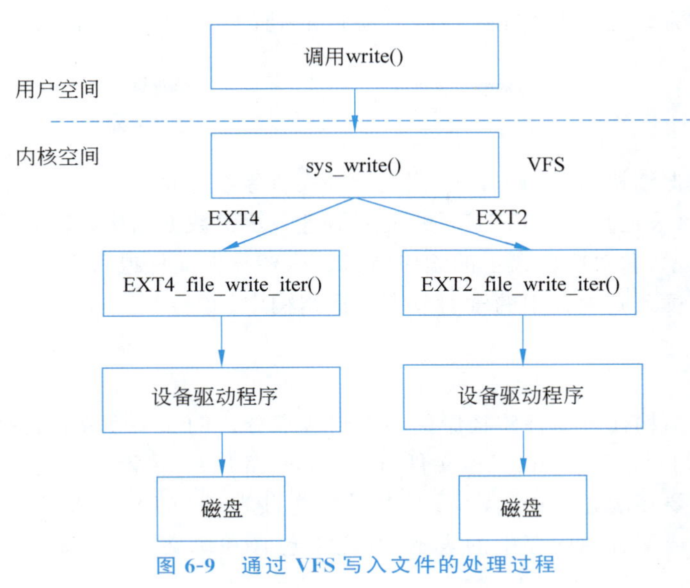

图 6-9　通过 VFS 写入文件的处理过程

的方法，每个物理文件系统均需要将其方法以函数指针的方式提供给 VFS。如在文件系统代码被加载和初始化时，会告知 VFS 其文件系统类型，以及其挂载方法的函数指针。在处理文件系统的挂载请求时，此结构中的 mount 函数将会被调用，文件系统可以进行相应的挂载操作。

```
源代码：include/linux/fs.h
struct file_system_type {
        const char * name;                        //文件系统名
    ...
    struct dentry * (* mount) (struct file_system_type * , int,
     const char * , void * );                     //挂载此文件系统时调用 mount 函数
    void ( * kill_sb) (struct super_block * );    //卸载此文件系统时调用 kill_sb
    struct module * owner;                        //指向实现这个文件系统的模块
    struct file_system_type * next;               //不同文件系统串联成链表
    struct hlist_head fs_supers;                  //同种类型文件系统的超级块形成的链表
        ...
}
```

2. 超级块

超级块数据结构(struct super_block)代表一个已挂载的物理文件系统，它存储着物理文件系统的信息。超级块数据结构通常对应存放在磁盘特定扇区中的物理文件系统超级块。当物理文件系统被挂载到 VFS 目录树下时，VFS 会调用函数 alloc_super()从磁

盘读取物理文件系统超级块中的内容，并将读取到的信息填充到内存的超级块数据结构中。

3. 索引节点

索引节点数据结构(struct inode)代表物理文件系统中的一个文件，包含了内核在操作文件或目录(目录也是文件)时需要的全部信息。索引数据结构是已打开文件的索引节点在内存中的表示，它对应磁盘上的索引节点。内核操作文件或目录时，所需的信息需要从磁盘索引节点读入到内存中的索引节点数据结构中。

4. 目录项

目录项数据结构代表文件路径中的一个组成部分。例如一个文件的路径为"/home/temp.txt"，那么目录"/""/home"和文件"temp.txt"都属于一个目录项。从例 6-1 可见，查找一个文件需要多次磁盘访问，为了加快路径寻找速度，VFS 引入了目录项数据结构，它是文件路径组成部分在内存中的表示，其定义包含在源文件 dcache.h 中，如下面代码所示。

```
源代码: include/linux/dcache.h
struct dentry {
        struct inode * d_inode;              //指向目录项关联的索引节点数据结构
    struct qstr d_name;                      //目录项的名称
        struct dentry * d_parent;            //指向父目录的目录项数据结构
        struct list_head d_subdirs;          //指向子目录项的链表
        struct super_block * d_sb;           //指向文件系统超级块数据结构
        ...
}
```

目录项数据结构包含了父目录的目录项数据结构的指针 **d_parent**、子目录项数据结构组成的链表指针 **d_subdirs**，目录项所关联的索引节点数据结构指针 **d_inode**。需要注意，目录项数据结构是由 VFS 构建的，在磁盘中并没有对应的磁盘数据结构。此外，在执行路径名查找过程中，VFS 会将目录项数据结构缓存下来，下次执行路径名查找操作时，VFS 先在缓存的目录项中查找，如果没有找到，则访问物理文件系统，加载相关信息，并创建目录项数据结构和索引节点数据结构。

5. 已打开文件

进程打开一个文件时，就在内核中为该文件建立了一个相应的数据结构，该结构记录进程操作已打开文件的状态信息，如下面代码所示，包括文件的访问模式(**f_mode**)、文件的读/写指针(**f_pos**)、物理文件系统对文件操作的具体实现的函数集合指针(**f_op**)。打开文件数据结构中还记录着其所关联的索引节点数据结构指针(**f_inode**)、目录项数据结构指针等。注意,打开文件的数据结构没有对应的磁盘数据对象。

```
源代码: include/linux/fs.h
struct file {
        struct inode * f_inode;                    //指向目录项关联的索引节点数据结构
        const struct file_operations * f_op;       //指向文件操作函数集合的指针
        atomic_long_t f_count;                     //引用计数,用于回收
        fmode_t f_mode;                            //访问文件的模式
        loff_t f_pos;                              //文件的读/写指针
        struct address_space * f_mapping;          //指向页缓存映射的地址空间
        ...
}
```

用户进程成功打开一个文件后,会获得一个文件描述符,后续通过该描述符访问打开的文件。文件描述符是一个整数,它是进程打开文件表的索引,而这个表中保存着指向打开文件数据结构的指针,因此进程通过文件描述符间接地访问了打开文件。图 6-10 展示了从文件描述符到磁盘文件内容之间的引用关系。

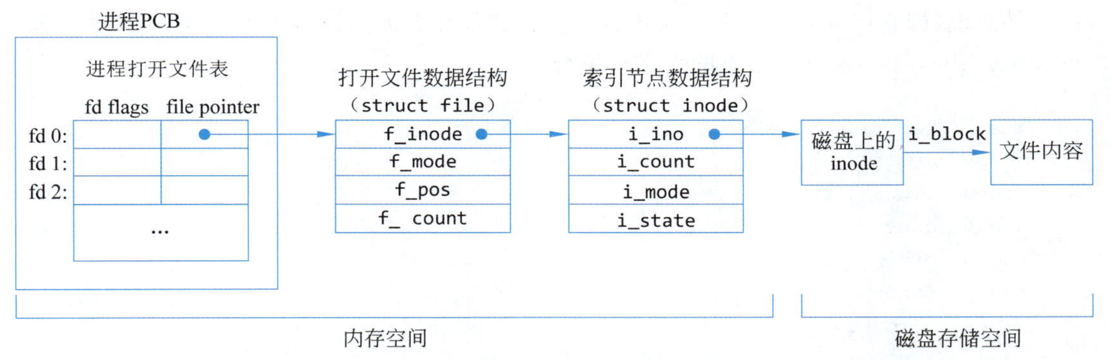

图 6-10 文件描述符、打开文件、索引节点、磁盘索引节点以及文件内容之间的关系

6.3.4 伪文件系统

Linux 系统,包括 openEuler,实现了一种伪文件系统,允许在用户态下观察操作系统内核中的若干重要信息,调整操作系统内核的若干配置。表 6-4 给出了一些常见的伪文件系统。

表 6-4 openEuler 中一些常见伪文件系统

伪文件系统	常用挂载点	描　　述
procfs	/proc	查看和调整进程相关的信息和配置
sysfs	/sys	查看和调整与进程无关的系统配置

续表

伪文件系统	常用挂载点	描述
debugfs		用于内核状态的调试
cgroupfs		用于管理系统中的 cgroup
configfs	/sys/kernel/config	创建、管理和删除内核对象
hugetlbfs		查看和管理系统中的大页信息

通过使用文件的抽象，伪文件系统能够直接获得内核中 VFS 所提供的命名、权限检查等功能。同时，由于文件接口的简单易用性，用户可以使用诸如文件管理、查看、监控等工具，与伪文件系统进行交互。伪文件系统的一个常见用途是允许用户态应用程序通过读取文件的方式获取内核提供的信息，并通过写入文件的方式对操作系统内核进行配置与调整。

例如，在 openEuler 环境下，可以通过执行命令 cat/proc/filesystems 来查看当前操作系统内核中支持的所有文件系统，如下面代码所示。以 nodev 开头的文件系统大多为伪文件系统，即它们并不直接从设备中读取数据和保存数据到设备中。其中 proc 就是提供 /proc/filesystems 这个接口的伪文件系统。

```
#cat /proc/filesystems
nodev   sysfs
nodev   tmpfs
nodev   bdev
nodev   proc
nodev   cgroup
nodev   cgroup2
nodev   cpuset
nodev   devtmpfs
nodev   configfs
nodev   debugfs
nodev   tracefs
nodev   securityfs
nodev   sockfs
nodev   bpf
nodev   pipefs
nodev   ramfs
nodev   hugetlbfs
nodev   devpts
        ext3
        ext2
        ext4
```

◇6.4 文件内容的磁盘块分布和磁盘空闲空间管理

为了存取文件，必须知道文件的数据内容分布在哪些磁盘块中。在 openEuler 文件系统中，通过文件索引节点中的属性 i_block（源码文件：fs/ext4/ext4.h），指示出一个文件的数据内容磁盘块分布状况。所谓磁盘空闲空间管理，是采用一种高效的数据结构记录磁盘中的所有空闲块，并便于空闲块的分配和释放。

6.4.1 混合索引表

1. 索引表

文件的结构分为逻辑结构和物理结构。逻辑结构是从用户访问文件的角度来看待一个文件，而物理结构是从存储的角度来看待一个文件，即文件内容在磁盘块中的分布状况。

根据逻辑结构，文件可以分为记录式文件和流式文件。所谓记录式文件就是文件由一组有序的逻辑记录构成。数据库文件，即数据库表，通常采用这种逻辑结构。一个库表就是一个文件，表中的一行数据就是一条记录，整个库表由若干条记录构成。每条记录有一个主码（主键）用以唯一标识一条记录。流式文件没有特定的逻辑记录，而是由字节的序列构成。

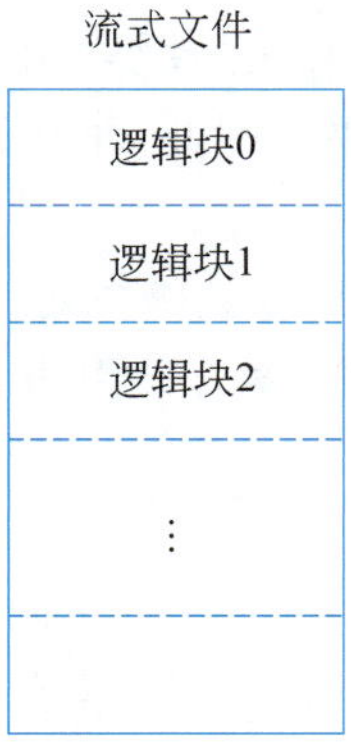

流式文件

逻辑块0
逻辑块1
逻辑块2
⋮

图 6-11 流式文件被划分为若干逻辑块

一个文件无论采用哪种逻辑结构，其数据内容最终必须保存在磁盘块中，即建立文件数据内容到磁盘块的映射关系。对于记录式文件，一个磁盘块可以保存一条或多条逻辑记录。对于流式文件，通常可以把文件数据内容划分为大小相等的块，并为每个块指定一个主码，这些块称为逻辑块。为了便于处理，可以简单认为逻辑块的大小与磁盘块大小相等。做了这样的处理后，流式文件也可以被看作记录式文件，如图 6-11 所示。

文件的物理结构描述逻辑块到磁盘块的映射关系。通常用索引表来指示文件内容的磁盘块分布。索引表实际上是逻辑块主码与磁盘块号之间的对应关系，通过索引表可以查找逻辑块所在的磁盘块。索引表在文件创建时由文件系统自动创建，并与文件一起存放在同一文件卷上。文件的索引表通常要占用一个或多个磁盘块。当索引表的表目不多时，仅用一个磁盘块就可以容纳，但当表目增多时，一个磁盘块不够存放索引表时，就需要用多个磁盘块来存放。存放索引表的块称为索引表块。多个索引表块的组织方式有两种：链接方式和多重索引方式。链接方式将多个索引表块用指针链接起来；多重索引方式是建立多级索引表，如图 6-12 所示。

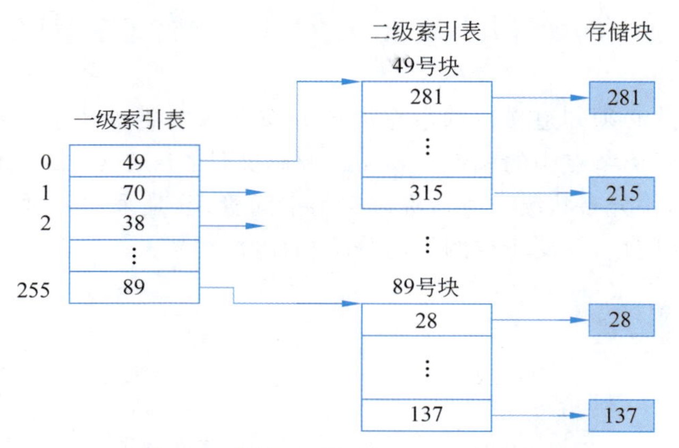

图 6-12 按多重索引方式组织索引表

【例 6-2】 设一个磁盘块大小为 512 字节，每个索引表项占 2 字节。如果采用两级索引表结构来描述一个文件的物理结构，问：

(1) 能表示的文件最大大小是多少字节？

(2) 两级索引表最多占多少个磁盘块？

(3) 两级索引表占据的存储空间相比文件存储空间的比例是多少？

解 磁盘块大小为 512 字节，每个索引表项占 2 字节，因此一个磁盘块最多存放 256 条索引表项。由于采用两级索引表结构来表示文件的磁盘块分布，因此两级索引表最多具有 $256\times256=2^{16}$ 条索引表项，这些索引表项能够指示 2^{16} 个磁盘块。因此，采用两级索引表结构能表示的文件的最大大小是 $2^{16}\times512\text{B}=2^{25}\text{B}=32\text{MB}$。

最大情况下，文件占用的磁盘块数是 2^{16} 个，而两级索引表占用的磁盘块数是 $1+256=257$ 块，因此索引表占文件存储空间的 $257/2^{16}\approx1/256$。由此可见，尽管索引表占据了相当数目的磁盘块，但相对于文件大小来说，所占比例仍然很小。

2. 混合索引表

早期的文件系统，如 EXT3 采用混合索引表记录文件的磁盘块分布。一个文件的混合索引表就是该文件索引节点(inode)的 i_block[15]数组。i_block[15]数组中的每个元素用于存放磁盘块地址或指针。文件系统把常规文件分成小型、中型、大型和巨型 4 种文件。

(1) 小型文件：i_block 数组的前 12 项(i_block[0]～i_block[11])为直接索引，即直接存放文件数据的磁盘块号。

(2) 中型文件：使用 i_block 数组的前 13 项，其中前 12 项用于直接索引，第 13 项(即 i_block[12])作为一级间接索引。

(3) 大型文件：使用 i_block 数组的前 14 项，其中前 12 项用于直接索引，第 13 项为一级间接索引，第 14 项 i_block[13]为二级间接索引。

(4) 巨型文件：使用 i_block 数组的全部。其中，i_block[0]～i_block[11]用于直接索引，i_block[12]为一级间接索引，i_block[13]为二级间接索引，i_block[14]为三级间接索引，如图 6-13 所示。

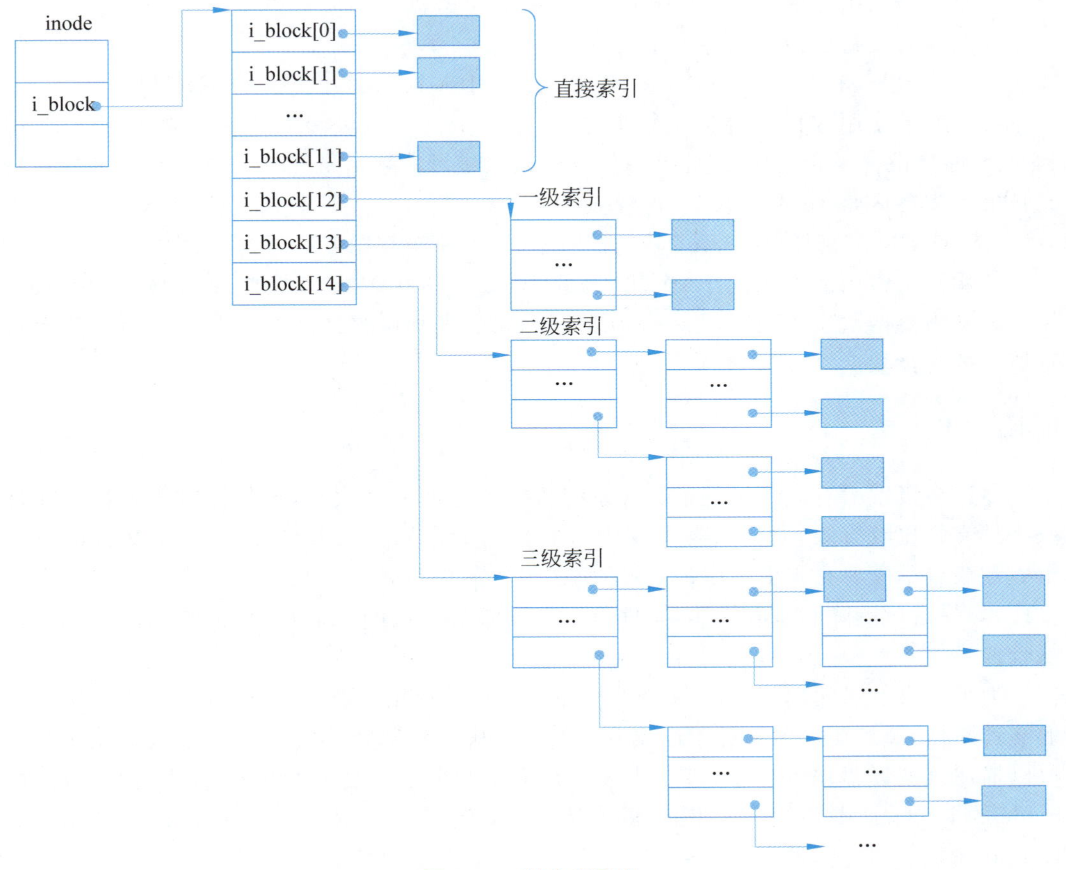

图 6-13　混合索引表

采用这样的结构，可以描述大小差距很大的文件的存储结构。

【例 6-3】　对于如图 6-13 所示的混合索引结构，假设逻辑块和磁盘块大小都是 8KB，磁盘块指针是 32 位，其中 8 位用于标识物理磁盘，24 位用于标识物理块，回答如下问题。

(1) 该系统支持的文件大小最大是多少？

(2) 该系统支持的分区数最多有多少？最大文件系统分区是多少？

(3) 假设只有文件索引节点保存在内存中，访问第 13423956 字节需要多少次磁盘访问？

解

(1) 一个磁盘块中最多能够容纳 8KB/4B=2K 个磁盘块指针。

12 个直接索引能够访问 12 个磁盘块

一个一级索引能够访问 2K 个磁盘块

一个二级索引能够访问 2K×2K=4M 个磁盘块

一个三级索引能够访问 2K×2K×2K=8G 个磁盘块

因此能够支持的最大文件大小是

$$(12+2K+4M+8G)\times 8KB=96KB+16MB+32GB+64TB\approx 64TB$$

(2) 由于使用 8 位地址标识物理磁盘,因此分区个数最多为 $2^8=256$ 个;由于使用 24 位地址标识一个磁盘块,因此能够标识的最大磁盘块数目是 $2^{24}=16M$ 个,该文件系统支持的最大分区是 16M×8KB=128GB。

(3) 13423956/8K=1638.66 块,说明该位置的字节在第 1639 逻辑块中。

使用直接索引能够访问 12 个块,因此第 1639 块在一级索引的第 1639-12=1627 块。显然需要两次磁盘访问,第一次访问一级索引表所在的磁盘块,第二次访问该字节位置所在的磁盘块。

6.4.2 B+树

尽管多级索引有效地扩展了文件系统所能支持的文件大小,但是该方案对稀疏文件或小型文件比较有效,对于大型文件则具有较高的开销。在 EXT3 中,一个文件的每一个磁盘块号都需要在索引表中记录,即使这些磁盘块在磁盘中是连续分布的。对于大型文件,如果进行删除和截断操作,文件系统需要修改大量的索引映射,导致文件系统的性能较差。

为了解决上述问题,EXT4 文件系统使用一种结构化索引文件——B+树来组织文件的物理结构,而且还考虑到对于连续分布的磁盘块,只需要使用起始块号和连续块个数就可以描述这些磁盘块的分布,进一步减少了索引的个数。使用 Extent 方式组织文件时,inode 的 i_block 中不再保存混合索引表,而是保存一个描述 B+树的数据结构——Extent 树。

Extent 树是一种平衡多叉树,树的根节点和非叶节点只保存索引,即逻辑块主码(也称为逻辑块号),只有叶节点保存 Extent 项。每个 Extent 项包含 3 部分:

[起始逻辑块号,连续块的个数,起始磁盘块号]。

假设一个文件,其内容分布在 4 个连续磁盘块区域中,如图 6-14 中阴影部分所示。我们可以用一个 Extent 项的列表来描述文件内容的分布。假如要查询 4 号逻辑块所在的磁盘块,只须找到 Extent 项列表的第 2 项,从中可以计算出 4 号逻辑块保存在 6 号磁盘块中。

上面的结构只能用于索引数目较少的文件或能够在物理上连续存储的大文件,对于非常大、高度碎片化的文件,则需要更多的 Extent 项存储。为了提高性能,可以采用 B+树来进行组织。根据 B+树的结构特点,非叶节点上只保存逻辑块主码和指向下一层节点的指针,叶节点上保存 Extent 项。每个节点(包括非叶节点和叶节点)上保存的主码个数不能超过一个规定值,非叶节点上指针的个数和保存的逻辑块号的个数相同。

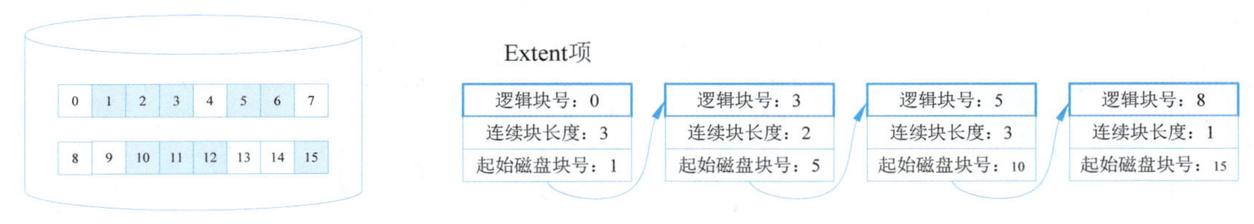

图 6-14 Extent 项

以一个阶数为 3 的 B+树为例，每个节点上保存的逻辑块号不能超过 3 个，图 6-15 是一个用 3 阶 B+树表示文件物理结构的例子。

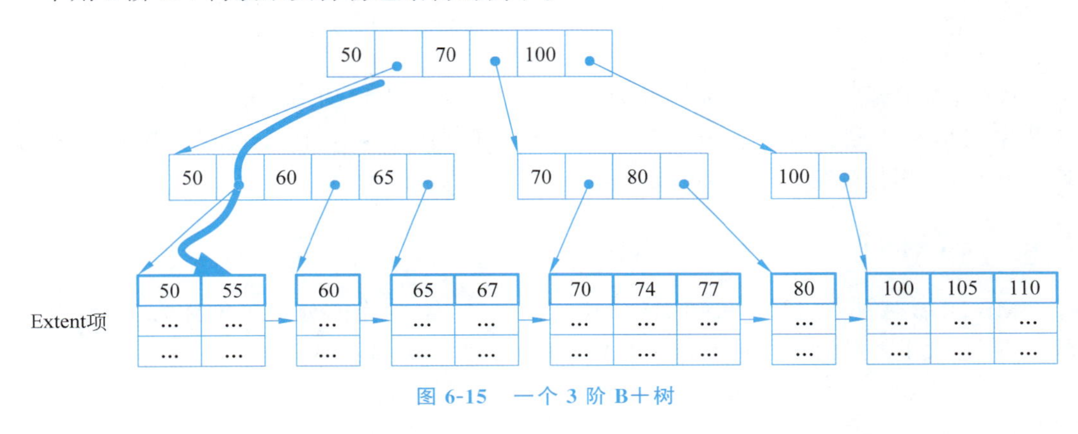

图 6-15 一个 3 阶 B+树

使用 B+树可以高效地对文件内容进行搜索。如果要查找 57 号逻辑块所在的磁盘块号，则从根节点开始，顺着 50 号主码对应的指针找到第二层节点，再从第二层 50 号主码对应的指针找到叶节点，最后找到叶节点中 55 号主码的 Extent 项，这一搜索过程如图 6-15 中粗线条所示。在 55 号 Extent 中，根据其中保存的“连续块长度”和“起始磁盘块号”，可以推算出 57 号逻辑块所在的磁盘块。

B+树本身也存储在磁盘中，为了通过 B+树进行搜索，就需要访问磁盘。为了减少磁盘访问的次数，“胖的”（即阶数较高）和“瘦的”（即阶数较小）哪种 B+树效率更高呢？对于一个 d 阶 B+树，其高度为 $\log_d N$，其中 N 为叶节点的个数。搜索一个叶节点需要从根节点开始最多访问 $\log_d N$ 个节点。因此，搜索一个 B+树的磁盘访问次数为 $O(\log_d N)$。显然，对于同样数目的叶节点，B+树越“胖”，高度就越低，磁盘访问次数就越少，访问效率就越高。

B+树也可以方便地支持对文件进行插入、删除和增添操作。以增添操作为例，如果在文件末尾增加了第 115 号逻辑块，那么首先分配一个空闲磁盘块给该逻辑块，然后形成一个 Extent 项，把该项添加在 110 号 Extent 项后面。考虑到这是一个 3 阶 B+树，每个节点上保存的主码个数不能超过 3 个，于是 115 号 Extent 项成为一个独立的叶节点，并把 115 号索引节点上移一层，得到如图 6-16 所示的 B+树。

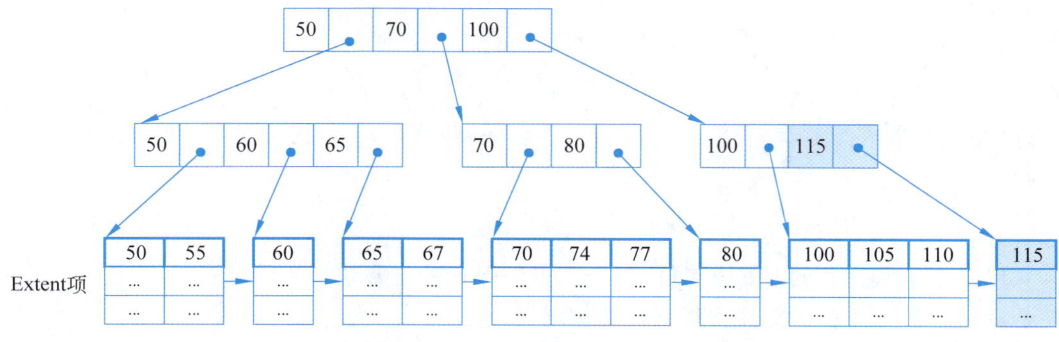

图 6-16 在 B+树上增添一个 Extent 项

此外，为了提高文件访问的“局部性”，在每个叶节点上增加一个链接，把所有叶节点按照主码值从小到大的次序链接起来，这样可以方便地从一个 Extent 项找到相邻的 Extent 项，进而提高程序的局部性。

6.4.3 MS-DOS 的磁盘空间管理

MS-DOS 磁盘空间管理采用文件分配表 FAT。盘空间的分配单位称为簇（相当于块）。簇的大小因盘而异。每个簇在 FAT 表中占用一项，如图 6-17 所示。

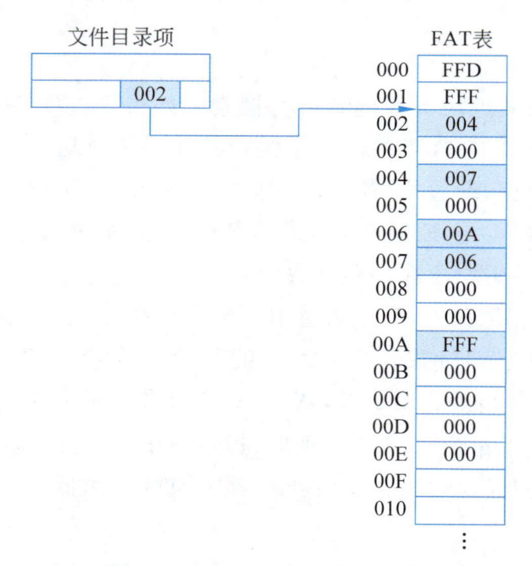

图 6-17 MS-DOS 中的 FAT 表

FAT 表是一个线性表，它由若干项组成。FAT 表的前两项用来标记磁盘的类型，其余的每个项包含 3 位十六进制数：若为 000，表示该簇是空闲的；若为 FFF，表明该簇是一个文件的最后一簇；若为其他十六进制数，则表示该簇是文件的下一簇号。

一个文件占用了磁盘的哪些簇，可用 FAT 表中形成的链表结构来说明。文件的第一个簇号记录在该文件的文件目录项（相当于文件控制块）中。第一个簇号对应的 FAT 表项中存放了文件下一个簇的簇号。这样，依次指出下一个簇的簇号，直到文件的最后一簇，对应表项的内容为 FFF。例如，对于图 6-17 所示的 FAT 表，文件第一簇的簇号是 002，以 002 为索引在 FAT 表中可以找到下一簇号为 004，依次找下去，直到表项中的内容为 FFF。文件在盘上占据了 5 个簇，依次是：002，004，007，006，00A。

一个 FAT 表项对应一个簇号，磁盘中有多少个盘簇就有多少个 FAT 表项。FAT 表项的内容是下一个盘簇号。因此，可以把 FAT 表看作一个分离保存的盘簇单向链表。当存取文件中某一个偏移量的数据内容时，首先需要计算偏移量所在的逻辑块号，然后根据逻辑块号，从文件的第一簇号开始，依次查找 FAT 表项，从而得到对应的盘簇号。

6.4.4 成组链接法

UNIX 系统中通常采用成组链接法对磁盘空闲块进行管理。成组链接法的基本思想是把所有磁盘空闲块按照块编号从大到小的顺序排列成一个栈结构，编号较大的空闲块位于栈底，编号较小的空闲块位于栈顶。每次分配和释放磁盘块时，都从栈顶磁盘块开始分配。当需要分配磁盘块时，从栈顶取出（即出栈）一个空闲块分配出去；当释放一个磁盘块时，将它压入栈顶（即入栈）。

由于空闲块不一定是连续的，因此在栈结构中需要把所有空闲块编号记录下来。可以想象，当空闲块个数很多时，必须花费较多的存储空间来记录空闲块的编号。为此，成组链接法采用了一种非常节约存储空间的方法来保存空闲块编号。它以 50 个空闲块编号为一组，按照编号从大到小的次序，把这些编号依次划分为若干组。编号最大的一组称为第一组，编号最小的一组称为最后一组。由于空闲块数不一定恰好是 50 的整数倍，因此最后一组的空闲块编号的个数通常不足 50 个。

对于第 k 组空闲块编号，使用第 $k+1$ 组编号中的某个编号所对应的空闲块来保存，即第 1 组空闲块的编号使用第 2 组的某个编号（通常用组中最大的编号）所对应的磁盘块来保存，第 2 组空闲块的编号使用第 3 组的某个编号所对应的磁盘块来保存……直到最后一组。那么最后一组的空闲块编号保存在哪里呢？UNIX 使用 1＃块，即资源管理块或超级块，来保存最后一组的空闲块编号。也就是说，UNIX 文件系统可以从 1＃块中找到最后一组空闲块编号，于是就可以进行磁盘块的分配和释放等操作。做了这样分组之后，整个空闲块编号序列就成为一个由若干分组构成的栈结构，如图 6-18 所示。

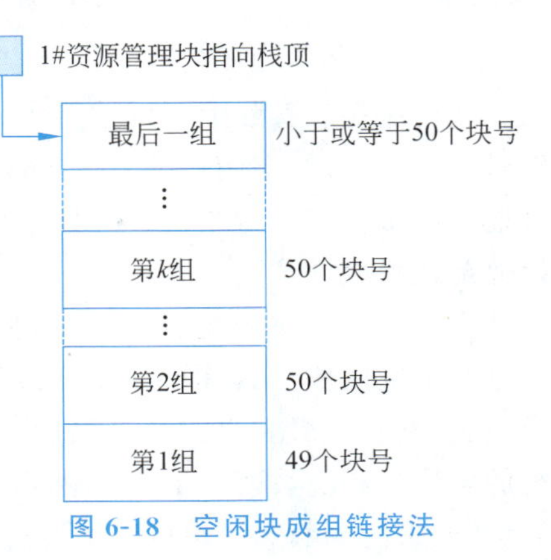

图 6-18 空闲块成组链接法

由于第一组前面再没有其他分组，因此没有

必要设置一个磁盘块来保存,因此第 1 组的编号只有 49 个。在 1 # 资源管理块中,用于空闲块管理的数据结构主要有:s-nfree(当前在此登记的空闲块数,最多 50 个)、s-free[50](当前在此登记的空闲磁盘块号)。系统在初启时,把资源管理块复制到内存,从而使得空闲块的分配和释放可在内存中进行。下面用一个例子来说明成组链接的结构。

【例 6-4】 假定磁盘中空闲块编号的范围是 150~250,351~380,401~449。请用成组链接法组织这些空闲块。

解 首先按照空闲块编号从大到小的次序把空闲磁盘块划分成 4 组。

第 1 组:401~449,恰好 49 个块;

第 2 组:231~250,351~380,共 50 个块;

第 3 组:181~230,共 50 个块;

最后一组:150~180,共 31 个块。

第 2 组的最后一个块 380,用于记录第 1 组的块数和块号;第 3 组的最后一个块 230 用于记录第 2 组的块数和块号;最后一组的最后一个块 180 用于记录第 3 组的块数和块号;资源管理块,即 1 # 块,用于记录最后一组的块数和块号。成组链接结构如图 6-19 所示。

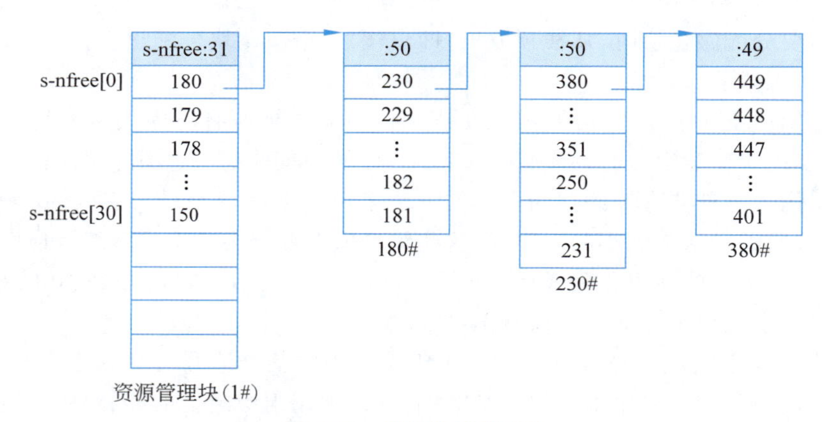

图 6-19 成组链接表结构

成组链接表实际上可以被看作一个用链表实现的栈结构,每个栈元素是一组空闲块编号,其中第一组空闲块编号位于栈底,最后一组空闲块编号位于栈顶,各个栈元素用指针连接起来。当进行空闲块的分配与释放操作时,总是从栈顶开始,即从最后一个分组开始分配或释放。

当提出磁盘块分配请求时,磁盘块分配程序从最后一个分组开始分配。如果最后一个分组中空闲块号数(即 s-nfree)大于 1,则把数组元素 s-free[s-nfree-1]中的磁盘块号分配出去,然后 s-nfree 减 1。若最后一个分组中空闲块号数为 1,则先将该块中存放的前一组的各块号和块数读入 1 # 块,然后把该块分配出去。这时最后一个分组已经全部分配完毕,原来的倒数第二组成为了最后一组。

在系统释放磁盘空间时,被释放的磁盘块号被添加到最后一个分组中。如果最后一个分组空闲块号数不足50个,那么把释放的空闲块号写入数组元素 s-free[s-nfree-1],空闲块数加1,即 s-nfree+1;如果最后一个分组中空闲块号数已经为50,表示该组已满,需要另外开辟一个分组。把1#块中保存的50个块号和块数50写入释放的磁盘块中,然后把释放的磁盘块号和块数1写入1#块。这时,释放的磁盘块号就构成了最后一个分组。

使用成组链接法管理磁盘空闲块具有如下优点。

(1) 大大节省了保存空闲块编号的存储空间。实际上,保存前一分组空闲块数和空闲块号的磁盘块本身就是一个空闲块,即一个空闲块在未被分配之前,被充分利用起来,用来保存前一分组的块号,真正花费的存储空间其实只有1#块。

(2) 每个分组是一个栈结构,整个空闲块编号序列也是一个由若干分组构成的栈结构,这样形成的层次化栈结构便于磁盘块的分配和释放管理。

(3) 以50个空闲块编号为一组,使得一个磁盘块能够足以存下一个分组的所有块号,便于系统管理。

6.5 文件链接

在一些应用场合下,要求不同用户能够共享同一文件或目录。例如,两个程序员 user1 和 user2 共同开发一个项目,他们都需要对项目文件进行操纵,即需要共享项目文件。假定项目文件保存在目录/home/user1/project/,user2 需要共享这些项目文件。一种方案是把项目文件复制一份给 user2,如图 6-20(a)所示。该方案实际并非文件的共享,一个文件被复制之后产生了一个新副本,对原文件的任何后续操作在副本中都不能得到反映。另外一个方案是,在文件或目录上建立一个链接,两个用户可以通过不同的路径访问到同一文件,如图 6-20(b)所示。

可以在文件上建立两种类型的链接:硬链接(hard link)(或简称链接)和符号链接(symbolic link)。为一个文件建立硬链接,实际上并非复制该文件,而是建立了一个指向该文件的 inode 的目录项;而为一个文件建立符号链接,实际上建立了一个链接文件,该文件的内容记录了被链接文件的路径。

在 openEuler 环境下,可以通过 shell 命令和系统调用两种方式来建立文件链接,本节先介绍 shell 命令方式,有关系统调用方式留在后面介绍。对于图 6-20 所示的目录结构,假定项目文件目录 project 已经存在于目录 user1 之下,user2 想从自己的用户目录"/home/user2/"引用文件"/home/user1/project/file1",那么可以使用 ln 命令建立硬链接或符号链接:

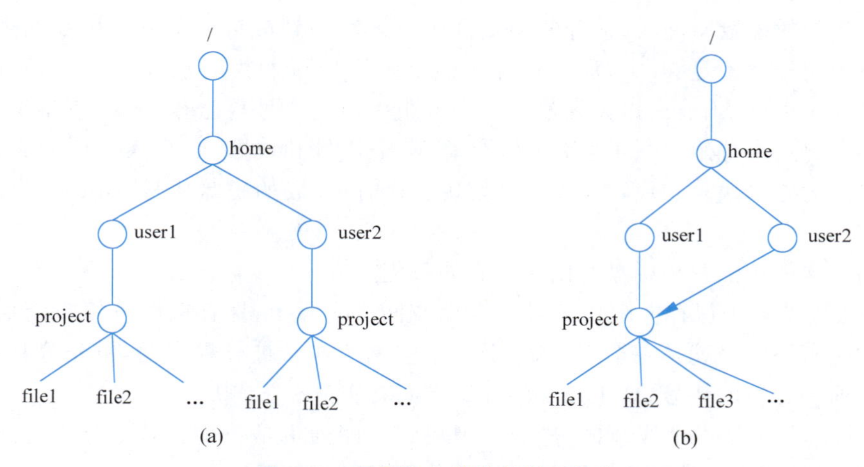

图 6-20 目录和文件的复制和共享

```
硬链接：
#ln /home/user1/project/file1  ./lfile1
符号链接：
#ln -s /home/user1/project/file2  ./slfile2
```

ln 命令用以建立硬链接，ln -s 用以建立符号链接。上面的硬链接命令在用户目录“/home/user2/”中建立一个形如["lfile1", inode #]的目录项，其中 inode # 是文件/home/user1/project/file1 的 inode 号；而上面的符号链接命令实际上在用户目录“/home/user2/”下建立了一个名为 slfile2 的链接文件，该文件的内容是一条路径名“/home/user1/project/file2”。下面用图 6-21 来比较硬链接和符号链接的不同。

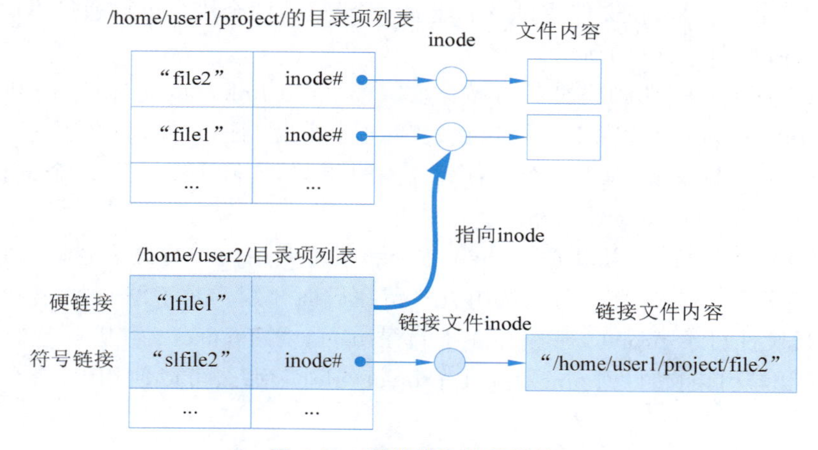

图 6-21 硬链接和符号链接

在一个文件上建立链接之后，就可以通过多条路径引用到同一文件。例如，可以用硬链接"/home/user2/lfile1"引用文件"/home/user1/project/file1"，用符号链接"/home/user2/slfile2"引用文件"/home/user1/project/file2"。对于建立在文件上的多个硬链接，它们之间没有任何区别；而对于符号链接，需要区分原始文件和符号链接文件。

另外还可以在目录上建立符号链接(注意：一般不允许在目录上建立硬链接)，例如 user2 用户在其目录下用如下命令：

```
#ln -s /home/user1/project ./slproject
```

建立一个指向目录"/home/user1/project"的符号链接。用户 user2 在其用户目录下，使用该链接可以这样访问文件 file1 和 file2：./slproject/file1、./slproject/file2。

从以上比较可以看出，硬链接实际上是建立一个指向被链接文件的 inode 的目录项；而符号链接则是新建一个文件，其内容是被链接文件的路径名。当使用硬链接引用一个文件时，先从硬链接对应的目录项找到该文件的 inode，进而找到该文件；而使用符号链接引用一个文件时，是从符号链接文件中读出被链接文件的路径名，然后由文件系统解析该路径名，从而访问到被链接文件。因此，符号链接的访问速度要比硬链接慢。为便于理解，可以把符号链接看作 Windows 系统中的"快捷方式"。在这个意义上，硬链接与被链接文件的关系更加紧密。

1. 链接计数

无论是硬链接还是符号链接，成功建立链接之后，就可以通过多条路径访问到同一个文件或目录。这样做的好处是实现了文件的共享，但是也给文件管理带来了额外的复杂性。例如，在一个文件上建立了一个硬链接之后，如果通过一条路径把该文件删除掉了，那么当通过另一条路径访问该文件时就会出现"空引用"现象，这可以类比程序设计中的"悬空指针引用"错误。

操作系统这样解决文件删除问题：在文件的 inode 中引入一个"链接计数"(link count)属性，用来记录 inode 上硬链接的个数。当一个文件创建时，count=1，当在其上建立一个硬链接之后，count:=count+1。当删除一个文件时，分以下两种情况考虑。

(1) 当通过硬链接删除一个文件时，首先把 inode 的计数递减，即 count:=count-1，如果 count≠0，说明还有其他链接引用该文件，那么就不能删除该文件；如果 count=0，说明没有任何链接引用该文件，这时就可以将其安全地删除掉，并释放其存储空间。

(2) 当通过符号链接删除文件时，只会删除符号链接文件本身，而对于被链接文件及其 inode 不会造成任何影响；当通过其他非符号链接路径删除被链接文件时，不会对符号链接文件造成任何影响；当一个文件被删除并释放后，仍然可以通过符号链接文件访问该文件，但这时文件系统会抛出错误信息。

链接的引入给删除文件带来了额外的复杂性。删除一个文件时，如：#rm slfile2，究竟删除的是符号链接所指向的文件 file2，还是删除符号链接文件 slfile2 本身？对于这些问题，操作系统已经给予了确定的回答，限于篇幅，这里不进行展开，有兴趣的读者可以进一步参考其他资料。

2. 硬链接和符号链接的比较

表 6-5 总结了硬链接和符号链接的差异。

表 6-5 硬链接和符号链接的异同

	硬 链 接	符 号 链 接
是否能在目录上建立	一般不允许在目录上建立	可以在文件或目录上建立
对 inode 的影响	硬链接实际上是一个目录项，它指向被链接对象的 inode。建立硬链接时，inode 的链接计数递增	符号链接实际上是一个新文件，它拥有自己的 inode，与被链接文件的 inode 无关，也不会引起被链接文件 inode 的任何变化
名字解析快慢	因为硬链接包含对象的直接引用，因此解析速度较快	符号链接包含对象的路径名，该路径名必须被再次解析以找到相应的对象，因此总体解析速度较慢
对象是否存在	建立硬链接时，被链接对象必须首先存在	建立符号链接时，被链接对象不要求必须存在
对象删除	为了删除一个对象，该对象上的所有硬链接必须被完全解除	一个对象可以被删除，即使还有指向它的符号链接存在
范围	硬链接只限定在同一文件系统内部	符号链接可以跨文件系统，甚至跨计算机、跨网络
作用	提供文件共享功能；为重要文件建立硬链接，可以防止误删	提供快捷对象引用方式

【例 6-5】 解释如下 shell 命令的含义：

```
#touch f1          //创建一个测试文件 f1
#ln f1 f2          //创建 f1 的一个硬链接文件 f2
#ln -s f1 f3       //创建 f1 的一个符号链接文件 f3
#ls -li            //-i 参数显示文件的 inode 节点信息
```

显示结果为：

```
9797648  -rw-r--r--  2 oracle  oinstall  0 Apr 21 08:11  f1
9797648  -rw-r--r--  2 oracle  oinstall  0 Apr 21 08:11  f2
9797649  lrwxrwxrwx  1 oracle  oinstall  2 Apr 21 08:11  f3 ->f1
```

其中“9797648”为文件 inode 号，可见硬链接 f2 与被链接文件 f1 具有相同的 inode，实际上 f1 和 f2 的地位是完全等同的，文件系统无法区分哪个是原始文件，哪个是硬链接；而符号链接 f3 就有所不同，它具有不同的 inode 号“9797649”，其文件属性“lrwxrwxrwx”中的“l”表明它是一个符号链接文件，而且链接到文件 f1，即“f3 ->f1”。

继续对上述文件进行如下操作：

```
#echo "I am f1 file" >>f1      //将内容“I am f1 file”重定向到 f1
#cat f1                  //查看 f1 的内容
I am f1 file
#cat f2                  //使用硬链接 f2 查看内容
I am f1 file
#cat f3                  //使用符号链接 f3 查看内容
I am f1 file
#rm -f f1                //删除目录项 f1。由于文件上还有硬链接 f2,所以该文件仍然存在
#cat f2                  //仍然可以通过 f2 访问该文件
I am f1 file
#cat f3                  //由于目录项 f1 已被删除,所以不能通过 f1 访问到文件,于是通过
cat: f3: No such file or directory            //符号链接访问该文件的企图失败
```

【例 6-6】 下例说明了在目录上建立链接可能会产生环路，增加了文件系统管理的复杂性。

```
#mkdir  foo
#touch  foo/a
#ln -s  ../foo  foo/testdir
#ls -l  foo
total 0
-rw-r-----   1  sar   0  Jan 22 00:16  a
lrwxrwxrwx   1  sar   0  Jan 22 00:16  testdir->../foo
```

经过如上命令的执行，目录结构如图 6-22 所示，其中存在 foo→testdir→foo 的回路。当引用文件 a 时，可能出现无穷多条可能的路径：

```
foo/a,  foo/testdir/a,  foo/testdir/testdir/a,  foo/testdir/testdir/....../
a,……
```

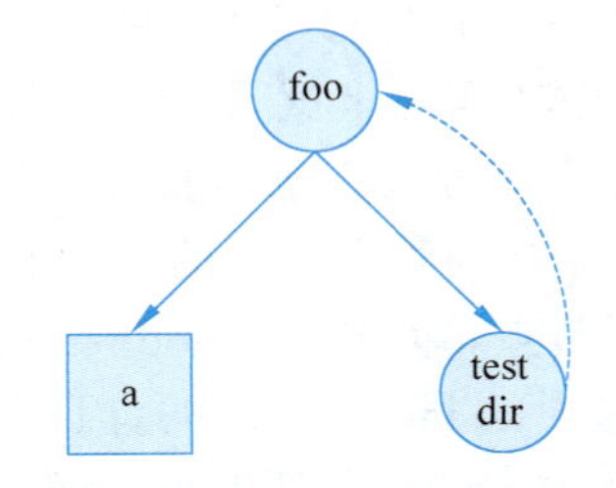

图 6-22　符号链接 testdir 产生环路

6.6 文件共享

文件系统驻留在非易失性存储介质中，其生命周期跨越了进程的边界和计算机一次启动的边界。进程要使用一个文件，首先必须打开它；当不再使用时，则必须关闭它。在进程使用文件期间，文件作为一项资源被该进程拥有。由于文件是一种公共资源，因此并不被打开它的进程所独占，可以在多个进程间共享。

文件共享为操作系统带来了额外的复杂性。一是并发控制的复杂性。多个进程可以同时对共享的文件进行一系列操作，如果不施加合理的并发控制，那么就会造成不期望的结果。二是文件管理的复杂性。当多个进程共享一个文件时，共享的语义变得更加复杂：共享是指文件数据内容的共享？文件偏移量的共享？还是文件 inode 的共享？共享的一致性语义是如何定义的？

文件共享在带来复杂性的同时，也带来了一些便利。正是由于文件可以在多个进程间共享，我们才能通过文件在进程间进行通信：共享文件就是通信信道，一个进程向共享文件中写入数据，另一个进程从该文件中读出数据，如果写入和读取的操作顺序控制得当，那么进程间就完成了一次通信。实际上，管道通信机制就是通过文件共享来实现的。要理解和清楚地辨析文件共享的语义，首先必须了解文件系统在内核中的相关数据结构。

6.6.1 打开文件在内核中的数据结构

如 6.3.3 节介绍，用户进程成功打开一个文件后，VFS 会为该文件分配一个描述符 fd，并为打开文件建立一系列内核数据结构，如打开文件数据结构（struct file）、索引节点数据结构（struct inode）。通过这些数据结构，进程可以访问到文件的 inode，进而访问文件数据内容，如图 6-23 所示。

文件在内核中的数据结构包括如下内容。

（1）每个进程的 PCB 中维护一个进程打开文件表（per-process open-file table），每一个打开文件表项包括一个打开文件的描述符 fd（file descriptor）（Windows 系统中称为文件句柄 file handler）和一个指向系统打开文件表项的文件指针。

（2）内核为所有打开文件维护一个系统打开文件表（system-wide open-file table），每个打开文件占据一个表项，一个表项实际上就是一个 struct file 数据结构。表项中包含文件打开状态标识 f_mode（如 read、write、append、sync、nonblocking 等）、当前文件偏移量 f_pos、引用计数 f_count 和一个指向索引节点的指针 f_inode。

（3）索引节点表。每个索引节点，即 struct inode 数据结构，包含文件 inode 信息，这些信息是在文件被打开时从磁盘中的 inode 读入的，因此关于文件的所有持久性信息都可以从索引节点得到，例如文件的拥有者、文件大小、存储文件的数据块的指针等。

在图 6-23 中，进程打开了两个文件，文件描述符分别为 fd 0 和 fd 1。进程使用描述符可以对文件进行读、写等操作。

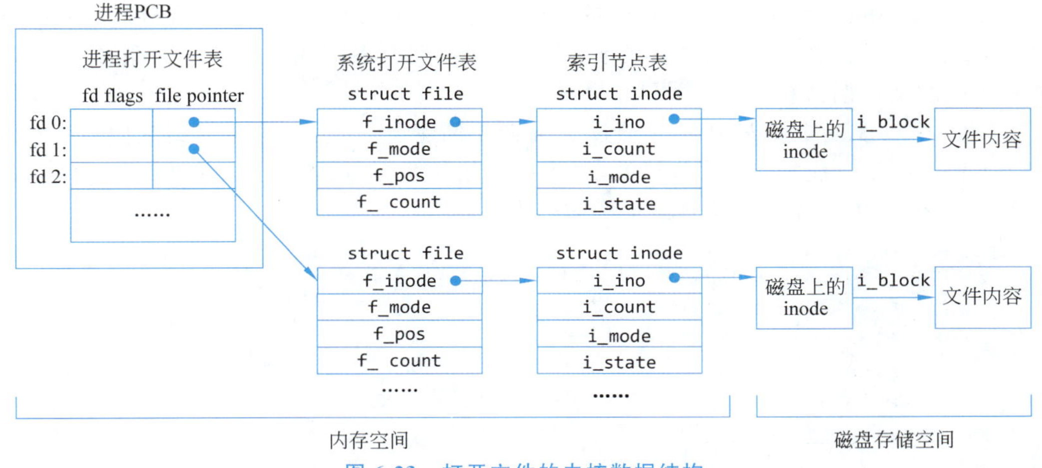

图 6-23 打开文件的内核数据结构

6.6.2 进程间的文件共享

当一个进程首次打开一个文件时，操作系统将为该文件分配一个进程打开文件表项、系统打开文件表项和索引节点表项，并将磁盘中 inode 的信息复制到索引节点表项中，建立起打开文件的内核数据结构。另一个进程可以通过两种方式共享一个已经打开的文件。

1. 父进程通过 fork 创建子进程让其共享已经打开的文件

父进程通过 fork 系统调用创建子进程时，除了状态、标识以及时间等少数信息外，子进程复制了父进程的所有信息，其中父进程的进程打开文件表也被复制到子进程中，即子进程继承了父进程已经打开的所有文件描述符，于是共享了父进程打开的所有文件。值得注意的是，这时“文件共享”的语义是：父、子进程共享同一个系统打开文件表项。在系统打开文件表项中，用属性 f_count 标识共享该表项的进程个数。由于文件偏移量是系统打开文件表项的一个属性，因此父、子进程共享相同的文件偏移量，即当父进程(子进程)更新了文件偏移量后，子进程(父进程)能够观察到这种偏移量的变化。如果这时，父、子进程使用同一个文件描述字写入，那么写入的结果可能相互混杂在一起。

在子进程创建完成之后，父、子进程可以并发运行，它们还可以各自独立地打开同一个文件，即通过下面的第二种方式共享。

2. 一个进程通过同名或异名打开一个文件来共享

假设一个进程 P_1 已经打开了一个文件，当另一个进程 P_2 通过使用同名或异名再次打开该文件时，操作系统发现其对应的索引节点已经在内存中，这时操作系统为 P_2 分配一个进程打开文件表项、一个系统打开文件表项，但不再分配索引节点表项，而是与 P_1 进程共享该表项。这种情况下，“文件共享”的语义是：多个进程共享同一个索引节点表项。

struct inode 中的 i_count 属性用来记录共享该表项的进程个数，当一个索引节点被共享时，i_count 递增。显然，第二种方式下，共享的文件拥有不同的系统打开文件表项，因此拥有不同的文件偏移量。

【例 6-7】 假定父进程 Parent 通过 fork 调用创建了一个子进程 Child，它们的文件操作如下代码所示。注意：为简单起见，程序中略去了出错处理。另外，使用 sleep()函数简单实现子父、子进程对文件 B 读操作的同步。

```
    ch6-share.c    (代码中的 A,B 是两个文本文件)
 1      #include <sys/types.h>
 2      #include <unistd.h>
 3      #include <stdio.h>
 4      #include <stdlib.h>
 5      #include <fcntl.h>
 6      #include <sched.h>
 7      int main(){
 8         pid_t pid;
 9         char buf[100];
10         int fdA=open("A",O_RDONLY);
11         ssize_t n=0;
12         n=read(fdA,buf,100);
13         printf("Parent process: read %ld bytes from A.\n%s \n",n,buf);
14            pid=fork();
15         if(pid==0){                      //子进程 Child
16            printf("child process:\n");
17            n=read(fdA,buf,100);          //子进程继续读 100 字节
18            printf("Child process: read %ld bytes from A.\n%s \n",n,buf);
19            sleep(10);
20            printf("Child process: open B \n");
21            int fdB=open("B",O_RDONLY);
22            n=read(fdB,buf,100);
23            printf("Child process: read %ld bytes from B.\n%s \n",n,buf);
24            exit(0);
25         }
26
27         /*父进程 Parent*/
28         int fdB=open("B",O_RDONLY);
29         n=read(fdB,buf,100);
30         printf("parent process: read %ld bytes from B.\n%s \n",n,buf);
31         exit(0);
32      }
```

(1) 父进程 Parent 的打开文件 A 能否被子进程 Child 共享？如果能够共享，这时子

进程 Child 观察到的文件 A 的读指针(即文件偏移量)是多少?

(2) 文件 B 能否被两个进程共享? 两个进程观察到的文件 B 的读指针是否会相互干扰?

解　根据上面介绍的文件的两种共享方式,两个打开文件的内核数据结构如图 6-24 所示。

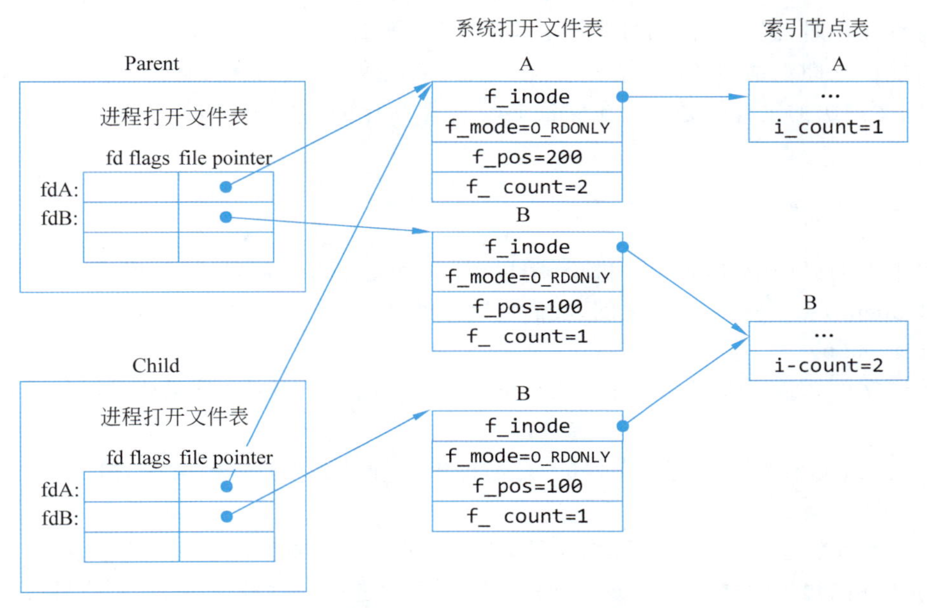

图 6-24　Parent 和 Child 进程打开文件的内核数据结构

(1) 打开文件 A 可以被子进程 Child 所共享。由于 Parent 和 Child 共享同一系统打开文件表项,因此两个进程共用同一个读写指针,即一个进程对读写指针的任何改变都能够被另一个进程观察到。所以当 Child 执行读操作时(第 17 行),观察到文件 A 的偏移量是 100,而且 f_count=2。当执行完读操作后,文件 A 的偏移量为 200。

(2) 由于 Parent 和 Child 分别打开文件 B,因此它们也能够共享文件 B。每个进程拥有各自的系统打开文件表项,因此也拥有各自的文件偏移指针,即两个进程观察到的文件 B 的读写指针不会相互干扰。这时两个进程共享同一索引节点表项,因此 i_count=2。当两个进程读取文件 B 时(第 22 和 29 行),它们观察到的偏移量都为 0,读取完毕后,偏移量都变为 100。

尽管两个进程观察到的读写指针不会相互干扰,但并不意味着它们可以不加任何并发控制地对文件进行操作。例如,当两个进程同时对文件 B 进行写操作时,由于它们共享同一文件数据内容,如果不加并发控制的话,可能出现并发错误,例如写覆盖错误,即一个进程在某个文件位置上刚写入的数据内容,会被另一个进程在同一位置上用新数据重新写入。

6.6.3 打开文件的一致性语义和文件锁

文件内容的共享有两种方式：第一种是允许多个进程(用户)同时访问共享文件；第二种是当一个进程正在访问一个文件时，不允许其他进程访问该文件，即实现共享文件的互斥。对于第一种方式，需要解决的主要问题是文件的一致性语义问题：当多个进程对共享文件操作时，假定它们同时执行了写入操作，那么当一个进程对文件写入后，其他进程是否能够立即观察到文件内容的变化？文件的最终状态究竟该如何定义？对于第二种方式，需要解决的主要问题是：在保证共享文件互斥的前提下，如何实现较高的并发访问度。

1. 一致性语义

在下面的讨论中，假定一个进程(用户)对一个文件的一系列访问(读或写)操作总是封装在 open()和 close()操作之间，我们把这样的文件访问操作序列称为该文件的一个会话(file session)。

不同文件系统所采用的文件一致性语义有所不同。UNIX 文件系统采用如下一致性语义。

(1) 一个进程对一个打开文件的写入，能够立即被共享这一打开文件的其他进程观察到。

(2) 当多个进程共享同一系统打开文件表项时，它们共享文件当前偏移量，因此一个进程对文件偏移量的移动能够影响所有其他共享的进程。这种情况下，文件只有一个镜像，所有共享的进程对它互斥交叠地存取。

Andrew 文件系统采用下面的一致性语义。

(1) 一个进程对一个打开文件的写入，不能立即被共享这一打开文件的其他进程观察到。

(2) 仅当一个文件上的会话结束时，该文件上的变更对之后开启的会话是可见的。在一个会话结束前打开的文件实例观察不到这些变更。

根据该语义，一个文件可以同时与多个文件镜像(这些镜像可能相同，也可能不同)相关联。因此，允许多个进程(用户)在各自的文件镜像上进行并发读写操作，几乎不需要施加任何并发控制。

在分布式系统中还采用一种非常特殊的文件共享语义，称为“不可变更共享文件”(immutable-shared-files)语义：一旦一个文件被声明为共享文件，那么它的内容就不允许改变了。

2. 文件锁

文件锁是一种并发控制机制，使用它可以保证多个进程对共享文件的互斥访问。为了提高并发度，文件锁分为“共享锁”(shared lock)和“排他锁”(exclusive lock)。简单地说，共享锁就是读锁，多个进程可以同时获得共享锁，对共享文件进行读操作；排他锁就是写锁，任一时刻只允许一个进程获得互斥锁，即当一个进程正在写文件时，不允许任何其他进程对文件进行操作（无论是读还是写）。值得注意的是，并不是所有操作系统都支持这两类锁，一些操作系统只提供互斥锁。

操作系统还提供强制锁（mandatory locking）和咨询锁（advisory locking）文件封锁机制。如果采用强制封锁机制，那么当一个进程获得一个排他锁，操作系统将阻止任何其他进程企图对封锁文件的读、写访问请求，无论这些进程有没有使用锁机制。而咨询锁机制要比强制锁机制放松一些，当一个进程获得一个排他锁时，操作系统只能阻止那些使用了封锁请求的进程，而对那些没有使用锁机制而且企图对封锁文件进行读、写访问请求的进程不会起到排斥作用。

假定一个进程 P_1 获得了文件 system.log 上的排他锁，另外一个进程 P_2 企图打开该文件。如果采用强制锁机制，无论 P_2 有没有对 system.log 加锁，操作系统都将阻止 P_2 对 system.log 的访问，直到排他锁被释放；如果采用咨询锁机制，若 P_2 在访问 system.log 时对其加了锁（无论是共享锁或排他锁），那么操作系统将会按照封锁协议阻止 P_2 对文件的访问；若 P_2 在访问 system.log 时没有加锁，那么操作系统将不予理会，允许 P_2 对文件的任何读、写访问。换句话说，咨询锁实际上将封锁的使用权留给了程序设计者，由设计者决定合适的封锁请求和释放。如果设计者在访问文件时，能够正确地使用封锁，那么就能保证程序的并发访问正确性；如果设计者由于各种原因，没有使用封锁，那么操作系统仍然允许对文件的访问请求，因此有可能出现多个进程同时写入，或同时读写的情况，从而产生并发访问错误。一般来说，Windows 系统采用强制锁机制，UNIX 系统默认情况下采用咨询锁机制。

6.6.4　管道

管道、消息队列和共享内存是进程间的三种通信方式。管道实际上是一个能够被两个进程共享的打开文件，一个进程向其中写入，另一个进程从其中读出，这样就完成了一次通信过程。管道是 UNIX 系统中最早采用的一种进程间通信机制，在所有版本中得到了支持。管道的使用具有如下限制。

(1) 管道是半双工的（half duplex），即管道的通信方向是单向的。要进行进程间的双向通信，必须建立两个管道。

(2) 管道只能用于父、子进程间通信，或者具有同一祖先的进程间通信。一般地，父进程先创建一个管道，然后通过 fork( )创建一个子进程，这样父子进程就共享该管道。

通过 pipe 系统调用创建一个管道：

```
#include <unistd.h>

int pipe (int fd[2]);
                                        Returns: 0 if OK, -1 on error
```

该系统调用创建两个文件描述字：fd[0]是读端口，fd[1]是写端口，fd[1]的输出是 fd[0]的输入，如图 6-25 例示。

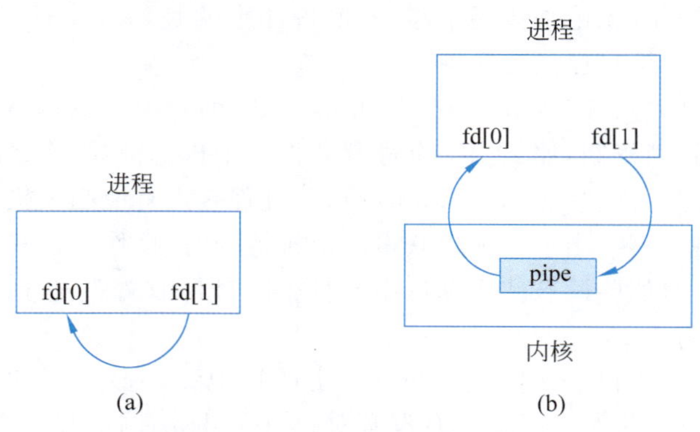

图 6-25　单进程中的管道

单个进程中的管道几乎没有什么用处。通常的做法是，一个进程创建一个管道后，接着调用 fork( )，这样管道就被子进程继承下来，如图 6-26 所示。

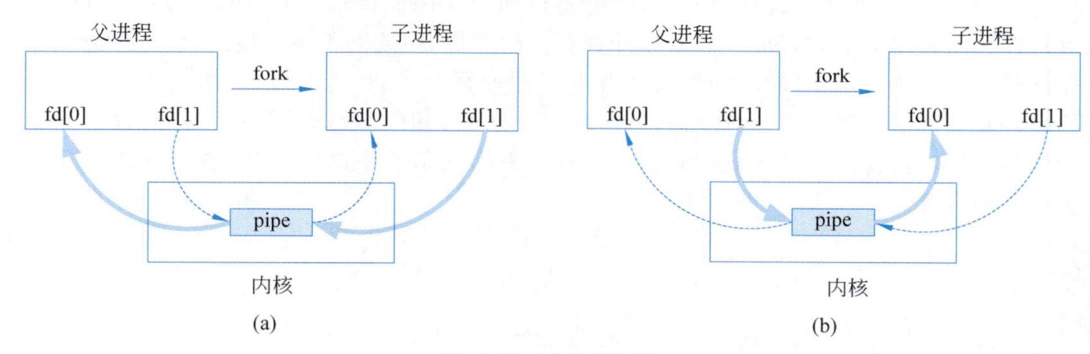

图 6-26　管道的继承

当管道用于子进程到父进程的通信时，需要把子进程的 fd[0]和父进程的 fd[1]关闭，如图 6-26(a)所示；当管道用于父进程到子进程的通信时，需要把父进程的 fd[0]和子进程的 fd[1]关闭，如图 6-26(b)所示。

管道创建完毕之后，父、子进程就可以通过管道进行通信：一个进程通过 fd[1]端口向管道写入；另一个进程通过 fd[0]从管道读出。对管道的读/写与文件类似，可以通过 write()和 read()系统调用来完成。需要注意，与普通文件的读/写操作不同，管道的读/写操作需要同步，即可能存在阻塞调用进程的问题。具体来讲有以下两种情况。

(1) 当管道中没有数据可读时，read()调用将会阻塞，即调用进程进入阻塞状态，直到有数据到来为止。

(2) 当管道满的时候，write()调用将会阻塞，直到有进程读出数据为止。

另外，当对管道进行读/写操作时，还可能出现对端端口已经关闭的情况。如果对这种情况不加处理，有可能导致进程永远阻塞下去。例如，当一个进程试图通过 read()调用读管道时，而该管道的写端口已经关闭，那么该进程将永远阻塞在 read()调用上。对于这种情况，UNIX 做了如下约定。

(1) 如果管道的读端口被关闭，则 write()调用会抛出一个异常信号，并立即返回－1 值，不等待 read()操作。

(2) 如果管道的写端口被关闭，那么管道中剩余的数据都被读出后，再次执行 read()时，会返回 0 值，并不等待 write()操作。

一般情况下，可能有多个进程打开管道文件，同时向管道写入，那么会不会出现多个写操作交叠(即一个进程正在执行写操作时被另一个进程的写操作所中断)的情况呢？对此，UNIX 可以保证：当要写入的数据量不大于管道的容量时，系统将保证写入操作的原子性；当要写入的数据量大于管道容量时，系统将不再保证写入操作的原子性。这就要求我们向管道中写入数据时，不要超过管道的容量，否则可能产生不期望的结果。

【例 6-8】 下面是一个通过管道进行进程间通信的例程。

```
ch6-pipe.c
1      #include <sys/types.h>
2      #include <unistd.h>
3      #include <stdio.h>
4      #include <stdlib.h>
5      #define MAXLINE 4096
6      int main(void){
7          int n;
8          int fd[2];
9          pid_t pid;
10         char line[MAXLINE];
11
12         if(pipe(fd)<0)
13             printf("pipe error");
14         if((pid=fork())<0){
15             printf("fork error");
16         }else if(pid>0){   /*父进程*/
17             close(fd[0]);
18             write(fd[1],"hello world\n", 12);
19         }else{   /*子进程*/
20             close(fd[1]);
21             n=read(fd[0],line,MAXLINE);
22             write(STDOUT_FILENO,line,n);
23         }
24         exit(0);
25     }
```

程序执行的结果是：父进程向子进程发送了 12 个字符“hello world\n”，子进程收到后，将结果转送到标准输出文件，即在计算机屏幕上打印出该字符串。对于该程序，还需要进一步分析它的两个并发特性。

(1) 程序没有对父、子进程的读写顺序进行控制。实际上，父进程创建子进程后，两个进程是并发执行的，父、子进程可以被交叠调度，子进程对管道的读操作可能发生在父进程对管道的写操作之前。这种情况下，是不是意味着程序的执行可能出错呢？答案是否定的。根据前面的介绍，在管道没有被写入数据之前，read()操作会阻塞，即子进程的read()操作会等待父进程的 write()操作完成之后才能执行。

(2) 一个进程写入管道的操作能否被其他进程写入同一管道的操作所中断，答案是否定的。当写入的数据量不超过管道的容量时，系统能够保证其原子性，也就是当一个进程正在写入管道时，其他进程的写入操作必须等待，直到其完成为止。

6.7 文件系统的保护

计算机中要保护的资源包括硬件资源，如 CPU、内存段、磁盘驱动器或打印机等，也包括进程、文件、数据库和信号量等软件资源。计算机系统安全和保护涵盖的内容非常广泛，在此将针对文件系统来讨论计算机的安全保护问题。

首先，需要区分两个重要概念：保护(protection)和安全(security)。保护是对进程(或用户)访问计算机资源加以控制的一种方式。保护必须提供两方面内容：一是能够对施加的访问控制加以规格说明(specification)，二是能够对访问控制加以强制执行(enforcement)。安全概念的外延要比保护广泛得多，它是对计算机系统及其数据保持完整性的信任程度的一种度量。

对系统资源(文件是系统资源的一部分)加以保护的目的，一是防止一个进程或用户无意或有意地违反系统资源访问约束；二是确保系统中的每一个活动部件(如进程或用户)都能够按照给定的策略使用系统的每项资源。

6.7.1 文件访问权和保护域

文件是系统资源之一，其访问应当受到控制和保护。我们将一个受保护的对象(如文件)称为一个客体(object)。一个客体包括数据或状态以及一个良定义的操作集。将能够访问客体的实体称为主体(subject)(如进程或登录用户等)。主体只能通过操作集中的操作来访问客体的数据或状态。

进行安全保护的措施之一是定义主体对客体的访问权。所谓访问权(access right)指一个主体能够执行一个客体上的某些操作的能力。访问权通常用一个三元组来描述：

<subject, object, rights-set>

其中 subject 是主体，object 是客体，rights-set 是主体能够访问客体的操作集合。对于文

件系统保护而言，主体通常是进程或用户，客体就是文件或目录，文件或目录上的操作通常包括：create、open、read、write、execute 和 destroy 等。当主体明确时，也可以用 <object，rights-set>表示该主体的一个访问权。

一个主体可能对多个客体具有访问权，这些访问权的集合就构成了主体的一个**保护域**(domain)。保护域是与一个主体相关联的所有访问权的集合。主体只能拥有保护域中所约定的权限，除此之外再无其他任何权限。

例如，名为 Alice 的用户对名为 F1 的文件具有读、写和执行的权限，对文件 F2 具有只读权，那么 Alice 的访问权可以写作<F1，{r,w,e}>和<F2，{r}>，与 Alice 相关联的保护域为

$$D=\{<F1,\ \{r,w,e\}>,\ <F2,\{r\}>\}$$

这意味着 Alice 用户除了对文件 F1 和 F2 具有相应访问权之外，不能对任何其他文件进行操作。

值得注意的是，在一个主体的生命周期内，其保护域并不是一成不变的。为了满足最小权限原则，在主体运行的不同阶段会被赋予不同的保护域，即主体的保护域会随时间发生变化。

对于文件系统保护而言，主体是进程。当一个用户登录时，操作系统会为他分配一个进程，代表他去执行各种任务，因此访问的主体归根结底仍然是进程。由于进程是一个动态概念，它不断地产生和消亡，因此事先无法定义进程对文件的访问权。为此，通常采用基于角色的访问权定义。例如，UNIX 采用用户标识符(user ID)和用户组标识符(group ID)来定义进程的保护域。如果一个进程具有某个用户(组)标识符，那么该进程就具有由该用户(组)标识符定义的保护域中的权限。如果进程的用户(组)标识符发生了变化，那么对应的保护域也就相应发生了变化。

为了描述系统中所有用户(组)标识符对所有文件的访问权，通常使用访问矩阵的形式。例如，表 6-6 是一个多用户对多文件的访问矩阵，其中每一行表示一个用户标识符，每一列表示一个文件，矩阵元素 A[UID,F]表示用户标识符 UID 对文件 F 的访问权。例如 A[LU,SQRT]=RW 表示用户 LU 对文件 SQRT 可读、可写。

表 6-6　访问矩阵的例子

	SQRT	TEST	AAA	BAS
XU	RE	RWE	RW	R
LU	RW	E	None	E
GU	E	None	R	None

【例 6-9】　对于表 6-6 所示的访问矩阵，写出用户标识符 XU 的保护域。

解　与用户标识符 XU 相关联的保护域 D 是：

```
D={<SQRT, {RE}>, <TEST, {RWE}>, <AAA, {RW}>, <BAS, {R}>}
```

当文件系统较大、用户较多时,访问矩阵的规模将会很大,而且通常这个矩阵是一个稀疏矩阵,不便于存储和访问。为了解决这个问题,可以把访问矩阵按列、按行分别存储。

按列来存储,就是以文件为单位,罗列不同用户对该文件的访问权限,这样形成的列表称为该文件的访问控制列表(ACL,Access Control List)。例如,在表 6-6 中,文件 SQRT 的访问控制列表为:

$$ACL=\{XU:RE;\ LU:RW;\ GU:E\}$$

这表示文件 SQRT 可以由 3 个用户 XU、LU 和 GU 来访问,可执行的操作分别是 RE、RW 和 E。

按行来存储,就是以用户为主线,罗列其能够访问的所有文件权限,这样形成的列表称为该用户的权能字列表(C-list,Capability list)。显然,一个权能字列表表示了一个用户所拥有的所有权限。例如,在表 6-6 中,用户 XU 的权能字列表是:

```
C-list={<SQRT,{RE}>; <TEST,{RWE}>; <AAA,{RW}>;<BAS,{R}>}
```

该列表恰好是用户 XU 的一个保护域。

6.7.2 openEuler 文件系统的访问控制机制

openEuler 操作系统按照如下方式实现访问控制:每个文件拥有一个用户和一个用户组,它们代表特定的访问许可;每个进程拥有一个特定的用户标识(user ID)和一个或多个组标识(group IDs),它们代表特权(privilege)。如果文件的访问许可和进程的特权按照访问控制规则是匹配的,那么该进程就拥有对该文件的访问权。下面介绍 openEuler 访问控制机制中的一些基本概念和访问控制规则。

1. 用户和 user ID

在多用户操作系统中,要使用计算机系统,主体必须具有一定的用户身份。用户身份由系统管理员授予并管理,包括用户名和 user ID 两部分。User ID 是一个数字值,用来唯一标识一个用户。user ID 为 0 的用户称为根用户(root),或超级用户(superuser)。超级用户拥有的特权称为超级用户特权,它包括系统的所有访问权。

注意,作为一个生物人的用户和这里所说的“用户”是不同的概念。这里的用户指一个用户角色或身份,并不区分生物人。同一个生物人可以不同的用户角色登录,当他以一个角色登录时,就具有这一角色对应的特权。

2. 用户组和 group ID

一个用户组是工作于一个项目或部门的用户的集合,这些用户通常共享特定的系统资源。每个用户组用 group ID 唯一标识。一个用户必须属于一个基本用户组(primary group),基本用户组是在分配用户名时,由系统管理员一并分配的。同时,一个用户还可以属于多个附加用户组(supplementary group)。openEuler 最多支持16个附加用户组。

3. 用户和用户组信息的保存

openEuler 操作系统使用配置文件保存有关用户和用户组的信息。用户的信息保存在配置文件/etc/passwd 中,每个用户信息占用一个文件条目。一个条目包括如下信息,不同信息间用冒号隔开:

```
<用户名:登录密码(已加密):user ID:group ID:注释:初始工作目录:初始 shell>
```

例如,使用命令 #vi /etc/passwd 打开 passwd 文件,可以得到如下用户信息。

```
root:x:0:0:root:/root:/bin/bash
daemon:x:1:1:daemon:/usr/sbin:/usr/sbin/nologin
bin:x:2:2:bin:/bin:/usr/sbin/nologin
sys:x:3:3:sys:/dev:/usr/sbin/nologin
man:x:6:12:man:/var/cache/man:/usr/sbin/nologin
lp:x:7:7:lp:/var/spool/lpd:/usr/sbin/nologin
mail:x:8:8:mail:/var/mail:/usr/sbin/nologin
...
zenith:x:1000:1000:Zenith,,,:/home/zenith:/bin/bash
```

有关用户组的信息保存在配置文件/etc/group 中,每个用户组信息占用一个文件条目。一个文件条目包括如下信息:

```
<组名:密码(已加密):group ID:组成员的用户名列表>
```

例如,使用命令 #vi /etc/group 打开 group 文件,可以得到如下用户组信息。

```
root:x:0:
daemon:x:1:
bin:x:2:
sys:x:3:
adm:x:4:syslog,zenith
tty:x:5:syslog
...
cdrom:x:24:zenith
...
sudo:x:27:zenith
...
zenith:x:1000:
```

4. 附加用户组

一个用户不仅可以属于一个基本用户组(基本用户组由/etc/passwd 文件中对应的用户条目所指定),而且还可属于不超过 16 个附加用户组。如何获取一个用户的附加用户组呢? 在一个用户登录时,操作系统通过读取用户组文件/etc/group,从中找到前 16 个包含该用户的用户组,将其作为该用户的附加用户组。例如,从前面得到的用户信息和用户组信息可以得出,zenith 用户的基本用户组为 zenith,附加用户组为 adm、codrom、sudo 等。

5. 文件访问许可

访问一个文件的主体可以分为 3 类:文件属主、文件用户组和其他用户。

(1) 每个文件只能有一个属主。文件属主就是拥有该文件的用户,使用 user ID 来标识。当一个文件创建时,创建进程的有效用户 ID(effective user ID)就成为该文件的属主。注意,由于超级用户可以修改文件的属主,因此文件属主并不是一成不变的。

(2) 每个文件只能有一个用户组,使用 group ID 来标识。当文件创建时,创建进程的有效用户组 ID(effective group ID)就成为该文件的文件用户组。同样,文件用户组也不是一成不变的,可以被超级用户或文件的属主修改。

(3) "其他用户"指除了文件属主和文件用户组之外的其他用户的集合。

文件的属主和用户组保存在文件 inode 中的 i_uid 和 i_gid 成员中。文件的访问主体应满足如下条件。

(1) 完全性。即任一用户都可以被划分到这 3 类访问主体中的一个,没有一个用户被遗漏。

(2) 相容性。文件属主和文件用户组是相容的,即文件属主必须是文件用户组的一个成员(membership),即文件的用户组要么是该文件属主的基本组,要么是属主的一个附加用户组,不可能出现文件用户组中不包含该文件属主的情况。

文件访问(file access permission)许可规定了系统中不同用户对一个文件的访问权,如图 6-27 所示。

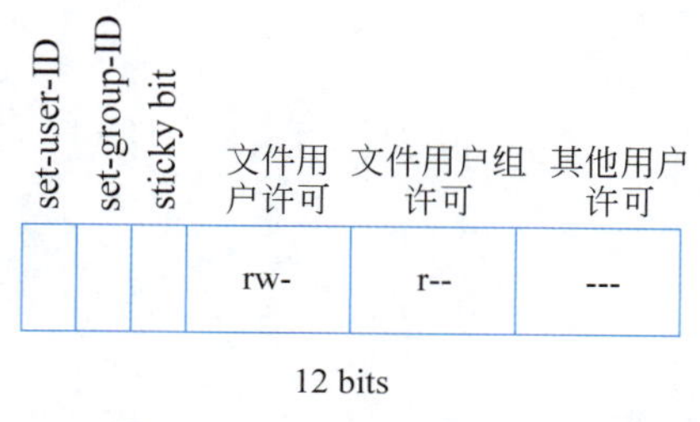

图 6-27 文件访问许可定义

一个文件的访问控制列表可使用 12 个访问许可位来表示。图 6-27 中的访问许可位表示：对于文件属主，可以执行读和写操作；对于文件用户组中除了属主之外的其他用户，只允许读操作；对于其他用户不许可任何操作。这些许可位的解释对于普通文件和目录有所不同，如表 6-7 所示。除此之外，还有 3 个位 set-user-ID、set-group-ID 和 sticky bit。

表 6-7 文件和目录的访问许可位

<table>
<tr><th></th><th>许可位</th><th>普通文件</th><th>目录</th></tr>
<tr><td rowspan="3">文件属主</td><td>user-read</td><td>允许读取文件</td><td>允许读取目录项，即读取目录下的所有文件和子目录的名字。注意：这不等于能够读取目录下的文件内容</td></tr>
<tr><td>user-write</td><td>允许写入文件</td><td>允许在目录中删除和创建文件或子目录</td></tr>
<tr><td>user-execute</td><td>允许执行文件</td><td>允许在目录中搜索给定的路径名</td></tr>
<tr><td rowspan="3">文件用户组</td><td>group-read</td><td>允许组内其他用户读取文件</td><td>允许组内其他用户读取目录项</td></tr>
<tr><td>group-write</td><td>允许组内其他用户写入文件</td><td>允许组内其他用户在目录中删除和创建文件或子目录</td></tr>
<tr><td>group-execute</td><td>允许组内其他用户执行文件</td><td>允许组内其他用户在目录中搜索给定的路径名</td></tr>
<tr><td rowspan="3">其它用户</td><td>other-read</td><td>允许其他用户读取文件</td><td>允许其他用户读取目录项</td></tr>
<tr><td>other-write</td><td>允许其他用户写入文件</td><td>允许其他用户在目录中删除和创建文件或子目录</td></tr>
<tr><td>other-execute</td><td>允许其他用户执行文件</td><td>允许其他用户在目录中搜索给定的路径名</td></tr>
</table>

6. 进程的用户角色

每一个进程也与用户和用户组相关联。openEuler 操作系统使用 3 个用户 ID 和 4 个用户组 ID 来标识一个进程，如表 6-8 所示。

表 6-8 与一个进程所关联的用户和用户组 IDs

用户 ID 和用户组 ID	说明
real user ID real group ID	标识进程的实际用户（组）ID
effective user ID effective group ID supplementary group ID	有效用户（组）ID 和用户（组）ID
saved set-user-ID saved set-group-ID	由 exec()函数来保存

之所以要把用户和用户组区分为“实际”和“有效”用户（组），是为了遵守最小特权原则，一个进程所拥有的访问权会随着访问需求不断变化。这种访问权限的变化是通过进程角色的不断切换来实现的。进程角色的变化主要体现在有效用户（组）ID 的变化上。

（1）real user ID 和 real group ID 用于标识一个进程的"真实身份"。它们的取值来自于用户登录时的密码文件(即\etc\passwd)中保存的用户条目，即启动该进程的登录用户的用户 ID 和用户组 ID。在登录会话期间，这些 ID 值一般保持不变。

（2）effective user (group) ID 和 supplementary group ID 用于判断进程是否具有文件访问权，即进程对一个文件的访问权取决于这 3 个 ID。

（3）saved set-user-ID 和 saved set-group-ID：当一个进程调用 exec 执行一个程序文件时，exec 函数把进程的 effective user ID 和 effective group ID 分别复制到 saved set-user-ID 和 saved set-group-ID 域中保存起来，以便事后恢复成原来的有效用户(组)ID。

一般情况下，effective user ID 等同于 real user ID，effective group ID 等同于 real group ID，但是当一个进程执行一个程序文件时，如果该程序文件的 set-user-ID 位被设置，那么进程的 effective user ID 就被设置为该文件的 user ID；类似地，如果该程序文件的 set-group-ID 位被设置，那么进程的 effective group ID 就被设置为该文件的 group ID。

值得注意的是，一个进程可以通过调用 setuid ()和 setgid()来改变有效用户和有效用户组。同样，为了安全起见，只有超级用户和满足一定条件的进程才能修改进程的 user ID 和 group ID。

知识扩展

进程有效用户身份的切换

下面通过一个例子来说明为什么要引入进程的有效用户(组)ID，以及进程运行过程中，有效用户(组)的切换。

Linux 用户可以通过命令 passwd 修改自己的登录密码。所有用户的登录密码保存在文件/etc/shadow 中，但是该文件的属主为 root，访问许可位为：rw-r-----，即只有 root 用户有修改该文件的权限。那么一个普通用户如何通过执行 passwd 命令修改 shadow 文件呢？

我们首先通过命令 #ls -l /usr/bin/passwd，获取可执行文件 passwd 的详细信息：

```
-rwsr-x-r-x 1 root root ......
```

可见该文件属主为 root，用户组为 root，链接数为 1，root 用户对文件具有读、写和 SetUID 权限，其他用户可读、可执行该文件。SetUID 权限仅适用于可执行文件，用符号"s"表示，其含义是：只要用户对设有 SetUID 的文件有执行权限，那么当用户执行此文件时，会以文件属主的身份去执行此文件，一旦文件执行结束，用户身份又切换回原来的身份。因此，当一个普通用户执行 passwd 可执行文件时，他的身份(即有效用户)立即切换到 passwd 的属主，即 root，因此能够修改 shadow 文件。当执行完毕后，其有效用户又切换回原来的有效用户，这样就防止了权限泄露。在恢复原来的有效用户(组)的过程中,存在这样一个问题,即原来的有效用户(组)保存在哪里?实际上,进程的 saved set-user-ID 和 saved set-group-ID(见表 6-8)就是用来保存原来有效用户(组)的。

7. 文件的访问控制规则

文件访问控制规则规定了一个进程访问文件时,拥有或获取的文件访问许可。表 6-9 给出了部分访问控制规则。

表 6-9 访问控制规则

规则 1	当一个进程企图使用文件名(或路径名)打开一个文件时,它必须对文件路径上的每个目录拥有"执行"许可,包括当前目录。例如,为了打开文件/usr/include/stdio.h,进程需要拥有目录"/""/usr"和"/usr/include"的执行权;如果当前目录是/usr/include,为了打开 stdio.h,进程需要拥有当前目录的执行许可。另外,如果进程对于 PATH 环境变量所指示的目录没有执行权,那么 shell 不会在该目录下寻找可执行文件
规则 2	一个进程要以只读(O_RDONLY)或读写(O_RDWR)的方式打开一个已存在的文件,那么它必须拥有该文件上的"读"许可
规则 3	一个进程要以只写(O_WRONLY)或读写(O_RDWR)的方式打开一个已存在的文件,那么它必须拥有该文件上的"写"许可
规则 4	要以 O_TRUNC 方式打开一个文件,进程必须拥有该文件上的"写"许可
规则 5	为了在一个目录中创建一个新文件,进程必须拥有该目录的"写"和"执行"许可
规则 6	为了删除一个已存在的文件,进程必须拥有包含该文件的目录的"写"和"执行"许可
规则 7	如果要使用 exec 函数执行一个程序文件,进程必须拥有该文件的"执行"许可。程序文件必须是一个普通文件,不能是目录

8. 文件访问控制测试

当一个进程打开、创建或删除一个文件时,操作系统内核必须进行文件访问控制测试。所谓文件访问控制测试是判断一个进程是否拥有一个文件的访问许可。

文件访问控制测试依赖文件的用户(组) ID 以及进程的 effective user (group) IDs 和 supplementary group ID。为了方便起见,我们用记号 P.effective user ID 或 F.user ID 分别表示进程的有效用户 ID 和文件的属主 ID。文件访问控制测试步骤如下。

(1) 如果 P.effective user ID=0(即 P 是超级用户),那么对文件 F 的访问被允许,即超级用户对于整个文件系统拥有所有访问权。

(2) 如果 P.effective user ID=F.user ID(即 P 的有效用户是 F 的属主),那么 P 拥有的访问许可取决于 F 的属主许可位。

(3) 如果 P.effective group ID=F.group ID 或存在 P 的一个附加组=F.group ID,那么 P 拥有的访问许可取决于 F 的用户组的许可位。

(4) 如果 P 的有效用户 ID 不是文件 F 的属主而且有效用户组和所有附加用户组也不等于文件的用户组，那么它拥有的访问许可取决于 F 的 other 的许可位。

(5) 在进行访问控制测试时，将以上 4 个步骤按顺序依次测试。如果已经匹配一个条件，不用再尝试匹配后面的条件。

9. 新文件和新目录的属主和用户组

一个进程在运行过程中可能使用 open 或 create 系统调用创建一个新文件，或者使用 mkdir 创建一个新目录，那么如何设置这些新文件和新目录的 user ID(用户 ID)和 group ID(用户组 ID)呢？实际上，这些 ID 的设置不是由进程显式设置的，而是由操作系统根据特定的规则隐式设置的。其规则如表 6-10 所示。

表 6-10 为新文件和新目录指定 user ID 和 group ID 的规则

规则 1	新文件(或新目录)的 user ID 被设置为创建它的进程的 effective user ID
规则 2	新文件(或新目录)的 group ID 的设置可以采用下面两种方式之一： ① group ID 被设置为进程的 effective group ID。 ② group ID 被设置为该文件所在目录的 group ID。 FreeBSD 5.2.1 和 Mac OS X 10.3 采用第②种方式，而 Linux 允许在①和②之间进行选择。使用第②种方式，确保在一个目录下创建的所有文件和子目录都具有与该目录相同的 group ID，也就是父目录的 group ID 会向下传递

当新文件(目录)的 user ID 和 group ID 被设置之后，接着需要设置文件(目录)的访问许可位，这需要通过在 open、create 或 mkdir 系统调用中传入相应的参数来实现。

【例 6-10】 一个进程 P 要在目录/dir1/dir2 中创建一个名为 F 的文件。已知 P 的用户身份为 P.real user ID＝UID1，P.effective user ID＝UID2，P.effective group ID＝GID2，目录“/”“/dir1”和“/dir1/dir2”的 user ID 和 group ID 分别为：

```
(0,GID0)、(UID1,GID1)和(UID2,GID2)。
```

试问：P 要完成文件 F 的创建工作，需要拥有的最小访问权集合是什么？为了支持该权限集合，文件系统需要提供哪些访问许可？

解 根据文件访问控制规则，P 要在目录/dir1/dir2 中创建一个文件，它必须拥有对“/”和“/dir1”的执行许可，以及对“/dir1/dir2”的写和执行许可，即

```
Least Privilege={</, {execute}>, </dir1, {execute}>, </dir1/dir2, {write,
execute}>}
```

为了支持该权限，文件系统需要提供足够的访问许可。

(1) 对于访问权</dir1/dir2, {write, execute}>，由于 P.effective user ID＝UID2＝/dir1/dir2 的 UID，因此，/dir1/dir2 的属主的“写”和“执行”位必须被设置；

（2）对于访问权</dir1，{execute}>，由于 P.effective user ID≠/dir1 的 user ID，而且 P.effective group ID≠/dir1 的 group ID，因此，/dir1 的 other 的“执行”位必须被设置。

（3）类似地，对于权限</，{execute}>，由于 P.effective user ID≠“/”的 user ID 而且 P.effective group ID≠“/”的 group ID，因此，“/”的 other 的“执行”位必须被设置。

6.8 openEuler 中有关文件的系统调用

openEuler 操作系统中有关文件系统的系统调用非常丰富，同一类调用的变种也很多，本节仅对一些常用、典型的系统调用进行介绍。文件作为系统中一类受保护的资源，其上的系统调用必须受到访问控制的约束，因此在使用文件系统调用时，尤其需要注意其前置条件。

我们把文件系统调用分为 3 类：文件读、写的系统调用；访问文件状态的系统调用和文件链接的系统调用。

6.8.1 文件读、写的系统调用

1. 打开或创建一个文件

```
#include <fcntl.h>
int open(const char * pathname, int oflag, … /* mode_t mode */);
                                   Returns: file descriptor if OK, -1 on error
```

参数说明。参数 pathname 是打开或创建的文件名；参数 oflag 表示若干必选项和可选项的组合；第 3 个参数“…”为可选项，表示参数的个数和类型根据不同情况有所变化，该参数只有在创建一个新文件时才用到。oflag 包括如下内容。

（1）访问模式必选项：O_RDONLY（以只读方式打开文件）、O_WRONLY（以只写方式打开文件）和 O_RDWR（以读写方式打开文件）这三个常量必须有且只能有一个。

（2）若干可选项：O_APPEND（以添加方式打开，即每次写入文件时，都写入文件的末尾）、O_CREAT（创建一个新文件，这个选项要求 open 使用第 3 个参数 mode，说明新文件的访问允许位）和 O_TRUNC（如果文件存在，而且以 O_WRONLY 或 O_RDWR 方式被成功打开，那么将文件的长度截为 0）。

（3）并发控制可选项，如 O_DSYNC、O_RSYNC 和 O_SYNC（指文件上的一个 write()调用必须等待该文件数据和文件属性在磁盘上更新完成之后才返回）等。

以上 3 类选项以逻辑 OR 连接起来。

前置条件：这里仅说明在文件保护方面的前置条件。

(1) 无论是打开一个已存在的文件还是创建一个新文件，调用进程必须拥有路径名 pathname 中的每个目录的“执行”访问权。

(2) 如果以 O_RDONLY 或 O_RDWR 方式打开一个已存在的文件，那么调用进程必须拥有该文件的“读”许可。

(3) 如果以 O_WRONLY 或 O_RDWR 方式打开一个已存在的文件，那么调用进程必须拥有该文件的“写”许可。

(4) 如果以 O_TRUNC 方式打开一个文件，调用进程必须拥有该文件的“写”许可。

(5) 如果在一个目录中创建一个新文件，调用进程必须拥有该目录的“写”和“执行”许可。

后置条件：

(1) 如果成功地打开一个已存在的文件，则为该文件创建进程打开文件表项和系统打开文件表项。如果是第一次打开这个文件，还需要为它创建一个内存索引节点；如果其他进程先前已经打开了该文件，则共享该文件的内存索引节点，并将索引节点中的 i_count 递增。建立进程打开文件表项、系统打开文件表项和索引节点之间的关联。

(2) 如果成功地打开了一个文件，则根据 oflag 选项，设置系统打开文件表项的 f_mode 属性，如 read、write、append、sync、nonblocking 等。

(3) 如果使用 open()成功地创建一个文件，则在目录中创建该文件的目录项、分配 inode，设置文件访问许可位为 mode，设置文件的 user ID 和 group ID，并为文件分配存储空间。

2. 创建一个新文件

除了可以用 open()调用配合 O_CREAT 可选项创建一个文件外，还可以直接使用调用 creat( )创建一个新文件。

```
#include <fcntl.h>

int creat(const char *pathname, mode_t mode);
          Returns: file descriptor opened for write-only if OK, -1 on error
```

这个调用相当于

```
open(pathname, O_WRONLY | O_CREAT | O_TRUNC, mode);
```

可以看出，creat()调用的一个不足是文件只能以只写方式打开，如果我们想创建一个临时文件，让它先被写入，然后被读出，那么只能调用 creat()、close()，然后再调用

open()。一个更好的方式是这样调用：

```
open(pathname, O_RDWR | O_CREAT | O_TRUNC, mode)。
```

3. 关闭一个文件

使用 close()调用关闭一个打开文件。

```
#include <unistd.h>

int close(int filedes);
                                        Returns: 0 if OK, -1 on error
```

关闭一个文件也随之释放调用进程施加在该文件上的所有记录锁。当一个进程终止时，它的所有打开文件被内核自动关闭。许多程序利用这一点，并不显式地关闭打开文件。

4. 移动当前文件偏移量

每个打开文件都有一个关联的“当前文件偏移量”(current file offset)。偏移量用来度量一个位置从文件开头的字节数，通常为一个非负整数。读、写操作通常起始于当前文件偏移量，并且使偏移量增加读取或写入的字节数。当一个文件被打开时，默认情况下，偏移量被初始化为 0。一个打开文件的偏移量可以通过调用 lseek()来设置。

```
#include <unistd.h>

off_t lseek(int filedes, off_t offset, int whence);
                           Returns: new file offset if OK, -1 on error
```

参数 offset 的解释依赖于参数 whence。当 whence＝SEEK_SET 时，文件的偏移量被设置为 offset；当 whence＝SEEK_CUR 时，文件的偏移量被设置为“当前值＋offset”，offset 可以是正值或负值；当 whence＝SEEK_END 时，文件的偏移量被设置为“文件大小＋offset”，offset 可以是正值或负值。

由于 lseek()成功调用后将返回一个新文件偏移量，因此可以用如下代码得到文件当前偏移量：

```
off_t currpos;
currpos=lseek(fd, 0, SEEK_CUR);
```

注意，由于当前文件偏移量是系统打开文件表项的一个属性，因此 lseek()调用只能对内核中的文件数据结构属性进行改变，不会引起任何 I/O 操作。这个偏移量主要用于下一次读、写操作。

5. 读取文件内容

```
#include <unistd.h>

ssize_t read(int filedes, void *buf, size_t nbytes);
                        Returns: number of bytes read, 0 if end of file, -1 on error
```

如果 read()调用成功，返回读取的字节数；如果文件当前偏移量在文件末尾，那么返回 0。实际读取的字节数可能小于请求的字节数。例如，从一个普通文件中读取时，如果在请求的字节数目之前就到达了文件末尾，或者 read()调用正在执行期间被一个信号所中断，这时只有一部分数据被读出。

read()调用从文件当前偏移量开始读取，在成功返回之前，偏移量随实际读取的字节数不断递增。

6. 写入文件内容

使用 write()调用可以将数据写入一个打开文件。

```
#include <unistd.h>

ssize_t write(int filedes, const void *buf, size_t nbytes);
                        Returns: number of bytes written if OK, -1 on error
```

调用的返回值通常等于参数 nbytes，否则发生错误。错误的原因可能是磁盘已满或者超过了文件大小的上限。write()调用从文件当前偏移量开始写入。如果在打开文件时使用了 O_APPEND 选项，那么在每一个 write()操作之前，内核都把文件偏移量设置为当前文件的末尾。write()成功执行后，文件偏移量递增实际写入的字节数。

6.8.2 访问文件状态的系统调用

1. 获取文件状态信息的调用

```
#include <sys/stat.h>
int stat(const char *restrict pathname, struct stat *restrict buf);
                                        Returns: 0 if OK, -1 on error
```

给定文件名 pathname，stat()调用返回该文件状态信息的结构。第二个参数是一个指针，指向一个结构体 struct stat(注意，该结构体所占的内存空间由用户来分配)，stat()把文件状态信息填充到 buf 指示的结构体中。结构体 struct stat 的详细定义在前面 6.2.4

节已经给出。

2. 改变文件的访问许可位

系统调用 chmod()改变文件的访问许可位。

```
#include <sys/stat.h>

int chmod(const char * pathname, mode_t mode);
                                        Returns: 0 if OK, -1 on error
```

前置条件。调用进程的 effective user ID 必须等于文件属主的 user ID,或者调用进程拥有超级用户权限。

例如,文件 bar 当前访问允许位为"rw- --- ---",即只有文件属主才能读写。要将其访问允许位改为"rw-r--r--",可以这样调用:

```
chmod("bar", S_IRUSR | S_IWUSR | S_IRGRP | S_IROTH);
```

3. 改变文件的所属

```
#include <sys/stat.h>

int chown(const char * pathname, uid_t owner, gid_t group);
                                        Returns: 0 if OK, -1 on error
```

该调用可以修改一个文件的 user ID 和 group ID。显然,并不是任何用户都具有修改的能力,而且输入的参数 owner 和 group 也必须是相容的。

前置条件。UNIX 的一些版本只允许超级用户更改一个文件的所属,而另一些版本还允许文件用户改变文件的所属。例如,有些版本的规定如下。

(1) 只有超级用户进程才能改变文件属主。

(2) 一个非超级用户进程只能改变一个文件的用户组,但是必须满足两个条件:①进程拥有该文件,即进程的 effective user ID=文件的 user ID;②参数 owner 必须指定为-1 或等于文件的 user ID,参数 group 必须指定为进程的 effective group ID 或者进程的 supplementary group IDs 中的一个。简单来说,一个进程只能将它所拥有的文件用户组改为该进程的有效用户组或附加用户组之一。

6.8.3 文件链接的系统调用

1. 创建文件硬链接

```
#include <unistd.h>
int link(const char * existingpath, const char * newpath);
                                    Returns: 0 if OK, -1 on error
```

根据前面有关文件链接的介绍，为一个文件建立一个硬链接实际上就是为该文件建立一个目录项，通过该目录项提供文件访问的另一条路径。当成功建立一个硬链接后，文件的链接计数必须加 1。

该函数创建一个名为 newpath 的新目录项，该目录项引用 existingpath 指定的文件。如果 newpath 已经存在，将返回错误。只有 newpath 的最后一个部分被创建，路径的其余部分必须事先存在。新目录项的创建和被链接文件的链接计数递增必须是原子操作。

建立硬链接有两个限制条件：第一，硬链接不能跨文件系统，即上述函数中的两个路径名必须在同一个文件系统中；第二，许多文件系统不允许在目录上建立硬链接。如果一个文件系统支持在目录上创建硬链接，那么要求该用户必须是超级用户，因为在目录上建立链接会引起环路，使得处理文件系统的大多数工具和例程失效。

2. 删除文件目录项

```
#include <unistd.h>

int unlink(const char * pathname);
                                    Returns: 0 if OK, -1 on error
```

与建立文件硬链接相反，删除一个文件上的硬链接实际上就是删除该文件的一个目录项，并将文件的链接计数减 1。如果链接计数变为 0，而且该文件没有被任何进程所打开，那么文件内容才被删除。

前置条件：①调用 unlink 函数时，对包含该目录项的目录必须具有“写”和“执行”的权限，这是因为需要把该目录项从目录中删除；②当文件链接计数变为 0 时，只要有一个进程仍然打开着该文件，那么文件内容不能被删除。当一个文件关闭之后，内核首先检查仍然打开该文件的进程的个数，如果个数为 0，内核接着检查该文件上的链接计数，如果计数为 0，那么文件内容被删除掉。

后置条件：该函数删除指定的目录项，并将 pathname 引用的文件链接计数减 1。如果还有其他链接指向该文件，那么该文件的数据内容仍然可以通过其他链接访问。如果函数调用出错，那么所引用的文件不发生改变。

3. 删除文件或目录的链接

```
#include <unistd.h>

int remove (const char * pathname);
                                          Returns: 0 if OK, -1 on error
```

该函数删除一个文件或目录的链接。如果 pathname 是一个文件，那么 remove 等于 unlink；如果它是一个目录，remove 等于 rmdir。

4. 创建符号链接

```
#include <unistd.h>

int symlink (const char * actualpath, const char * sympath);
                                          Returns: 0 if OK, -1 if error
```

根据前面的介绍，在一个原文件上建立一个符号链接，实际上是建立一个符号链接文件，并在该符号链接文件中保存了原文件的路径，然后通过该路径间接引用原文件。因此，当原文件删除时，符号链接文件不受影响；当符号链接文件删除时，原文件也不受影响。

该函数的后效是创建一个名为 sympath 的新目录项，它指向文件 actualpath。当创建一个符号链接时，不要求 actualpath 已经存在。同样，actualpath 和 sympath 不要求在同一文件系统中。

值得注意的是，由于符号链接本身就是一个文件，而它又可以用来引用原文件，因此当使用符号链接名进行系统调用时，必须清楚地知道该系统调用是作用在符号链接文件上，还是作用在它所引用的原文件上。例如，已知文件“bar”是一个符号链接文件名，当进行如下调用时：

```
chmod(“bar”, S_IRUSR | S_IWUSR | S_IRGRP | S_IROTH)
```

究竟是修改“bar”文件的访问许可位，还是修改“bar”所引用的原文件的访问许可位呢？为此，openEuler 及其他 UNIX 版本规定，上面的这个系统调用是作用在 bar 所引用的原文件上。如果想要修改 bar 自身的所属，那么需要使用另一个系统调用 lchown。

再如下面的两个获取文件状态信息的系统调用：

```
int stat(const char * path, struct stat * struct_stat);
int lstat(const char * path,struct stat * struct_stat);
```

如果 path 文件非符号链接文件，那么二者的效果是一样的。如果 path 文件是一个符号链接文件，那么前者获取被链接的原文件的状态信息，而后者获取链接文件自身的状态信息。

习　题

1. 很多数据库使用文件系统来实现，如果一个数据库表用一个文件来保存，那么该文件适合采用什么样的逻辑结构？数据库表中的元组之间在存储上有没有次序？

2. 试从文件物理结构的角度分析，在数据库表上建立索引后，是否对元组的物理次序进行了重新排列？

3. 以 EXT4 文件系统为例，说明通过路径名访问文件的数据内容需要经过哪些查找过程？

4. 在图 6-15 所示的 B+树中，假设逻辑块号 100 所在的 Extent 项为“逻辑块号：100，连续块长度：3，起始物理块号：10015”。如果把 101 号逻辑块的内容删除，则删除后的 B+树结构会变成什么样？

5. 硬链接与符号链接的区别是什么？为什么可以通过硬链接保护重要的文件不被误删？当不同进程使用异名硬链接打开同一文件时，内存索引节点能否共享？

6. 通过子进程继承父进程打开文件的方式，与进程通过同名或异名方式共享文件，这两种方式在打开文件内存结构方面有什么不同？

7. 谈谈文件的生命周期与打开文件的生命周期有什么不同。

8. 连接文件的链接字可以定义如下：

(1) 链接字的内容为上一块的块号⊕下一块的块号；

(2) 首块链接字的内容为下一块的块号；

(3) 末块链接字的内容为上一块的块号。

其中⊕为异或操作。试述这种链接字有何特点。

9. 假设操作系统已经在/path 路径下挂载了一个文件系统。那么一个应用程序为了读取/path/to/file 的第一位字节，必须额外访问多少次磁盘？

10. 对于如图 6-17 所示的 FAT 表，文件占据的盘簇依次为 002,004,007,006,00A。若对该文件进行如下操作，FAT 表的状态如何发生变化？

(1) 在该文件末尾增加一个盘簇。

(2) 在 004 与 007 号盘簇之间增加一个盘簇。

(3) 将 006 号盘簇释放。

11. 根据下列内容，写出文件访问矩阵。(提示：asw 属于 users 和 devel 2 个组，gmw 仅仅是 users 组的成员。把 2 个用户和 2 个组当作列，把 4 个文件当作行，矩阵就有 4 行 4 列)。

```
-rw-r--r--    2   gmw  users  908     May  26  16:45  PPP-Notes
-rwxr-xr-x    1   asw  devel  432     May  13  12:35  Prog1
-rw-rw----    1   asw  users  50094   May  30  17:51  project.1
-rw-r-----    1   asw  devel  13124   May  31  14:30  splash.gif
```

12. 设物理块大小为1KB。对于混合索引表,假设每个物理块最多可存放256个物理块号,请分别计算长度为7KB、20KB和50MB的文件占用多少个数据块?其中包括多少个直接索引块、多少个一级间接索引块、多少个二级间接索引块和多少个三级间接索引块?

13. 对于如图6-19所示的成组链表结构图,问当发生如下磁盘块分配和释放请求时,成组链表的状态如何变化?

(1) 先分配2个盘块,再分配30个盘块。

(2) 先释放2个盘块100#、101#,再释放20个盘块80#～99#。

14. 假定磁带的记录密度为每英寸800字符(1英寸=2.54cm),每一逻辑记录长度为160字符,块间隙为0.6英寸,现有1000个逻辑记录需要存储。分别计算不成组操作和以5个逻辑记录为一组的成组操作时磁带介质的利用率。物理记录至少为多大时,才不至于浪费超过50%的磁带存储空间?

15. 若某系统的磁盘文件空间共有80柱面,被划分成20道/柱面,6块/道,1KB/块的等长物理块,每块用位示图(64字/张,使用60字,其他字为控制信息)的相应位表示其空闲或占用状态,"0"表示空闲,"1"表示占用。试给出申请和归还一块的计算公式。(提示:先画出位示图,然后找出位示图中任一位与对应块所在的柱面号、磁头号、块号之间的关系。)

第7章

输入/输出系统

输入/输出系统，简称 I/O 系统，用于管理诸如鼠标、键盘、磁盘等 I/O 设备与存储设备。I/O 系统所管理的设备种类繁多，差异又非常大，使得 I/O 系统成为操作系统中最繁杂且与硬件结合最为紧密的一部分。对 I/O 设备进行高度抽象，建立一个 I/O 设备的虚拟界面，使编程人员能够容易检索和存储数据，这是 I/O 系统设计所要解决的主要问题。

I/O 系统管理的主要对象是 I/O 设备和相应的设备控制器，其主要任务是完成用户提出的 I/O 请求，提高 I/O 访问速度以及设备的利用率，并为进程方便地使用这些设备提供手段。本章共分 7 节，从 I/O 系统概述、I/O 设备控制方式、I/O 系统软件组织、设备驱动模型、缓冲区管理、磁盘驱动调度以及虚拟设备等 7 方面对输入输出系统进行全面讨论。学习本章时，应注意回顾第 2 章介绍的计算机硬件基础知识，同时注意建立 I/O 系统与内存管理、进程管理和文件管理的联系。

本章学习内容和基本要求如下。

(1) 学习 I/O 系统硬件结构和组织。了解设备控制器、DMA、通道等 I/O 硬件的结构和功能，重点掌握 3 种设备控制方式。难点在于理解和掌握通道控制方式。

(2) 学习 I/O 系统软件组织和结构。了解 I/O 软件设计的目标，明确设备驱动程序、中断处理程序、设备无关 I/O 软件以及用户空间 I/O 软件的层次和功能，理解 I/O 操作的流程。

(3) 学习缓冲处理技术以及磁盘驱动调度。掌握单缓冲区、双缓冲区、页缓存、内存映射 I/O 以及假脱机等概念，了解常用的磁盘调度算法。

7.1 I/O 系统概述

在计算机系统中，除了处理器和内存外，其他大部分硬件设备统称为外部设备，包括常用的输入/输出设备、外存设备以及终端设备。I/O 系统管理的主要对象是 I/O 设备和相应的设备控制器，主要任务是完成用户提出的 I/O 请求，提高 I/O 速度以及设备的利用率，并为高层的用户进程方便地使用这些设备提供手段。

7.1.1 外设的分类和特点

外部设备(又称为 I/O 设备，简称外设)是计算机系统与人或其他计算机之间进行信息交换的装置。外设的输入功能是把数据、命令、字符、图形、图像、声音或电流、电压等信息,以计算机可以接受和识别的二进制代码形式输入计算机中,供计算机进行处理的过程;外设的输出功能是把计算机处理的结果变成人可识别的数字、文字、图形、图像或声音等信息,然后播放、打印或显示输出的过程。

按信息的传输方向来划分,外设可以分为输入设备、输出设备和输入/输出设备三类。

(1) 输入设备。包括键盘、鼠标、触摸屏、跟踪球、控制杆、数字化仪、扫描仪、手写笔、纸带输入机、卡片输入机、光学字符阅读机(OCR)等。

(2) 输出设备。包括显示器、打印机、绘图仪等。

(3) 输入/输出设备。包括CRT终端、网卡之类的通信设备等。这类设备既可以输入信息,又可以输出信息,也可以将磁盘、固态硬盘和U盘、光盘等外部存储器看作特殊的输入/输出设备。

按功能来分,外设可以分为人机交互设备、存储设备和机-机通信设备三种。

(1) 人机交互设备。用于使用者与计算机进行交互通信的设备,如键盘、鼠标、显示器、打印机等。这类设备大多以字符为单位与主机之间交换信息,因此又称为**字符型设备**。

(2) 存储设备。这类设备用于存储大量数据,作为计算机的外部存储器使用,如磁盘、光盘、固态硬盘和U盘等外部存储器。这类设备以信息块为单位与主机交换信息,因此又称为**块设备**。

(3) 机-机通信设备。主要用于计算机与计算机之间的通信,如网卡、调制解调器、D/A和A/D转换设备等。

外设种类繁多、性能各异,但归纳起来有以下几个特点。

(1) 异步性和并行性。外设与CPU之间采用完全异步、并行的工作方式,二者之间无统一的时钟,且各类外设之间工作速度差异很大,它们的操作在很大程度上独立于CPU,但又要在某个时刻接受CPU的控制。必须保证在连续两次CPU和外设交互之间,CPU仍能高速地运行用户程序,以达到CPU与外设之间、外设与外设之间充分高效地并行工作。

(2) 实时性。外部设备中有慢速设备、快速设备,它们的处理速度差异很大,CPU必须及时按不同的传输速率和不同的传输方式接收来自多个外设的信息,或向多个外设发送信息,否则高速设备可能丢失信息。图7-1是典型的I/O设备数据传送速率。

(3) 多样性。外设的物理特性差异很大,信息类型和结构格式多种多样,这就造成了主机与外设之间连接的复杂性。为简化控制,计算机系统中往往提供一些标准接口,以便各类外设通过自己的设备控制器与标准接口相连,而主机无须了解各特定外设的具体要求,可以通过统一的命令控制程序来实现对外设的控制。

7.1.2 外设与主机CPU的连接

外部设备通过I/O总线与CPU和主存连接。图7-2给出了一个传统的基于总线互

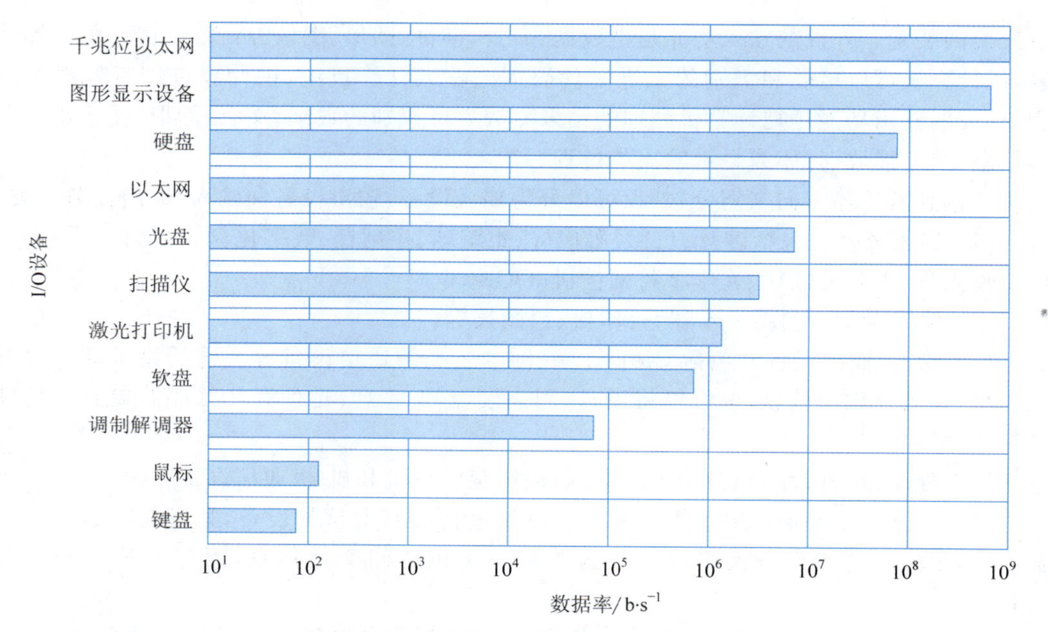

图 7-1　典型 I/O 设备数据传输速率

连的计算机系统结构示意图。

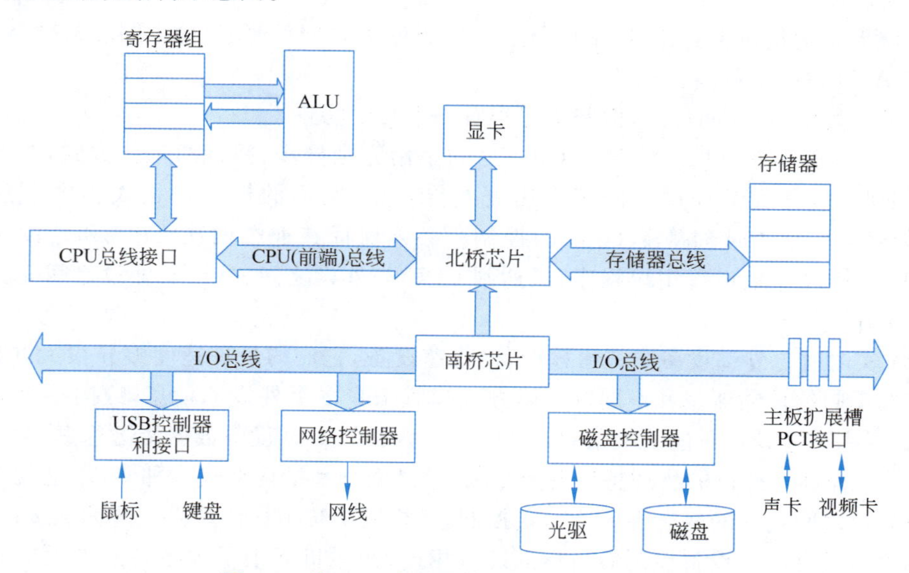

图 7-2　外设、设备控制器、CPU 和主存的连接

CPU 与主存之间由处理器总线(图 7-2 中的 CPU(前端)总线)和存储器总线相连，各类 I/O 设备通过相应的设备控制器，如显示适配卡(显卡)、USB 控制器、以太网卡、磁盘控制器等，连接到 I/O 总线上，而 I/O 总线通过南桥芯片与北桥芯片相连接。南桥芯片

和北桥芯片是两块超大规模集成电路芯片组，是计算机中各个组成部分相互连接和通信的枢纽。其中北桥是一个主存控制器集线器(Memory Controller Hub，MCH)芯片，本质上是一个DMA控制器，因此可通过MCH芯片直接访问主存和显卡中的显存。南桥是一个I/O控制器集线器(I/O Controller Hub，ICH)芯片，其中可以集成USB控制器、磁盘控制器、网络控制器等各种外设控制器，也可以通过南桥芯片引出若干主板扩展插槽，用以接插一些I/O控制卡。

7.1.3 I/O接口

外设种类繁多，且具有不同的工作特性，它们的工作方式、数据格式和工作速度等存在很大差异。由于CPU和内存等主机部件采用高速元器件，它们和外设之间在技术特性上有很大差异，它们各自有自己的独立时钟和独立的时序控制，两者之间采用完全异步工作方式。为此，在各个外设和主机之间必须要有相应的逻辑部件来解决它们之间的同步与协调、工作速度的匹配和数据格式的转换等问题，该逻辑部件就是外设的I/O接口。

外设的**I/O接口**又称**设备控制器**或**I/O控制器**，也称**I/O模块**，是介于外设和I/O总线之间的部分，不同的外设往往具有不同的设备控制器。设备控制器通常独立于外部设备，它可以集成在主板上(如图7-2中的ICH芯片内)，或以插卡的形式插接在I/O总线扩展槽上。

I/O接口是连接外设和主机的“桥梁”，因此在外设侧和主机侧各有一个接口，通常把在主机侧的接口称为内部接口，在外设侧的接口称为外部接口。内部接口通过I/O总线和内存、CPU相连，而外部接口则通过各种I/O接口电缆(如USB线、IEEE 1394线、串行电缆、并行电缆、网线或SCSI电缆等)将其连接到外设上。通过I/O接口，可以在CPU、主存和外设之间建立一条高效的信息传输“通路”。不同的I/O接口在复杂性和控制外设的数量上差异很大，不可能一一列举，图7-3给出了一个I/O接口的通用结构。

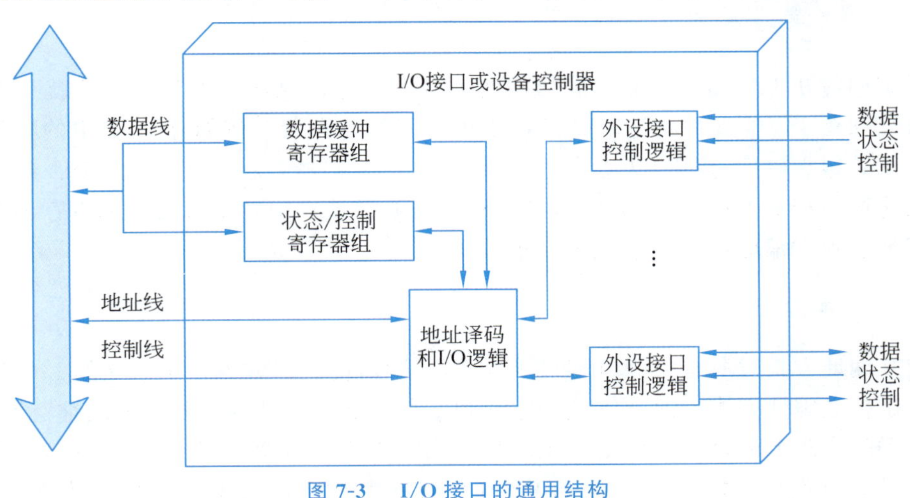

图7-3 I/O接口的通用结构

I/O 接口的功能主要包括如下方面内容。

(1) 数据缓冲。由于主存和 CPU 寄存器的存取速度非常快,而外设的速度则较慢,所以在 I/O 接口中引入数据缓冲寄存器,以达到主机和外设工作速度匹配的目的。

(2) 错误或状态检测。在 I/O 接口中提供状态寄存器,以保存各种状态信息,供 CPU 查用。例如设备是否完成打印或显示,是否已准备好输入数据以供主机来读取,是否发生缺纸等某种出错情况。

(3) 控制和定时。提供控制和定时逻辑,以接收从 I/O 总线来的控制命令(命令字)和定时信号。

(4) 数据格式转换。提供数据格式转换部件(如进行串/并转换的移位寄存器),使通过外部接口得到的数据转换为内部接口需要的格式,或在相反的方向进行数据格式转换。

有了设备控制器这一类 I/O 接口,底层 I/O 软件(如设备驱动程序、中断服务程序)就可以通过 I/O 接口来控制外设,因而编写底层 I/O 软件的程序员只需要了解 I/O 接口的工作原理,例如哪些寄存器可供程序员访问、控制/状态寄存器中每一位的含义、I/O 接口与外设之间的通信协议等,而无须了解外设内部复杂的工作过程和原理,这样可以大大简化底层 I/O 软件的编写。

在底层 I/O 软件中,可以将控制命令送到控制寄存器来启动外设工作;可以读取状态寄存器来了解外设和设备控制器的状态;可以通过直接访问数据缓冲寄存器来进行数据的输入和输出。这些对控制/状态寄存器、数据缓冲寄存器的访问是通过相应的指令来完成的,通常把这类指令称为 **I/O 指令**。这些指令只能在操作系统内核态的底层 I/O 软件中使用,因而它们是一种特权指令。

例如,IA-32 指令集提供了 4 条专门的 I/O 指令:IN、INS、OUT 和 OUTS。其中,IN 和 INS 指令用于将设备控制器中某个寄存器的内容取入 CPU 中的通用寄存器,OUT 和 OUTS 用于将 CPU 通用寄存器中的内容输出到设备控制器的某个寄存器中。

7.1.4 I/O 端口及其编址方式

系统如何在 I/O 指令中标识要访问的 I/O 接口中的某个寄存器呢?这就是 I/O 端口的编址问题。I/O 端口就是 I/O 接口中可访问的寄存器。例如,图 7-3 中的数据缓冲寄存器就是数据端口,控制/状态寄存器就是控制/状态端口。为了便于 CPU 对 I/O 设备的快速选择和对 I/O 端口的寻址,必须给所有 I/O 接口中各个可访问的寄存器进行编址。编址有独立编址和统一编址两种方式。

1. 独立编址方式

独立编址方式对所有的 I/O 端口单独进行编号,使它们成为一个独立的 I/O 地址空间。由于独立编址方式中的 I/O 地址空间和主存地址空间是两个独立的地址空间,无法从地址码的形式上区分存储单元地址和 I/O 端口地址,因而需要专门的 I/O 指令来表明访问的是 I/O 端口。CPU 执行 I/O 指令时,会产生 I/O 读或 I/O 写的总线事务,通过

I/O读或I/O写总线事务访问I/O端口。

通常，I/O端口数比存储单元少得多，选择I/O端口时，只需少量地址线，因此I/O端口译码简单，寻址速度快。使用专用I/O指令，使得程序清晰，便于理解和检查。但I/O指令往往只提供简单的传输操作，故程序设计灵活性差一些。

例如，Intel处理器架构就采用独立编址方式，提供了专门的I/O指令，I/O地址空间由 $2^{16}=64K$ 个地址编号组成，每个编号可以寻址一个8位的I/O端口，两个连续的8位端口可看成一个16位端口。

2. 统一编址方式

统一编址方式下，I/O地址空间与主存地址空间统一编址，即将主存地址空间划分出一部分地址给I/O端口进行编号。由于I/O端口和主存单元在同一地址空间的不同分段中，根据地址范围就可以区分访问的是I/O端口还是主存单元，因而无须设置专门的I/O指令，只要用一般的访存指令就可以存取I/O端口。由于这种方法是将I/O端口映射到主存空间的某个地址段上，所以也称作**存储器映射方式**。

由于统一编址方式下，I/O访问和主存访问共用同一组指令，所以它的保护机制可由分段或分页存储管理来实现，不需要专门的保护机制。这种方式给编程提供了非常大的灵活性，任何对内存进行存取的指令都可用来访问位于主存空间中的I/O端口，并且所有有关主存的寻址方式都可用于I/O端口的寻址。例如，可用访存指令实现CPU中通用寄存器和I/O端口之间的数据传送，可用AND、OR或TEST等指令直接操作I/O接口中的控制寄存器或状态寄存器。

大多数RISC架构都采用统一编址方式。例如，RISC-V和MIPS这两种架构的I/O端口采用存储器统一编址方式，对I/O端口中信息的读写是通过Load/Store指令实现的，通过指令中给出的地址的范围，可以区分出是主存读写指令还是I/O读写指令。

7.1.5 I/O系统软件的层次结构

为了使复杂的I/O系统具有清晰的架构以及良好的可移植性和易用性，目前普遍采用层次结构来组织I/O系统，即将I/O系统划分为若干层次，每一层利用下层提供的服务完成某些子功能，并且屏蔽了这些功能实现的细节，同时向高层提供服务。通常把I/O系统组织成5个层次，如图7-4所示，图中的箭头表示I/O的控制流。

I/O系统中存在两个层次的接口：**I/O系统接口**和**软件/硬件接口**，I/O系统位于这两个接口之间。I/O系统接口是I/O系统与上层系统(包括文件系统、虚拟内存系统、用户进程等)之间的接口，向上层提供对设备进行操作的抽象I/O命令，以方便上层对设备的使用。软件/硬件接口位于中断处理程序和设备控制器之间，由于设备种类繁多，这一层非常复杂，不同的设备有不同的软件/硬件接口。

用户层软件提供了与I/O操作有关的库函数，供用户使用。**设备无关层软件**指该层软件独立于具体使用的物理设备。由此带来的最大益处是提高了I/O系统的可适应性

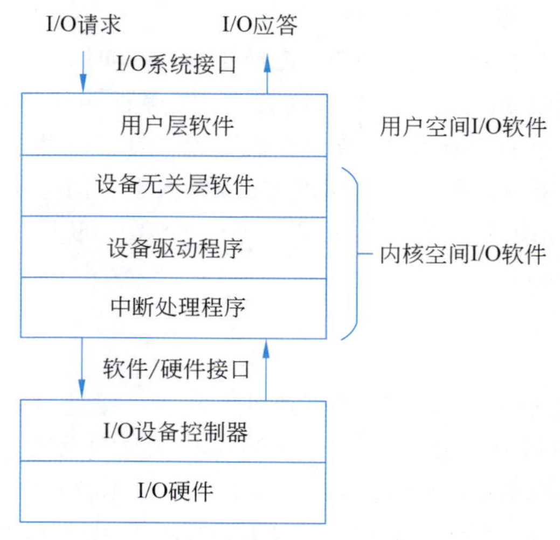

图 7-4 I/O 系统软件的层次结构

和可扩展性，使它能应用于不同类型的设备，而且每次增加或更新设备时，不需要对 I/O 软件进行修改。设备无关层软件包括设备命名、设备分配、数据缓冲和数据高速缓存等软件。

设备驱动程序是进程和设备控制器之间的通信程序，其主要功能是将上层发来的抽象 I/O 请求转换为对 I/O 设备的具体命令和参数，并把它装入设备控制器的命令和参数寄存器中。由于设备之间的差异很大，每类设备的驱动程序都不相同，因此必须由设备制造商提供，而不是由操作系统设计者来设计。因此，每当在系统中增加一个新设备时，都需要安装由厂商提供的设备驱动程序（生产厂商只有提供相关驱动程序，其生产的设备才能有广泛的市场）。

中断处理程序直接与 I/O 设备控制器进行交互。当 I/O 设备控制器发出中断请求信号时，CPU 首先保存被中断进程的上下文，然后转到相应的中断处理程序进行处理，处理完成后，又恢复被中断进程的上下文，返回断点继续运行。

7.2 I/O 设备的控制方式

对 I/O 设备进行控制是驱动程序的功能。控制主要有 4 种方式：可编程 I/O (programmed I/O)、中断驱动的 I/O（interrupt-driven I/O）、直接内存访问（Direct Memory Access，DMA）和通道（channel）方式。具体采用哪种控制方式，与 I/O 设备的传输速率、传输的数据单位等因素有关。例如，打印机、键盘、字符终端等低速设备，其进行数据交换的基本单位是字，可采用中断驱动的控制方式；而对于磁盘、磁带、光盘等高速设备，其传输数据的基本单位是数据块，应采用 DMA 方式，以提高系统利用率；而通道方式主要适用于中大型计算机，通道可使 I/O 操作的组织和数据传输独立于 CPU 而进行。

7.2.1 可编程 I/O

当 CPU 执行一个程序，遇到一条 I/O 相关的指令时，CPU 通过向 I/O 控制器发送 I/O 命令来请求执行这条指令。I/O 控制器执行请求的动作，然后设置 I/O 状态寄存器中的特定位。对于可编程 I/O，程序通过测试指令不断测试 I/O 设备的状态，判断设备是否就绪、数据是否发送成功或数据是否到来，直到发现 I/O 操作已经完成为止。这种方式下，CPU 的大量时间消耗在测试和查询 I/O 操作是否完成上，使处理器不能充分发挥效率，外设也不能得到合理的使用，整个系统效率很低。

下面用一个从 I/O 设备中读取一个数据块的例子说明可编程 I/O 方式，如图 7-5(a) 所示。

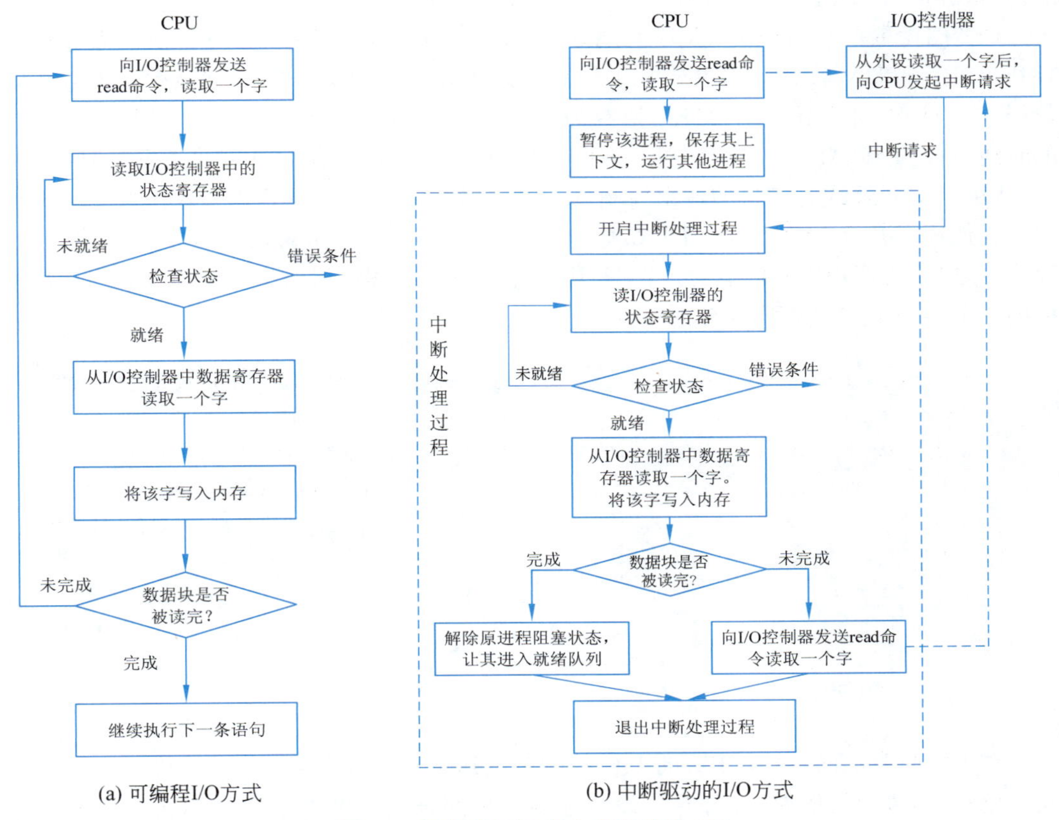

图 7-5 可编程 I/O 和中断驱动的 I/O

对于可编程 I/O 方式，CPU 向 I/O 控制器发送读命令 read，并且一次只能读取一个字，因此读取整个数据块需要重复发送多次读命令。CPU 读取每个字时，必须保持状态检测循环，直到断定该字已被读取到 I/O 控制器的数据寄存器。由于外部设备的读取速度较慢，如果读取的数据块较大，那么处理器将做很多无用的忙等，浪费了宝贵的处理器资源。

【例 7-1】 假定 I/O 处理程序中所有操作(包括读取并分析状态、传送数据等所有步骤)所用的时钟周期数至少是 400 个，CPU 的主频为 500MHz，即 CPU 每秒钟产生 500×10^6 个时钟周期。假定设备一直持续工作，采用定时查询方式，则以下两种情况下，CPU 用于 I/O 的时间占整个 CPU 时间的百分比各是多少？

(1) 鼠标必须被每秒钟至少查询 30 次，才能保证不错过用户的任何一次移动。

(2) 硬盘以 16 字节为单位进行数据传送，数据传输率为 4MB/s，要求没有任何数据传送被错过。

解 (1) 鼠标每秒被查询 30 次，那么 CPU 每秒钟需要花费 $30\times400=12\times10^3$ 个时钟周期进行鼠标查询。因此，CPU 用于 I/O 的时间占比为 $12\times10^3/500\times10^6\approx0.002\%$。显然，鼠标的查询操作对于 CPU 性能的影响不是很大。

(2) 磁盘数据传输率为 4MB/s，每次传输 1 个字(即 16 字节)，则每秒钟需要传输 4MB/16B=0.25M 次。如果要求任何数据传送不被错过，则 CPU 每秒至少查询并传输数据 0.25M 次，那么花费的时钟周期数为 $0.25M\times400=100M$ 次。因此 CPU 用于 I/O 的时间占比为 100M/500M=20%。由此可见，对磁盘用可编程 I/O 方式是不可取的。

【例 7-2】 针式打印机的输出控制方式可采用可编程 I/O 方式来实现。假定一个用户进程使用了某个 I/O 函数，请求在打印机上打印一个 n 个字符的字符串。显然，该进程可通过“系统调用”服务例程进行字符串打印。下面的程序段给出了操作系统内核采用可编程 I/O 方式进行打印控制的过程。

```
1    copy_string_to_kernel(strbuf, kernelbuf, n); // 将字符串复制到内核缓冲区
2    for(i=0;i<n;i++){                           // 每个循环打印一个字符
3        while(printer_status!=READY);           // 等待打印机准备“就绪”
4        *printer_data_port=kernelbuf[i];      // 向打印机数据端口输出一个字符
5        *printer_control_port=START;          // 通过打印机控制端口启动打印机
6    }
7    return();
```

7.2.2 中断驱动的 I/O

对于中断驱动的 I/O，CPU 向 I/O 控制器发送 I/O 命令之后，并不等待 I/O 操作完成，而是继续执行其他程序，而 I/O 设备控制器按照该命令的要求去控制指定的 I/O 设备。此时，CPU 与 I/O 设备并行工作。

图 7-5(b)给出了中断驱动的 I/O 处理方式。CPU 发送 read 命令后，无须循环检测 I/O 控制器，等待数据读取完成，而是阻塞当前进程(如 P_1)，然后接受调度执行其他程序(如 P_2)。之后，CPU 和 I/O 控制器并行工作。当 I/O 控制器从外设读取一个字后，向

CPU 发送中断信号。处理器收到中断信号后，首先暂停正在执行的进程(P_2)，然后开启中断处理过程，检查 I/O 过程是否出错。若无错，则从 I/O 控制器中取走数据，并将其写入内存指定单元中；若出错，则进行相应的出错处理。之后检查数据块是否被读完，若已读完，则解除进程 P_1 的阻塞状态，让其进入就绪队列，然后退出中断处理过程；若数据块未读完，则发送 read 命令读取下一个字(但无须等待数据读取完成)，然后退出中断处理过程。中断处理过程完成后，CPU 究竟该执行哪个进程，取决于操作系统的调度。可见，在中断驱动的 I/O 方式中，CPU 与 I/O 设备并行工作，而且当前进程并不参与数据块的具体读取过程，而是由中断处理过程来完成。由于中断驱动的 I/O 节约了 CPU 循环等待数据读取的环节，CPU 的利用率得到提高。

【例 7-3】 对于例 7-2 中请求打印机输出字符串的例子，如果采用中断方式，则操作系统处理 I/O 的过程如下面的代码所示。该方式下的 I/O 处理程序分为两部分：系统调用程序和中断处理程序，分别如下面的代码(a)和代码(b)所示。

```
        用户进程 P1 在内核态下执行如下程序：
1       copy_string_to_kernel(strbuf,kernelbuf,n); // 复制字符串到内核缓冲区
2       enable_interrupts();                       // 使能外设发出的中断信号
3       while(printer_status!=READY);              // 等待设备就绪
4        *printer_data_port=kernelbuf[i];          // 向打印机控制器发送一个字符
5        *printer_control_port=START;              // 启动打印机
6       scheduler();                               // 阻塞 P1,产生一次调度
```

(a)“打印字符”系统调用代码片段

```
        中断处理过程执行如下程序：
1       if(n==0){                              // 若 n 个字符打印完毕,则
2           unblock_user();                    // 解除该进程的阻塞,将其状态变为就绪态
3       }else{                                 // 若没有打印完毕
4         *printer_data_port=kernelbuf[i];     // 继续打印下一个字符
5         *printer_control_port=START;
6           n=n-1;
7           i=i+1;
8       }
9       acknowledge_interrupt();               // 中断应答,清除本次中断请求
10      return_from_interrupt();               // 中断返回
```

(b)“打印字符”中断处理程序片段

“打印字符系统调用程序”是用户进程 P_1 调用打印字符的系统调用时所执行的程序。该程序需要等待打印机就绪(代码(a)第 3 行)，然后将第一个字符送入打印机控制器，并启动打印机。与可编程 I/O 不同的是，P_1 无须等待打印操作全部完成，而是通过调用

scheduler()(代码(a) 第 6 行),将 P_1 转入阻塞态,并触发 CPU 完成一次调度,这样 CPU 可以被用来执行其他进程,如 P_2。

后续字符的打印由中断处理程序(代码(b))来完成。收到中断信号后,CPU 暂停执行 P_2,并保存 P_2 的现场,然后执行中断处理程序。在中断处理程序中,首先判断 n 个字符是否全部打印完毕(代码(b)第 1 行),若没有打印完毕,则继续打印下一个字符(代码(b)第 4、5 行),并维护字符计数(代码(b)第 6、7 行)。本次中断处理程序执行完毕后,CPU 返回 P_2 继续执行。若 n 个字符已打印完毕,则中断处理程序将 P_1 进程的状态从阻塞态变为就绪态(代码(b)第 2 行),并将其加入就绪队列,接受操作系统调度,然后中断处理程序返回。值得注意的是,这两段程序执行所依赖的执行环境有所不同:系统调用代码在用户进程 P_1 的内核态中执行,而中断处理程序由中断信号触发,并在 CPU 异常处理过程中执行。

【例 7-4】 假定 CPU 的主频为 500MHz,即 CPU 每秒钟产生 500×10^6 个时钟周期。硬盘采用中断驱动方式进行数据传送,其数据传输率为 4MB/s,每次中断传输一个 16 字节的数据,要求没有任何数据传输被错过。每次中断的开销(包括用于中断响应和中断处理的时间)是 500 个时钟周期。如果硬盘仅有 5%的时间进行数据传送,那么 CPU 用于硬盘数据传输的时间占整个 CPU 时间的百分比大约是多少?

解 要求没有任何数据传输被错过,那么 CPU 每秒钟至少中断 4MB/16B=0.25M 次,则每秒钟内用于数据传输中断处理的时钟周期数为 0.25M×500=125M 个。因此用于硬盘数据传输的时间占整个 CPU 时间的百分比为 $125\times10^6/(500\times10^6)=25\%$。如果硬盘仅有 5%的时间进行数据传输,则 CPU 用于硬盘数据传送的时间占整个 CPU 时间的百分比为 25%×5%=1.25%。

7.2.3 直接存储器访问方式

可编程 I/O 和中断驱动 I/O 方式,每次从外部设备读取一个字到内存中,都必须经过 CPU。每当完成一个字的输入/输出时,I/O 控制器便向 CPU 请求一次中断。如果将这种方式用于块设备的 I/O,显然极其低效。例如,为了从磁盘中读出 1KB 的数据块,需要中断 CPU 1K 次。为了进一步减少 CPU 对 I/O 的干预,引入了直接存储器访问方式(DMA)。CPU 通过向 DMA 控制器发送相关 I/O 命令,让外部设备与内存直接进行数据交换,CPU 可以转而执行其他有用程序。当整块数据交换完毕后,DMA 控制器向 CPU 发送中断信号,告知数据交换已经完成。可见,对于较大数据块的交换,DMA 方式更有效。DMA 方式具有如下特点。

(1) 数据传输的基本单位是块,即在 CPU 和 I/O 设备之间,每次至少传送一个数据块。

(2) 所传送的数据是从 I/O 设备直接送入内存,或者直接从内存传送到 I/O 设备,不经过 CPU 转送。

(3) 仅在传送一个或多个数据块的开始和结束时,才需要 CPU 的干预,整块数据的传送是在 DMA 控制器的控制下完成的。

可见，DMA 方式允许 I/O 设备绕过 CPU 直接读/写系统内存的数据。I/O 设备传输数据的同时，CPU 可以进行其他任务。因此，较之中断驱动的 I/O 方式又进一步提高了 CPU 与 I/O 设备的并行操作程度。

1. DMA 控制器

DMA 控制器由三部分组成：CPU 与 DMA 控制器的接口、DMA 控制器与块设备的接口和 I/O 控制逻辑电路，如图 7-6 所示。这里主要介绍 CPU 与 DMA 控制器之间的接口。为了实现 CPU 与 DMA 控制器之间的交互，必须在 DMA 控制器中设置如下 4 类寄存器。

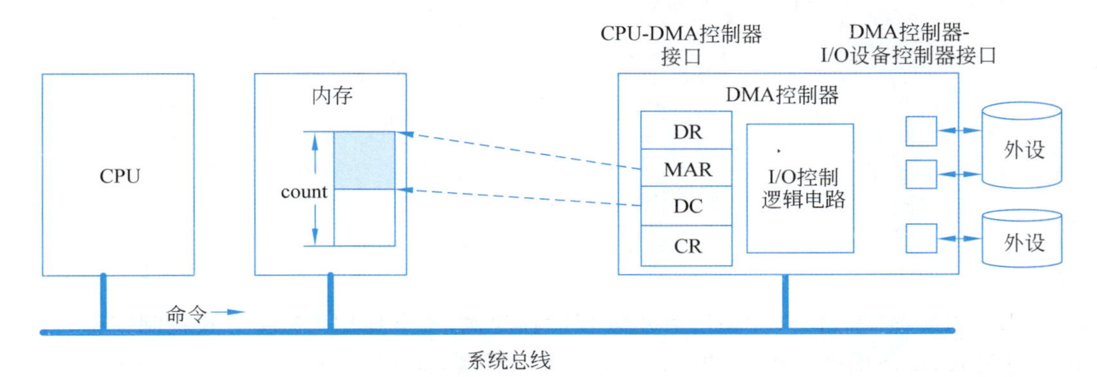

图 7-6　DMA 控制器的组成

(1) 命令/状态寄存器(CR)，用于接收从 CPU 发来的 I/O 命令或有关控制信息，或保存设备的状态。

(2) 内存地址寄存器(MAR)，存放源数据内存起始地址或目标内存起始地址。

(3) 数据寄存器(DR)，用于暂存从 I/O 设备到内存，或从内存到 I/O 设备的数据。

(4) 数据计数器(DC)，存放本次 CPU 要读/写的字节数。

2. DMA 的工作方式

当 CPU 要从 I/O 设备读入一块数据时，便向 DMA 控制器发送一条读命令。读命令被送入命令寄存器 CR 中，同时将内存的起始目标地址送入 MAR 中，将要读数据的字节数送入 DC 中，还需要将 I/O 设备的地址直接送至 DMA 控制器的 I/O 控制逻辑电路中，用以指示将要从该设备读取数据。

然后，启动 DMA 控制器进行数据传送。此后，CPU 便可以去处理其他任务，整个数据传送过程由 DMA 控制器进行控制。当 DMA 控制器已从 I/O 设备中读入 1 字节的数据，并送入 DR 后，再窃取一个存储器周期，将该字节传送到 MAR 所指示的内存单元中。然后便对 MAR 的内容加 1，将 DC 内容减 1，若减 1 后 DC 内容不为 0，表示传送未完成，便继续传送下一字节；否则，由 DMA 控制器发出中断请求。图 7-7 是 DMA 方式的工作流程。

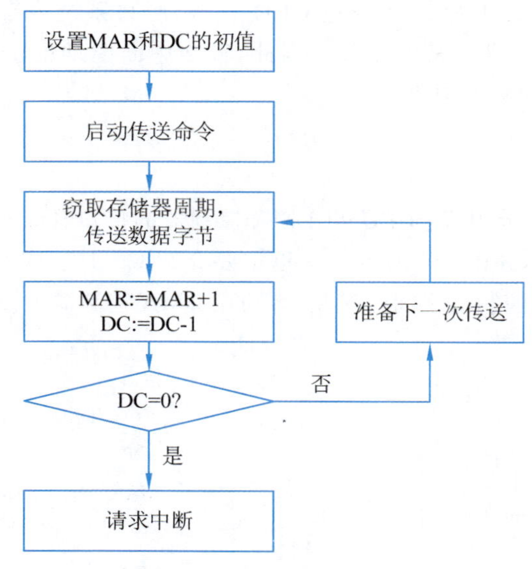

图 7-7 DMA 方式的工作流程图

仍然以前面“字符打印”系统调用处理例程为例，考察使用 DMA 方式控制字符打印的工作过程，如下面的代码(a)和(b)所示。可以看到，DMA 控制 I/O 方式下，CPU 只需要在最初的 DMA 控制器初始化和最后处理“DMA 结束”中断时介入，而在整个字符串的传送过程中都不需要参与，因而 CPU 用于 I/O 的开销非常小。

```
1    copy_string_to_kernel(strbuf, kernelbuf, n); // 将字符串复制到内核区
2    initialize_DMA();                            // 初始化 DMA 控制器
3    * DMA_control_port=START;                    // 发送“启动 DMA 传送”命令
4    scheduler();                        // 阻塞用户进程 P，调度其他进程执行
```

(a)“字符打印”系统调用处理例程

```
1    acknowledge_interrupt();      // 中断应答
2    unblock_user();               // 用户进程 P 被解除阻塞，进入就绪队列
3    return_from_interrupt();      // 中断返回
```

(b)“DMA 结束”中断服务程序

【例 7-5】 假定 CPU 的主频为 500MHz，即 CPU 每秒钟产生 500×10^6 个时钟周期。硬盘采用 DMA 方式进行数据传送，其数据传输率为 4MB/s，每次 DMA 传输的数据量为 4KB，要求没有任何数据传输被错过。如果 CPU 在 DMA 初始化设置和启动硬盘操作等方面需要 1000 个时钟周期，并且 DMA 传送完成后的中断处理需要 500 个时钟周期，则

在硬盘 100%处于工作状态的情况下，CPU 用于硬盘 I/O 操作的时间百分比大约是多少？

解 磁盘在 1 秒内传输 4MB 数据，而 DMA 每次传输的数据量为 4KB，因此 1 秒内将会产生 $4MB/4KB\approx10^3$ 次 DMA 传输。每次 DMA 传输都由 CPU 完成初始化设置和启动，并在传输结束后，由 CPU 进行中断处理。因此，每完成一次 DMA 传输，CPU 必须花费 $1000+500=1500$ 个时钟周期，那么 CPU 每秒钟必须花费 1500×10^3 个时钟周期在硬盘 I/O 操作上。CPU 每秒钟产生 500×10^6 个时钟周期，其中花费在硬盘 I/O 操作上 1500×10^3 个时钟周期，因此 CPU 花费在硬盘 I/O 操作上的时间百分比为 $1500\times10^3/500\times10^6=3\times10^{-3}=0.3\%$。

与例 7-4 相比，在同样的主频和数据传输速率情况下，DMA 方式下 CPU 花费在硬盘 I/O 操作上的百分率远小于中断驱动方式下 CPU 花费在硬盘 I/O 操作上的百分率。究其原因，是因为 DMA 方式下，CPU 并未直接参与每个数据的传输，仅完成初始化设置和启动硬盘的工作以及中断处理。

7.2.4 I/O 通道控制方式

虽然 DMA 方式比中断驱动方式已经显著减少了 CPU 的干预，但处理器每次只能读写一块数据。当我们需要一次读多块数据且将它们分别传送到不同的内存区域，或者从多个内存区域把数据传送到多个设备时，则需要由 CPU 分别发出多条 I/O 指令并进行多次中断处理才能完成，CPU 的负担仍然很重。

I/O 通道方式是 DMA 方式的发展，它进一步减少了处理器的干预。把以数据块为单位的读写干预，减少为以一组数据块的读写及有关的控制和管理为单位的干预。I/O 通道是为了建立独立的 I/O 操作，不仅使数据的传送独立于 CPU，而且使 I/O 操作的组织、管理及结束处理尽量独立于 CPU，把 CPU 从繁杂的 I/O 任务中解脱出来，实现 CPU、通道和 I/O 设备三者的并行操作，从而更有效地提高整个系统的利用率。

当 CPU 要完成一组读写操作及相关控制时，只须向 I/O 通道发送一条 I/O 指令，给出所要执行的通道程序的首址和要访问的 I/O 设备，通道接到该指令后，便从内存中取出本次要执行的通道程序，然后执行它，仅当通道完成了指定的 I/O 任务后，才向 CPU 发中断信号。

1. 通道命令与通道程序

I/O 通道实际上是一个具有 I/O 处理功能的处理机，具有独立的指令系统。为了与主 CPU 指令相区别，将 I/O 通道的指令称为**通道命令**。一条通道命令称为一个通道命令字(Channel Command Word，CCW)，用通道命令字编写的程序称为**通道程序**，也称 **I/O 程序**。编写通道程序的过程称为**通道程序设计**或 **I/O 程序设计**。通道结构示意图如图 7-8 所示。

I/O 通道与一般处理机主要有三方面不同：第一，其指令类型单一，这是由于通道硬

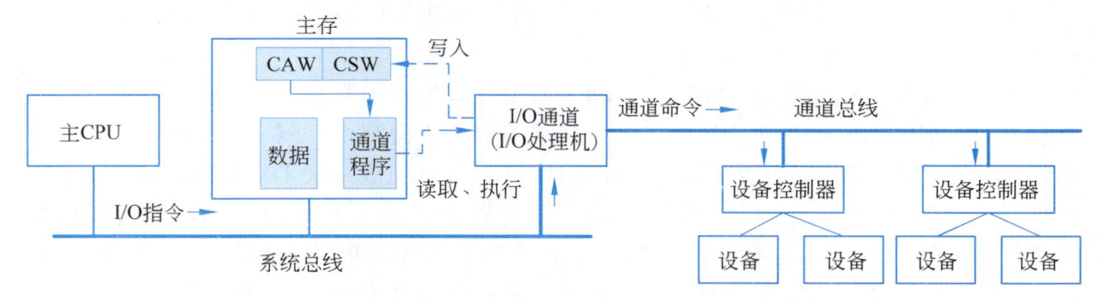

图 7-8　通道结构示意图

件比较简单，其所能执行的命令主要局限于与 I/O 操作有关的指令；第二，通道没有独立的内存，通道所执行的通道程序存放在主机的内存中（主机把这些通道程序作为数据块对待），即通道处理机与主处理器共享内存；第三，通道地址字 CAW 和通道状态字 CSW 保存在主存中的特定单元。CAW 主要保存通道程序的地址，即通道程序第一条 CCW 的地址；CSW 主要保存下一条 CCW 的地址，以及通道和设备状态等信息。CAW 和 CSW 的格式如图 7-9 所示。

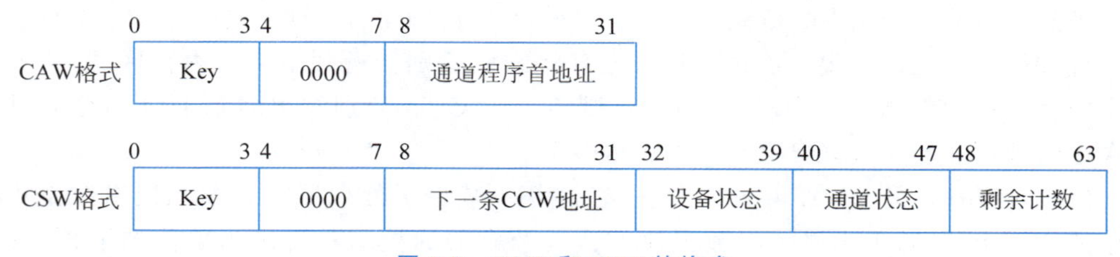

图 7-9　CAW 和 CSW 的格式

通道命令与一般的机器指令不同，每条通道命令都包含如下信息。

(1) 操作码：规定了通道命令所执行的操作，如读、写、控制等。

(2) 内存地址：标明字符送入内存（读操作）和从内存取出（写操作）时的内存地址。

(3) 计数：表示本条通道命令所要读写数据的字节数。

(4) 通道程序结束位 P：表示通道程序是否结束，P=1 表示本条通道命令是通道程序的最后一条命令。

(5) 记录结束标志 R：R=0 表示本通道命令与下一条命令所处理的数据同属于一个记录；R=1 表示这是处理某记录的最后一条命令。

表 7-1 给出了一个由 6 条通道命令所构成的简单通道程序。该程序的功能是将内存中不同地址的数据写成多条记录。其中，前 3 条命令是分别将 813～892 单元中的 80 个字符和 1034～1173 单元中的 140 个字符及 5830～5889 单元中的 60 个字符写成一个记录；第 4 条命令是单独写一个具有 300 字符的记录；第 5、6 条命令共写 300 个字符的记录。

表 7-1　通道程序列表

指令	操作	P	R	计数	内存地址
1	WRITE	0	0	80	813
2	WRITE	0	0	140	1034
3	WRITE	0	1	60	5830
4	WRITE	0	1	300	2000
5	WRITE	0	0	50	1650
6	WRITE	1	1	250	2720

2. CPU 和通道之间的通信

CPU 和通道之间的关系是主从关系，CPU 是主设备，通道是从设备。CPU 和通道之间的通信方式如下。

（1）CPU 向 I/O 通道发出 I/O 指令，命令通道工作，并检查其工作情况。

（2）通道处理完毕后，以中断的方式向 CPU 汇报，等候 CPU 处理。

I/O 指令是主 CPU 的指令，这类指令均为特权指令，只能在内核态下运行，否则会出错引起程序中断。我们以进程 P_1 发起的一次成功的 I/O 请求过程为例，说明 CPU 与通道之间的工作过程，如图 7-10 所示。

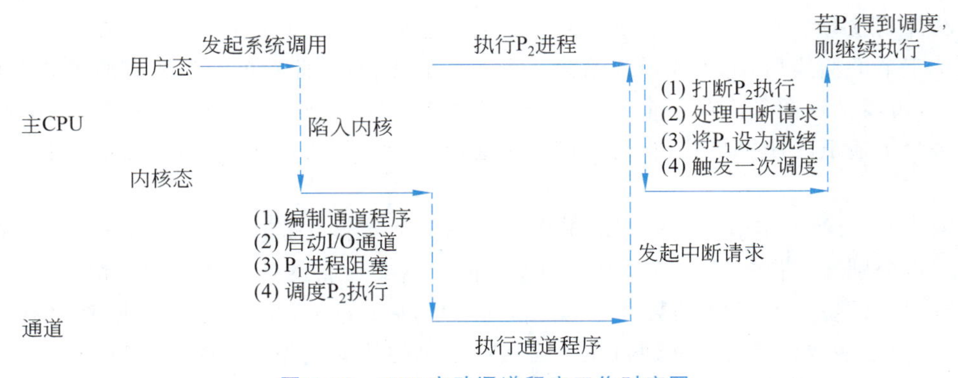

图 7-10　CPU 启动通道程序工作时序图

（1）当 P_1 要求主存和 I/O 设备间交换数据时，就在其程序中以系统调用的形式向操作系统提出 I/O 请求，CPU 由用户态进入内核态，操作系统根据具体的 I/O 请求，组织通道程序，并把该通道程序的地址写入 CAW 的特定字段，然后将 CAW 保存到主存中的固定单元。操作系统向通道发起一条 I/O 指令 SIO(Start I/O)，启动通道开始工作。

（2）通道收到 SIO 指令后，完成通道和设备启动工作，并把通道和设备的状态写入通道状态字 CSW 中，然后将 CSW 保存在主存中的特定单元。

(3) 操作系统检查主存中的 CSW，如果发现通道和设备的状态正常，则表示通道启动成功，于是操作系统将 P_1 阻塞，并执行调度程序，让另外一个进程 P_2 得到调度。

(4) 在这之后，CPU 和通道并行工作：处理器执行 P_2 进程；通道读取 CAW 中指示的通道程序地址，逐一取出程序中的每条 CCW 去执行。当一条 CCW 执行完毕后，通道将执行的状态和下一条 CCW 的地址写入 CSW 的相应字段。通道在执行每一条 CCW 时，总是首先读取 CSW，获得下一条 CCW 地址，然后取出该 CCW 去执行。

(5) 整个通道程序执行完毕后，通道向处理器发起一个中断。处理器收到中断信号后，分析中断事件，调用相应中断处理过程，保存 P_2 进程的现场，获取 CSW 中保存的通道和设备状态信息。如果该通道程序已被成功执行，操作系统将 P_1 从阻塞态设置为就绪态，并启动一次调度。如果 P_1 得到调度，则 P_1 将继续执行。

7.2.5 I/O 通道类型

由于外围设备的类型较多，且其传输方式和传输速率相差甚大，因而通道也有多种类型。根据信息交换方式的不同，可把通道分成以下三种类型。

1. 字节多路通道

字节多路通道(byte multiplexor channel)按字节交叉方式工作。它通常含有多个非分配型子通道，其数量可从几十个到数百个，每一个子通道连接一台 I/O 设备，并控制该设备的 I/O 操作。这些子通道按时间片轮转方式共享主通道。当第一个子通道控制其 I/O 设备完成一字节的交换后，便立即让出主通道给第二个子通道使用；当第二个子通道完成 1 字节的交换后，把主通道让给第三个子通道使用；以此类推。当所有的子通道轮转一周后，重新又返回来由第一个子通道去使用字节多路主通道。这样，只要字节多路通道扫描每个子通道的速率足够快，而连接到子通道上的设备的速率又不是太高，就不会丢失信息。

图 7-11 示例了字节多路通道的工作原理。它含多个子通道：A，B，C，D，E，…，N，每个子通道分别通过控制器与一台设备相连。假设这些设备的速率相近，且都同时向主机传送数据。设备 A 所传送的数据流为 $A_1, A_2, A_3, \cdots$；设备 B 所传送的数据流为 $B_1, B_2, B_3, \cdots$。把这些数据流合成后通过主通道送往主机的数据流为 $A_1, B_1, C_1, D_1, \cdots, A_2, B_2, C_2, D_2, \cdots$。

2. 选择通道

字节多路通道不适合连接高速设备，为此人们设计了按数据块进行数据传送的成块选择通道，简称选择通道(block selector channel)。这种通道虽然可以连接多台高速设备，但由于它只含有一个分配型子通道，在一段时间内只能执行一道通道程序，控制一台设备进行数据传输，致使当某台设备占用了该通道后，便一直独占，不允许其他设备使用，直至该设备传送完毕释放该通道。

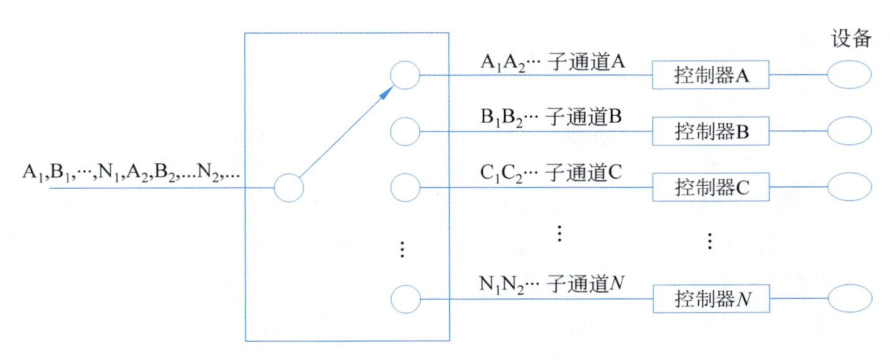

图 7-11　字节多路通道的工作原理

3. 成块多路通道

选择通道虽然有很高的传输速率，但它每次只允许一个设备传输数据。成块多路通道（block multiplexor channel）是将选择通道和字节多路通道的优点相结合而形成的一种通道。它含有多个非分配型子通道，因而既具有很高的传输速率，又能获得较高的通道利用率。该通道数据传送按成块方式进行，先为一台设备执行一条通道命令，然后自动切换，为另外一台设备执行一条通道命令。图 7-12 示例了 IBM370 系统的通道架构。

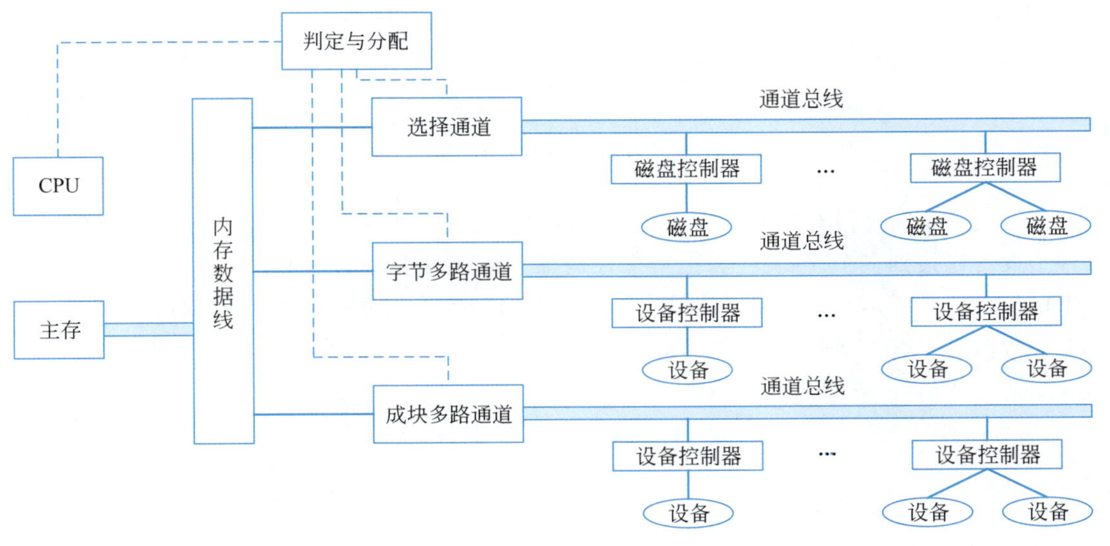

图 7-12　IBM 370 的 I/O 通道结构

成块多路通道上可连接若干台磁盘机，可以启动它们移臂，查询欲访问的柱面，然后按次序交叉传送一批数据。这样就避免了因磁盘移臂时间过长而长期占用通道。由于它在任一时刻只能为一台设备传送数据，这点类似于选择通道；但它又会在多个子通道间轮转，不等一台设备的整个通道程序执行完毕，就会切换到另一台设备的通道程序，这点又类似于字节多路通道。

4. 通道架构的瓶颈问题

通道是一个 I/O 处理机，它能完成主存和外设之间的数据传输，并与主处理机并行工作。在具有通道架构的计算机系统中，主存、通道、I/O 控制器和 I/O 设备之间采用四级连接，实现三级控制，设备和主存之间完成一次数据交换必须要打通"设备—设备控制器—通道—主存"这条通路。由于通道价格昂贵，致使机器中所配置的通道数量较少，这往往使通道成了 I/O 的瓶颈，造成整个系统吞吐量下降。例如，在图 7-13 中，假设设备 1 至设备 4 是 4 个磁盘，为了启动磁盘 4，必须用通道 1 和控制器 2；但若这两者已被其他设备占用，则无法启动磁盘 4。类似地，若要启动磁盘 1 和磁盘 2，由于它们都要用到通道 1，因而也不能同时启动。这就是由于通道数量不足所造成的"瓶颈"问题。

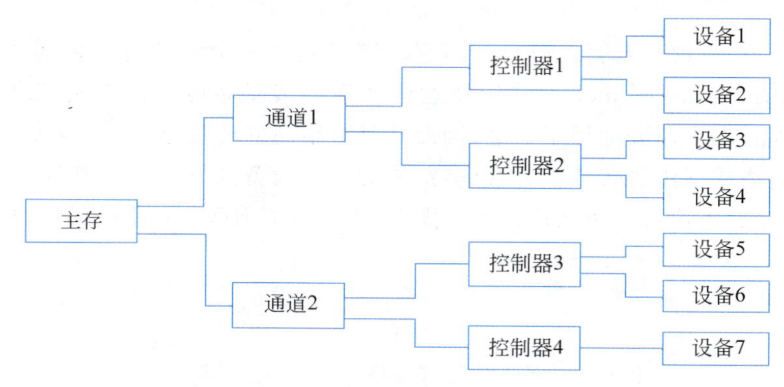

图 7-13 单通路 I/O 系统

解决瓶颈问题最有效的方法是增加设备到主机之间的通路而不增加通道，也就是把一个设备连接到多个控制器上，把一个控制器又连接到多个通道上，如图 7-14 所示。图中设备 1、2、3、4 都有 4 条通路连接主存。多通路方式不仅解决了瓶颈问题，同时也提高了系统的可靠性，个别通道或控制器的故障不会使设备和存储器之间无路可通。

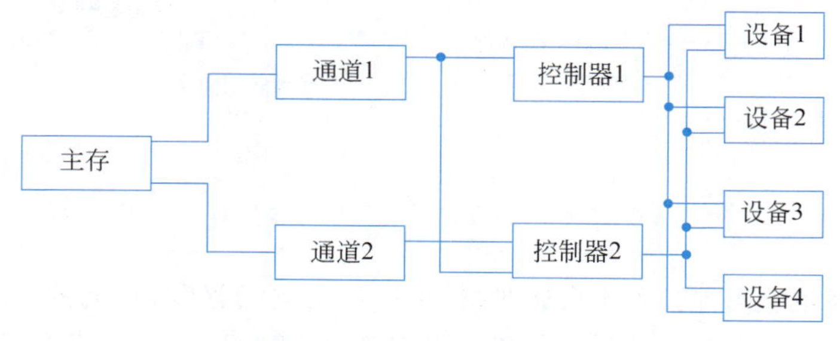

图 7-14 多通路 I/O 系统

◇7.3 I/O 系统软件组织

I/O 系统的软件设计目标是：将软件组织成一种层次结构，低层次软件用来屏蔽硬件的细节，高层次软件则主要为用户提供一个简单规范的接口。I/O 系统软件的组织结构如图 7-4 所示，本节详细讨论各层次的功能和所要解决的问题。

7.3.1 用户程序与 I/O 软件的关系

操作系统在 I/O 系统中承担极其重要的作用，这主要是由 I/O 系统的以下 3 个特性决定的。

（1）共享性。I/O 系统被多个进程共享，因此必须由操作系统对共享的 I/O 资源进行统一调度管理，以保证用户进程只能访问自己有权访问的那部分 I/O 设备或文件，并使系统的吞吐率达到最优。

（2）复杂性。I/O 设备的控制细节比较复杂，如果由用户进程直接控制，则会给应用程序开发带来额外复杂性，因而需要操作系统提供专门的驱动程序进行控制，这样可以对应用程序员屏蔽设备控制的细节，简化应用程序开发。

（3）异步性。I/O 系统的速度较慢，而且不同设备之间的速度差异也很大，因而 I/O 设备与主机之间的信息交换通常使用异步的中断 I/O 方式。中断导致从用户态转到内核态执行，因此，I/O 处理须在内核态完成，通常由操作系统提供中断服务程序来处理 I/O。

用户程序总是通过某种 I/O 函数或 I/O 操作符请求 I/O 操作。例如，用户程序需要读一个磁盘文件中的记录时，可以通过调用 C 语言标准 I/O 库函数 fread()，也可以直接调用 read 系统调用的封装函数 read()来提出 I/O 请求。不管用户程序中调用的是 C 库函数，还是系统调用封装函数，最终都是通过操作系统内核提供的系统调用服务例程来实现 I/O。图 7-15 给出了用户程序调用 printf()来调出内核提供的 write 系统调用的过程。

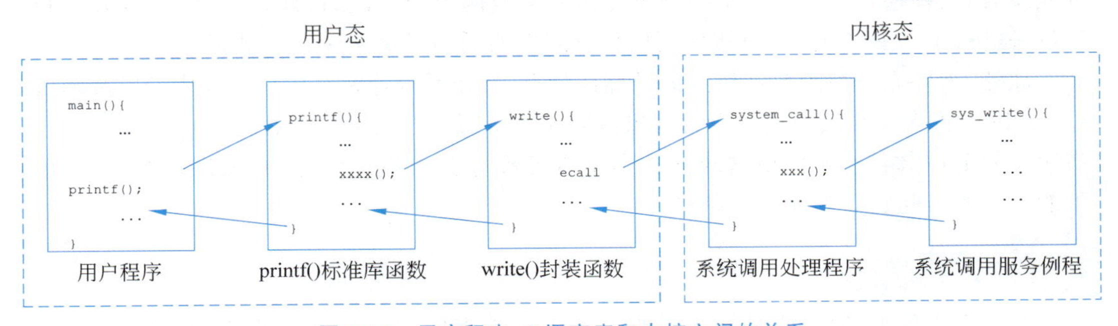

图 7-15 用户程序、C 语言库和内核之间的关系

用户程序调用了库函数 printf()，printf()函数又通过一系列函数调用，最终调用函

数 write()。在 write()函数对应的指令序列中,有一条用于系统调用的陷阱指令。该指令在 ARM 平台上对应 svc 指令,在 RISC-V 平台上对应 ecall 指令,而在 Intel 平台上对应 int 指令。执行该陷阱指令后,引起一次异常处理,该用户进程从用户态陷入内核态执行。Linux 中有一个系统调用的统一入口,即系统调用处理程序 system_call()。CPU 陷入内核后,转到 system_call()的第一条指令执行。在 system_call()中,将根据特定寄存器中的系统调用号跳转到当前系统调用对应的系统调用服务例程 sys_write()去执行。system_call()执行结束后,从内核态返回到用户态下陷阱指令后面的一条指令继续执行。

7.3.2 与具体设备无关的 I/O 软件

一旦通过陷阱指令调出系统调用处理程序(如上面的 system_call)执行,就开始执行内核空间的 I/O 软件。首先执行的是与具体设备无关的 I/O 软件,主要完成所有设备公共的 I/O 功能,并向用户层软件提供一个统一的接口。通常,它包括以下几个部分:设备驱动程序统一接口、缓冲区处理、错误报告、打开和关闭文件以及逻辑块大小处理等。

1. 设备驱动程序统一接口

对于某个外设具体的 I/O 操作,通常需要通过执行设备驱动程序来完成。而外设的种类繁多、控制接口不一致,导致不同外设的设备驱动程序千差万别。操作系统为所有外设的设备驱动程序规定了一个统一的接口,新设备驱动程序只要按照统一的接口规范来编制,就可以在不修改操作系统的情况下,在系统中添加新设备驱动程序并使用新的外设进行 I/O 操作。

2. 缓冲区处理

缓冲区分为两类,一类为用户缓冲区,另一类为内核缓冲区。用户缓冲区是,用户进程在提出 I/O 请求时所指定的用来存放 I/O 数据的、位于用户空间中的缓冲区。例如,读取文件的函数 read(fd, buf, size)中的缓冲区 buf 在用户空间中。通过陷阱指令陷入内核态后,内核通常会在内核空间中再开辟一个或两个缓冲区,这样,在底层 I/O 软件控制设备进行 I/O 操作时,就直接使用内核空间中的缓冲区来存放 I/O 数据。

此外,为了充分利用数据访问的局部性特点,操作系统通常在内核空间中开辟高速缓存(cache),将大多数最近从块设备读出或向块设备写入的数据保存在高速缓存中。与设备无关的 I/O 软件会确定所请求的数据是否已经存在于高速缓存中,如果存在的话,则可能不需要访问磁盘等外部存储器。

3. 错误报告

在用户进程中,通常要对所调用的 I/O 库函数返回的信息进行处理,有时返回的是错误码。虽然很多错误与特定设备相关,必须由对应的设备驱动程序来处理,但是,所有 I/O 操作在内核态执行时所产生的错误信息都是通过与设备无关的 I/O 软件返回给用户进程的，也就是说，错误处理的框架与设备无关。

4. 打开与关闭文件

对设备或文件进行打开或关闭等 I/O 函数所对应的系统调用，并不涉及具体的 I/O 操作，直接对主存中的一些数据结构进行修改即可，这部分工作也是由设备无关软件来处理的。

5. 逻辑块大小处理

为了对所有的块设备和所有的字符设备分别提供一个统一的抽象视图，以隐藏不同块设备或不同字符设备之间的差异，设备无关的 I/O 软件为所有块设备设置了统一的逻辑块大小。例如，对于块设备，不管磁盘扇区和光盘扇区有多大，所有逻辑数据块的大小相同(通常为 4KB)，这样一来，高层 I/O 软件就只需要处理简化的抽象设备，从而在高层软件中简化了数据定位等处理。

知识扩展

如何使用统一的方式驱动不同种类的 I/O 设备——ioctl()接口

在 UNIX/Linux 操作系统中，"万物皆文件"，I/O 设备也不例外——每个 I/O 设备都被抽象为一个文件。当我们要对一个 I/O 设备进行操作时，首先需要获取该设备的文件描述字，然后调用文件上的读、写、关闭等操作对设备进行相应的操作。然而，I/O 设备的种类繁多，每个设备上的操作不尽相同，有些操作很难被归纳为"读""写"等操作。例如，对于 CD-ROM，我们想要做一个"弹出"光驱的操作，该操作是光驱所特有的操作，不能简单地归纳为普通文件上的打开、读、写、关闭等操作。再如，对于磁带设备，其上的一些特有操作，如"倒带"(rewind)、"前卷"(space forward)等，难以被归纳为普通文件上的操作。换言之，即使能够被归纳为同一类文件操作，不同 I/O 设备对该操作的实现方式也可能完全不同。例如，对磁盘的"写"操作与对 USB 的"写"操作，实现方式是完全不同的。

为了对 I/O 设备执行相应的操作，如果把所有设备的所有可能的操作都抽象为文件上的操作，那么管理和维护起来很不方便。为此，UNIX/Linux 操作系统为用户提供了一个驱动不同种类 I/O 设备的统一接口——ioctl()，通过该接口，用户程序可以向不同 I/O 设备发送不同的"命令"(command)，并传递不同的参数。ioctl()的接口声明为：

```
#include <sys/ioctl.h>        // 头文件
int ioctl(int fd, int request, ...);
                        // Returns: -1 on error, something else if OK
```

参数 fd 表示 I/O 设备的文件描述字，request 表示发向 I/O 设备的命令，省略号表示其他参数，这些参数通常依赖 request 参数，即不同命令所传递的参数可能不同。

用户程序通过 ioctl()将特定命令发送给 I/O 设备驱动程序，驱动程序根据收到的命令，进行相应的处理。不同 I/O 设备能够接收和处理的命令集不同，对于常用的 I/O 设备，操作系统已经为每一类设备定义了一个命令集，用户程序只能使用这个命令集中的命令与 I/O 设备进行交互。因此，这些命令集构成了用户和 I/O 设备之间进行通信联络的协议。当用户开发了一个新设备，需要挂载到操作系统中时，用户需要设计并实现一组命令，并在该设备的驱动程序中对这组命令进行相应处理，同时将这组命令注册到操作系统中。这样，应用程序就可以通过这组命令与新设备进行交互。图 7-16 为用户程序通过 ioctl()与 I/O 设备进行交互的示意图。设备驱动程序收到请求 req 后，根据不同的命令分别进行处理。

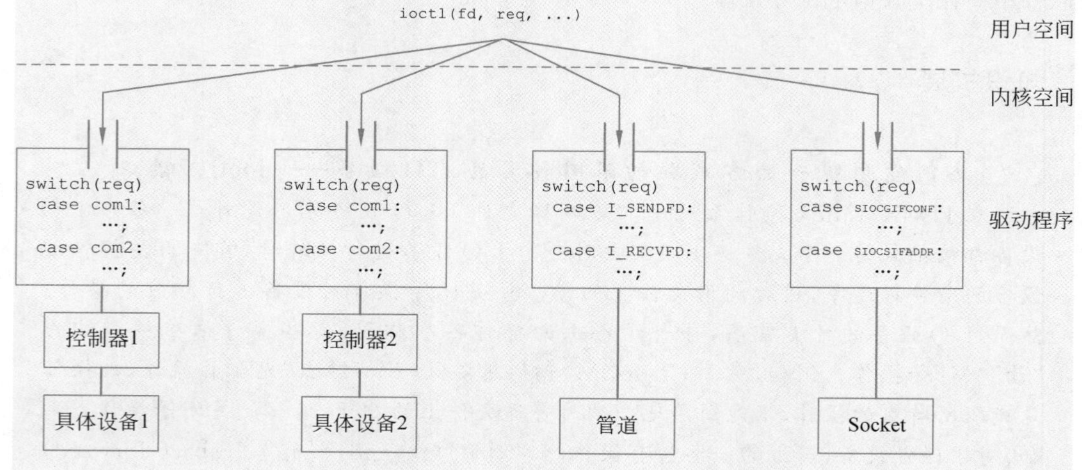

图 7-16　用户程序通过 ioctl()与 I/O 设备进行交互

ioctl()的应用非常广泛，下面简单介绍几种应用场景。

(1) 进程间通信。管道是一个用于进程间通信的内核对象(可以把它看作一个设备)，具有相应的驱动程序。用户进程可以通过 ioctl()向管道驱动程序发送命令，实现两个进程间的数据传递。例如，发送者进程调用

```
ioctl(fd, I_SENDFD, data);
```

向管道发送数据，其中 fd 是管道的描述符，I_SENDFD 是发送给该管道驱动程序的发送请求命令，data 是要发送的数据；接收者进程调用

```
ioctl(fd, I_RECVFD, &data);
```

从管道接收数据，并把数据写入指针 &data 指示的数据结构，其中 fd 是管道的描述字，I_RECVFD 是发送给管道驱动程序的接收请求命令。

(2) 获取终端窗口大小。终端窗口大小是一个由内核维护的数据结构，用户程序不能直接从内核中读取该数据结构，但是可以通过调用

```
ioctl(STDIN_FILENO, TIOCGWINSZ, &size);
```

向终端设备 STDIN_FILENO 发送命令 TIOCGWINSZ(获取窗口大小的命令)。驱动程序收到命令后，将窗口大小写入指针 &size 指示的数据结构。

(3) 对 Socket 进行操作。例如获取 Socket 的所有接口列表，设置 Socket 的接口地址。

```
ioctl(sockfd, SIOCGIFCONF, &ifc);      // 获取 socket 的所有接口列表
ioctl(sockfd, SIOCSIFADDR, ifr);       // 设置 socket 的接口地址
```

7.3.3 设备驱动程序

设备驱动程序是与设备相关的 I/O 软件部分。每个设备驱动程序只处理一种外设或一类紧密相关的外设。每个外设或每类外设都有一个设备控制器，其中包含各种 I/O 端口。通过执行设备驱动程序，CPU 可以向控制端口发送控制命令来启动外设，可以从状态端口读取状态来了解外设或设备控制器的状态，也可以从数据端口中读取数据或向数据端口发送数据等。显然，设备驱动程序中包含了许多 I/O 指令，通过执行 I/O 指令，CPU 可以访问设备控制器中的 I/O 端口，从而控制外设的 I/O 操作。

根据设备所采用的 I/O 控制方式(见 7.2 节)的不同，设备驱动程序的实现方式也不同。

(1) 若采用可编程 I/O 控制方式，驱动程序的执行与外设的 I/O 操作完全串行，驱动程序一直等到 I/O 请求结束。驱动程序执行完成后，返回到设备无关的 I/O 软件，最后再返回到用户进程。这种情况下，请求 I/O 的用户进程在 I/O 过程中不会被阻塞，内核空间的 I/O 软件一直代表用户进程在内核态进行 I/O 处理。

(2) 若采用中断驱动的 I/O 控制方式，驱动程序启动第一次 I/O 操作后，将调度其他进程执行，而请求 I/O 的用户进程被阻塞。在 CPU 执行其他进程的同时，外设进行 I/O 操作，此时，CPU 和外设并行工作。当外设完成 I/O 任务时，再向 CPU 发出中断请求，CPU 检测到中断请求后，会暂停正在执行的进程，转到中断服务程序去处理中断，在处理中断的过程中可以启动下一次 I/O 操作。

(3) 若采用 DMA 方式，驱动程序对 DMA 控制器进行初始化后，便发送“启动 DMA 传送”命令，使 DMA 控制器控制外设开始 I/O 操作，发送完启动命令后，驱动程序将调度其他进程执行，而使请求 I/O 的用户进程阻塞。DMA 控制器完成所有任务后，向 CPU 发送一个“DMA 完成”中断请求信号。CPU 在中断服务程序中，解除用户进程的阻塞状态，然后中断返回。

(4) 若采用通道 I/O 控制方式，驱动程序通过向通道处理机发送 I/O 指令，命令通道

执行相应的 I/O 处理。I/O 指令中给出了所要执行的通道程序的首址和要访问的 I/O 设备,通道接到该指令后,便从内存中取出本次要执行的通道程序,然后执行它。发送完 I/O 指令后,驱动程序将调度其他程序执行,而使请求 I/O 的用户进程阻塞。在通道执行期间,CPU 和通道处于并行工作状态。仅当通道完成了指定的 I/O 任务后,才向 CPU 发出中断信号。CPU 收到中断信号后,转而调出中断服务程序开始执行,在该程序中进行相应处理。处理结束后,解除用户进程的阻塞状态,然后中断返回。

中断驱动、DMA 和通道三种 I/O 控制方式下,在执行驱动程序过程中,都会进行处理器调度,使得请求 I/O 的当前用户进程被阻塞,也都会产生中断请求信号。中断驱动方式下,由设备在每完成一个数据的 I/O 后产生中断请求;DMA 方式下,由 DMA 控制器在完成整块数据的 I/O 后产生中断请求;而在通道方式下,由通道处理机在完成整个通道程序(完成多个数据块的 I/O 以及出错控制等)后产生中断请求。外设完成驱动程序所要求的 I/O 操作后,设备控制器、DMA 控制器或通道处理机会通过中断控制器向 CPU 发出中断请求,从而调出中断服务程序执行。

7.3.4 中断服务程序

中断服务程序包括两个阶段:中断响应和中断处理,如图 7-17 所示。中断响应是通过 CPU 执行中断隐指令来完成的,完全由 CPU 硬件完成;而中断处理是 CPU 执行一个中断服务程序的过程,完全由软件来完成。中断服务程序包含 3 个阶段:准备阶段、处理阶段和恢复阶段。

图 7-17 给出的是多重中断系统下的中断服务程序结构。从图可见,当 CPU 收到中断信号后,首先由 CPU 硬件完成“关中断”“保存断点和程序状态”“调出对应中断服务程序”等过程。在这一过程中,CPU 一直处于“中断禁止”(“关中断”)状态,即 CPU 在这一段时间内不响应到来的其他中断信号。

在准备阶段,需要完成“保护现场及旧屏蔽字”“设置新屏蔽字”等过程,这一过程是由中断服务程序通过执行指令来完成的。若在这一阶段 CPU 处于“开中断”状态,则可能会在某指令执行结束时响应新的中断,导致重要信息被破坏,从而不能回到原来的断点继续执行,或因为现场或屏蔽字被破坏而不能正确执行原来的程序。因此,在进行具体中断服务之前,CPU 应该一直处于“关中断”状态。

在具体的中断服务处理阶段,若有新的未被屏蔽的中断请求出现,则 CPU 可以响应新的中断请求。因此,在进行具体的中断服务之前,通过执行“开中断”指令来使中断允许触发器置 1,打开中断请求标识。

在恢复阶段,首先要通过执行“关中断”指令,禁止中断,然后恢复现场及旧屏蔽字,并清除中断请求,最后在中断返回前“开中断”。如同准备阶段,在恢复阶段 CPU 应该一直处于“关中断”状态,以防止重要信息、现场或屏蔽字在在恢复时被破坏。

图 7-17 中,“保存现场及旧屏蔽字”和“恢复现场及旧屏蔽字”的功能分别通过“压栈”和“出栈”指令来实现,“设置新屏蔽字”和“清除中断请求”的功能通过执行 I/O 指令来实

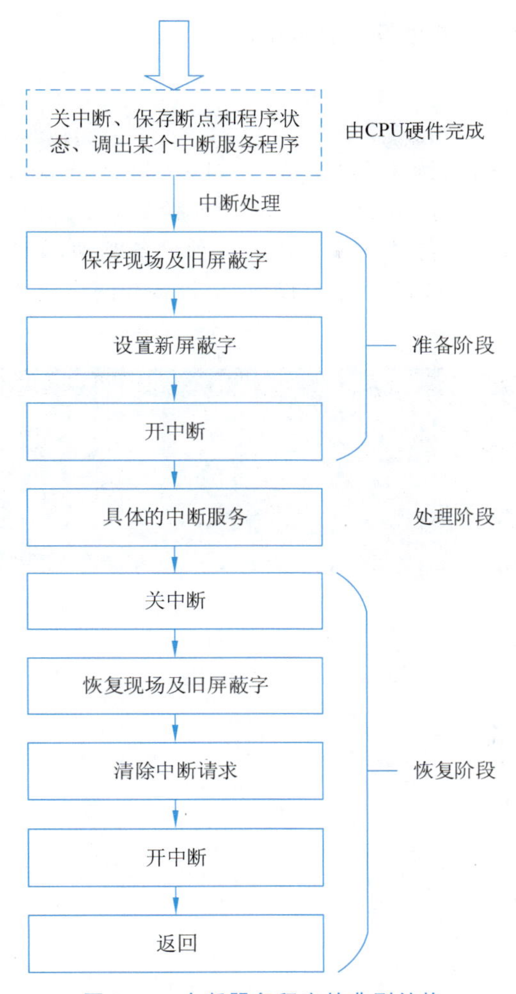

图 7-17　中断服务程序的典型结构

现。这些 I/O 指令将对中断控制器中的中断请求寄存器和中断屏蔽寄存器进行访问，以使这些寄存器中的相应的位清 0 或置 1。

在设备驱动程序和中断服务程序中用到的 I/O 指令、"开中断""关中断"等指令都是特权指令，只能在操作系统内核程序中使用。

7.4　Linux 设备驱动模型

由于 openEuler 采用了 Linux 内核，因此，本节所讲的设备驱动模型对于 openEuler 操作系统同样适用。在 Linux 操作系统中，不同设备的驱动程序被实现为相互独立的模块，只有在检测到设备存在时，才将对应的设备驱动程序模块动态加载到系统中，移除设备时也可以从系统中动态卸载该设备的驱动程序。

7.4.1 Linux 的设备抽象

打开 Linux 在线源码阅读工具(https://elixir.bootlin.com),找到 Linux Kernel 4.19.90 版本(本书所采用的 openEuler 20.03 LTS 版本基于此内核)。在目录/drivers 下有超过 100 个子目录,每个子目录基本上代表一种设备驱动,如图 7-18 所示。这里介绍 Linux 系统里的 3 种基本设备抽象:字符设备、块设备和网络设备。

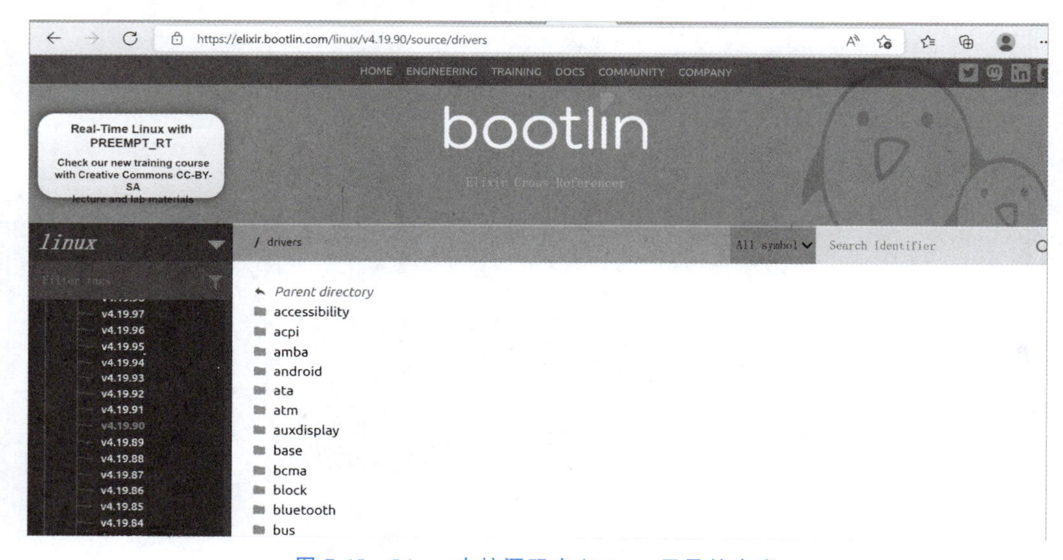

图 7-18 Linux 内核源码中/drivers 目录的内容

1. 字符设备

字符设备(char device)的主要特点是将设备上的信息抽象为连续的字节流,应用程序通常以顺序方式对字符设备进行字节粒度的读写。字符设备包含了标准的文件操作接口,如 open()、read()、write()、close()等。在 Linux 中,可以通过查看/proc/devices 文件系统来获取字符设备列表,如下所示。其中,终端设备(tty)、显存(fb)、声卡(alsa)都属于 Linux 的字符设备。

```
$cat /proc/devices
Character devices:
1  mem
4  /dev/vc/0
4  tty
```

```
4  ttyS
5  /dev/tty
5  /dev/console
...
29  fb
...
116  alsa
...
```

对于每个字符(块)设备,Linux 系统都会分配一个主设备号(major number),用于识别操作该设备的驱动实体。一个驱动可能同时操作同类型的多个设备,因此还需要再分配一个次设备号(minor number)。例如,/dev/tty 和/dev/console 的主设备号都是 5,可见它们共享同一终端驱动,但是次设备号却不同。可以使用命令 ls 查询设备(文件)的主、次设备号,如下所示。

```
$ls -la /dev/tty /dev/console
crw--w----1 root tty 5, 1 5月 12 09:54 /dev/console
crw-rw-rw-1 root tty 5, 0 5月 12 17:32 /dev/tty
```

从代码可见,设备 tty 和 console 都是字符设备(首字符"c"表示字符设备),它们的属主都是根用户 root,用户组都是 tty,主设备号都是 5,次设备号分别为 1 和 0。

Linux 采用文件的方式来管理所有设备。每个设备在目录/dev 下都有一个对应的设备文件,即文件索引节点,该索引节点包含了主、次设备号。所有设备都有主设备号和次设备号,操作系统通过主设备号来选择相应的驱动程序。

2. 块设备

块设备(block device)是以块的粒度对设备上的信息进行随机读写访问。块是指设备寻址的最小单元,通常为 512B、1KB 或 4KB。块设备一般是存储设备的抽象。块设备要求能够访问存储设备的任意位置,提供随机读/写能力,为了降低块设备操作的复杂度、提高块设备的读写性能,Linux 内核专门设计了 Block I/O(简称 BIO)子系统,向上服务于文件系统,向下与存储设备的驱动程序相连接。通常,应用程序对字符设备的读写会直接触发驱动对设备的 I/O 操作,而块设备的访问则通过添加一层页缓存来降低系统和设备频繁 I/O 所导致的性能开销。

Linux 的块设备包括虚拟磁盘(ramdisk)、存储卡(SD 卡和 MMC 卡)、磁盘(HDD 和 SSD)等。块设备的信息存放在文件/proc/devices 中,可以通过命令 cat 来获取,如下所示。

```
$cat /proc/devices
Block devices:

8 sd
9 md
11 sr
65 sd
...
253 device-mapper
254 mdp
259 blkext
```

3. 网络设备

网络设备(net device)处理的数据单位是网络包(packet)。网络设备使用独立的接口抽象——套接字(socket)。用户程序通过套接字接口与网络设备进行通信,通常使用send()、receive()等网络独有的接口完成对网络包数据的收发请求。Linux 在内核空间维护着复杂的协议栈,负责对网络包进行封装、解析、寻址等处理。网络设备的协议支持包括了控制器局域网络、以太网和无线网络等。

4. 伪设备

并非所有设备驱动都代表物理设备。有些设备驱动是虚拟的(virtual),它们并不对应具体的物理设备,其作用仅是为了访问内核提供的一些功能,我们称这些设备为**伪设备**(pseudo device)。伪设备的常见例子包括:内核中的"随机数生成器"(可通过/dev/random 和/dev/urandom 来访问)、"空设备"(null device)(可通过/dev/null 来访问)、"零设备"(Zero device)(/dev/zero)、"全设备"(full device)(/dev/full),以及内存设备(/dev/mem)等。再如,在 Android 系统中,Binder 驱动/dev/binder 并不对应某个具体的物理设备,仅是为了访问内核所提供的进程间的 Binder 通信机制。

7.4.2 Linux 的设备驱动模型

操作系统内核为了管理外部设备,需要在内核中维护有关设备驱动的一套数据结构,即建立设备驱动模型。Linux 的设备驱动模型包括一套统一的数据结构和一套用户空间接口。设备驱动模型的数据结构对象对应于系统拓扑结构的各个部分,各数据结构对象的关系也体现了不同设备之间的依赖关系,从而可以帮助内核记录和跟踪系统连接的设备。

Linux 设备驱动模型定义了 4 种基本的数据结构,如图 7-19 所示。

(1) 设备(device):用于抽象系统中所有的硬件,包括 CPU 和内存。

(2) 驱动(driver):用于抽象系统中的驱动程序。Linux 内核驱动的开发基本围绕该抽象进行,即实现规定好的接口函数。

(3) 总线(bus):用于抽象 I/O 设备与 CPU 之间的通信关系。Linux 规定,所有的设

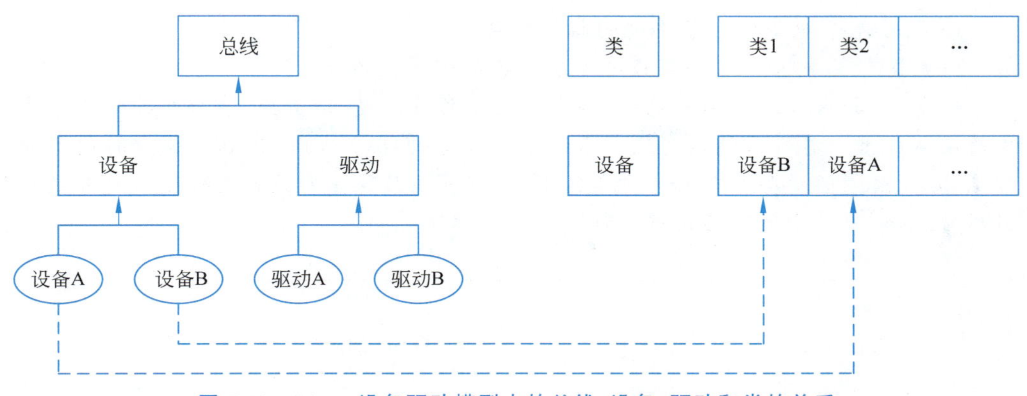

图 7-19 Linux 设备驱动模型中的总线、设备、驱动和类的关系
（实线箭头表示层次关系，虚线箭头表示符号链接）

备都要至少连接一条总线（USB 或 PCI）

（4）类（class）：具有相似功能或属性的设备集合。类是相似设备间共享的数据结构和接口。从属于一个类的驱动程序可以直接继承父类定义好的公共资源。

在 Linux 设备驱动模型中，总线和类可以看成在两个不同维度上对设备的组织和管理。总线是在拓扑结构上对设备进行组织，而类则是在逻辑结构上对设备进行组织，这两个维度彼此正交。例如，要关闭 USB 总线上的供电，只需要遍历整个 USB 总线上的所有设备并执行对应的下电操作即可，而不用关心 USB 总线上的设备属于哪些类（如 USB 鼠标属于 input 类，而 USB 存储可能属于 block 类）。类似地，对于 block 类设备，内核代码均可以调用该设备的 BIO 接口，而不必管该块设备使用 PCI 总线还是 ISA 总线。

知识扩展

如何观察内核中的设备信息和驱动信息——sysfs 伪文件系统

Linux 的设备驱动模型由内核中的基本数据结构来描述，但是用户却不能通过访问这些数据结构来获取内核中的设备信息和驱动信息。为了便于用户访问设备信息，Linux 提供了基于内存文件系统的 sysfs 虚拟文件系统，用于将内核中的设备信息和驱动信息以文件形式提供给用户使用。sysfs 记录了设备、总线和驱动等内核抽象对象之间的关联。sysfs 挂载的目录是/sys，该目录通常包含如下信息。

（1）block：当前系统可用的块设备，如磁盘和分区。

（2）fs：当前系统已挂载的文件系统信息。

（3）bus：系统中总线（PCI、IDE、USB）连接的物理设备情况。

（4）devices：系统中已挂载设备的层次化结构。

（5）class：当前系统中可用的驱动类型，如网卡、声卡、USB 设备等。

（6）module：当前系统中已加载的内核模块，Linux 设备驱动均有对应的内核模块。

（7）firmware：系统固件信息。

(8) power：电源管理子系统的相关信息。

(9) dev：当前系统中字符设备和块设备的主次设备号。

图 7-20 是/sys 树的部分视图，其中最重要的目录是 devices，它向外界公开系统中的设备模型。其目录结构对应于系统中的设备的拓扑结构，其他目录中的设备通常是 devices 中的设备的另外一种组织形式，即其他目录中的设备文件通过符号链接引用 devices 目录中的实际设备文件。

```
sys
 ├─ block
 │    ├─ loop0 -> ../devices/virtual/block/loop0
 │    ├─ md0 -> ../devices/virtual/block/md0
 │    └─ ...
 ├─ bus
 │    ├─ platform
 │    └─ serio
 ├─ class
 │    ├─ bdi
 │    ├─ block
 │    ├─ input
 │    ├─ mem
 │    ├─ tty
 │    └─ ...
 ├─ devices
 │    ├─ console-0
 │    ├─ platform
 │    ├─ system
 │    ├─ virtual
 │    └─ ...
 ├─ dev
 │    ├─ block
 │    └─ char
 ├─ firmware
 ├─ fs
 │    ├─ ecryptfs
 │    ├─ ext4
 │    ├─ fuse
 │    └─ ...
 ├─ kernel
 │    ├─ config
 │    ├─ dlm
 │    ├─ mm
 │    └─ ...
 └─ module
      ├─ ext4
      ├─ kernel
      ├─ keyboard
      ├─ psmouse
      ├─ printk
      └─ ...
```

图 7-20 /sys 树的部分视图

7.4.3 设备驱动程序开发

当计算机中需要添加一个新设备时，需要开发、配置和加载该设备的驱动程序。本节以开发一个简单字符型设备为例，说明开发一个设备驱动程序的过程。

1. 模块开发

Linux内核支持模块化。一个内核模块是指由一组例程、数据、入口点和出口点封装而成的一个二进制镜像(binary image)。模块是一个可以在运行时被动态加载和删除的内核对象。采用模块具有如下好处。

(1) 操作系统只须保留一个最小的基本内核镜像，而把那些可选的特性和驱动实现为一个个可加载的、彼此独立的模块，从而实现了操作系统基本内核与驱动程序的分离，有利于操作系统的结构化和可扩展性。

(2) 模块可以在内核中被删除和重新加载，从而有利于内核调式。

(3) 使用模块可以支持一个新设备的热插拔(hot plugging)。当一个新设备插入系统时，操作系统可以通过加载其驱动程序来对该设备提供支持；当一个设备被移除时，操作系统可以删除其设备驱动程序以响应其移除操作。

我们首先来看如何开发、加载和删除一个内核模块。下面通过一个最简单的模块——Hello，World!，来说明模块开发应遵守的特定规程。该模块的源代码ch7-hello.c如下所示。

源代码：ch7-hello.c

```
1     /*
2      * ch7-hello - The Hello, World! Kernel Module
3      */
4     #include <linux/init.h>
5     #include <linux/module.h>
6     #include <linux/kernel.h>
7     MODULE_LICENSE("GPL");
8     MODULE_AUTHOR("Zenith");
9     MODULE_DESCRIPTION("A Hello, World Module");
10    /*
11     * hello_init - the init function, called when the module is loaded.
12     * Returns zero if successfully loaded, nonzero otherwise.
13     */
14    static int hello_init(void){
15        printk(KERN_ALERT "Load the Hello World Module.\n");
16        return 0;
17    }
```

```
18        /*
19         * hello_exit - the exit function, called when the module is removed.
20         */
21        static void hello_exit(void){
22            printk(KERN_ALERT "Remove the Hello World Module.\n");
23        }
24        module_init(hello_init);
25        module_exit(hello_exit);
```

该程序通过宏 module_init()和 module_exit()(第 24、25 行)分别将函数 hello_init()和 hello_exit()注册为该模块的入口点和出口点。当该模块被加载时,内核将调用 hello_init();当该模块被移除时,内核将调用 hello_exit()。由于入口函数和出口函数一般不被外部代码直接调用,其可见性被限定在文件范围内,因此函数被修饰为 static。简单起见,这里入口函数和出口函数没有做有意义的操作,仅通过内核打印函数 printk()(第 15、22 行)打印出提示字符串。宏 MODULE_LICENSE("GPL")(第 7 行)说明了该文件满足 GNU 通用公共许可证(General Public License,GPL)。由于 Linux 内核本质上是开源的,其代码需要满足 GNU 通用公共许可证,以自由软件的形式分发。既然该模块需要加载到操作系统内核中,因此也必须满足相应的 GPL。宏 MODULE_AUTHOR()和 MODULE_DESCRIPTION()分别是对该模块作者和描述的简要说明。

模块源代码编写完成后,需要进行编译。我们编写如下 Makefile 文件,对 ch7-hello.c 进行编译。

```
Makefile 文件: Makefile-ch7-hello
1       ifneq ($(KERNELRELEASE),)
2       obj-m:=ch7-hello.o
3
4       else
5       PWD:=$(shell pwd)
6       KVER:=$(shell uname -r)
7       KDIR:=/lib/modules/$(KVER)/build
8
9       all:
10          $(MAKE) -C $(KDIR) M=$(PWD) modules
11      clean:
12          rm -rf *.cmd *.o *.mod.c *.mod.o *.ko *.symvers *.tmp_versions
13      endif
```

使用 make 对上述 Makefile 文件编译之后,

```
$make -f Makefile-ch7-hello
```

可以生成内核目标文件 ch7-hello.ko，以及其他相关文件，如 ch7-hello.o、ch7-hello.mod.o 和 ch7-hello.mod.c 等。下面要将 ch7-hello.ko 加载进操作系统内核，使用如下命令（注意：该命令需要 root 用户权限）：

```
#insmod ch7-hello.ko
```

如果成功加载进内核，可以通过如下命令查询到：

```
$lsmod | grep ch7
```

其中 lsmod 命令罗列当前已加载进操作系统内核的模块，grep 命令是查询名字中带有“ch7”字符的模块名。当需要移除该模块时，使用如下命令（注意：该命令需要 root 用户权限）：

```
#rmmod ch7-hello
```

2. 设备驱动程序的开发过程

一个设备驱动程序就是一个模块，其开发过程与模块是一样的。我们以一个简单的“虚拟字符设备”驱动开发为例，说明设备驱动程序开发和加载时的注意事项。由于用户对设备的访问通过文件系统来实现，因此该虚拟字符设备驱动程序应实现类似 open、read、write 等文件操作接口。简单起见，对于该驱动程序，我们仅实现了 open 和 read 接口，其中 open 打印出该设备的主、次设备号，read 仅打印一条提示信息，不再做任何其他操作。驱动程序代码如下所示。

```
源代码: ch7-vchar.c
1       #include <linux/module.h>
2       #include <linux/kernel.h>
3       #include <linux/fs.h>
4       #include <linux/cdev.h>
5
6       static struct cdev chr_dev;             //cdev 定义在文件 linux/cdev.h 中
7       static dev_t ndev;                      //dev_t 是设备号,包括主设备号+次设备号
8       static int chr_open(struct inode * nd, struct file * fp){
9           int major;
10          int minor;
11          major=MAJOR(nd->i_rdev);
12          minor=MINOR(nd->i_rdev);
13          printk("chr_open, major=%d, minor=%d\n", major,minor);
```

```
14          return 0;
15      }
16      static ssize_t chr_read(struct file* fp, char __user* u, size_t sz, loff_t*
        off){
17          printk("chr_read process!\n");
18          return 0;
19      }
20      struct file_operations chr_ops={
21          .owner=THIS_MODULE,
22          .open=chr_open,             //将函数 chr_open 注册为该驱动的 open 函数
23          .read=chr_read              //将函数 chr_read 注册为该驱动的 read 函数
24      };
25      static int vchar_init(void){
26          int ret;
27          cdev_init(&chr_dev,&chr_ops);
                                    //初始化该设备：把操作集 chr_ops 注册到该设备上
28          /*获取次设备号。&ndev 用于获取设备号(主设备号+次设备号)*/
29          ret=alloc_chrdev_region(&ndev,0,1,"chr_dev");
30          if(ret<0)
31              return ret;
32          printk("vchar_init(): major=%d, minor=%d\n", MAJOR(ndev), MINOR(ndev));
33          ret=cdev_add(&chr_dev,ndev,1);
                                    //将获取的设备号与描述设备的结构体 chr_dev 关联
34          if(ret<0)
35              return ret;
36          return 0;
37      }
38      static void vchar_exit(void){
39          printk("vchar_exit process!\n");
40          cdev_del(&chr_dev);                     //删除该设备
41          unregister_chrdev_region(ndev,1);       //释放设备号
42      }
43      module_init(vchar_init);
44      module_exit(vchar_exit);
45      MODULE_LICENSE("GPL");
46      MODULE_AUTHOR("Zenith");
47      MODULE_DESCRIPTION("A virtual char device sample!");
```

在设备驱动程序入口函数 vchar_init()中(第 25 行)，函数 alloc_chrdev_region()(第 29 行)用于申请设备的次设备号(注意，该设备的主设备号由系统自动分配)，其函数原型为：

```
int alloc_chrdev_region(dev_t * dev, unsigned baseminor, unsigned count,
const char * name),
```

第 1 个参数 dev 为描述设备号的结构体指针，第 2 个参数 baseminor 为次设备号的编码起始号，第三个参数 count 为该驱动程序支持的次设备的个数，第 4 个参数 name 为驱动程序名。该设备获得编号后，与描述该设备的结构体 chr_dev 关联起来（第 33 行）。我们可以通过 printk 打印出设备号（第 32 行）。由于 printk 的打印信息在内核中显示，用户界面上观察不到，为此使用 dmesg (Display message)命令观察内核输出信息：

```
$dmesg | tail
```

输出为：

```
[22260.640901] vchar_init(): major=236, minor=0
```

即该设备在系统中的主设备号为 236（由系统自动分配，不同系统分配的主设备号可能不同），次设备号为 0。

该程序经过编译之后，生成 ch7-vchar.ko 内核目标文件，可以像前面的 ch7-hello.ko 一样，使用命令 insmod 将其加载进操作系统内核，并使用 lsmod 命令观察其是否已经成功的加载。

在 Linux 中设备也被当作文件看待，每个设备对应/dev 目录下的一个文件。上述虚拟字符设备（主设备号为 236，次设备号为 0）驱动程序开发完成后，需要创建该设备对应的文件节点。为此使用如下命令创建一个主设备号为 236，次设备号为 0 的虚拟字符设备：

```
$mknod /dev/chr_dev c 236 0
```

为了验证上述驱动程序，我们编写一个用户测试程序 ch7-vchar-test.c，打开该虚拟字符设备，并对其做读取操作，代码如下所示。

```
测试程序：ch7-vchar-test.c
1    #include <stdio.h>
2    #include <fcntl.h>
3    #include <unistd.h>
4
5    #define CHAR_DEV_NAME "/dev/chr_dev"
6
7    int main(){
8        int ret;
```

```
9          int fd;
10         char buf[32];
11
12     fd=open(CHAR_DEV_NAME, O_RDONLY | O_NDELAY);
13         if(fd<0){
14             printf("open failed!\n");
15             return -1;
16         }
17         read(fd, buf, 32);
18         close(fd);
19         return 0;
20     }
```

该程序使用文件系统调用 open()(第 12 行)打开该虚拟设备文件/dev/chr_dev,然后从中读取 32 字节(第 17 行)。如果该程序能够成功的运行,不会抛出任何信息。用户程序通过 open()和 read()系统调用,间接调用了驱动程序中的函数 chr_open()和 chr_read(),由于它们是内核函数,在用户界面上看不到任何信息,但是我们可以使用 dmesg 命令验证 chr_open()和 chr_read()确实得到了调用,如下所示。

```
$dmesg|tail
...
[ 2076.252785] chr_open, major=236, minor=0      --调用 chr_open()时抛出的信息
[ 2076.252794] chr_read process!                 --调用 chr_read()时抛出的信息
...
```

知识扩展

系统调用 open()如何与设备驱动程序中的 chr_open()相关联?

下面以 open()为例,剖析一下上述程序中的系统调用 open()如何与设备驱动程序中的 chr_open()相关联。

(1) 当使用 mknod 命令建立虚拟字符设备文件时,在磁盘上就为该文件建立了一个索引节点,并把设备号与该索引节点关联起来。

(2) 当用户通过 open(CHAR_DEV_NAME, O_RDONLY | O_NDELAY)打开一个文件时,虚拟文件系统根据文件绝对路径 CHAR_DEV_NAME,在磁盘中找到该文件,并为其建立一系列内核数据结构,如 struct file 和 struct inode(见 6.6.1 节"打开文件在内核中的数据结构"),其中内核索引节点 struct inode 是第一步创建的磁盘索引节点在内核中的镜像,因此其中必然包含设备号信息。

(3) 根据设备文件/dev/chr_dev 对应的主、次设备号,在内核中的设备管理列表中,找到描述该虚拟字符设备驱动程序的结构体 struct cdev(见程序 ch7-vchar.c 中的数据结构 chr_dev),再从中找到文件操作结构体 struct file_operations(见程序 ch7-vchar.c 中的数据结构 chr_ops),其中的.open 属性对应驱动程序中的 chr_open()函数,于是控制流转移到函数 chr_open()。

(4) 将内核索引节点指针 nd 和文件结构体指针 fp 传入 chr_open(),

```
chr_open(struct inode * nd, struct file * fp)
```

该函数取出内核索引节点中保存的设备号结构体,并打印出主、次设备号。

7.5 缓冲处理技术

在操作系统中,几乎所有 I/O 设备在与 CPU 交换数据时都需要用到缓冲区。缓冲区是一个由操作系统内核进行管理,并且位于内核空间的存储区域。缓冲区也可以由专门的硬件寄存器组成,但由于硬件成本较高,容量也较小,一般仅用在对速度要求较高的场合,如内存管理中的联想存储器、设备控制器中的数据缓冲区等。一般情况下,更多采用内存作为缓冲区。

7.5.1 缓冲的引入

引入缓冲区的目的可归结为如下几个方面。

(1) 缓和 CPU 和 I/O 设备间速度不匹配的矛盾。CPU 的运算速率远远高于 I/O 设备的速率。如果没有缓冲区,在输出数据时,必然会由于输出设备的速度很慢,迫使 CPU 停下来等待;而在计算阶段,输出设备又保持空闲,浪费了宝贵的计算资源。如果在内存中设置一个缓冲区,用于快速暂存程序的输出数据,以后由输出设备"慢慢地"从中取出,这样就可以提高 CPU 的工作效率。类似地,在输入设备与 CPU 之间设置一个缓冲区,也可使处理器的工作效率得到提高。

(2) 减少对处理器的中断频率,放宽对处理器中断响应时间的限制。在计算机串口通信中,如果仅用一位缓冲来接收从一台终端发来的数据,如图 7-21(a)所示,则必须在每收到一位数据时中断一次 CPU,这样对于速率为 9.6kb/s 的数据通信来说,其中断频率为 9.6k/s,即约每 100μs 就要中断 CPU 一次,而且 CPU 必须在 100μs 内予以响应,否则缓冲区内的数据将被覆盖。如果设置一个具有 8 位的缓冲(移位)寄存器,如图 7-21(b)所示,则可使 CPU 被中断的频率降为原来的 1/8,即 1.2k/s,CPU 响应时间仍为 100μs;若再设置一个 8 位的寄存器,如图 7-21(c)所示,则 CPU 被中断的频率仍为 1.2k/s,而 CPU 对中断的响应时间从 100μs 放宽到 800μs。类似地,在磁盘控制器和磁带控制器中,都需要设置缓冲寄存器,以减少对 CPU 中断频率的要求,放宽对 CPU 中断响应时间的限制。

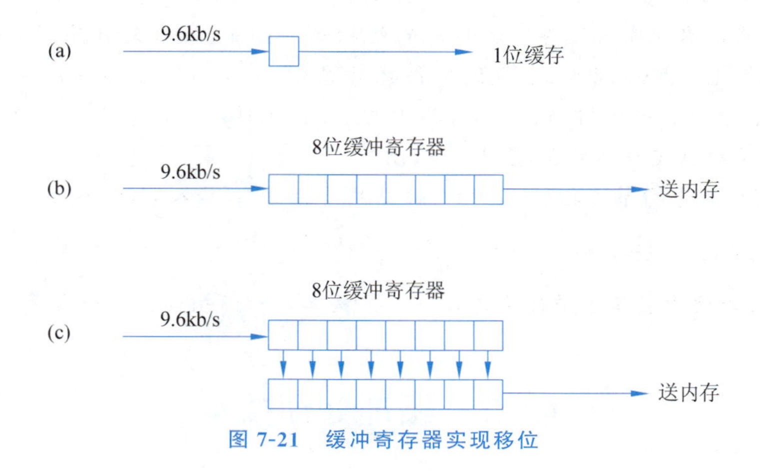

图 7-21 缓冲寄存器实现移位

(3) 解决数据粒度不匹配的问题。缓冲区可用于解决生产者与消费者之间交换的数据粒度(即数据单元大小)不匹配的问题。例如,生产者所生产的数据粒度比消费者的数据粒度小时,生产者进程可以连续生产几个单元大小的数据,当其总和达到消费者进程所要求的数据单元大小时,消费者便可从缓冲区中取出数据消费。反之,如果生产者所生产的数据粒度比消费者消费的数据粒度大时,生产者每次生产的数据可以供消费者分几次从缓冲区中取出消费。

(4) 提高 CPU 和 I/O 设备之间的并行性。缓冲区的引入可显著地提高 CPU 和 I/O 设备间并行操作的程度,提高系统的吞吐量和设备的利用率。例如,在 CPU 和打印机之间设置了缓冲区后,CPU 在产生了一批数据并将它放入缓冲区后,便可以立即去进行下一次处理。与此同时,打印机可以从缓冲区中取出数据进行打印,这样便可以使 CPU 和打印机处于并行工作状态。

缓冲技术包括输入缓冲和输出缓冲。所谓输入缓冲,是指用户进程在从 I/O 设备读取数据之前,操作系统"预先"把数据从 I/O 设备读入到缓冲区中;所谓输出缓冲,是指操作系统把要输出的数据先写入缓冲区,然后让进程继续运行,等到一定的时机,操作系统才把数据送往设备输出,即数据"延迟"写入 I/O 设备。

7.5.2 单缓冲区和双缓冲区

1. 单缓冲区

图 7-22 是单缓冲区的工作原理示意图。引入单缓冲区可以从两方面提高处理器与 I/O 设备的数据交换效率。一方面,在从块设备读入数据时,操作系统通常预先将包含目标数据的整块或若干块数据一次性读入到缓冲区中,然后再将缓冲区中的目标数据传送到用户缓冲区。根据程序局部性原理(见 5.4.1 节),当用户进程下一次读取数据时,该数

据将以较大概率存在于缓冲区中，因此操作系统可以直接从缓冲区把该数据输入用户缓冲区，从而减少了用户进程访问 I/O 设备的次数。同样，当用户进程要把数据写入 I/O 设备时，操作系统只须将数据写入缓冲区，让用户进程可以继续运行即可，不必等待数据被写入 I/O 设备。当缓冲区积累到整块数据时，再把数据成块写入块设备。

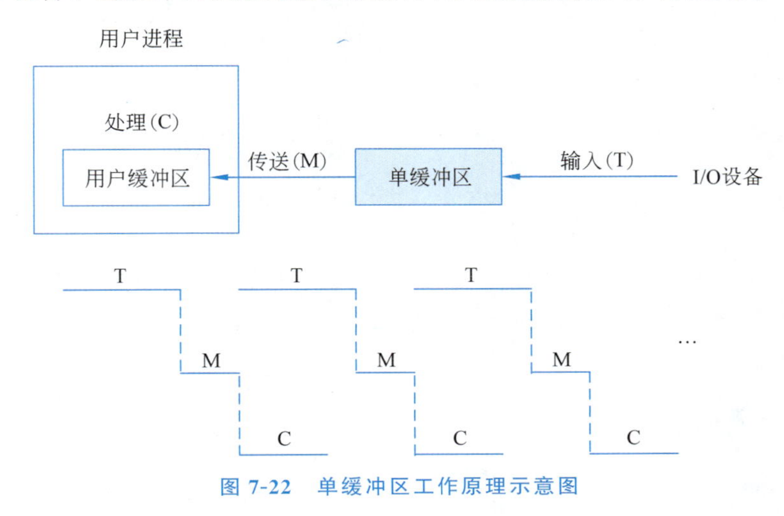

图 7-22　单缓冲区工作原理示意图

另一方面，使用缓冲区还可以提高处理器与 I/O 设备的并行性程度。设数据从 I/O 设备输入缓冲区的时间为 T，缓冲区中的数据传送到用户缓冲区中的时间为 M，CPU 处理数据的时间为 C。由于 T 和 C 是可以并行的，当 T>C 时，系统对每一块数据的处理时间为 T+M；反之则为 M+C，故可把系统对每一块数据的处理时间表示为 Max(C，T)+M。

在字符设备输入时，缓冲区用于暂存用户输入的一行数据。在输入期间，用户进程被挂起以等待数据输入完毕；在输出时，用户进程将一行数据输出到缓冲区后继续进行处理。当用户进程已有第二行数据输出时，如果第一行数据尚未被提取完毕，则此时用户进程被阻塞。

2. 双缓冲区

为了加快输入和输出的速度，提高设备利用率，人们又引入了双缓冲区机制。在从设备输入时，先将数据送入缓冲区 1，填满数据后便转向缓冲区 2。此时操作系统可以从缓冲区 1 中移出数据，并送入用户进程，接着由处理器对数据进行计算。图 7-23 为双缓冲区工作原理示意图。

在双缓冲区时，系统处理一个数据块的时间为 Max(M+C，T)，如果 C<T，可使块设备连续输入；如果 C>T，则处理器不必等待设备输入。对于字符设备，若采用行输入方式，则采用双缓冲通常能消除用户的等待时间，即用户在输入完第一行后，在处理器执行第一行的命令时，用户可继续向第二缓冲区输入下一行数据。

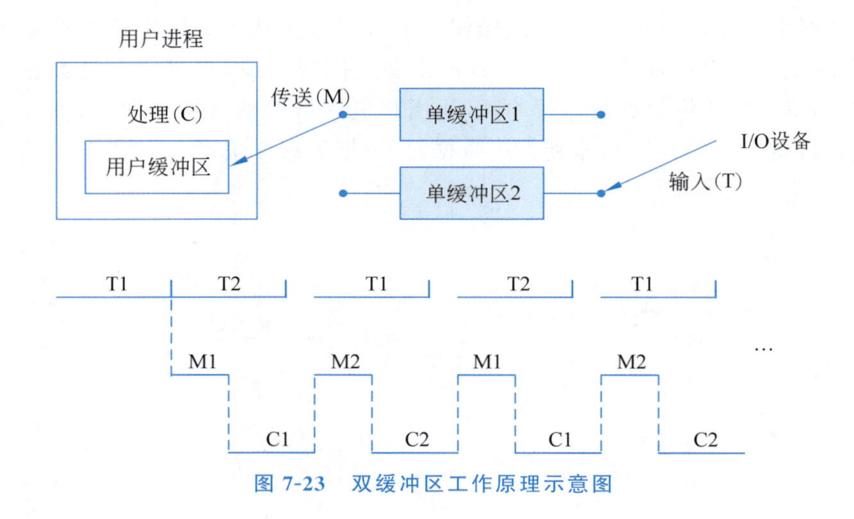

图 7-23　双缓冲区工作原理示意图

7.5.3　缓冲区和页缓存

1. 扇区、块

块设备(如磁盘)通常以扇区(或称为物理块)(见 6.2.1 节)作为可寻址和存储信息的基本单位,一个扇区通常为 512 字节。而操作系统内核通常以"块"(block)作为分配文件存储空间以及进行 I/O 操作的基本单位,一个块通常包含一个或多个物理块。

当把一块数据取入内存时,该块数据就存放在一个缓冲区内,因此可以把缓冲区看作一个块在内存中的镜像。为了便于处理,我们要求缓冲区的大小与块的大小相同,一个缓冲区恰好与一个块相关联。从第 5 章内存管理可知,内存以页面为基本单位进行管理,而块的大小通常不超过一个内存页面的大小,因此一个页面通常包含一个或多个缓冲区。例如,如果一个块的大小是 4KB,则一个块包含 8 个扇区,缓冲区的大小也为 4KB,一个页面恰好包含一个缓冲区。扇区、块、缓冲区和页面的关系如图 7-24 所示。

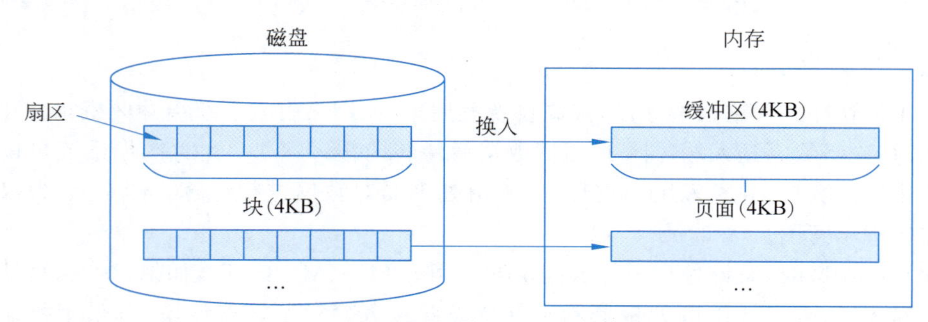

图 7-24　扇区、块、缓冲区和页面的关系图

2. 读缓冲区和写缓冲区

从块设备读入一块数据时，操作系统将分配一个读缓冲区，并将整块数据读入该缓冲区中。这样当应用程序需要读取这些数据时，就可以尝试从读缓冲区中读取。如果目标数据在读缓冲区中，则称数据“命中”(hit on)，从读缓冲区中读取数据成功；如果目标数据不在读缓冲区中，则从读缓冲区中读取数据失败，操作系统则会再分配一个读缓冲区，将包含目标数据的磁盘块换入该缓冲区，并再次读取该缓冲区，这次目标数据会命中。

当应用程序向块设备写入数据时，为了获得更好的性能，通常并不把写入的数据立即持久化到存储设备上，而是先把这些数据暂存在写缓冲区中，并在后台慢慢地持久化到块设备上，这一过程称为延迟写入(delayed write)。延迟写入会造成缓冲区中的数据与对应的磁盘块数据不同步。例如，在写请求完成后，立刻发生了断电，再次开机之后，刚刚写入的数据可能会丢失。为此，POSIX 规定了 fsync 接口，其接口说明为 int fsync(int fd)，用于保证写入的数据全部被持久化到块设备中。

3. 页缓存

Linux 内核把读缓冲区和写缓冲区的功能统一起来，采取页缓存(page cache)进行管理。一个页面中包含一个或多个缓冲区，而页面是内存管理的基本单元，因此可以页面为单位对缓冲区进行管理。页缓存是操作系统内核以页面为单位进行输入/输出缓存管理的一种机制。在早期 Linux 版本中，缓冲区与页缓存是分离的，造成了一定的内存浪费。在之后的版本中，二者得到了统一。可以认为，缓冲区描述了一个磁盘块与一个页面之间的映射关系，缓冲区管理通过页缓存机制来实现。

当需要一个读缓冲区时，从页缓存中摘取一个页面作为读缓冲区；当需要一个写缓冲区时，从页缓存中摘取一个页面作为写缓冲区。当写缓冲区中被写入数据，或写缓冲区中的数据被修改，则标记该页面为“脏页”(dirty)。标记为脏页的页面会由操作系统定期回写到存储设备中，实现缓冲区与存储设备的数据同步。当操作系统内存不足时，或应用程序调用 fsync 时，操作系统也会将脏页回写到存储设备。

图 7-25 给出了页缓存中内存页的状态和转移关系。从存储设备中读取数据时，创建出新的缓存页。此时，缓存页为“干净页”，表示其中的数据与磁盘中的数据是一致的；当干净页中的数据被修改，干净页被标记为脏页，表示其中的数据与磁盘中的数据不一致。当脏页中的数据被写回存储设备后，其状态再次变为干净页，可以被回收以释放内存空间。

4. 内存映射 I/O

除了使用 read 和 write 系统调用对文件进行读/写，还可以利用页缓存的思想，使用内存映射 I/O(memory-mapped I/O)对文件进行读/写操作。内存映射 I/O 把一个磁盘文件映射到一个进程的虚拟地址空间(即一个或多个虚拟页面)，对文件的读/写操作如同对内存空间的读/写操作一样，而内存数据与磁盘文件之间的交换和同步，由内存管理机

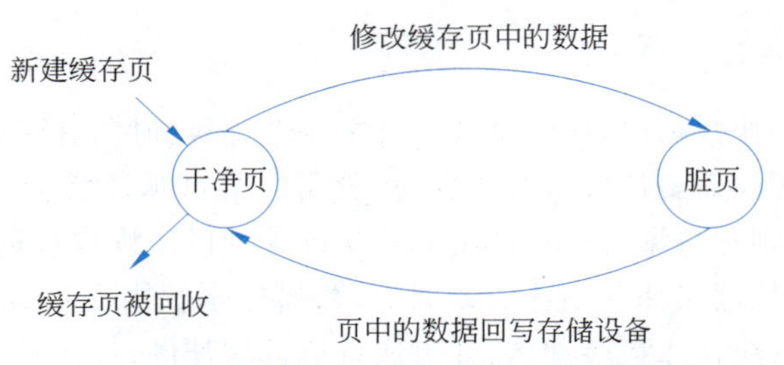

图 7-25 页缓存中的页面状态和状态转换

制来实现。

创建内存映射 I/O 的系统调用如下代码所示。

```
#include <sys/mman.h>
void * mmap(void * addr, size_t len, int prot, int flag, int fd, off_t off);
              Return: starting address of mapped region if OK, MAP_FAILED
              on error
```

参数 fd 表示要映射的文件描述字，在映射之前需要首先打开文件；addr 表示该文件被映射到虚拟地址空间的起始地址，如果为 0，则表示由操作系统选择合适的起始地址；len 表示要映射的字节数；off 表示要映射的文件的起始偏移量。函数的返回值为该文件被映射到虚拟地址空间的起始地址。图 7-26 是一个文件内存映射的示意图。

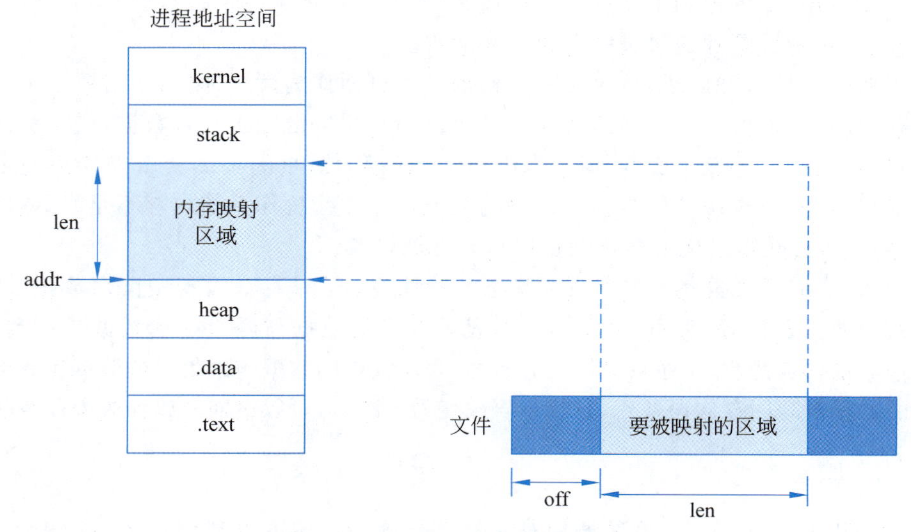

图 7-26 文件内存映射的示意图

参数 prot 是内存映射区域的保护位，可以取值：PROT_NONE（该区不能被访问），或者取 PROT_READ（可读）、PROT_WRITE（可写）、PROT_EXEC（可执行）的任意组合。需要注意,区域的受保护特性不能超过打开文件时所指定的读、写、执行保护特性。例如,一个文件以只读方式打开,那么其保护位就不能设置为 PROT_WRITE。参数 flag 指示映射区域是共享还是私有,可以取值 MAP_ANON、MAP_SHARED(共享对象)和 MAP_PRIVATE(私有 Copy-on-write 对象)。

当一个共享的映射区域(即 flag 取值 MAP_SHARED 时)中的某个页面被修改之后,可以调用 msync 立即将其修改回写到对应的磁盘文件中,实现内存映射区与磁盘文件的数据同步。如果映射区域为私有(即 flag 取值 MAP_PRIVATE 时),则对该区域的任何写操作和刷新都不会改变对应的原始磁盘文件内容。msync 的接口说明为:

```
int msync(void * addr, size_t len, int flags);
                Return: 0 if OK, -1 on error
```

参数 addr 的值必须按照页面对齐。参数 flags 指示内存映射区的刷新方式,可以取值:MS_ASYNC(以异步方式回写磁盘文件)、MS_SYNC(以同步方式回写)或 MS_INVALIDATE。

当一个进程结束时,或当调用 munmap 时,内存映射区可以被卸载(unmap)。注意,关闭一个文件描述字并不能卸载对应的内存映射区域。munmap 的接口说明为:

```
int munmap(void * addr, size_t len);
                 Return: 0 if OK, -1 on error
```

注意,调用 munmap 并不会影响被映射的磁盘文件,即调用 munmap 并不会使内存映射区域的数据更新回写到对应的磁盘文件。对共享的映射区域所作的修改,由虚拟内存管理算法自动完成其回写磁盘的过程,或通过调用 msync 来刷新;而对私有的映射区域的任何修改操作,当调用 munmap 时,将被丢弃。

下面给出一个使用 mmap 实现文件复制的例程。

```
源代码: ch7-filecopy.c
1     #include <stdio.h>
2     #include <unistd.h>
3     #include <stdlib.h>
4     #include <string.h>
5     #include <sys/stat.h>
6     #include <fcntl.h>
7     #include <sys/mman.h>
8
9     #define FILE_MODE S_IRUSR|S_IWUSR|S_IRGRP|S_IROTH
10
11    int main(int argc, char * argv[]){
```

```
12         int fdin, fdout;
13         void * src, * dst;
14         struct stat statbuf;
15
16         if(argc!=3)
17             printf("usage: %s <fromfile><tofile>", argv[0]);
18         if((fdin=open(argv[1], O_RDONLY))<0)
19             printf("can't open %s for reading", argv[1]);
20         if((fdout=open(argv[2], O_RDWR|O_CREAT|O_TRUNC, FILE_MODE))<0)
21             printf("can't open %s for writing", argv[2]);
22         if(fstat(fdin, &statbuf)<0)                //获取输入文件的属性
23             printf("fstat error");
24         /* 设置输出文件大小 */
25         if(lseek(fdout, statbuf.st_size-1, SEEK_SET)==-1)
26             printf("lseek error");
27         /* 向输出文件写入 1 字节,测试是否成功 */
28         if(write(fdout, "", 1)!=1)
29             printf("write error");
30         if((src=mmap(0, statbuf.st_size, PROT_READ, MAP_SHARED, fdin, 0))
     ==MAP_FAILED)
31             printf("mmap error for input");
32         if((dst=mmap(0, statbuf.st_size, PROT_READ|PROT_WRITE, MAP_
33     SHARED, fdout, 0))==MAP_FAILED)
34             printf("mmap error for output");
35         memcpy(dst, src, statbuf.st_size);          //实现文件复制
36         exit(0);
37     }
```

该例程中并没有使用常用的 read 和 write 文件系统调用实现文件的读写,而是把源文件和目标文件映射到进程虚拟地址空间(第 30 行和第 32 行),然后使用内存副本将源文件的内容复制到目标文件(第 35 行)。

源文件 fdin 与其内存映射区域的数据交换由内存管理来实现——程序读取内存映射区域中的一个页面时,如果命中,则直接从该页面读取;如果未命中,将会产生缺页故障,由操作系统将磁盘文件中的一块或多块数据换入该页面。可以想象,当程序第一次读取内存映射区域中的一个页面时,就会产生缺页故障。

目标文件 fdout 与其内存映射区域的数据交换也由内存管理来实现——当把源文件数据复制到目标文件的内存映射区域后,相关页面被标记为脏页面,由操作系统调度程序选择合适的时机将脏页面回写到磁盘文件,或者当程序退出时(第 36 行),操作系统强行将脏页面回写磁盘文件。为确保数据已经回写磁盘文件,建议调用 msync 并将其 flag 参数设置为 MS_SYNC。

一般来说,采用内存映射方式访问文件,要比直接采用 read 和 write 更加高效。其原

因是，采用后者时，需要在内核缓冲区（如前所述，是用页缓存来实现的）与用户缓冲区之间传递数据，这会带来数据传输时间的开销以及进程内核模式与用户模式切换的时间开销；而采用前者时，数据移动发生在用户地址空间，节省了不必要的开销。

7.6　磁盘 I/O 调度

磁盘是一种直接存取存储设备。磁盘是将信息存储在涂有一层铁磁物质的金属圆盘上的一种存储介质。如果将若干个这样的圆盘片组合在一起，便形成一个盘组。只有一个盘片的磁盘称为软盘，由多个盘片组成的磁盘称为硬盘。每个盘片有上、下两个盘面，上、下两面都有若干个同心圆和一个读写头。在活动磁头磁盘中，每个盘面只有一个读/写磁头，让这些磁头在盘面上沿径向来回移动，而盘体则绕中心轴高速旋转。图 7-27 表示一个盘组由若干圆盘面组成，磁头在盘面上来回移动的情况。该盘片由 10 个圆盘组成，共 20 个盘面，而每个盘面上只有一个磁头，磁头编号为 0～19，其中有一个磁头称为伺服磁头，用于控制定位。图 7-28 表示了盘片、磁道、扇区与读写头关系示意图。

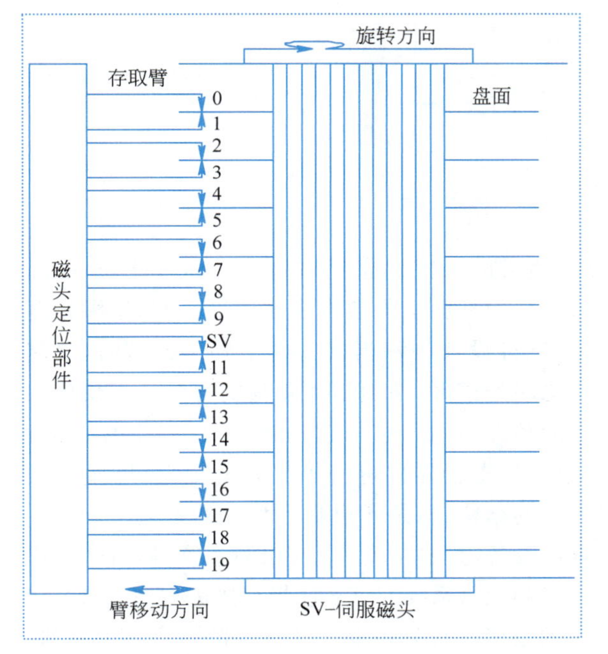

图 7-27　磁盘物理概念图

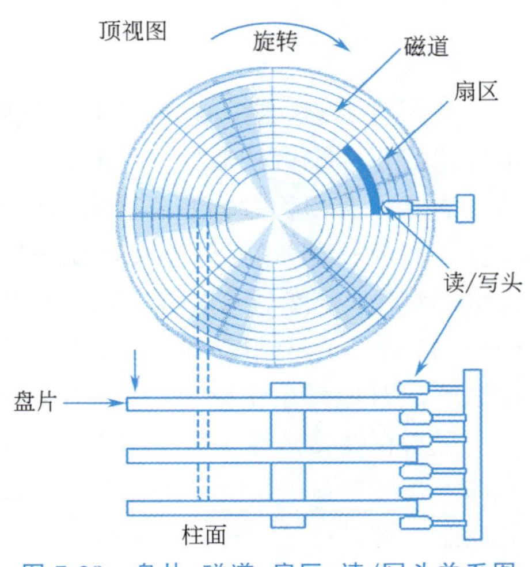

图 7-28　盘片、磁道、扇区、读/写头关系图

在磁盘执行读/写操作时，整个盘组在不停地旋转，存取臂带动磁头来回移动。存取臂移动到某一固定位置，对应的磁头就在磁盘上画一个圆，这个圆称为磁道。各个存取臂以相同的长度沿水平方向移动，则相同半径的一些磁道组成一个圆柱面，称为柱面。对于一个盘组，其柱面由外向里依次编号。在每个柱面上，把磁头号作为磁道号，磁道从上向

下依次编号。

所有磁盘都组织成许多柱面，一个柱面上的磁道数等于垂直放置的磁头数。一个磁道又可划分成许多扇区。软盘每个磁道上有 8～32 个扇区，某些硬盘上可多达数百个扇区。通常每条磁道上具有相同的扇区数，每个扇区包含相同的字节数。文件系统和 I/O 操作使用的数据块(block)通常由几个连续的扇区组成，作为一个物理记录进行读写。磁盘上一个物理块(即扇区)的地址由 3 部分组成：柱面号(CC)、磁道号(HH)和扇区号，如图 7-29 所示。

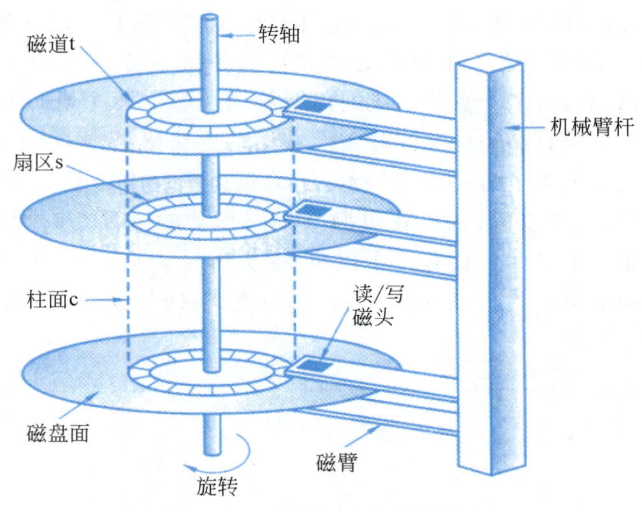

图 7-29　磁盘物理地址结构图

从图 7-29 不难看出，物理上靠近磁盘外边沿的扇区比靠近内边沿的扇区要长一些，不过读写每个扇区的时间是一样的。显然，最里面柱面上的数据密度要高一些，这种密度的不同意味着要牺牲一些磁盘容量。有人尝试过设计一种当磁头处于外部磁道时，旋转速度更快的软盘，这样外圈磁道就可以具有更多的扇区，从而增加磁盘的容量。在现代大容量磁盘中，外圈磁道具有的扇区数比内圈磁道更多，这样就产生了 IDE(Integrated Drive Electronics)驱动器。这种驱动器用内置的电子器件进行了复杂的处理，屏蔽了具体细节。对操作系统来说，它仍然呈现出简单的结构，每条磁道具有相同的扇区。

磁盘存储器是计算机系统中最重要的存储设备，其中存放了大量文件。文件的读/写操作都涉及对磁盘的访问。磁盘 I/O 速度的快慢和磁盘系统的可靠性将直接影响到磁盘系统的性能。可以通过多种途径来改善磁盘系统的性能。首先可通过选择好的磁盘调度算法，以减少磁盘的寻道时间；其次是提高磁盘 I/O 速度，以提高文件的访问速度；最后采取冗余技术，提高磁盘可靠性，建立高可靠的文件系统。本节主要讨论磁盘驱动调度策略与算法。

在多道程序设计中，可能会出现多个进程同时对磁盘设备提出 I/O 请求，并等待磁盘驱动器对其进行处理的现象。系统必须采用一种调度策略，使得磁盘设备能按最佳的次序处理这些请求，这就是驱动调度问题，所采用的调度策略称为驱动调度算法，如

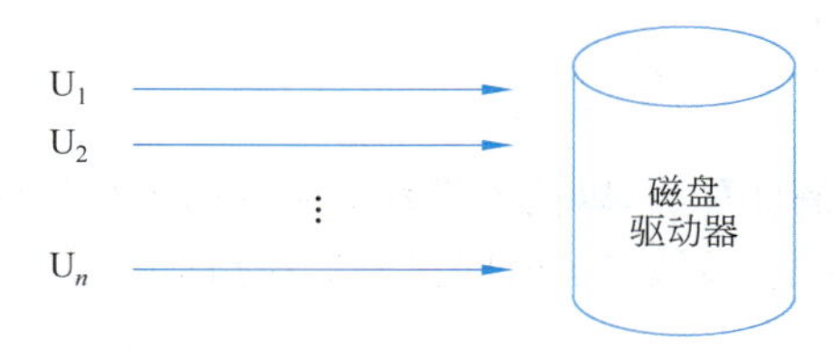

图 7-30 多个用户同时对磁盘设备提出请求

图 7-30 所示。如何减少处理这些请求所花费的总时间是驱动调度算法研究的主要问题。

7.6.1 磁盘访问时间

磁盘设备在工作时以恒定的速率旋转。为了执行读/写操作,磁头必须移动到所指定的磁道上,并等待所指定的扇区旋转到磁头下,然后再开始读/写数据。可把磁盘的访问时间划分成以下 3 部分。

(1) 寻道时间 T_s:把存取臂移动到指定柱面所经历的时间。

该时间是启动移臂的时间 s 与磁头移过 n 个柱面所花费的时间之和,即

$$T_s = m \times n + s$$

其中,m 是常数,与磁盘驱动器存取臂的移动速度有关。对于一般磁盘,$m=0.2$,对于高速磁盘,$m \leqslant 0.1$。存取臂的启动时间 s 约为 2ms。这样对于一般的温盘(即采用温彻斯特架构的磁盘,也就是前面所述的可移动头固定盘片的磁盘存储器),其寻道时间将随着寻道距离的增大而增加,大体上是 5~30ms。

(2) 旋转时间 T_r:指定扇区旋转到磁头下面所经历的时间。

不同类型的磁盘,旋转速度至少相差一个数量级,如软盘为 300r/min,硬盘一般为 7200r/min 到 15000r/min 甚至更高。若硬盘旋转速度为 15000r/min,每转需要 4ms,平均旋转延迟时间 T_r 为 2ms;而对于软盘,其旋转速度为 300r/min 或 600r/min,这样平均 T_r 为 50~30ms。

(3) 传输时间 T_t:指把数据从磁盘读出或向磁盘写入数据所经历的时间。

T_t 的大小与每次所读写的字节数 b 和旋转速度有关:

$$T_t = \frac{b}{rN}$$

其中,r 为磁盘每秒钟的转数,N 为一条磁道上的字节数。当一次读/写的字节数相当于半条磁道上的字节数时,T_t 与 T_r 相同。因此,可以将访问时间 T_a 表示为:

$$T_a = T_s + \frac{1}{2r} + \frac{b}{rN}$$

由上式可以看出,在访问时间中,寻道时间和旋转延迟时间与所读/写数据的多少无关,而且它通常占据了大部分访问时间。例如,假定寻道时间和旋转延迟时间平均为 20ms,而且磁盘的传输率为 10MB/s,如果要传输 10KB 的数据,此时总的访问时间为 21ms,可见传输时间所占的比例是非常小的。当传输 100KB 的数据时,其访问时间也只是 30ms,即当传输的数据量增大 10 倍时,访问时间只增加约 50%。目前磁盘的传输速率已达到 80MB/s 以上,数据传输时间所占整个访问时间的比重更低。由此可见,适当地集中数据传输有利于提高传输效率。总之,减少移动到目标柱面的移臂时间、缩短转动到目标数据块的旋转时间可节省整体访问时间。

7.6.2 早期的磁盘调度算法

为了减少文件访问时间，应采用一种最佳磁盘调度算法，以使各进程对磁盘的平均访问时间最小。目前常用的磁盘调度算法有先来先服务法、最短寻道时间优先法和扫描法等。

1. 先来先服务

先来先服务(FCFS)是最简单的磁盘调度算法。它根据进程请求磁盘的先后次序进行调度。该算法的优点是公平、简单，且每个进程的请求都能依次得到处理，不会出现某一进程的请求长期得不到满足的情况。但此算法未对寻道进行优化，因此平均寻道时间可能较长。表 7-2 表示了有 9 个进程先后提出磁盘 I/O 请求时，按 FCFS 算法进行调度的情况。假设开始时，磁头停留在 100 号柱面上。可见，平均寻道距离为 55.3 条磁道，与后面讲到的几种调度算法相比，其平均寻道距离较大，因此 FCFS 算法仅适用于请求磁盘 I/O 的进程数目较少的情况。

2. 最短寻道时间优先

最短寻道时间优先(SSTF)算法总是选择要求访问的柱面与当前磁头所在柱面距离最近的 I/O 请求优先执行，以使每次的寻道时间最短，但这种算法不能保证平均寻道时间最短。表 7-3 表示了按 SSTF 算法进行调度时，各进程被调度的次序、每次磁头移动的距离，以及 9 次磁头平均移动距离。比较表 7-2 和表 7-3 可以看出，SSTF 算法平均每次磁头移动距离明显低于 FCFS 算法的距离，因而 SSTF 较之 FCFS 有更好的寻道性能。

表 7-2 FCFS 调度算法

下一柱面号	移动距离(柱面数)
55	45
58	3
39	19
18	21
90	72
160	70
150	10
38	112
184	146
平均寻道长度 55.3	

表 7-3 SSTF 调度算法

下一柱面号	移动距离(柱面数)
90	10
58	32
55	3
39	16
38	1
18	20
150	132
160	10
184	24
平均寻道长度 27.5	

7.6.3　基于扫描的磁盘调度算法

1. 扫描算法

SSTF 算法的实质是基于优先级的调度算法,因此可能导致优先级低的进程发生“饥饿”现象。只要不断有新的请求到达,且其所要访问的柱面与当前磁头所在的柱面距离较近,该请求必然优先满足。对 SSTF 算法略加修改后,则可以防止低优先级进程出现“饥饿”现象。

扫描算法(SCAN)不仅考虑了欲访问的柱面与当前柱面之间的距离,更优先考虑的是磁头的移动方向。例如,当磁头正在由里向外移动时,SCAN 算法所处理的下一个请求是其欲访问的柱面既在当前柱面之外,又是距离最近的一个。这样自里向外访问,直至再无更多的柱面需要访问时,才将读写臂换向为自外向里移动。这时,同样也是每次选择这样的 I/O 请求来调度:要访问的柱面在当前位置内为最近者,这样磁头又逐步地从外向里移动,直至再无更里面的磁道要访问,从而避免了“饥饿”现象。由于该算法中磁头移动的规律很像电梯的运行,因而又称为电梯调度法。表 7-4 表示了 SCAN 算法对 9 个进程进行调度及磁头移动的情况。

表 7-4　SCAN 调度算法

向柱面号增加的方向移动	
下一柱面号	移动距离(柱面数)
150	50
160	10
184	24
90	94
58	32
55	3
39	16
38	1
18	20
平均寻道长度 27.8	

2. 循环扫描算法

SCAN 算法既能获得较好的寻道性能,又能防止“饥饿”现象,因此得到了广泛应用。但扫描算法也存在这样的问题:当磁头刚从里向外移动而越过了某一柱面时,恰好又有一进程请求访问此柱面，这时该进程必须等待，待磁头继续由里向外，然后再从外向里扫描完外面的所有柱面后，才处理该进程的请求，致使请求被大大推迟。为了减少这样的延迟，循环扫描算法(CSCAN)规定磁头单向移动，例如，只是自里向外移动，当磁头移到最外柱面并访问后，磁头立即返回到最里的欲访问的柱面，亦即将最小柱面号紧接着最大柱面号构成循环，进行循环扫描。采用循环扫描方式后，上述请求进程的延迟将从原来的 $2T$ 减为 $T+S_{max}$，其中 T 为由里向外或由外向里单向扫描完要访问的柱面所需的寻道时间，而 S_{max} 是将磁头从最外面被访问的柱面直接移到最里面欲访问的柱面的寻道时间(或相反)。表 7-5 表示了 CSCAN 算法对 9 个进程调度的次序及每次磁头移动的距离。

表 7-5 CSCAN 调度算法

向柱面号增加的方向移动	
下一柱面号	移动距离/柱面数
150	50
160	10
184	24
18	166
38	20
39	1
55	16
58	3
90	32
平均寻道长度 35.8	

3. NStepSCAN 和 FSCAN 调度算法

在 SSTF、SCAN 及 CSCAN 几种调度算法中，都可能出现磁臂停留在某处不动的情况。例如，有一个或几个进程对某一柱面有较高的访问频率，即这个(些)进程反复请求对某一柱面的 I/O 操作，从而垄断了整个磁盘设备。我们把这一现象称为“磁臂粘着”(arm stickiness)。在高密度磁盘上很容易出现此情况。NStepSCAN 算法是将磁盘请求队列分成若干个长度为 N 的子队列，磁盘调度将按 FCFS 算法依次处理这些子队列。而每处理一个队列时又是按 SCAN 算法，对一个队列处理完后，再处理其他队列。当正在处理某个子队列时，如果又出现新的磁盘 I/O 请求，便将新的请求进程放入其他队列，这样就可避免出现粘着现象。当 N 值取得很大时，会使 N 步扫描算法的性能接近于 SCAN 算法的性能；当 $N=1$ 时，N 步 SCAN 算法便蜕化为 FCFS 算法。

FSCAN 算法实质上是 N 步 SCAN 算法的简化，即 FSCAN 只将磁盘请求队列分成两个子队列：一个是由当前所有请求磁盘 I/O 的进程形成的队列，由磁盘调度按 SCAN 算法进行处理；另一个是在扫描期间，将新出现的所有请求磁盘 I/O 的进程放入等待处理的请求队列。这样，所有的新请求都将被推迟到下一次扫描时处理。

7.7 虚拟设备——假脱机

大部分 I/O 软件属于操作系统，但也有一小部分是与用户程序链接在一起的库例程(静态链接库或动态链接库)，甚至是在内核外运行的完整程序。假脱机(spooling)系统是一种运行在用户空间的 I/O 软件，覆盖在独占设备之上，造成一种可以被共享使用的假象。例如，打印机是经常用到的输出设备，属于独占设备。如果一个进程申请并分配到打印机，在它释放打印机前，其他进程无法再使用这台打印机。然而，利用假脱机技术可以将它改造为一台供多个用户共享的打印设备，从而提高设备的利用率，也方便了用户使用。

共享打印机技术已被广泛地用于多任务系统和局域网络中。假脱机打印系统主要由以下 3 部分组成。

(1) 磁盘缓冲。它是在磁盘上开辟的一个存储空间，用于暂存用户程序的输出数据。在该缓冲区中可设置几个盘块队列，如空块队列、满块队列等。

(2) 打印缓冲。该部分用于缓和处理器和磁盘之间速度不匹配的问题，设置在内存中，暂存从磁盘缓冲区送来的数据，以后再传送给打印设备进行打印。

(3) 假脱机管理进程和假脱机打印进程。由假脱机管理进程为每个请求打印的用户数据建立一个假脱机文件，并把它放入假脱机文件队列中。由假脱机打印进程依次对队列中的文件进行打印。

图 7-31 示意了假脱机打印机系统的工作原理。当用户进程发出打印输出请求时，假脱机打印系统并不是立即把打印机分配给该用户进程，而是由假脱机管理进程完成两项工作。

(1) 在磁盘缓冲区中为该进程申请一个空闲盘块，并将要打印的数据送入其中暂存。

(2) 为用户进程申请一张空白的用户请求打印表，并将用户的打印要求填入其中，再将该表挂到假脱机文件队列上。

在这两项工作完成后，虽然还没有进行任何实际的打印输出，但对用户进程而言，其打印请求已经得到满足，打印输出任务已经完成。

真正的打印输出是由假脱机打印进程负责的。当打印机空闲时，该进程首先从假脱机文件队列的队首取得一张请求打印表，然后根据表中的要求将要打印的数据由磁盘上的数据暂存区传送到内存缓冲区(打印缓冲区)，再交付打印机进行打印。一个打印任务完成后，假脱机打印进程将再次扫描假脱机文件队列，若队列非空，则重复上述的工作，直至队列为空。此后假脱机打印进程将自己阻塞起来，仅当再次有打印请求时才被重新

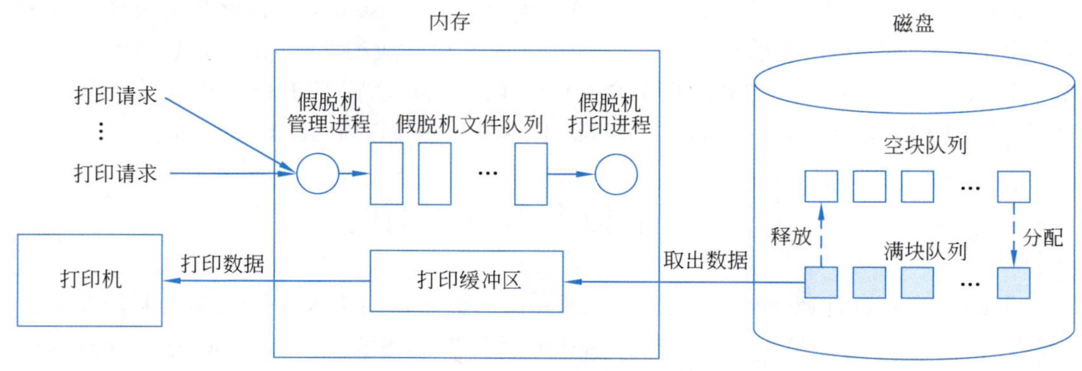

图 7-31 假脱机打印机系统工作原理

唤醒。

由此可见，利用假脱机系统向用户提供共享打印机的基本原理是：对每个用户而言，系统并非即时执行真实打印操作，而只是即时将数据输出到磁盘缓冲区，这时的数据并未真正被打印，只是让用户感觉到系统已为他提供了打印服务；真正的打印操作，是在打印机空闲且该打印任务在队列中已排到队首时进行的，而且打印操作本身也是利用了处理器的一个时间片，没有使用专门的外围处理器。以上过程对用户是完全透明的。

随着技术的进步，人们对假脱机系统进行了某些改进。如取消该方案中的假脱机管理进程，为打印机建立一个守护进程(daemon)，由它执行一部分原来由假脱机管理进程实现的功能，如为用户在磁盘缓冲区中申请一个空闲块，并将要打印的数据送入其中，将该盘块的首址返回给请求进程。另一部分由请求进程自己完成，每个要求打印的进程首先生成一份要求打印的文件，其中包含对打印的要求和指向装有打印输出数据盘块的指针等信息，然后将用户请求打印文件放入假脱机文件队列中。

守护进程是允许使用打印机的唯一进程。所有需要使用打印机进行打印的进程都需要将一份要求打印的文件放在假脱机文件队列中。如果守护进程正处于阻塞状态，便将它唤醒，由它将队列中的文件逐个打印完毕，守护进程无事可做时，又返回阻塞状态，等待用户进程再次发来打印请求。

除了打印机守护进程外，系统中还有许多其他的守护进程，如 Internet 服务器守护进程 inetd、Web 服务器守护进程 httpd 等。事实上，凡是需要将独占设备改造为可供多个进程共享的设备时，都要为该设备配置一个守护进程和一个假脱机文件队列。同样，守护进程是允许使用该独占设备的唯一进程，所有其他进程都不能直接使用该设备，只能将对该设备的使用要求写入一份文件中。由守护进程按照文件中的内容依次来完成多进程对该设备的请求，这样就把一台独立设备改造为可以为多个进程共享的设备。

习　　题

1. 试说明 I/O 系统的基本功能。

2. 简要说明 I/O 系统的 5 个层次的基本功能。

3. 设备无关性的含义是什么？为什么要设置该层？

4. 设备控制器由哪几部分组成？各部分的主要功能是什么？

5. 为了实现处理器和设备控制器之间的通信,设备控制器应具备哪些功能？

6. 什么是 DMA 方式？试说明采用 DMA 方式进行数据传输的过程。

7. 在 I/O 系统中,为什么要引入缓冲技术？在单缓冲与双缓冲的情况下,系统对一块数据的处理时间分别怎样衡量？

8. 有哪几种 I/O 控制方式？各适用于什么场合？

9. 假脱机系统向用户提供共享打印机的基本思想是什么？

10. 磁盘访问时间由哪几部分组成？每部分时间应如何计算？

11. 目前常用的磁盘调度算法有哪几种？每种算法优先考虑的问题是什么？

12. 什么是设备的安全分配方式和不安全分配方式？

13. 试给出两种 I/O 调度算法,并说明为什么 I/O 调度算法中不能采用时间片轮转法？

14. 在配置通道的计算机系统中,如何利用 UCB、CUCB、CCB 查找从主存到 I/O 设备的一条可用通路？

15. 设备分配的策略与哪些因素有关？

16. 什么是 I/O 控制？它的主要任务是什么？

17. I/O 控制可用哪几种方法实现？各有什么优缺点？

18. 设备驱动程序是什么？为什么要有设备驱动程序？系统是怎样管理设备驱动程序的？

19. 旋转型设备上信息的优化分布能减少若干个输入/输出服务的总时间。例如,有 10 个记录 A,B,…,J 存放在某磁盘的某一磁道上,假设这个磁道划分成 10 块,每块存放一个记录,存储布局如表 7-6 所示。现在要处理这些记录,如果磁盘的旋转速度是每转 20ms,处理程序每读出一个记录后需要花费 4ms 的时间进行处理。

(1) 处理完 10 个记录的总时间是多少？

(2) 为了缩短处理时间应进行怎样的优化分布,怎样计算优化分布后进行处理所需的总时间？

表 7-6　第 19 题表

块　号	1	2	3	4	5	6	7	8	9	10
记录号	A	B	C	D	E	F	G	H	I	J

20. 假设某磁盘有 200 个柱面，编号为 0～199，当前存取臂的位置在 143＃柱面上，并刚刚完成了 126＃柱面的请求，如果请求队列的先后顺序是 86，147，91，177，94，150，102，175，130；为了完成上述请求，下列移臂调度算法移动的总量是多少？并写出存取臂移动的顺序。

（1）FCFS

（2）SSTF

（3）SCAN

（4）CSCAN

21. 某磁盘的平均寻道时间是 5.6ms，磁盘驱动器旋转电机的转速为 7200r/min，每个磁道有 128 个扇区，每个扇区的尺寸是 1KB，请问传送 10MB 大小的文件所需的时间是多少？

22. 可将多个缓冲区组织成环形缓冲区。环形缓冲区由多个单缓冲区组成，每个单缓冲区的大小相同。作为输入的多缓冲区可分为 3 种类型：用于装输入数据的空缓冲区 R、已装满数据的缓冲区 G 以及计算进程正在使用的现行工作缓冲区 C，如图 7-32 所示。

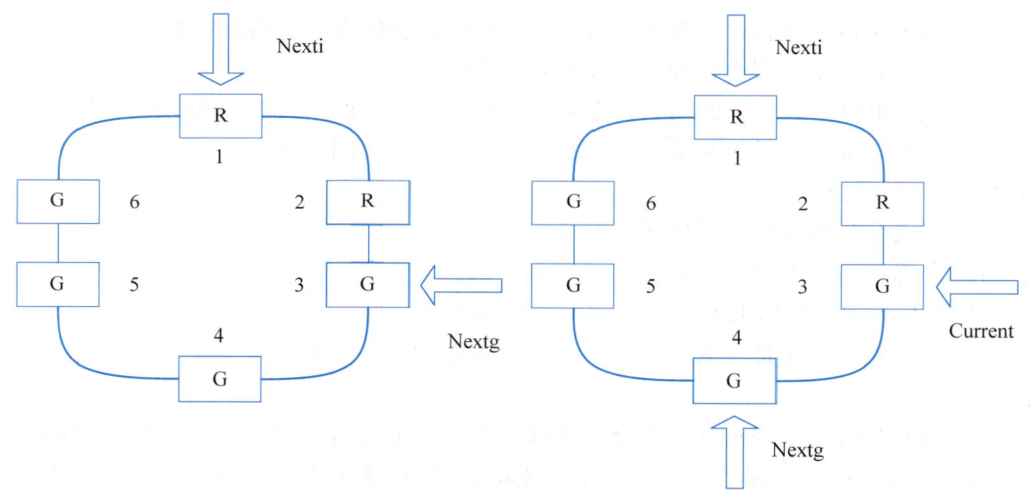

图 7-32　环形缓冲区

作为输入的缓冲区可设置 3 个指针：用于指示计算进程下一个可用缓冲区 G 的指针 Nextg、指示输入进程下次可使用的空缓冲区 R 的指针 Nexti，以及用于指示计算进程正在使用的缓冲区 C 的指针 Current。计算进程和输入进程可利用下述两个过程来使用环形缓冲区。

（1）Getbuf 过程。当计算进程要使用缓冲区中的数据时，可调用 Getbuf 过程。该过程把指针 Nextg 所指示的缓冲区提供给进程使用，同时把它改为现行工作缓冲区，并令 Current 指针指向该缓冲区的第一个单元，然后将 Nextg 移向下一个 G 缓冲区。类似地，当输入进程要使用空缓冲区装入数据时，也要调用 Getbuf 过程，由该过程将指针 Nexti

所指的缓冲区提供给输入进程使用，同时将Nexti指针移向下一个R缓冲区。

(2) Releasebuf过程。当计算进程把C缓冲区中的数据提取完毕后，便调用Releasebuf过程，将缓冲区C释放。此时，缓冲区由现行工作缓冲区C改为空缓冲区R。类似地，当输入进程把缓冲区装满时，也调用Releasebuf过程，将该缓冲区释放，并改为G缓冲区。

使用输入循环缓冲可使输入进程和计算进程并行执行，但是可能会出现进程之间的同步问题，即

(1) Nexti指针追赶上Nextg指针。

(2) Nextg指针追赶上Nexti指针。

试分析在上述两种情况下，循环缓冲区会出现什么状况？在这些状况下，输入进程如何与计算进程进行同步？

参考文献

1. 孙钟秀.操作系统教程[M].北京:高等教育出版社,1989.
2. 徐甲同.计算机操作系统教程[M].2版. 西安:西安电子科技大学出版社,2006.
3. STALLINGS W.操作系统:精髓与设计原理[M].陈向群,等译. 北京:机械工业出版社,2010
4. BRYANT R E, O'HALLARON D R. 深入理解计算机系统(英文版 第2版)[M].北京:机械工业出版社,2011.
5. STEVENS W R, RAGO S A. UNIX环境高级编程(英文版 第2版)[M]. 北京:人民邮电出版社,2006.
6. SILBERSCHATZ A, GALVIN P B, GAGNE G.操作系统概念:Java实现(英文版 第7版)[M]. 北京:高等教育出版社,2007.
7. ANDREWS G R. Concurrent Programming: principles and practice[M]. The Benjamin/Cummings Publishing Company, Inc. 1991.
8. TANENBAUM A S.现代操作系统(原书第3版)[M],陈向群,马洪兵,等译.北京:机械工业出版社,2009.
9. 申丰山,王黎明.操作系统原理与Linux实践教程[M].北京:电子工业出版社,2016.
10. 陈海波,夏虞斌.现代操作系统原理与实现[M]. 北京:机械工业出版社,2020.
11. 任炬,张尧学,彭许红. openEuler操作系统[M]. 北京:清华大学出版社,2020.
12. 袁春风,等.数字逻辑与计算机组成[M].北京:机械工业出版社,2020.
13. 汤小丹,等.计算机操作系统[M].4版. 西安:西安电子科技大学出版社,2014.
14. LOVE R. Linux内核设计与实现(英文版 第3版)[M]. 北京:机械工业出版社,2011.

图书资源支持

感谢您一直以来对清华版图书的支持和爱护。为了配合本书的使用,本书提供配套的资源,有需求的读者请扫描下方的"书圈"微信公众号二维码,在图书专区下载,也可以拨打电话或发送电子邮件咨询。

如果您在使用本书的过程中遇到了什么问题,或者有相关图书出版计划,也请您发邮件告诉我们,以便我们更好地为您服务。

我们的联系方式:

地　　址:北京市海淀区双清路学研大厦 A 座 714

邮　　编:100084

电　　话:010-83470236　010-83470237

客服邮箱:2301891038@qq.com

QQ:2301891038(请写明您的单位和姓名)

资源下载:关注公众号"书圈"下载配套资源。

资源下载、样书申请

书圈

图书案例

清华计算机学堂

观看课程直播